数控宏程序编程
从入门到精通

杜军　李贞惠　唐万军　编著

化学工业出版社

· 北京 ·

本书涵盖了 FANUC、华中（HNC）、SIEMENS 三大典型数控系统宏程序编程的基础知识、数控车削、数控铣削加工宏程序编程、程序算法、宏程序编程所涉及的基本数学知识等内容，对常见的外圆、切槽、普通螺纹与复杂螺纹车削和平面、型腔、孔系、球面、凸台铣削，以及系列零件、公式曲线等数控加工典型案例进行了宏程序编程的详细讲解，内容详尽，知识讲解由浅入深、循序渐进，便于理解，程序实例典型丰富、可操作性强，全部采用模块化编写，适合读者逐章自学或者随心查阅，并适于实际加工直接调用。

　　本书可供从事数控加工的操作人员、数控编程工程技术人员以及大专院校数控专业、机电一体化专业的师生学习和参考。

图书在版编目（CIP）数据

数控宏程序编程从入门到精通/杜军，李贞惠，唐万军编著.—北京：化学工业出版社，2019.3（2023.6重印）
ISBN 978-7-122-33679-8

Ⅰ.①数…　Ⅱ.①杜…②李…③唐…　Ⅲ.①数控机床-车床-程序设计　Ⅳ.①TG519.1

中国版本图书馆 CIP 数据核字（2019）第 005860 号

责任编辑：张兴辉　　　　　　　　　文字编辑：陈　喆
责任校对：王素芹　　　　　　　　　装帧设计：王晓宇

出版发行：化学工业出版社（北京市东城区青年湖南街 13 号　邮政编码 100011）
印　　装：北京科印技术咨询服务有限公司数码印刷分部
787mm×1092mm　1/16　印张 27½　字数 691 千字　2023 年 6 月北京第 1 版第 8 次印刷

购书咨询：010-64518888　　　　　　售后服务：010-64518899
网　　址：http://www.cip.com.cn
凡购买本书，如有缺损质量问题，本社销售中心负责调换。

定　　价：118.00 元
版权所有　违者必究

数控宏程序编程是"神秘"的，它令初涉者望而却步，入门者欣喜若狂，精通者讳莫如深。 同时数控宏程序又是"神奇"的，程序短小精悍且功能非常强大，易于定制，使用简单，合理运用它既可以提高程序本身质量，又可以提高加工质量，节约时间，提高工作效率。

但是，学习宏程序编程并不容易。 现在各大工科类大学和高职院校并不进行系统、深入的学习，一些商业化的培训学校也仅介绍基础知识，学习效果并不太好，因此学习强大的宏程序编程技术主要还得靠数控编程技术人员来自学。 目前，许多宏程序编程的图书大多介绍相关知识，鲜有应用案例。 而编写本书的目的，就是希望为广大读者提供一本宏程序编程知识与技能的实用性工具书，以满足广大读者系统学习、全面掌握宏程序编程技术的需求。

本书较全面、系统地讲解了 FANUC、华中、SIEMENS 三大数控系统宏程序编程的基础知识和编程案例，以典型的零件型面加工为线索，内容详尽，知识讲解由浅入深、循序渐进，便于理解，程序实例典型丰富、可操作性强，全部采用模块化编写，适合读者逐章自学或者随时查阅，并适于实际加工直接调用。

宏程序的功能强大，学会编制宏程序有相当的难度，如何简单、有效地学习宏程序和编制宏程序，避免多走弯路，编著者在本书的编写过程中做了积极的探索，并对宏程序的学习提一些建议和想法：

（1）具备一定的英语基础　在宏程序编制过程中需要用到许多英文单词或单词的缩写，掌握一定的英语基础可以正确理解其含义，增强分析程序和编制程序的能力；再者，数控系统面板按键及显示屏幕中也有为数不少的英语单词，良好的英语基础有利于熟练操作数控系统。

（2）储备适量数学知识　编制宏程序必须有良好的数学基础，数学知识的作用有多方面：计算轮廓节点坐标需要频繁的数学运算；在加工规律曲线、曲面时，必须熟悉其数学公式并根据公式编制相应的宏程序进行拟合加工，如椭圆的加工；更重要的是，良好的数学基础可以使人的思维敏捷，具有条理性，这正是编制宏程序所必需的。

（3）掌握一定的计算机编程知识　宏程序是一类特殊的、实用性极强的专用计算机控制程序，其中许多基本概念、编程规则都是从通用计算机语言编程中移植过来的，所以学习 C 语言、BSAIC、FORTAN 等高级编程语言的知识，有助于快速理解并掌握宏程序。

（4）好的学习目标　多学习优秀的程序代码和源代码。 阅读他人的程序代码是非常好的学习方法，特别是代码库的作者是专家或者程序的质量有很高评价时。 一个经典案例，一本好书都值得收藏。

（5）良好的编程习惯　采用模块化结构编程，尽量减少模块间联系，便于每个模块可以独立编制、测试。　程序要简单可靠，有必要的容错性，适当的冗余设计，正确的算法，无误的程序语句格式，对应的变量与引用。　在编程时尽可能做好必要的注释，方便事后的查看。

（6）足够的耐心与毅力　编制好的程序先不急于直接上机床运行，多做计算机仿真验证。　程序的修改和调试是必要的，要静下心来，不急不躁。　程序有 bug 是正常的，多检查程序结构、变量定义与引用，格式的疏忽甚至输入细微的错误都可能导致程序出错。　相对于普通程序，宏程序显得枯燥且难懂。　编制宏程序过程中需要灵活的逻辑思维能力，调试宏程序需要付出更多的努力，发现并修正其中的错误需要耐心与细致，更要有毅力从一次次失败中汲取经验教训并最终取得成功。

为了本书内容的正确和案例程序不出错误并按预期执行，编著者做了很多细致的实践验证工作。　但鉴于水平有限，不足之处在所难免，具体使用环境的不同也会带来无法预料的结果，望读者见谅并提出宝贵修改意见。

编著者

目录

引言

如图 0-1(a) 所示直角三角形，已知一直边 a 长 3，另一直边 b 长 4，试求斜边 c 的长度？

图 0-1　直角三角形

答案是显而易见的，解题时需要用到几何中的勾股定理，直角三角形的两条直角边的平方和等于斜边的平方，写为表达式：

$$a^2 + b^2 = c^2 \tag{0-1}$$

图 0-2　勾三股四弦五

如图 0-1(b) 所示，中国古代称直角三角形为勾股形，并且直角边中较小者为勾，另一长直角边为股，斜边为弦，所以称这个定理为勾股定理。

由于 $a=3$，$b=4$，解得：$c=\sqrt{3^2+4^2}=5$

当然本题的更简便解法是运用"勾三股四弦五"（图 0-2），意思是如果勾是三，股是四，那么弦就是五，这是勾股定理的一个特例。

来个复杂点的，如图 0-3(a) 所示，若已知 R 和 L 的值，试求 A 点的坐标值（填出表 0-1 中的 XY 值）。

表 0-1　填出 A 点的 XY 值

尺寸	R	L	X	Y
尺寸 1	5	3		
尺寸 2	50	30		
尺寸 3	50	40		
尺寸 4	40	32		
尺寸 5	30	18		

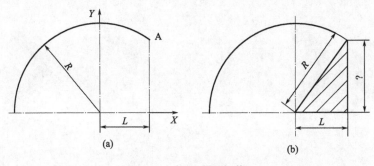

图 0-3　求 A 点坐标值

在图 0-3(b) 中构建了一个直角三角形，斜边长 R，一直边长 L（即 A 点的 X 坐标值），另一直边长（A 点的 Y 坐标值）可用勾股定理的转换式子 $Y=\sqrt{R^2-L^2}$ 算出。

其实这个题也可以用"勾三股四弦五"计算，如表 0-2 所示。

表 0-2 A 点的 XY 值

尺寸	R	L	X（L 值）	Y（直边长）	提示
尺寸 1	5	3	3	4	勾 3 股 4 弦 5
尺寸 2	50	30	30	40	勾 3（×10）股 4（×10）弦 5（×10）
尺寸 3	50	40	40	30	勾 3（×10）股 4（×10）弦 5（×10）
尺寸 4	40	32	32	24	勾 3（×8）股 4（×8）弦 5（×8）
尺寸 5	30	18	18	24	勾 3（×6）股 4（×6）弦 5（×6）

你会发现，"勾三股四弦五"中的"三四五"并不只能是数字"345"，我们把它理解成"三份、四份、五份"更合适。

上面两图多个尺寸的计算中，虽然数值各不相同，但是都可以用同一种算法知识（勾三股四弦五）来解决！这就是举一反三谓之"变"。

再来一题：找一找，图 0-4 中三个圆锥有什么共同点？

图 0-4 三个圆锥

答案是图中三个圆锥的锥度值相同，都是 1∶4，不信你用圆锥的四个基本参数关系式算算吧：

$$C=\frac{D-d}{L} \tag{0-2}$$

式中，C 表示圆锥锥度（如图 0-5 所示）；D 是圆锥大径；d 是小径；L 为圆锥长度。

图 0-5 圆锥四个基本参数

面对纷繁的事物，就像图 0-4 中表面上看是三个不同的圆锥一样，也许它们之间存在某种内在的联系呢！正所谓追根溯源寻"不变"，就看你能不能发现它了。

我们在观察某一现象或过程时，常常会遇到各种不同的量，其中有的量在过程中不起变化，我们把其称之为常量，如上面例子中的 3、4、50、18 等都是常量；而有的量在过程中是变化的，也就是可以取不同的数值，我们称其为变量，上面例子中提到的勾股定理 [式(0-1)]中的 abc、"勾三股四弦五"中的"三四五"和圆锥的四个基本参数关系式 [式(0-2)] 中的 $DdLC$ 都是变量。当然常量和变量也不是一成不变的，它们的关系是辩证的，可能存在着某种联系：

(1) 变量的"万变"

变量就像一张银行卡，变量的值是可以变化的（卡里的钱多少是可以变化的，可以往卡里存钱，也可以取钱），如图 0-6 所示。

图 0-6　银行卡

(2) 变量的"不变"

同银行卡一样，当我们去查询的某一刻，变量的值（银行卡里的钱）又是固定的，如图 0-7 所示。

图 0-7　账户余额

(3) 变量之间的运算

变量之间可以进行运算，就像银行卡间可以转账一样，如图 0-8 所示。

图 0-8　转账

　　总结一下，常量是在某个过程中保持不变的量；变量是在某个过程中产生变化的量。理解常量与变量的辩证关系，对宏程序编程具有重要的意义。

　　从常量到变量，不是数值或表述的变化，而是发生了质上的根本性变化，是思维上的变化，是解决宏程序编程问题的钥匙。

　　某种意义上来说，宏程序玩的就是"变量"，或者说数字游戏，就像纸牌（图 0-9），提前制定好规则，在规则范围内发挥吧！简单点就玩比大小，复杂点就"斗地主"，烧脑点就"三国杀"，变化多端，趣味无穷，看你自己愿意挑战哪个难度。

图 0-9　纸牌

　　一场宏程序编程"游戏"的大幕已经拉开了！

第 1 章

从外圆柱面车削开始

通过前一节学习，我们了解到了变量对于数控宏程序编程具有重要的意义。本章我们将通过一个简单的圆柱面车削实例来完成宏程序编程基础知识的学习。

1.1 变量

数控车削精加工如图 1-1 所示 $\phi50\times60$ 外圆柱面，试编程。

图 1-1　$\phi50\times60$ 圆柱

设工件原点在圆柱右端面与轴线的交点上，选用外圆车刀，从（100，100）位置起刀，加工完毕后返回起刀点。编制加工部分程序如下：

```
G00 X50 Z2
G01 Z－60 F0.1
G00 X100
Z100
```

如果数控车削精加工如图 1-2(b) 所示 $D\times L$ 外圆柱面，可编程如下：

(a)　　　　　　　　　　　　　　(b)

图 1-2　$D\times L$ 圆柱

```
G00 XD Z2
G01 Z－L F0.1
G00 X100
Z100
```

圆柱直径用符号 D 表示，长度用符号 L 表示，它可以代表原来的 $\phi50\times60$，也可以表示 $\phi40\times35$、$\phi20\times30$ 等其他值的圆柱。根据前面的定义，$\phi50\times60$ 就是用常量表示的圆柱，$D \times L$ 就是用变量表示的圆柱。

符号 D 或者 L 就是一个变量，只不过这样的符号不被数控系统所接受，FANUC 数控系统能接受变量形如"♯i"的符号，如图 1-3(c) 所示，编制精加工程序如下：

```
G00 X♯1 Z2
G01 Z－♯2 F0.1
G00 X100
Z100
```

图 1-3　外圆柱面车削

含有变量的数控程序称为宏程序，上面就是一段简短的宏程序，程序中涉及变量的表示与引用两个知识点。

（1）变量的表示形式

FANUC 数控系统的变量表示形式为：♯i，其中，"♯"为变量符号，"i"为变量号，变量号可用 1、2、3 等数字表示，也可以用表达式来指定变量号，但其表达式必须全部写入方括号"［ ］"中，例如♯1 和♯［♯1＋♯2＋10］均表示变量，当变量♯1＝10，变量♯2＝100 时，变量♯［♯1＋♯2＋10］表示♯120。

（2）变量的引用

将跟随在地址符后的数值用变量来代替的过程称为引用变量。如上面程序中的程序段：G00 X♯1 Z2，要使被引用的变量值反号，在"♯"前加前缀"－"即可，如 G01 Z－♯2 F0.1。

同样的，引用变量也可以采用表达式。在程序中引用（使用）变量时，其格式为在指令字地址后面跟变量号。当用表达式表示变量时，表达式应包含在一对方括号内，如：G01 X［♯1＋♯2］F♯3。

（3）变量的赋值

如果要利用上面的宏程序加工一个 $\phi 50 \times 60$ 的圆柱，就要让变量♯1 的值为 50，♯2 的值为 60；如果要加工一个 $\phi 30 \times 20$ 的圆柱，就让变量♯1 的值为 30，♯2 的值为 20 即可。要想实现这样的功能，就需要对变量进行赋值，其格式为：

变量＝数值（表达式或者变量）

切记不能把"＝"理解为"等于"，其真正作用是将"＝"号右边的值赋给左边的变量，就像把钱（"＝"号右边的值）存到银行卡（"＝"号左边的变量）。例如：

♯1＝300　　　　　　　　（把 300 赋值给变量♯1,相当于把 300 元钱存入银行卡 1 中）

♯2＝400　　　　　　　　（把 400 赋值给变量♯2,相当于把 400 元钱存入银行卡 2 中）

把变量的赋值结合起来，一个加工外圆柱面的宏程序就有了：

```
#1＝50                (将圆柱直径 50 赋值给#1)
#2＝60                (将圆柱长度 60 赋值给#2)
G00 X#1 Z2           (进刀)
G01 Z－#2 F0.1        (切削)
G00 X100             (退刀)
Z100                 (返回)
```

精加工表 1-1 中 4 个外圆柱面，试分别用宏程序编程。

表 1-1 外圆柱面尺寸

零件	直径 D	长度 L
1	50	40
2	30	20
3	40	50
4	42	56

提示：只需要修改相应变量的赋值即可，如表中零件 1 的尺寸为 $\phi50\times40$，其加工程序为：

```
#1＝50                (将圆柱直径 50 赋值给#1)
#2＝40                (将圆柱长度 40 赋值给#2)
G00 X#1 Z2           (进刀)
G01 Z－#2 F0.1        (切削)
G00 X100             (退刀)
Z100                 (返回)
```

1.2 算术运算

编制一个如图 1-4 所示实现从 $A\rightarrow B\rightarrow C\rightarrow D\rightarrow A$ 矩形循环路线的宏程序，用于加工直径#1×长度#2 尺寸的外圆柱面。

图 1-4 矩形循环路线加工外圆柱面

设工件原点在圆柱面右端面与轴线的交点上，$A\rightarrow B$ 之间的距离为 10mm（直径值），B

点距离右端面 2mm，编制程序如下：

```
G00 X#1 Z2          （从 A 点进刀到 B 点）
G01 Z－#2 F0.1       （从 B 点切削到 C 点）
G00 X[#1＋10]         （从 C 点退刀到 D 点）
Z2                  （从 D 点返回到 A 点）
```

注意第三个程序段中的 X［#1＋10］，表示把变量#1 的值加上 10 后供 X 程序字引用，也就是说变量能进行加法运算，除此之外，减、乘、除法运算都可以。表 1-2 为算术四则运算的格式。

表 1-2　算术四则运算的格式

类型	功能	格式	备注
	加	#i＝#j＋#k	
算术运算	减	#i＝#j－#k	
	乘	#i＝#j*#k	注意乘号
	除	#i＝#j/#k	注意除号

举两个例子，若上题中圆柱尺寸提供的是半径#3，换算成直径值就是 2*#3，则第一个程序段可修改为：

```
G00 X[2*#3]Z2       （从 A 点进刀到 B 点）
```

若增加一个中间变量#4，将#1＋10 的值赋给#4，上面程序可以修改为：

```
#4＝#1＋10           （将#1＋10 赋值给#4）
G00 X#1 Z2          （从 A 点进刀到 B 点）
G01 Z－#2 F0.1       （从 B 点切削到 C 点）
G00 X#4             （从 C 点退刀到 D 点）
Z2                  （从 D 点返回到 A 点）
```

如图 1-5 所示，若已知毛坯直径#3＝50，要求加工到最终外圆尺寸为 $\phi42\times30$，试编制其粗精加工程序。

图 1-5　粗精加工圆柱面

如图 1-6 所示分层加工，设每一层背吃刀量 2mm，编制加工宏程序如下：

图 1-6　分层加工示意图

♯1＝42	（直径♯1赋值）
♯2＝30	（长度♯2赋值）
♯3＝50	（毛坯直径♯3赋值）
♯4＝♯3－2	（加工 X 赋初值，当前值为 48，图 1-6 中第一层 X1 位置）
G00 X♯4 Z2	（从 A 点进刀到 B 点）
G01 Z－♯2 F0.1	（从 B 点切削到 C 点）
G00 X[♯4＋10]	（从 C 点退刀到 D 点）
Z2	（从 D 点返回到 A 点）
♯4＝♯4－2	（加工 X 值递减 2mm，当前值为 46，图 1-6 中第二层 X2 位置）
G00 X♯4 Z2	（从 A 点进刀到 B 点）
G01 Z－♯2 F0.1	（从 B 点切削到 C 点）
G00 X[♯4＋10]	（从 C 点退刀到 D 点）
Z2	（从 D 点返回到 A 点）
♯4＝♯4－2	（加工 X 值递减 2mm，当前值为 44，图 1-6 中第三层 X3 位置）
G00 X♯4 Z2	（从 A 点进刀到 B 点）
G01 Z－♯2 F0.1	（从 B 点切削到 C 点）
G00 X[♯4＋10]	（从 C 点退刀到 D 点）
Z2	（从 D 点返回到 A 点）
♯4＝♯4－2	（加工 X 值递减 2mm，当前值为 42，图 1-6 中第四层 X4 位置）
G00 X♯4 Z2	（从 A 点进刀到 B 点）
G01 Z－♯2 F0.1	（从 B 点切削到 C 点）
G00 X[♯4＋10]	（从 C 点退刀到 D 点）
Z2	（从 D 点返回到 A 点）

仔细研究我们会发现程序中的 $A→B→C→D→A$ 矩形循环加工部分程序每一层加工时都没有变化，每一层加工的 X 值变量赋值语句除赋初值"♯4＝♯3－2"不同之外，其余每一段都是"♯4＝♯4－2"，当然我们要注意理解♯4内在的值实际上是发生了变化的。

结合算术运算，我们将变量的赋值再梳理一遍：

变量的赋值格式为：

变量＝数值（表达式或者变量）

切记不能把"＝"理解为"等于"，其真正作用是将"＝"号右边的值赋给左边的变量，就像把钱（"＝"号右边的值）存到银行卡（"＝"号左边的变量）。例如：

♯1＝500	（把 500 赋值给变量♯1，相当于把 500 元钱存入银行卡 1 中）
♯2＝600	（把 600 赋值给变量♯2，相当于把 600 元钱存入银行卡 2 中）
♯3＝♯1＋2＊♯2＋700	（把♯1＋2＊♯2＋700 的值赋给变量♯3，相当于把银行卡 1 中的 500 元和银行卡 2 中 600 元的两倍，另加 700 元一起存入银行卡 3 中，其值为 2400）

但是同一个变量后赋的值会覆盖掉原来的值，例如：

♯4＝800	（把 800 赋值给变量♯4，即♯4 的值为 800，相当于把 800 元钱存入银行卡 4 中）
♯4＝10	（把 10 赋值给变量♯4，即♯4 的值为 10，银行卡 4 中原来的 800 元没有了！）

神不神奇，惊不惊喜？

要想实现在银行卡中现有钱数中存入或取出，请看下面的例子：

♯5＝900	（把 900 赋值给变量♯5，即银行卡 5 中存入了 900 元）
♯5＝♯5＋100	（把♯5＋100 的值赋值给变量♯5，即银行卡 5 中变成了 1000 元）
♯5＝♯5－50	（把♯5－50 的值赋值给变量♯5，即银行卡 5 中变成了 950 元）

也许你被搞糊涂了，其实你只需要记住前面所说的一句话：

变量赋值的作用是将"＝"号右边的值赋给左边的变量。

形如"♯1＝♯1＋1""♯1＝♯1－1"的赋值语句称为变量的自赋值，能实现变量的自加或自减，这种语句在宏程序中有非常重要的作用。

请读者再理解理解上面程序段中的"♯4＝♯4－2"吧，注意"＝"不是"等于"，而是把♯4－2 的值赋给♯4！

1.3 转移语句

前一节虽然我们实现了将毛坯直径 φ50 的棒料加工到了 φ42，但是程序也太长了点，能不能想办法简化些？答案是肯定的，本节的转移语句就能帮到你。

（1）无条件转移指令（GOTO 语句）

指令格式：GOTO＋目标程序段号（不带 N）

无条件转移指令用于无条件转移到指定程序段号的程序段开始执行，可用表达式指定目标程序段号。

例如，GOTO10　　（转移到顺序号为 N10 的程序段）

例如，♯100＝50

GOTO♯100　　（转移到由变量♯100 指定的程序段号为 N50 的程序段）

心动不如行动，看看修改后的程序：

♯1＝42	（直径♯1 赋值）
♯2＝30	（长度♯2 赋值）
♯3＝50	（毛坯直径♯3 赋值）
♯4＝♯3－2	（加工 X 值赋初值）
N1 G00 X♯4 Z2	（从 A 点进刀到 B 点）
G01 Z－♯2 F0.1	（从 B 点切削到 C 点）
G00 X[♯4＋10]	（从 C 点退刀到 D 点）
Z2	（从 D 点返回到 A 点）
♯4＝♯4－2	（加工 X 值递减 2mm）
GOTO1	（无条件跳转到 N1 程序段）

将程序导入仿真软件中验证，结果如图 1-7 所示。

死循环！为什么？我们分析一下程序，执行第一次矩形循环的时候，♯4 的值为 48(♯3－2)，执行完后接着执行"♯4＝♯4－2"程序段，♯4 的值变成了 46，然后执行"GOTO1"程序跳转到 N1 程序段开始执行第二次矩形循环，接着执行"♯4＝♯4－2"，♯4 的值从 46 变成了 44，再次执行"GOTO1"跳转到 N1 程序段开始执行第三次矩形循环，然后♯4 的值为42 的时候执行第四次矩形循环，♯4 的值为 40 的时候执行第五次矩形循环……停不下来，程序陷入了死循环！

（2）条件转移指令（IF 语句）

指令格式：IF＋[条件表达式]＋GOTO＋目标程序段号（不带 N）

图 1-7 仿真验证结果

当条件满足时，转移到指定程序段号的程序段，如果条件不满足则执行下一程序段。

例如下程序，如果变量♯1的值大于10（条件满足），转移到程序段号为N100的程序段，如果条件不满足则执行N20程序段。

N10 IF [♯1GT10] GOTO100

N20 G00 X70 Y20

……

N100 G00 G91 X10

① 条件表达式　条件表达式必须包括运算符号，运算符插在两个变量或变量和常数之间，并且用方括号封闭。表达式可以替代变量。

② 运算符　运算符由2个字母组成，用于两个值的比较，以决定它们的大小或相等关系。注意不能使用不等号。表1-3为运算符含义。

表 1-3　运算符含义

运算符	含义	运算符	含义
EQ	等于（＝）	NE	不等于（≠）
GT	大于（＞）	GE	大于或等于（≥）
LT	小于（＜）	LE	小于或等于（≤）

采用条件转移指令（IF语句）修改后的程序如下，仿真验证结果如图1-8所示。

♯1＝42　　　　　　（直径♯1赋值）

♯2＝30　　　　　　（长度♯2赋值）

♯3＝50　　　　　　（毛坯直径♯3赋值）

♯4＝♯3－2　　　　（加工X值赋初值）

N1 G00 X♯4 Z2　　（从A点进刀到B点）

　G01 Z－♯2 F0.1　（从B点切削到C点）

　G00 X[♯4＋10]　 （从C点退刀到D点）

　Z2　　　　　　　（从D点返回到A点）

♯4＝♯4－2　　　　（加工X值递减2mm）

IF[♯4LT♯1] GOTO2　（如果♯4小于♯1程序跳转到N2程序段）

GOTO1　　　　　　（无条件跳转到N1程序段）

N2　　　　　　　　（程序段号N2，跳转标记）

当然也可以修改为如下程序，仿真验证结果如图1-9所示：

♯1＝42　　　　　　（直径♯1赋值）

♯2＝30　　　　　　（长度♯2赋值）

♯3＝50　　　　　　（毛坯直径♯3赋值）

♯4＝♯3－2　　　　（加工X值赋初值）

N1 G00 X♯4 Z2　　（从A点进刀到B点）

```
    G01 Z-#2 F0.1          (从 B 点切削到 C 点)
    G00 X[#4+10]           (从 C 点退刀到 D 点)
    Z2                     (从 D 点返回到 A 点)
#4=#4-2                    (加工 X 值递减 2mm)
IF[#4GE#1]GOTO1           (如果#4大于等于#1程序跳转到 N1 程序段)
```

图 1-8 修改程序后仿真验证结果 1

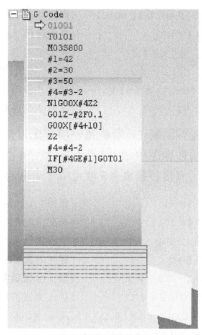

图 1-9 修改程序后仿真验证结果 2

  细心的你能发现两个程序中条件跳转程序段中的区别吗？一个向前跳转，一个向后跳转，一个是"LT"小于，另一个是"GE"大于等于。简单来说就是若#4小于#1的时候不再执行矩形循环加工，若#4大于等于#1就继续执行矩形循环加工。

  若#1=41，即要求加工的最终直径值为ϕ41，上面的程序能完成预期加工目标吗？分析一下程序执行情况：

  当#4=48 时，执行第一次加工；

  当#4=46 时，执行第二次加工；

  当#4=44 时，执行第三次加工；

  当#4=42 时，执行第四次加工；

  当#4=40 时，不再执行；

  也就是说只加工到ϕ42时结束了，程序并没有加工到预期的ϕ41。

  一种看似最简便的解决方法是将原程序中的"#4=#4-2"程序段修改为"#4=#4-1"，即每一层的背吃刀量修改为 1mm，但这样修改后的程序适应性并不强，例如若#1=40.5，程序又不能保证加工到规定尺寸了。下面是修改后的程序，注意字体加粗的两个程序段。

```
#1=41                     (直径#1赋值)
#2=30                     (长度#2赋值)
#3=50                     (毛坯直径#3赋值)
```

```
#4=#3-2                  (加工 X 值赋初值)
N1 G00 X#4 Z2            (从 A 点进刀到 B 点)
   G01 Z-#2 F0.2         (从 B 点切削到 C 点)
   G00 X[#4+10]          (从 C 点退刀到 D 点)
   Z2                    (从 D 点返回到 A 点)
#4=#4-2                  (加工 X 值递减 2mm)
IF[#4GT#1] GOTO1         (如果#4 大于#1 程序跳转到 N1 程序段)
#4=#1                    (将最终尺寸直接赋值给#4,然后执行精加工)
   G00 X#4 Z2            (从 A 点进刀到 B 点)
   G01 Z-#2 F0.1         (从 B 点切削到 C 点)
   G00 X[#4+10]          (从 C 点退刀到 D 点)
   Z2                    (从 D 点返回到 A 点)
```

延伸问题 1：若将每一层背吃刀量设为#5，程序如何修改？

前面程序中"#4=#3-2"和"#4=#4-2"程序段中的"2"就表示切削层的背吃刀量，直接替换成#5 就可以了，程序如下（别忘了给#5 赋初值）：

```
#1=41                    (直径#1 赋值)
#2=30                    (长度#2 赋值)
#3=50                    (毛坯直径#3 赋值)
#5=2                     (背吃刀量#5 赋初值)
#4=#3-#5                 (加工 X 值赋初值)
N1 G00 X#4 Z2            (从 A 点进刀到 B 点)
   G01 Z-#2 F0.2         (从 B 点切削到 C 点)
   G00 X[#4+10]          (从 C 点退刀到 D 点)
   Z2                    (从 D 点返回到 A 点)
#4=#4-#5                 (加工 X 值递减#5)
IF[#4GT#1] GOTO1         (如果#4 大于#1 程序跳转到 N1 程序段)
#4=#1                    (将最终尺寸直接赋值给#4,然后执行精加工)
   G00 X#4 Z2            (从 A 点进刀到 B 点)
   G01 Z-#2 F0.1         (从 B 点切削到 C 点)
   G00 X[#4+10]          (从 C 点退刀到 D 点)
   Z2                    (从 D 点返回到 A 点)
```

类似的，进给速度 F 后面的值也可以用变量代替，还可以根据粗精加工赋给不同的值。

延伸问题 2：若要求粗精加工取不同的背吃刀量，程序如何修改？例如：

若加工余量大于 3，背吃刀量#5=3；

若加工余量大于 2，背吃刀量#5=2；

若加工余量大于 1，背吃刀量#5=1；

若加工余量大于 0.5，背吃刀量#5=0.5；

若加工余量小于等于 0.5，直接精加工。

(3) 另一种 IF 条件转移语句

指令格式：IF+[条件表达式]+THEN+宏程序语句

当条件表达式满足时，执行预先决定的宏程序语句。例如执行程序段 IF[#1EQ#2] THEN#3=0，该程序段的含义是如果#1 和#2 的值相等，则将 0 赋给#3。

将上面的要求转换成程序就是：

IF [[♯4－♯1]GT3] THEN ♯5＝3   （如果加工余量大于 3,背吃刀量♯5＝3）

IF [[♯4－♯1]GT2] THEN ♯5＝2   （如果加工余量大于 2,背吃刀量♯5＝2）

IF [[♯4－♯1]GT1] THEN ♯5＝1   （如果加工余量大于 1,背吃刀量♯5＝1）

IF [[♯4－♯1]GT0.5] THEN ♯5＝0.5   （如果加工余量大于 0.5,背吃刀量♯5＝0.5）

IF [[♯4－♯1]LE0.5] THEN ♯5＝♯4－♯1   （如果加工余量小于等于 0.5,直接取精加工值）

采用表 1-4 特值法检验一下程序是否正确。

表 1-4　特值法检验程序

项目	加工余量为 4	加工余量为 2	加工余量为 0.4
IF [[♯4－♯1]GT3] THEN ♯5＝3	满足条件,♯5＝3	不满足	不满足
IF [[♯4－♯1]GT2] THEN ♯5＝2	满足条件,♯5＝2	不满足	不满足
IF [[♯4－♯1]GT1] THEN ♯5＝1	满足条件,♯5＝1	满足,♯5＝1	不满足
IF [[♯4－♯1]GT0.5] THEN ♯5＝0.5	满足条件,♯5＝0.5	满足,♯5＝0.5	不满足
IF [[♯4－♯1]LE0.5] THEN ♯5＝♯4－♯1	条件不满足	条件不满足	满足
最终取值	♯5＝0.5	♯5＝0.5	♯5＝♯4－♯1

通过表 1-4 特值法验证，我们发现，若加工余量为 4 时（即♯4－♯1 的值为 4），期望背吃刀量取值 3（如图 1-10 所示），但实际最终程序执行结果却是 0.5，与期望不符合。

图 1-10　背吃刀量取值

其实我们只需要将程序调换一下先后顺序即可。

IF[[♯4－♯1]LE0.5] THEN ♯5＝♯4－♯1   （如果加工余量小于等于 0.5,直接取精加工值）

IF [[♯4－♯1]GT0.5] THEN ♯5＝0.5   （如果加工余量大于 0.5,背吃刀量♯5＝0.5）

IF [[♯4－♯1]GT1] THEN ♯5＝1   （如果加工余量大于 1,背吃刀量♯5＝1）

IF [[♯4－♯1]GT2] THEN ♯5＝2   （如果加工余量大于 2,背吃刀量♯5＝2）

IF [[♯4－♯1]GT3] THEN ♯5＝3   （如果加工余量大于 3,背吃刀量♯5＝3）

整合一下：

♯1＝41	(直径♯1 赋值)
♯2＝30	(长度♯2 赋值)
♯3＝50	(毛坯直径♯3 赋值)
♯4＝♯3	**(加工 X 值赋初值)**
IF[[♯4－♯1]LE0.5] THEN ♯5＝♯4－♯1	(如果加工余量小于等于 0.5,直接取精加工值)
IF[[♯4－♯1]GT0.5] THEN ♯5＝0.5	(如果加工余量大于 0.5,背吃刀量♯5＝0.5)
IF [[♯4－♯1]GT1] THEN ♯5＝1	(如果加工余量大于 1,背吃刀量♯5＝1)
IF [[♯4－♯1]GT2] THEN ♯5＝2	(如果加工余量大于 2,背吃刀量♯5＝2)
IF [[♯4－♯1]GT3] THEN ♯5＝3	(如果加工余量大于 3,背吃刀量♯5＝3)
♯4＝♯4－♯5	(加工 X 值递减♯5)
N1 G00 X♯4 Z2	(从 A 点进刀到 B 点)
G01 Z－♯2 F0.2	(从 B 点切削到 C 点)
G00 X[♯4＋10]	(从 C 点退刀到 D 点)
Z2	(从 D 点返回到 A 点)
IF [[♯4－♯1]LE0.5] THEN ♯5＝♯4－♯1	(如果加工余量小于等于 0.5,直接取精加工值)
IF [[♯4－♯1]GT0.5] THEN ♯5＝0.5	(如果加工余量大于 0.5,背吃刀量♯5＝0.5)
IF [[♯4－♯1]GT1] THEN ♯5＝1	(如果加工余量大于 1,背吃刀量♯5＝1)
IF [[♯4－♯1]GT2] THEN ♯5＝2	(如果加工余量大于 2,背吃刀量♯5＝2)
IF [[♯4－♯1]GT3] THEN ♯5＝3	(如果加工余量大于 3,背吃刀量♯5＝3)
♯4＝♯4－♯5	(加工 X 值递减♯5)
IF[♯4GT♯1] GOTO1	(如果♯4 大于♯1 程序跳转到 N1 程序段)
G00 X♯4 Z2	(从 A 点进刀到 B 点)
G01 Z－♯2 F0.1	(从 B 点切削到 C 点)
G00 X[♯4＋10]	(从 C 点退刀到 D 点)
Z2	(从 D 点返回到 A 点)

程序段"♯5＝♯4－♯1"的作用是把剩下的余量全部赋值给♯5,执行"♯4＝♯4－♯5"时使♯4 的值为♯1,也就是精加工。

优化一下程序结构,得到最终程序:

♯1＝41	(直径♯1 赋值)
♯2＝30	(长度♯2 赋值)
♯3＝50	(毛坯直径♯3 赋值)
♯4＝♯3	**(加工 X 值赋初值)**
N1IF [[♯4－♯1]LE0.5] THEN ♯5＝♯4－♯1	(如果加工余量小于等于 0.5,直接取精加工值)
IF [[♯4－♯1]GT0.5] THEN ♯5＝0.5	(如果加工余量大于 0.5,背吃刀量♯5＝0.5)
IF [[♯4－♯1]GT1] THEN ♯5＝1	(如果加工余量大于 1,背吃刀量♯5＝1)
IF [[♯4－♯1]GT2] THEN ♯5＝2	(如果加工余量大于 2,背吃刀量♯5＝2)
IF [[♯4－♯1]GT3] THEN ♯5＝3	(如果加工余量大于 3,背吃刀量♯5＝3)
♯4＝♯4－♯5	(加工 X 值递减♯5)
G00 X♯4 Z2	(从 A 点进刀到 B 点)
G01 Z－♯2 F0.2	(从 B 点切削到 C 点)
G00 X[♯4＋10]	(从 C 点退刀到 D 点)
Z2	(从 D 点返回到 A 点)
IF[♯4GT♯1] GOTO1	(如果♯4 大于♯1 程序跳转到 N1 程序段)

1.4 循环语句

继续外圆柱面的车削加工，前一节用条件转移 IF 语句实现了圆柱面的分层车削，本节采用循环指令（WHILE 语句）来编程实现。

循环指令（WHILE 语句）格式：

WHILE [条件表达式] DOm (m＝1、2、3);

……

ENDm;

当条件满足时，就循环执行 DO 与 END 之间的程序段（称循环体），当条件不满足时，就执行 END 后的下一个程序段。DO 和 END 后的数字 m 用于指定程序执行范围的识别号，该识别号只能在 1、2、3 中取值，否则系统报警。

例如下程序，如果变量♯1的值大于 10（条件满足），执行 N20 程序段，如果条件不满足则转移到程序段号为 N100 的程序段结束循环。

N10 WHILE [♯1GT10] DO1

N20 G00 X70 Y20

……

N100 END1

采用循环指令（WHILE 语句）编程如下：

♯1＝41	（直径♯1赋值）
♯2＝30	（长度♯2赋值）
♯3＝50	（毛坯直径♯3赋值）
♯4＝♯3	（加工 X 值赋初值）
WHILE [♯4GT♯1] DO1	**（条件判断）**
IF [[♯4－♯1]LE0.5] THEN ♯5＝♯4－♯1	（如果加工余量小于等于 0.5,直接取精加工值）
IF [[♯4－♯1]GT0.5] THEN ♯5＝0.5	（如果加工余量大于 0.5,背吃刀量♯5＝0.5）
IF [[♯4－♯1]GT1] THEN ♯5＝1	（如果加工余量大于 1,背吃刀量♯5＝1）
IF [[♯4－♯1]GT2] THEN ♯5＝2	（如果加工余量大于 2,背吃刀量♯5＝2）
IF [[♯4－♯1]GT3] THEN ♯5＝3	（如果加工余量大于 3,背吃刀量♯5＝3）
♯4＝♯4－♯5	（加工 X 值递减♯5）
G00 X♯4 Z2	（从 A 点进刀到 B 点）
G01 Z－♯2 F0.2	（从 B 点切削到 C 点）
G00 X[♯4＋10]	（从 C 点退刀到 D 点）
Z2	（从 D 点返回到 A 点）
END1	**（循环体 1 结束）**

对比 IF 语句编写的程序，程序结构没有变化，只是语句格式与运用上的区别。

归纳整理下，一个完整的宏程序可大致分为零件加工、变量赋值、程序运算三大基本部分，如表 1-5 所示。

表 1-5　宏程序的三大基本部分

三大基本部分		示　　例	
零件加工部分		G00 X♯4 Z2 G01 Z-♯2 F0.2 G00 X[♯4+10] Z2	（从 A 点进刀到 B 点） （从 B 点切削到 C 点） （从 C 点退刀到 D 点） （从 D 点返回到 A 点）
变量赋值部分	直接参数,一经赋值在程序中是固定不变的,如例题程序中的圆柱直径、长度、毛坯直径等原始数据	♯1=41 ♯2=30 ♯3=50	（直径♯1赋值） （长度♯2赋值） （毛坯直径♯3赋值）
	间接参数,在程序中是可能变化的,如例题程序中的背吃刀量、加工 X 值、F 值等	♯4=♯3 ♯5=3 ♯4=♯4-♯5	（加工 X 值赋初值） （背吃刀量♯5=3） （加工 X 值递减♯5）
程序运算部分		WHILE[♯4GT♯1]DO1 　IF[[♯4-♯1]LE0.5]THEN ♯5=♯4-♯1 　IF[[♯4-♯1]GT0.5]THEN ♯5=0.5 　IF[[♯4-♯1]GT1]THEN ♯5=1 　IF[[♯4-♯1]GT2]THEN ♯5=2 　IF[[♯4-♯1]GT3]THEN ♯5=3 END1	（条件判断） （如果加工余量小于等于 0.5,直接取精加工值） （如果加工余量大于 0.5,背吃刀量♯5=0.5） （如果加工余量大于 1,背吃刀量♯5=1） （如果加工余量大于 2,背吃刀量♯5=2） （如果加工余量大于 3,背吃刀量♯5=3） （循环体 1 结束）

对于具有代表性的典型加工特征,我们可以建立如图 1-11 所示的几何参数模型,事先编制好对应的宏程序,需要的时候直接修改图中参数对应的变量赋值即可使用。图中中部为

ⓓ	ⓐ	ⓛ	Ⓩ
毛坯直径	工件直径	工件长度	右端面Z坐标值

图 1-11　外圆柱面车削加工几何参数模型

加工零件的几何参数模型，涉及的几何参数均做了对应标注（如图中的 D、d、L），图中下方表格中给出了参数对应的名称（如 D 表示毛坯直径），图中右下方文字为本参数模型的名称（如图中"外圆柱面车削加工几何参数模型"），图中右边正方形框中表示可适用的加工场合（如本图适用于加工"光轴"或"台阶轴"）。

对应宏程序如下：

```
#1=41                                      （工件直径 d 赋值）
#2=30                                      （工件长度 L 赋值）
#3=50                                      （毛坯直径 D 赋值）
#4=0                                       （工件右端面 Z 坐标值）
#5=0.2                                     （进给速度赋值）
#10=#3                                     （加工 X 值赋初值）
WHILE [#10GT#1] DO1                        （条件判断）
    IF[[#10-#1]LE0.5] THEN #11=#10-#1      （如果加工余量小于等于 0.5,直接取精加工值）
    IF[[#10-#1]GT0.5] THEN #11=0.5         （如果加工余量大于 0.5,背吃刀量值 0.5）
    IF[[#10-#1]GT1] THEN #11=1             （如果加工余量大于 1,背吃刀量值 1）
    IF[[#10-#1]GT2] THEN #11=2             （如果加工余量大于 2,背吃刀量值 2）
    IF[[#10-#1]GT3] THEN #11=3             （如果加工余量大于 3,背吃刀量值 3）
    #10=#10-#11                            （加工 X 值递减）
    G00 X#10 Z[#4+2]                       （从 A 点进刀到 B 点）
    G01 Z-[#4+#2] F#5                      （从 B 点切削到 C 点）
    G00 X[#10+10]                          （从 C 点退刀到 D 点）
    Z2                                     （从 D 点返回到 A 点）
END1                                       （循环体 1 结束）
```

仿真加工结果如图 1-12 所示。

补充几个循环指令 WHILE 语句的知识：

（1）嵌套

① 在 DO-END 循环中的识别号（1~3）可根据需要多次使用。

② 不能交叉执行 DO 语句，如下的书写格式是错误的：

```
⌈WHILE [……] DO1
|……
|WHILE [……] DO2
|……
|END1
⌊END2
```

③ 嵌套层数最多 3 级，如下的书写格式是正确的：

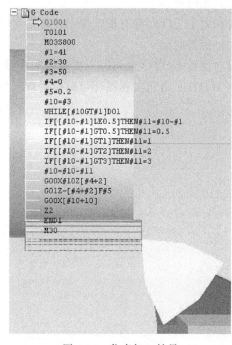

图 1-12　仿真加工结果

```
WHILE [……] DO1
......
    WHILE [……] DO2
        ......
        WHILE [……] DO3
            ......
            END3
    ......
    END2
......
END1
```

④ 可以在循环内转跳到循环外，如下的书写格式是正确的：

```
WHILE [……] DO1
IF [……] GOTOn
......
END1
Nn ......
```

⑤ 不可以在循环内跳到循环内，如下的书写格式是错误的：

```
IF [……] GOTO n
......
WHILE [……] DO1
Nn ......
END1
```

（2）无限循环

若指定了 DO 而没有指定 WHILE 语句时，循环将在 DO 和 END 之间无限期执行下去。

（3）执行时间

程序执行 GOTO 语句时，要进行顺序号的搜索，反向执行的时间比正向执行的时间长，因此用 WHILE 语句实现循环可减少处理时间。

第2章

外圆锥面车削

数控车削加工如图 2-1 所示外圆锥面，设毛坯直径 $\phi42$，试编制宏程序加工。

图 2-1　外圆锥面

建立如图 2-2 所示外圆锥面车削加工几何参数模型，毛坯直径 A，长度 L，圆锥大径 D，圆锥小径 d。

Ⓐ	Ⓓ	ⓓ	Ⓛ	Ⓩ
毛坯直径	圆锥大径	圆锥小径	工件长度	右端面Z坐标值

图 2-2　外圆锥面车削加工几何参数模型

首先给相关参数赋值：

＃1＝42	（毛坯直径 A 赋值）
＃2＝40	（圆锥大径 D 赋值）
＃3＝30	（圆锥小径 d 赋值）
＃4＝50	（圆锥长度 L 赋值）
＃5＝0	（圆锥右端面 Z 坐标为 0）
＃6＝[＃2－＃3]/＃4	（圆锥锥度计算）

#7=0.2   （进给速度 F 赋值）

精加工路线如图 2-3 所示 $A \rightarrow B \rightarrow C \rightarrow D \rightarrow A$，编制精加工部分程序：

G00 X[#3－2*#6] Z[#5+2]   （进刀到 B 点）

G01 X#2 Z－[#5+#4] F#7   （切削到 C 点）

G00 U10   （退刀到 D 点）

Z[#5+2]   （返回 A 点）

为什么 B 点的 X 值为 "#3－2*#6"？在图 2-4 中，将圆锥面延伸 2mm 到 B 点，得到左段长为 L 的圆锥与右端长为 2 的圆锥锥度相等，所以有：

图 2-3　精加工路线

图 2-4　圆锥参数示意图

$$C = \frac{D-d}{L} = \frac{d-X_B}{2}$$

解得 B 点的 X 坐标值：$X_B = d - 2C = d - 2\dfrac{D-d}{L}$，所以 B 点的 X 值用宏程序表示为 "#3－2*#6"，其中#6 为圆锥锥度值。

将变量赋值和精加工两部分程序 "组装" 起来就可以用宏程序实现精加工了，结果如图 2-5

图 2-5　精加工仿真结果

所示。

接下来可以通过平移如图 2-3 所示 $A \rightarrow B \rightarrow C \rightarrow D \rightarrow A$ 梯形路线，分层切削实现该圆锥面的粗精加工，分析几何参数模型可得总加工余量为毛坯直径 A-圆锥小径 d。以加工余量为变量，采用 WHILE 循环语句编制加工程序如下，程序中加粗部分可看作宏程序三个基本部分中的程序运算部分：

```
＃1＝42                              (毛坯直径 A 赋值)
＃2＝40                              (圆锥大径 D 赋值)
＃3＝30                              (圆锥小径 d 赋值)
＃4＝50                              (圆锥长度 L 赋值)
＃5＝0                               (圆锥右端面 Z 坐标为 0)
＃6＝[＃2－＃3]/＃4                    (圆锥锥度计算)
＃7＝0.2                             (进给速度 F 赋值)
＃10＝＃1－＃3                         (加工余量值计算)
WHILE[＃10GT0]DO1                   (循环条件判断)
    ＃10＝＃10－1                      (加工余量递减)
    IF[[＃10＋1]LT1]THEN＃10＝0        (判断加工余量是否少于 1，若少于 1 直接精加工)
    G00 X[＃3－2＊＃6＋＃10] Z[＃5＋2]    (进刀到 B 点)
    G01 X[＃2＋＃10] Z－[＃5＋＃4] F＃7   (切削到 C 点)
    G00 U10                         (退刀到 D 点)
    Z[＃5＋2]                         (返回 A 点)
END1                                (循环体 1 结束)
```

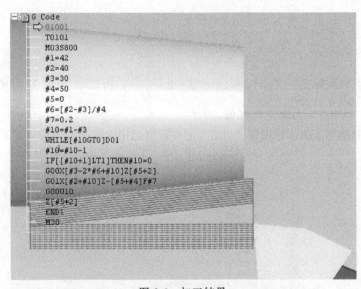

图 2-6 加工结果

试试也用宏程序的三个基本部分"组装"属于自己的程序吧！

第 3 章

程序格式与结构

我们暂停一下编程加工的脚步，学习学习关于宏程序格式与结构的知识。

3.1 程序格式

（1）变量与参数

SIEMENS 数控系统中的宏程序称为"参数编程"，因为其程序中用形如"Ri"的形式表示，称为 R 参数。常见数控系统中除 SIEMENS 数控系统中"变量"用形如"Ri"的形式表示，称为 R 参数外，其他系统都用形如"$\sharp i$"的形式表示，称为变量。虽然叫法不同，书写格式有区别，但不同的数控系统的宏程序编程思想与使用方法基本一致，只需要注意其细微差别，仔细检查具体数控系统和机床使用手册，并在需要的地方做出更改即可。

本书编程以 FANUC 系统为主讲解，兼顾另外两种比较具有代表性的华中和 SIEMENS 数控系统，但并不会每一个程序都给出三种系统的程序，需要详细对比学习其他系统宏程序的读者可看笔者其他著作。

（2）括号

括号在宏程序编程中用途广泛，可以将需要的部分括起来作为一个整体，也可以用来改变运算的先后顺序。以 FANUC 数控系统为代表的数控系统均以"［］"作为括号使用，而 SIEMENS 数控系统则以"（）"出现。

（3）转移与循环语句

不同数控系统的转移与循环语句格式也有区别，本章第 3.2、3.3 节将做相应介绍。

（4）条件运算符

表 3-1 为不同数控系统中的条件运算符。

表 3-1　不同数控系统中的条件运算符

含义	FANUC 系统	华中系统	SIEMENS 系统
等于（＝）	EQ	EQ	＝＝
不等于（≠）	NE	NE	<>
大于（＞）	GT	GT	＞
大于等于（≥）	GE	GE	＞＝
小于（＜）	LT	LT	＜
小于等于（≤）	LE	LE	<＝

（5）算术运算与三角函数

不同数控系统的算术运算格式相同，主要在函数运算中书写格式是有区别的，例如三角函数中华中系统只支持弧度计算，也就是说华中系统中涉及的角度只能以弧度形式表示，其转换公式为：

$$1\text{rad} = \left(\frac{180}{\pi}\right)^{\circ}$$

$$1^{\circ} = \frac{\pi}{180}\text{rad}$$

通常，华中、广数系统宏程序格式与 FANUC 系统更相似，SIEMENS 系统区别更大一些，表 3-2 对部分案例进行了比较。

表 3-2　不同数控系统的表示示例

数学表达式	FANUC 系统	华中系统	SIEMENS 系统
$\alpha=60°$	♯1＝60	♯1＝60	R1＝60
$\beta=30°$	♯2＝30	♯2＝30	R2＝30
$A=\alpha+\beta$	♯3＝♯1＋♯2	♯3＝♯1＋♯2	R3＝R1＋R2
$B=\sin60°$	♯4＝SIN[♯1]	♯4＝SIN[♯1＊PI/180]	R4＝SIN(R1)
$C=\cos60°$	♯5＝COS[♯1]	♯5＝COS[♯1＊PI/180]	R5＝COS(R1)
$D=\tan60°$	♯6＝TAN[♯1]	♯6＝TAN[♯1＊PI/180]	R6＝TAN(R1)

知识链接：

度量角的方法有角度制和弧度制两种。角度制就是用角的大小来度量角的大小的方法。在角度制中，我们把周角的 1/360 看作 1°，那么，半周就是 180°，一周就是 360°。由于 1°的大小不因为圆的大小而改变，所以角度大小是一个与圆的半径无关的量。

用弧长与半径之比度量对应圆心角角度的方式，叫做弧度制，用符号 rad 表示，读作弧度。等于半径长的圆弧所对的圆心角叫做 1 弧度的角。由于圆弧长短与圆半径之比，不因为圆的大小而改变，所以弧度数也是一个与圆的半径无关的量。角度以弧度给出时，通常习惯把弧度的单位省略。

一个完整的圆的弧度是 2π，所以它们之间的换算关系是：

$2\pi\text{rad}=360°$，$1\pi\text{rad}=180°$，$1°=\pi/180°\text{rad}$ ，$1\text{rad}=(180/\pi)°\approx57.30°=57°18'$

总结角度制与弧度制如表 3-3 所示。

表 3-3　角度制与弧度制的比较

项目		角度制	弧度制
度量单位		度（60 进制，$1°=60'$，$1'=60''$）	弧度（10 进制）
单位规定		圆周角的 1/360 叫做 1 度的角	长度等于半径长的弧所对的圆心角叫做 1 弧度的角
换算关系	基本关系	$360°=2\pi\text{rad}$ $180°=\pi\text{rad}$	
	导出关系	$1°=\dfrac{\pi}{180}\text{rad}\approx0.01745\text{rad}$ $1\text{rad}=\left(\dfrac{180}{\pi}\right)°\approx57.30°=57°18'$	

3.2　循环结构

（1）程序结构

采用结构化程序设计方法，程序结构清晰，易于阅读、测试、排错和修改。由于每个模块执行单一功能，模块间联系较少，使程序编制更简单，程序更可靠，而且增加了可维护性，每个模块可以独立编制、测试。

结构化程序设计主要由以下三种逻辑结构组成：

① 顺序结构：顺序结构是一种线性、有序的结构，它依次执行各语句模块。

② 循环结构：循环结构是重复执行一个或几个模块，直到满足某一条件为止。

③ 选择结构：选择结构是根据条件成立与否选择程序执行的通路。

打个比方，顺序结构就像交通标志（图 3-1）中的直行，循环结构像环岛，选择结构像左转或右转路口。

图 3-1 交通标志

本节我们使用循环结构编程完成"从 1 到 10 的累加"。

（2）FANUC 数控系统实现"从 1 到 10 的累加"编程

编程思路（算法）主要有两种，分析如下。

① 最原始方法：

步骤 1：先求 1+2，得到结果 3。

步骤 2：将步骤 1 得到的和 3 再加 3，得到结果 6。

步骤 3：将步骤 2 得到的和 6 再加 4，得到结果 10。

步骤 4：依次将前一步计算得到的和加上加数，直到加到 10 得到最终结果。

这样的算法虽然正确，但太烦琐。

② 改进后的编程思路：

步骤 1：使变量 #1＝0。

步骤 2：使变量 #2＝1。

步骤 3：计算 #1＋#2，和仍然储存在变量 #1 中，可表示为 #1＝#1＋#2。

步骤 4：使 #2 的值加 1，即 #2＝#2+1。

步骤 5：如果 #2≤10，返回重新执行步骤 3 以及其后的步骤 4 和步骤 5，否则结束执行。

利用改进后的编程思路，求 1～100 各整数总和时，只需将第 5 步 #2≤10 改成 #2≤100 即可。

如果求 1×3×5×7×9×11 的乘积，编程也只需做很少的改动：

步骤 1：使变量 #1＝1。

步骤 2：使变量 #2＝3。

步骤 3：计算 #1×#2，表示为 #1＝#1*#2。

步骤 4：使 #2 的值+2，即 #2＝#2+2。

步骤 5：如果 #2≤11，返回重新执行步骤 3 以及其后的步骤 4 和步骤 5，否则结束执行。

该编程思路不仅正确，而且是计算机较好的算法，因为计算机是高速运算的自动机器，实现循环轻而易举。采用该编程思路编程如下。

采用 WHILE 语句编制程序 1：

#1=0   （存储和的变量赋初值 0）

#2=1   （计数器赋初值 1,从 1 开始）

```
WHILE [#2LE10] DO1          (如果计数器值小于或等于 10 执行循环)
  #1=#1+#2                  (求和)
  #2=#2+1                   (计数器加 1,即求下一个被加的数)
END1                        (结束循环)
```

采用 IF 语句编制程序 2：

```
#1=0                        (存储和的变量赋初值 0)
#2=1                        (计数器赋初值 1,从 1 开始)
N1                          (程序跳转标记符)
IF[#2GT10] GOTO2            (条件判断)
  #1=#1+#2                  (求和)
  #2=#2+1                   (计数器加 1,即求下一个被加的数)
GOTO1                       (无条件跳转到程序段 N1)
N2                          (程序跳转目标程序段 N2)
```

稍作修改，编制程序 3：

```
#1=0                        (存储和的变量赋初值 0)
#2=1                        (计数器赋初值 1,从 1 开始)
N1                          (程序跳转标记符)
  #1=#1+#2                  (求和)
  #2=#2+1                   (计数器加 1,即求下一个被加的数)
IF [#2LE10] GOTO1           (如果计数器值小于等于 10,转移到 N1 程序段)
```

思考题：从 1 到 10 的累加的和存在变量 #1 还是在 #2 里了？

（3）华中数控系统实现"从 1 到 10 的累加"编程

华中数控系统条件循环指令（WHILE 语句）指令格式：

```
WHILE 条件表达式
  条件成立循环执行的语句
ENDW
```

条件循环指令用于指令条件成立时执行 WHILE 与
ENDW 之间的程序，然后返回到 WHILE 再次判断条件，直
到条件不成立才跳到 ENDW 后面。WHILE 语句的执行流程
如图 3-2 所示。

例如，

```
#2=30              (#2 赋初值)
WHILE #2GT0        (如果 #2 大于 0)
  G91 G01 X10      (条件成立就执行)
  #2=#2-3          (修改变量 #2 的值)
ENDW               (返回)
G90 G00 Z50        (当条件不成立时跳到本程序段开始执行)
```

WHILE 语句中必须有修改条件变量值的语句，使得循
环若干次后条件变为"不成立"而退出循环，否则就会成为
死循环。

图 3-2 WHILE…ENDW 流程图

采用 WHILE 语句编制"从 1 到 10 的累加"的程序如下：

```
#1＝0              (存储和的变量赋初值 0)
#2＝1              (计数器赋初值 1,从 1 开始)
WHILE #2LE10      (如果计数器值小于或等于 10 执行循环)
  #1＝#1＋#2        (求和)
  #2＝#2＋1         (计数器加 1,即求下一个被加的数)
ENDW              (结束循环)
```

（4）SIEMENS 数控系统实现"从 1 到 10 的累加"编程

机床在执行加工程序时，是按照程序段的输入顺序来运行的，与所写的程序段号的大小无关，有时零件的加工程序比较复杂，涉及一些逻辑关系，程序在运行时可以通过插入程序跳转指令改变执行顺序，来实现程序的分支运行。跳转目标只能是有标记符或程序段号的程序段，该程序段必须在此程序之内。

程序跳转指令有两种：一种为绝对跳转（又称为无条件跳转），另一种为有条件跳转，经常用到的是条件跳转指令。绝对跳转指令必须占用一个独立的程序段。

① 绝对跳转

a. GOTOF 跳转标记　表示向前跳转，即向程序结束的方向跳转。

b. GOTOB 跳转标记　表示向后跳转，即向程序开始的方向跳转（图 3-3）。

```
N10  ……
N20  ……
N30  GOTOB N20
N40  ……
N50  GOTOF N70
N60  ……
N70  ……
```

Behind(后面)

Front(前面)

图 3-3　跳转方向

c. 绝对跳转指令功能　通过缺省、主程序、子程序、循环以及中断程序依次执行被编程的程序段，程序跳转可修改此顺序。

d. 操作顺序　带用户指定名的跳转目的可以在程序中编程，GOTOF 与 GOTOB 命令可用于在同一程序内从其他点分出跳转目的点，然后程序随着跳转目的而立即恢复执行。

e. 程序跳转目标　程序跳转功能可以实现程序运行分支，标记符或程序段号用于标记程序中所跳转的目标程序段，标记符可以自由选取，在一个程序中，标记符不能有其他意义。在使用中必须注意以下四点：

• 标记符或程序段号用于标记程序中所跳转的目标程序段，用跳转功能可以实现程序运行分支。

• 标记符可以自由选择，但必须由 2～8 个字母或数字组成，其中开始两个符号必须是字母或下划线。但要注意的是：标记符应避免与 SINUMERIK 802D 中已有固定功能（已经定义）的字或词相同，如 MIRROR、X 等。

• 跳转目标程序中标记符后面必须为冒号，且标记符应位于程序段段首。如果程序段有段号，则标记符紧跟着段号。

• SINUMERIK 802D 数控系统具有程序段号整理功能，所以不推荐使用程序段号作为程序跳转目标。

编程示例：

```
N10    LABEL1:G01 X20            （LABEL1 为标记符,跳转目标程序段有段号）
……
TR789:G00 X10 Z20               （TR789 为标记符,跳转目标程序段没有段号）
……
N100   ……                      （程序段号也可以是跳转目标）
```

f. 绝对跳转示例　跳转所选的字符串用于标记符（跳转标记）或程序段号。因为 SINU-MERIK 802D 数控系统具有程序段号整理功能，所以不推荐使用程序段号跳转。

```
N10    G90 G54 G00 X20 Y30
……
N40    GOTOF AAA                 （向前跳转到标记符为 AAA 的程序段）
……
N90    AAA:R2＝R2＋1             （标记符为 AAA 的程序段）
N100   GOTOF BBB                 （向前跳转到标记符为 BBB 的程序段）
……
N160   CCC:IF R5＝＝100 GOTOF BBB （标记符为 CCC 的程序段,条件满足时跳转向标记符 BBB 的程序段）
N170   M30
N180   BBB:R5＝50                （标记符为 BBB 的程序段）
……
N240   GOTOBN160                 （向后跳转到 N160 程序段）
```

② 有条件跳转　用 IF 条件语句表示有条件跳转。如果满足跳转条件（条件表达式成立，条件在设定范围），则进行跳转。跳转目标只能是有标记符或程序段号的程序段。该程序段必须在此程序之内。使用了条件跳转后有时会使程序得到明显的简化，程序语句执行的流向变得更清晰。

有条件跳转指令要求一个独立的程序段，在一个程序段中可以有许多个条件跳转指令。

a. 编程指令格式

• IF 判断条件 GOTOF 跳转标记。
• IF 判断条件 GOTOB 跳转标记。

b. 指令说明　IF 为引入跳转条件导入符，后面的条件是计算参数变量，用于条件表述的计算表达式比较运算；GOTOF 为跳转方向，表示向前（向程序结束的方向）跳转；GOTOB 为跳转方向，表示向后（向程序开始的方向）跳转；跳转标记所选的字符串用于标记符或程序段号。

c. 比较运算　在 SINUMERIK 802D 数控系统中，比较运算经常出现在程序分支的程序语句判断中。常用的比较运算符号见表 3-4。

表 3-4　常用的比较运算符号

运算符号	意义	运算符号	意义
<>	不等于	==	等于
>	大于	>=	大于等于
<	小于	<=	小于等于

用比较运算表示跳转条件，计算表达式也可用于比较运算。比较运算的结果有两种，一种为"满足"，另一种为"不满足"。当比较运算的结果为"不满足"时，该运算结果值为零。

跳转条件示例如下：

IF R1>R2 GOTOF MARKE1　　　　　　　　　　（如果 R1 大于 R2,则跳转到 MARKE1）

IF R7<=(R8+R9) * 743 GOTOB MARKE1　　　　（作为条件的复合表达式）

IF R10 GOTOF MARKE1　　　　　　　　　　　（允许确定一个变量。如果变量值为 0(假),条件就不能满足;对于所有其他值,条件为真）

IF R1==0 GOTOF MARKE1 IF R1==1 GOTOF MARKE2　（同意程序段中的几个条件）

程序举例如下：

N10　G90 G54 G00 X20 Y30

……

N40　R1=10 R2=15　　　　　　　　　　　　　（R 参数赋初值）

N50　AAA:　　　　　　　　　　　　　　　　　（跳转标记）

……

N90　R1=R1+R2　　　　　　　　　　　　　　（参数值变化）

N100　IF R1<=100 GOTOB AAA　　　　　　　　（跳转条件判断）

……

N170　M30　　　　　　　　　　　　　　　　　（程序结束）

下面是另外一个示例：

N10　R1=30 R2=60 R3=10 R4=11 R5=50 R6=20　（初始值的分配）

N20　MA1:G00 X=R2 * COS(R1)+R5 Y=R2 * SIN(R1)+R6　（计算并分配给轴地址）

N30　R1=R1+R3 R4=R4-1　　　　　　　　　　（变量确定）

N40　IF R4>0 GOTOB MA1　　　　　　　　　　（跳转语句）

N50　M30　　　　　　　　　　　　　　　　　（程序结束）

采用 SIEMENS 数控系统实现"从 1 到 10 的累加"编程如下：

R1=0　　　　　　　　　　　　　　　　　　　（存储和的变量赋初值 0）

R2=1　　　　　　　　　　　　　　　　　　　（计数器赋初值 1,从 1 开始）

AAA:　　　　　　　　　　　　　　　　　　　（跳转标记）

　R1=R1+R2　　　　　　　　　　　　　　　　（求和）

　R2=R2+1　　　　　　　　　　　　　　　　（计数器加 1,即求下一个被加的数）

IF R2<=10 GOTOB AAA　　　　　　　　　　　（如果计数器值小于或等于 10 执行循环）

3.3 选择结构

(1) 二选一

当 ♯1＝0 时，♯2＝50；而当 ♯1≠0 时，♯2＝100，试编程实现。

这是一个典型的选择执行（二选一）结构，条件成立时仅执行程序 A，条件不成立则仅执行程序 B，下面分别用三种数控系统尽可能多的方式来编程实现。

① FANUC 宏程序

```
♯2＝50
IF [♯1EQ0] GOTO1
♯2＝100
N1
```

或者：

```
IF [♯1EQ0] THEN ♯2＝50
IF [♯1NE0] THEN ♯2＝100
```

② 华中宏程序　需要选择性地执行程序就要用条件分支指令（IF 语句），其指令格式有如下两种。

指令格式 1：（条件成立则执行）

```
IF 条件表达式
    条件成立执行的语句组
ENDIF
```

该指令格式的作用是条件成立时执行 IF 与 ENDIF 之间的程序，不成立就跳过。其中"IF"和"ENDIF"称为关键词，IF 为开始标识，ENDIF 为结束标识，不区分大小写。

例如，

```
IF ♯1EQ10                        (如果♯1＝10)
    M99                          (若条件成立则执行本程序段,子程序返回)
ENDIF                            (若条件不成立则跳到此句后面)
```

又例如，

```
IF ♯1LT10 AND ♯1GT0             (如果♯1 小于 10 且♯1 大于 0)
    G01 X20                      (若条件成立则执行直线插补)
    Z15                          (继续执行)
ENDIF                            (若条件不成立则跳到此句后面)
```

指令格式 2：（二选一，选择执行）

```
IF 条件表达式
    条件成立执行的语句组
ELSE
    条件不成立执行的语句组
ENDIF
```

例如，

```
IF ＃51LT20                      (条件判断,如果＃51 小于 20)
  G91 G01 X10 F250              (若条件成立则执行本程序段)
ELSE                            (否则,即条件不成立)
  G91 G01 X35 F200             (若条件不成立则执行本程序段)
ENDIF                           (条件结束)
```

该指令格式的作用是条件成立则执行 IF 与 ELSE 之间的程序，不成立就执行 ELSE 与 ENDIF 之间的程序。

IF 语句的执行流程如图 3-4(a)、（b）所示。

(a) IF…ENDIF流程图   (b) IF…ELSE…ENDIF流程图

图 3-4　程序流程控制

编制实现题目要求的程序如下：

```
IF ＃1EQ0                       (如果＃1＝0)
  ＃2＝50                        (若条件成立则执行本程序段,＃2＝50)
ENDIF                           (若条件不成立则跳到此句后面)
IF ＃1NE0                       (如果＃1≠0)
  ＃2＝100                       (若条件成立则执行本程序段,＃2＝100)
ENDIF                           (若条件不成立则跳到此句后面)
```

或者：

```
IF＃1EQ0                        (条件判断,如果＃1 等于 0)
  ＃2＝50                        (若条件成立则执行本程序段)
ELSE                            (否则,即条件不成立)
```

```
    #2＝100                          (若条件不成立则执行本程序段)
    ENDIF                           (条件结束)
```

③ SIEMENS 参数程序

```
    IF R1＝＝0 GOTOF AAA            (条件判断)
      R2＝100                       (若条件不成立执行本程序段)
    GOTOF BBB                       (无条件跳转)
    AAA：R2＝50                     (若条件成立执行本程序段)
    BBB：                           (跳转标记)
```

或者：

```
      R2＝50                        (参数 R2 赋初值)
    IF R1＝＝0 GOTOF AAA            (条件判断)
      R2＝100                       (若条件不成立执行本程序段)
    AAA：                           (跳转标记)
```

（2）多选一

如图 3-5 所示为一分段函数示意图，当 X 大于 10 时，Y 的值为 25，当 X 小于等于 -5 时，Y 的值为 10，X 大于 -5 且小于等于 10 时，Y 的值为 15，试编制一个根据具体的 X 值得出该函数 Y 值的程序。

图 3-5　分段函数

从题意分析，给定任意一个 X 值，Y 值为 25、15、10 三者之一，也就是"三选一"，图 3-6 给出了三选一流程控制条件关系示意图，首先根据条件拆分成 A、B 两块（二选一），然后在 B 范围内再次划分 2 份，进行第 2 次二选一，得到 C、D 两块，这样就在一个整体范围内实现了 A、C、D 三部分之间的选择，即三选一。更多部分的选一实现方法类似。

图 3-6　三选一流程控制条件关系示意图

① FANUC 宏程序

♯10＝	(X 赋值)
♯11＝15	(X 大于－5 且小于等于 10 时 Y 的值 15 赋值给♯11)
IF [♯10LE－5] GOTO1	(条件判断)
IF [♯10GT10] GOTO2	(条件判断)
GOTO3	(无条件跳转)
N1 ♯11＝10	(赋值给♯11)
GOTO3	(无条件跳转)
N2 ♯11＝25	(赋值给♯11)
N3	(跳转标记符)

或者编程如下：

♯10＝	(X 赋值)
♯11＝15	(X 大于－5 且小于等于 10 时 Y 的值 15 赋值给♯11)
IF [♯10LE－5] THEN ♯11＝10	(X 小于等于－5 时将 Y 的值"10"赋值给♯11)
IF [♯10GT10] THEN ♯11＝25	(X 大于 10 时将 Y 的值"25"赋值给♯11)

② 华中宏程序

♯10＝	(X 赋值)
♯11＝15	(X 大于－5 且小于等于 10 时 Y 的值 15 赋值给♯11)
IF ♯10LE－5	(如果♯10 小于等于－5)
♯11＝10	(若条件成立则执行本程序段)
ENDIF	(若条件不成立则跳到此句后面)
IF ♯10GT10	(如果♯10 大于 10)
♯11＝25	(若条件成立则执行本程序段)
ENDIF	(若条件不成立则跳到此句后面)

或者：

♯10＝	(X 赋值)
IF♯10LE－5	(条件判断,如果♯10 小于等于－5)
♯11＝10	(若条件成立则执行本程序段)
ELSE	(否则,即条件不成立)
IF ♯10GT10	**(条件判断,如果♯10 大于 10)**
♯11＝25	**(若条件成立则执行本程序段)**
ELSE	**(否则,即条件不成立)**
♯11＝15	**(若条件不成立则执行本程序段)**
ENDIF	**(条件结束)**
ENDIF	(条件结束)

    本程序用了两组"IF…ELSE…ENDIF"语句，第一组将 X 坐标值划分成了小于等于－5 和大于－5 两个定义域范围，第二组（程序中加粗部分）在大于－5 范围内再次划分出了大于 10 和小于等于 10 到大于－5 两个定义域。

③ SIEMENS 参数程序

R10＝

```
IF R10>－5 GOTOF AAA              (若 R10 大于－5)
R11＝10                           (R11 赋值 10)
GOTOF CCC                        (无条件跳转)
AAA:                             (跳转标记符)
    IF R10>10 GOTOF BBB          (若 R10 大于 10)
    R11＝15                       (R11 赋值 15)
    GOTOF CCC                    (无条件跳转)
    BBB:                         (跳转标记符)
    R11＝25                       (R11 赋值 25)
CCC:                             (跳转标记)
```

上面程序段"IF R10＞10 GOTOF BBB"的判断条件"R10＞10"是在程序段"IF R10＞－5 GOTOF AAA"中"R10＞－5"范围内的再划分。将该程序进行如下修改也是正确的。

```
R10＝
IF R10>－5 GOTOF AAA              (若 R10 大于－5)
R11＝10                           (R11 赋值 10)
GOTOF CCC                        (无条件跳转)
AAA:                             (跳转标记符)
    IF R10<＝10 GOTOF BBB         (若 R10 小于等于 10)
    R11＝25                       (R11 赋值 25)
    GOTOF CCC                    (无条件跳转)
    BBB:                         (跳转标记符)
    R11＝15                       (R11 赋值 15)
CCC:                             (跳转标记)
```

下面两个练习题，请读者自行用选择结构编程实现吧。

某商店卖西瓜（图 3-7），一个西瓜的重量若在 4kg 以下，则销售价格为 0.6 元/kg；若在 4kg 或 4kg 以上，则售价为 0.8 元/kg，试编制一个根据西瓜重量确定具体售价的程序。

图 3-7 西瓜

要求若加工余量大于等于 4mm，背吃刀量取 3mm，若加工余量介于 4mm 和 1mm 之间，背吃刀量取 2mm，若加工余量小于等于 1mm，则背吃刀量取等于加工余量，试编制根据加工余量确定背吃刀量的宏程序。

总结一下，不同数控系统编程实现循环结构或者选择结构的思路是一致的，主要在于程序与指令格式的区别，请读者仔细体会。

第4章

沟槽

4.1 矩形窄槽

外沟槽根据形状可分为矩形槽（直槽）、梯形槽、圆弧槽、V形槽、燕尾槽、T形槽等。矩形槽又可以根据槽宽分为窄槽和宽槽，一般车削宽度较窄的矩形外沟槽时，可用刀头宽度等于槽宽的切槽刀一次直进车出。试编制宏程序完成如图 4-1 所示窄槽的加工。

图 4-1　矩形窄槽

设工件原点在右端面与轴线的交点上，选用 3mm 宽切槽刀加工，刀位点选择在左边刀尖，加工仿真结果如图 4-2 所示：

图 4-2　切槽加工仿真结果

＃1＝40	（槽外径赋值）
＃2＝30	（槽底径赋值）
＃3＝3	（槽宽赋值）
＃4＝－10	（槽右侧 Z 坐标值赋值）
＃5＝0.15	（进给速度赋值）

G00 X[♯1＋2] Z[♯4－♯3]	（进刀到切削起点）
G01 X♯2 F♯5	（切削到槽底）
G00 X[♯1＋2]	（退刀）

若槽比较深，我们可以将 X 向分多层切削，即先进刀切削一定深度，然后适量退刀，再进刀切削第二层。

♯1＝40	（槽外径赋值）
♯2＝30	（槽底径赋值）
♯3＝3	（槽宽赋值）
♯4＝3	（切槽刀宽）
♯5＝－10	（槽右侧 z 坐标值赋值）
♯6＝0.15	（进给速度赋值）
♯7＝3	（X 向每一刀切削深度 3mm，无正负符号）
♯8＝2	（X 向退刀量 2mm，无正负符号）
♯9＝1.0	（槽底暂停时间，带小数点，单位秒）
IF[♯4NE♯3] GOTO2	**（若刀宽不等于槽宽，直接跳出加工）**
♯10＝♯1	（切削 x 值赋初值）
G00 X[♯10＋2] Z[♯5－♯3]	（刀具定位到切削起点）
WHILE[♯10GT♯2]DO1	（循环条件判断）
♯10＝♯10－♯7	（切削 x 值递减）
IF[♯10LT♯2] THEN ♯10＝♯2	**（加工余量判断，若余量不足，直接加工到槽底）**
G01 X♯10 F♯6	（切削）
IF[♯10NE♯2] GOTO1	**（若没加工到槽底）**
G04 X♯9	**（槽底程序暂停）**
N1 G00 U♯8	（退刀）
END1	（循环体 1 结束）
G00 X[♯1＋2]	（退刀）
N2	（程序标记）

修改上述程序的赋值即可用于图 4-3 所示槽的加工：

图 4-3　切槽

```
#1=46                                    (槽外径赋值)
#2=22                                    (槽底径赋值)
#3=4                                     (槽宽赋值)
#4=4                                     (切槽刀宽)
#5=-24                                   (槽右侧 Z 坐标值赋值)
#6=0.15                                  (进给速度赋值)
#7=3                                     (X 向每一刀切削深度 3mm,无正负符号)
#8=2                                     (X 向退刀量 2mm,无正负符号)
#9=1.0                                   (槽底暂停时间,带小数点,单位秒)
IF[#4NE#3] GOTO2                         (若刀宽不等于槽宽,直接跳出加工)
#10=#1                                   (切削 X 值赋初值)
G00 X[#10+2] Z[#5-#3]                    (刀具定位到切削起点)
WHILE[#10GT#2]DO1                        (循环条件判断)
  #10=#10-#7                             (切削 X 值递减)
  IF[#10LT#2] THEN #10=#2                (加工余量判断,若余量不足,直接加工到槽底)
  G01 X#10 F#6                           (切削)
  IF[#10NE#2] GOTO1                      (若没加工到槽底)
  G04 X#9                                (槽底程序暂停)
  N1 G00 U#8                             (退刀)
END1                                     (循环体 1 结束)
G00 X[#1+2]                              (退刀)
N2                                       (程序标记)
```

将上述程序适当赋值还可以用于图 4-3 零件的切断加工:

```
#1=46                                    (槽外径赋值)
#2=0                                     (槽底径赋值)
#3=4                                     (槽宽赋值)
#4=4                                     (切槽刀宽)
#5=-43                                   (槽右侧 Z 坐标值赋值)
#6=0.15                                  (进给速度赋值)
#7=3                                     (X 向每一刀切削深度 3mm,无正负符号)
#8=2                                     (X 向退刀量 2mm,无正负符号)
#9=1.0                                   (槽底暂停时间,带小数点,单位秒)
IF[#4NE#3] GOTO2                         (若刀宽不等于槽宽,直接跳出加工)
#10=#1                                   (切削 X 值赋初值)
G00 X[#10+2] Z[#5-#3]                    (刀具定位到切削起点)
WHILE[#10GT#2]DO1                        (循环条件判断)
  #10=#10-#7                             (切削 X 值递减)
  IF[#10LT#2] THEN #10=#2                (加工余量判断,若余量不足,直接加工到槽底)
  G01 X#10 F#6                           (切削)
  IF[#10NE#2] GOTO1                      (若没加工到槽底)
  G04 X#9                                (槽底程序暂停)
  N1 G00 U#8                             (退刀)
END1                                     (循环体 1 结束)
```

```
G00 X[♯1＋2]                    (退刀)
N2                             (程序标记)
```

4.2 矩形宽槽

车削较宽的外沟槽时，可用较窄的切槽刀，分几次借刀切削，如图 4-4 所示依次下切→退刀→平移→再次下切，直到加工完成。图 4-5 建立了矩形宽槽车削加工几何参数模型。

| (a) | (b) | (c) | (d) |

图 4-4　矩形宽槽切削方法

ⓓ	ⓓ	Ⓑ	Ⓐ	Ⓠ	Ⓟ	Ⓩ
槽外径	槽底径	槽宽	切槽刀宽	Z向偏移量	X向每一刀切削深度	槽右侧面Z坐标值

图 4-5　矩形宽槽车削加工几何参数模型

设工件原点在右端面和轴线的交点上，选择 3 mm 宽切槽刀加工图 4-6 所示矩形槽，参照几何参数模型，在前一节程序基础上进行适当修改，编程如下，仿真加工结果如图 4-7 所示：

图 4-6 矩形宽槽

#1＝50	(槽外径 D 赋值)
#2＝30	(槽底径 d 赋值)
#3＝20	(槽宽 B 赋值)
#4＝3	(切槽刀宽 A 赋值)
#5＝－15	(槽右侧 Z 坐标值赋值)
#6＝0.15	(进给速度赋值)
#7＝3	(X 向每一刀切削深度 P 取 3mm,无正负符号)
#8＝2	(X 向退刀量 2mm,无正负符号)
#9＝1.0	(槽底暂停时间,带小数点,单位秒)
#20＝2.5	**(Z 向偏移量 Q 赋值,小于刀宽 3mm)**
IF[#4GT#3] GOTO2	(若刀宽大于槽宽,直接跳出加工)
#30＝#5－#4＋#20	(Z 向坐标赋初值)
WHILE[#30GT[#5－#3]]DO1	(Z 向加工条件判断)
#30＝#30－#20	(Z 向坐标递减)
IF[#30LT[#5－#3]] THEN #30＝#5－#3	(Z 向最后一刀判断)
#10＝#1	(切削 X 值赋初值)
G00 X[#10＋2] Z#30	(刀具定位到切削起点)
WHILE[#10GT#2]DO2	(循环条件判断)
#10＝#10－#7	(切削 X 值递减)
IF[#10LT#2] THEN #10＝#2	(加工余量判断,若余量不足,直接加工到槽底)
G01 X#10 F#6	(切削)
IF[#10NE#2] GOTO1	(若没加工到槽底)
G04 X#9	(槽底程序暂停)
N1 G00 U#8	(退刀)
END2	(循环体 2 结束)
G00 X[#1＋2]	(退刀)
END1	(循环体 1 结束)
N2	(程序标记)

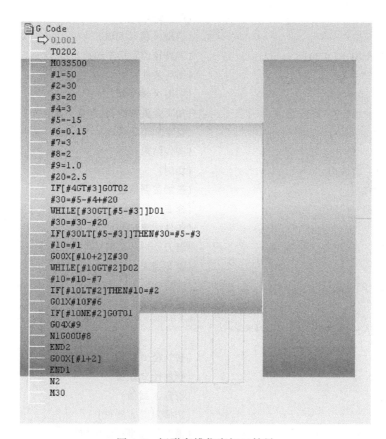

```
G Code
⇨ O1001
   T0202
   M03S500
   #1=50
   #2=30
   #3=20
   #4=3
   #5=-15
   #6=0.15
   #7=3
   #8=2
   #9=1.0
   #20=2.5
   IF[#4GT#3]GOTO2
   #30=#5-#4+#20
   WHILE[#30GT[#5-#3]]DO1
   #30=#30-#20
   IF[#30LT[#5-#3]]THEN#30=#5-#3
   #10=#1
   G00X[#10+2]Z#30
   WHILE[#10GT#2]DO2
   #10=#10-#7
   IF[#10LT#2]THEN#10=#2
   G01X#10F#6
   IF[#10NE#2]GOTO1
   G04X#9
   N1G00U#8
   END2
   G00X[#1+2]
   END1
   N2
   M30
```

图 4-7   矩形宽槽仿真加工结果

◆【华中宏程序】******

＃1＝50	（槽外径 D 赋值）
＃2＝30	（槽底径 d 赋值）
＃3＝20	（槽宽 B 赋值）
＃4＝3	（切槽刀宽 A 赋值）
＃5＝－15	（槽右侧 Z 坐标值赋值）
＃6＝40	（进给速度赋值）
＃7＝3	（X 向每一刀切削深度 P 取 3mm，无正负符号）
＃8＝2	（X 向退刀量 2mm，无正负符号）
＃9＝1.0	（槽底暂停时间，带小数点，单位秒）
＃20＝2.5	（Z 向偏移量 Q 赋值，小于刀宽 3mm）
IF ＃4GT＃3	（若刀宽大于槽宽）
M30	（程序结束）
ENDIF	（若条件不成立执行后面的程序）
＃30＝＃5－＃4＋＃20	（Z 向坐标赋初值）
WHILE ＃30GT[＃5－＃3]	（Z 向加工条件判断）
＃30＝＃30－＃20	（Z 向坐标递减）
IF ＃30LT[＃5－＃3]	（Z 向最后一刀判断）
＃30＝＃5－＃3	（Z 向最后一刀赋值）

```
  ENDIF                              (条件结束)
    #10=#1                           (切削 X 值赋初值)
    G00 X[#10+2] Z[#30]              (刀具定位到切削起点)
    WHILE #10GT#2                    (循环条件判断)
      #10=#10-#7                     (切削 X 值递减)
      IF #10LT#2                     (加工余量判断,若余量不足)
      #10=#2                         (直接加工到槽底)
    ENDIF                            (条件结束)
    G01 X[#10] F[#6]                 (切削)
    IF #10EQ#2                       (若加工到槽底)
      G04 X[#9]                      (槽底程序暂停)
      ENDIF                          (条件结束)
    G00 U[#8]                        (退刀)
    ENDW                             (循环结束)
    G00 X[#1+2]                      (退刀)
  ENDW                               (循环结束)
```

◇【SIEMENS 参数程序】******

```
R1=50                               (槽外径 D 赋值)
R2=30                               (槽底径 d 赋值)
R3=20                               (槽宽 B 赋值)
R4=3                                (切槽刀宽 A 赋值)
R5=-15                              (槽右侧 Z 坐标值赋值)
R6=100                              (进给速度赋值)
R7=3                                (X 向每一刀切削深度 P 取 3mm,无正负符号)
R8=2                                (X 向退刀量 2mm,无正负符号)
R9=1.0                              (槽底暂停时间,单位秒)
R20=2.5                             (Z 向偏移量 Q 赋值,小于刀宽 3mm)
IF R4>R3 GOTOF AAA1                 (若刀宽大于槽宽,直接跳出加工)
R30=R5-R4+R20                       (Z 向坐标赋初值)
AAA2:                               (程序跳转标记)
R30=R30-R20                         (Z 向坐标递减)
IF R30>(R5-R3)GOTOF AAA3            (Z 向最后一刀判断)
  R30=R5-R3                         (Z 向最后一刀赋值)
AAA3:                               (程序跳转标记)
  R10=R1                            (切削 X 值赋初值)
  G00 X=R10+2 Z=R30                 (刀具定位到切削起点)
  AAA4:                             (程序跳转标记)
  R10=R10-R7                        (切削 X 值递减)
  IF R10>R2  GOTOF AAA5             (加工余量判断)
    R10=R2                          (若余量不足,直接加工到槽底)
  AAA5:                             (程序跳转标记)
  G01 X=R10 F=R6                    (切削)
  IF R10<>R2 GOTOF AAA6             (若没加工到槽底)
```

```
    G04 F＝R9                        （槽底程序暂停）
    AAA6:G00 X＝R10＋R8              （退刀）
   IF R10>R2 GOTOB AAA4            （循环条件判断）
    G00 X＝R1＋2                    （退刀）
 IF R30>(R5－R3)GOTOB AAA2         （循环条件判断）
 AAA1:                            （程序跳转标记）
```

4.3 等距多槽

切削加工如图 4-8(a) 所示 4 个宽 4mm 的矩形槽，试编制其加工程序。

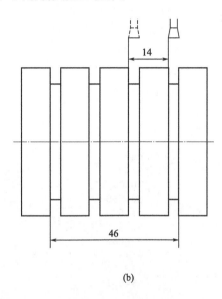

(a)   (b)

图 4-8 等距多槽

设工件原点在右端面与轴线的交点上，选择 4mm 宽切槽刀加工，由于每一个槽宽也是 4mm，所以每一个槽都是"窄槽"加工，现在我们用前一节编制的宽槽宏程序赋值加工，注意槽宽 B 取值 46，Z 向偏移量 Q 取值 14，如图 4-8(b) 所示。图 4-9 为等距多槽仿真加工。

```
 #1＝50                           （槽外径 D 赋值）
 #2＝40                           （槽底径 d 赋值）
 #3＝46                           （槽宽 B 赋值）
 #4＝4                            （切槽刀宽 A 赋值）
 #5＝－10                         （槽右侧 Z 坐标值赋值）
 #6＝0.15                         （进给速度赋值）
 #7＝3                            （X 向每一刀切削深度 P 取 3mm，无正负符号）
 #8＝2                            （X 向退刀量 2mm，无正负符号）
 #9＝1.0                          （槽底暂停时间，带小数点，单位秒）
 #20＝14                          （Z 向偏移量 Q 赋值）
 IF[#4GT#3] GOTO2                 （若刀宽大于槽宽，直接跳出加工）
```

```
#30=#5-#4+#20                        (Z 向坐标赋初值)
WHILE[#30GT[#5-#3]]DO1               (Z 向加工条件判断)
#30=#30-#20                          (Z 向坐标递减)
IF[#30LT[#5-#3]] THEN #30=#5-#3      (Z 向最后一刀判断)
  #10=#1                             (切削 X 值赋初值)
  G00 X[#10+2] Z#30                  (刀具定位到切削起点)
  WHILE[#10GT#2]DO2                  (循环条件判断)
    #10=#10-#7                       (切削 X 值递减)
    IF[#10LT#2] THEN #10=#2          (加工余量判断,若余量不足,直接加工到槽底)
    G01 X#10 F#6                     (切削)
    IF[#10NE#2]GOTO1                 (若没加工到槽底)
    G04 X#9                          (槽底程序暂停)
    N1 G00 U#8                       (退刀)
  END2                               (循环体 2 结束)
  G00 X[#1+2]                        (退刀)
END1                                 (循环体 1 结束)
N2                                   (程序标记)
```

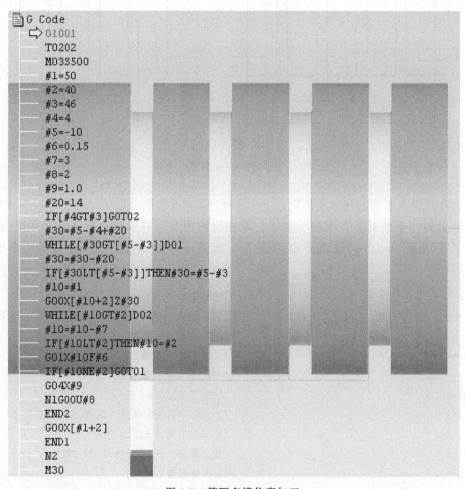

图 4-9 等距多槽仿真加工

请读者试着修改上面宏程序的赋值加工如图 4-10 中所示的矩形槽吧。

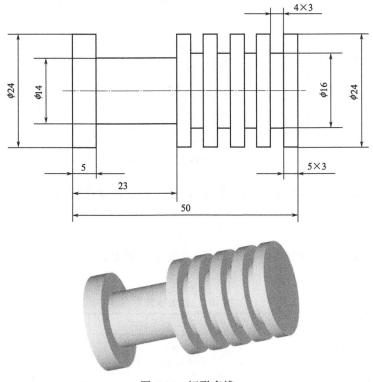

图 4-10　矩形多槽

4.4　梯形槽

编制宏程序完成如图 4-11 所示梯形槽的加工。

图 4-11　梯形槽

若采用切槽刀加工，如图 4-12（a）所示可先用前节切矩形宽槽宏程序加工图中阴影区域，接着沿着 AB 围成的梯形路线移动刀具加工图 4-12（b）所示左侧"斜坡"部分（图中网格区域），然后沿着 AB' 围成的梯形路线移动刀具加工图 4-12(c) 所示右侧"斜坡"部分（图中网格区域），注意切槽刀刀位点对图中 B 点或 B' 点位置的影响。

(a)   (b)   (c)

图 4-12　切槽刀加工示意图

梯形槽"斜坡"部分尺寸关系示意图如图 4-13 所示，设槽深 H，夹角 α，则斜坡宽 L 的值为：

$$L = H \tan\alpha$$

FANUC 宏程序中的函数运算格式如表 4-1 所示，将上式表示为宏程序格式：

$$\#1 = \#2 * TAN\,[\#3]$$

表 4-1　函数运算

类型	功能	格式	备注
三角函数	正弦 反正弦 余弦 反余弦 正切 反正切	#i=SIN[#j] #i=ASIN[#j] #i=COS[#j] #i=ACOS[#j] #i=TAN[#j] #i=ATAN[#j]/[#k]	角度以度（°）为单位，如 90°30′表示成 90.5°
其他函数	平方根 绝对值 圆整 小数点后舍去 小数点后进位 自然对数 指数函数	#i=SQRT[#j] #i=ABS[#j] #i=ROUND[#j] #i=FIX[#j] #i=FUP[#j] #i=LN[#j] #i=EXP[#j]	

若梯形槽侧的"斜坡"余量较大，切槽刀不能一刀加工完，还需要分层加工，图 4-14 展示了两种不同的粗精加工分层策略。

(a)   (b)

图 4-13　"斜坡"相关尺寸示意图   图 4-14　"斜坡"粗精加工

设工件原点在工件右端面和轴线的交点上，选择 4mm 宽切槽刀加工矩形槽部分程序如下（仅需修改前节的宏程序赋值）：

```
#1＝50                                （槽外径 D 赋值）
#2＝30                                （槽底径 d 赋值）
#3＝20                                （槽宽 B 赋值）
#4＝4                                 （切槽刀宽 A 赋值）
#5＝－15                              （槽右侧 Z 坐标值赋值）
#6＝0.15                              （进给速度赋值）
#7＝3                                 （X 向每一刀切削深度 P 取 3mm,无正负符号）
#8＝2                                 （X 向退刀量 2mm,无正负符号）
#9＝1.0                               （槽底暂停时间,带小数点,单位秒）
#20＝3                                （Z 向偏移量 Q 赋值,小于刀宽 4mm）
IF[#4GT#3] GOTO2                      （若刀宽大于槽宽,直接跳出加工）
#30＝#5－#4＋#20                      （Z 向坐标赋初值）
WHILE[#30GT[#5－#3]]DO1               （Z 向加工条件判断）
#30＝#30－#20                         （Z 向坐标递减）
IF[#30LT[#5－#3]] THEN #30＝#5－#3     （Z 向最后一刀判断）
  #10＝#1                             （切削 X 值赋初值）
  G00 X[#10＋2] Z#30                  （刀具定位到切削起点）
  WHILE[#10GT#2]DO2                   （循环条件判断）
    #10＝#10－#7                      （切削 X 值递减）
    IF[#10LT#2] THEN #10＝#2          （加工余量判断,若余量不足,直接加工到槽底）
    G01 X#10 F#6                      （切削）
    IF[#10NE#2] GOTO1                 （若没加工到槽底）
    G04 X#9                           （槽底程序暂停）
    N1 G00 U#8                        （退刀）
  END2                               （循环体 2 结束）
  G00 X[#1＋2]                        （退刀）
END1                                 （循环体 1 结束）
N2                                   （程序标记）
```

编制梯形槽左侧"斜坡"加工宏程序：

```
#1＝50                                （槽外径赋值）
#2＝30                                （槽底径赋值）
#3＝15                                （左侧夹角赋值）
#4＝20                                （右侧夹角赋值）
#5＝4                                 （刀具宽度赋值）
#6＝20                                （槽底宽赋值）
#7＝－25                              （槽中心 Z 坐标值赋值,如图 4-12(b)中 A 点）
#10＝[#1－#2]/2                       （槽深计算）
#11＝[#10＋2]＊TAN[#3]                （"斜坡"宽 L 值计算,考虑了延伸量 2mm,半径值）
#20＝#7－#6/2                         （矩形宽槽左侧 Z 坐标值,图 4-12(b)中 B 点）
#30＝#7－#6/2－#11                    （图 4-12(b)中梯形路线左侧点的 Z 坐标值）
WHILE[#20GT#30] DO1                   （循环条件判断）
  #20＝#20－1.5                       （加工 Z 坐标值递减）
  IF [#20LT#30] THEN #20＝#30         （精加工判定）
```

```
    G00 X[#1+4] Z#7              (到 A 点,槽外径基础上增加 4mm,直径值)
    Z#20                         (进刀)
    G01 X#2 Z[#7-#6/2] F0.1      (切削到 B 点)
    Z#7                          (刀具平移)
    G00 X[#1+4]                  (返回 A 点)
END1                             (循环体 1 结束)
```

编制梯形槽右侧"斜坡"加工宏程序：

```
#1=50                            (槽外径赋值)
#2=30                            (槽底径赋值)
#3=15                            (左侧夹角赋值)
#4=20                            (右侧夹角赋值)
#5=4                             (刀具宽度赋值)
#6=20                            (槽底宽赋值)
#7=-25                           (槽中心 Z 坐标值赋值,如图 4-12(c)中 A 点)
#10=[#1-#2]/2                    (槽深计算)
#11=[#10+2]*TAN[#4]              ("斜坡"宽 L 值计算,考虑了延伸量 2mm,半径值)
#20=#7+#6/2-#5                   (矩形宽槽右侧 Z 坐标值,图 4-12(c)中 B'点)
#30=#7+#6/2+#11-#5               (图 4-12(c)中梯形路线右上角点 Z 坐标值)
WHILE[#20LT#30] DO1              (循环条件判断)
    #20=#20+1.5                  (加工 Z 坐标值递增)
    IF [#20GT#30] THEN #20=#30   (精加工判定)
    G00 X[#1+4] Z#7              (到 A 点,槽外径基础上增加 4mm,直径值)
    Z#20                         (进刀)
    G01 X#2 Z[#7+#6/2-#5] F0.1   (切削到 B'点)
    Z#7                          (刀具平移)
    G00 X[#1+4]                  (返回 A 点)
END1                             (循环体 1 结束)
```

仿真加工最终结果如图 4-15 所示。

图 4-15　仿真加工结果

接下来，我们用成形刀加工如图 4-16 所示 30°梯形槽，建立如图 4-17 所示的梯形槽车削加工几何参数模型。

图 4-16　30°梯形槽

⒟	⒟	⒝	⒜	⒝	⒵
梯形槽外径	梯形槽底径	梯形槽底宽	梯形槽夹角	成形刀宽	槽中心 Z 坐标值

图 4-17　梯形槽车削加工几何参数模型

采用成形刀加工该梯形槽时，可以选用如图 4-18 所示的加工方案，先如图 4-18(a) 直进切槽（需要分层多次进刀），然后在所在层左右借刀切削，如图 4-18(b) 在图 4-18(a) 基础上向左边借刀切削图中网格状区域，图 4-18(c) 在图 4-18(b) 基础上向右边借刀切削图中网格状区域，直至本层切削完毕后再直进切削下一层。

设工件原点在工件右端面与轴线的交点上，则槽底中心的 Z 坐标值为－20，为方便编程选择成形刀两刀尖连线的中点作为刀位点（对刀时请注意），编程如下：

(a)   (b)   (c)

图 4-18　成形刀加工示意图

#1＝40	（槽外径 D 赋值）
#2＝20	（槽底径 d 赋值）
#3＝10	（槽底宽 B 赋值）
#4＝30	（夹角 A 赋值）
#5＝3	（成形刀尖宽 b 赋值）
#6＝－20	（槽中心 Z 坐标值）
#7＝0.15	（进给速度）
#8＝2	（X 向每层切削深度）
#9＝0.8	（左右借刀量，刀宽的 80%）
#10＝[#1－#2]/2	（槽深计算）
IF [#5GT#3] GOTO1	（若刀宽大于槽底宽跳出程序）
WHILE [#10GT0] DO1	（若#10 大于 0 继续加工）
#10＝#10－#8	（槽深递减）
IF [#10LT0] THEN #10＝0	（槽底精加工判定）
G00 Z#6	（返回槽中心线）
G01 X[#2＋2*#10] F#7	（直进切削，如图 4-18(a)所示）
#20＝#10*TAN[#4/2]＋#3/2－#5/2	（当前层加工总宽度计算，单边）
#21＝0	（当前层实际加工宽度赋初值，单边）
WHILE [#21LT#20] DO2	（当前层加工循环判断）
#21＝#21＋#9*#5	（加工宽度递增）
IF [#21GT#20] THEN #21＝#20	（当前层精加工判定）
G01 Z[#6－#21] F#7	（向左借刀）
G01 Z[#6＋#21] F#7	（向右借刀）
END2	（循环体 2 结束）
END1	（循环体 1 结束）
G00 X[#1＋4]	（退刀）
N1	（跳转标记）

◆【华中宏程序】******

#1＝40	（槽外径 D 赋值）
#2＝20	（槽底径 d 赋值）
#3＝10	（槽底宽 B 赋值）
#4＝30	（夹角 A 赋值）
#5＝3	（成形刀尖宽 b 赋值）
#6＝－20	（槽中心 Z 坐标值）

```
#7＝50                                    (进给速度)
#8＝2                                     (X向每层切削深度)
#9＝0.8                                   (左右借刀量,刀宽的80%)
#10＝[#1－#2]/2                           (槽深计算)
IF #5GT#3                                 (若刀宽大于槽底宽)
  M30                                     (程序结束)
ENDIF                                     (条件结束)
WHILE #10GT0                              (若#10大于0继续加工)
  #10＝#10－#8                            (槽深递减)
  IF #10LT0                               (槽底精加工判定)
    #10＝0                                (槽深赋值为0,精加工)
  ENDIF                                   (条件结束)
  G00 Z[#6]                               (返回槽中心线)
  G01 X[#2＋2*#10] F[#7]                  (直进切削,如图4-18(a)所示)
    #20＝#10*TAN[#4/2*PI/180]＋#3/2－#5/2  (当前层加工总宽度计算,单边)
    #21＝0                                (当前层实际加工宽度赋初值,单边)
    WHILE #21LT#20                        (当前层加工循环判断)
    #21＝#21＋#9*#5                       (加工宽度递增)
    IF #21GT#20                           (当前层精加工判定)
      #21＝#20                            (最后一刀加工宽度赋值)
    ENDIF                                 (条件结束)
    G01 Z[#6－#21] F[#7]                  (向左借刀)
    G01 Z[#6＋#21] F[#7]                  (向右借刀)
    ENDW                                  (循环结束)
  ENDW                                    (循环结束)
G00 X[#1＋4]                              (退刀)
```

◇【SIEMENS参数程序】******

```
R1＝40                                    (槽外径D赋值)
R2＝20                                    (槽底径d赋值)
R3＝10                                    (槽底宽B赋值)
R4＝30                                    (夹角A赋值)
R5＝3                                     (成形刀尖宽b赋值)
R6＝－20                                  (槽中心Z坐标值)
R7＝50                                    (进给速度)
R8＝2                                     (X向每层切削深度)
R9＝0.8                                   (左右借刀量,刀宽的80%)
R10＝(R1－R2)/2                           (槽深计算)
IF R5>R3 GOTOF EEE                        (若刀宽大于槽底宽跳出程序)
AAA:                                      (程序跳转标记)
  R10＝R10－R8                            (槽深递减)
  IF R10>0 GOTOF BBB                      (槽底精加工判定)
    R10＝0                                (槽深赋值为0)
  BBB:                                    (程序跳转标记)
```

```
  G00 Z＝R6                              (返回槽中心线)
  G01 X＝R2＋2＊R10 F＝R7                 (直进切削,如图 4-18(a)所示)
    R20＝R10＊TAN(R4/2)＋R3/2－R5/2       (当前层加工总宽度计算,单边)
    R21＝0                              (当前层实际加工宽度赋初值,单边)
    CCC:                               (程序跳转标记)
    R21＝R21＋R9＊R5                     (加工宽度递增)
    IF R21<R20GOTOF DDD                (当前层精加工判定)
       R21＝R20                        (最后一刀加工宽度赋值)
    DDD:                               (程序跳转标记)
    G01 Z＝R6－R21 F＝R7                 (向左借刀)
    G01 Z＝R6＋R21 F＝R7                 (向右借刀)
    IF R21<R20 GOTOB CCC               (当前层加工循环判断)
  IF R10>0 GOTOB AAA                   (若 R10 大于 0 继续加工)
G00 X＝R1＋4                            (退刀)
EEE:                                   (程序跳转标记)
```

第 **5** 章

螺纹车削

5.1 外圆柱螺纹

如图 5-1 所示，外圆柱螺纹尺寸为 M24×2，螺纹长度 30mm，试编制其加工宏程序。

图 5-1　外圆柱螺纹

外圆柱螺纹车削加工几何参数模型如图 5-2 所示，编制其加工宏程序如下。

D	F	L	A	B
螺纹公称直径	螺纹螺距	螺纹长度	切削起点Z坐标值	切削终点Z坐标值

图 5-2　外圆柱螺纹车削加工几何参数模型

```
#1=24                    (螺纹公称直径 D 赋值)
#2=2                     (螺纹螺距 F 赋值)
#3=30                    (螺纹长度 L 赋值)
#4=4                     (螺纹切削起点 Z 坐标值赋值)
```

```
♯5＝－32                                  (螺纹切削终点 Z 坐标值赋值)
♯10＝0.8                                 (螺纹切削第一刀吃刀深度赋值)
♯11＝1                                   (切削深度变量赋值)
♯12＝♯1－2＊0.6495＊♯2                    (螺纹小径计算)
♯13＝♯1－♯10                             (螺纹切削 X 坐标值赋值)
G00 X[♯1＋4] Z♯4                         (进刀到循环起点)
    WHILE [♯13GT♯12] DO1                (加工条件判断)
    G92 X♯13 Z♯5 F♯2                    (螺纹切削循环)
    ♯11＝♯11＋1                          (切削深度变量递增)
    ♯13＝♯1－♯10＊SQRT[♯11]              (螺纹切削 X 坐标值递减)
    END1                               (循环结束)
G92 X♯12 Z♯5 F♯2                        (螺纹精车)
```

◆【华中宏程序】 ＊＊＊＊＊＊

```
♯1＝24                                   (螺纹公称直径 D 赋值)
♯2＝2                                    (螺纹螺距 F 赋值)
♯3＝30                                   (螺纹长度 L 赋值)
♯4＝4                                    (螺纹切削起点 Z 坐标值赋值)
♯5＝－32                                  (螺纹切削终点 Z 坐标值赋值)
♯10＝0.8                                 (螺纹切削第一刀吃刀深度赋值)
♯11＝1                                   (切削深度变量赋值)
♯12＝♯1－2＊0.6495＊♯2                    (螺纹小径计算)
♯13＝♯1－♯10                             (螺纹切削 X 坐标值赋值)
G00 X[♯1＋4] Z[♯4]                       (进刀到循环起点)
    WHILE ♯13GT♯12                     (加工条件判断)
    G82 X[♯13] Z[♯5] F[♯2]             (螺纹切削循环)
    ♯11＝♯11＋1                          (切削深度变量递增)
    ♯13＝♯1－♯10＊SQRT[♯11]              (螺纹切削 X 坐标值递减)
    ENDW                              (循环结束)
G82 X[♯12] Z[♯5] F[♯2]                  (螺纹精车)
```

◇【SIEMENS 参数程序】 ＊＊＊＊＊＊

```
R1＝24                                   (螺纹公称直径 D 赋值)
R2＝2                                    (螺纹螺距 F 赋值)
R3＝30                                   (螺纹长度 L 赋值)
R4＝4                                    (螺纹切削起点 Z 坐标值赋值)
R5＝－32                                  (螺纹切削终点 Z 坐标值赋值)
R10＝0.8                                 (螺纹切削第一刀吃刀深度赋值)
R11＝1                                   (切削深度变量赋值)
R12＝R1－2＊0.6495＊R2                    (螺纹小径计算)
R13＝R1－R10                             (螺纹切削 X 坐标值赋值)
G00 X＝R1＋4 Z＝R4                        (进刀到循环起点)
AAA:                                   (程序跳转标记符)
    IF R13<=R12 GOTOF BBB             (加工条件判断)
```

```
   G00 X＝R13                           (进刀)
   G33 Z＝R5 K＝R2                       (螺纹切削)
   G00 X＝R1＋4                          (退刀)
   Z＝R4                                (返回)
   R11＝R11＋1                           (切削深度变量递增)
   R13＝R1－R10＊SQRT(R11)                (螺纹切削 X 坐标值递减)
   GOTOB AAA                           (无条件跳转)
   BBB:                                (程序跳转标记符)
G00 X＝R12                              (进刀)
G33 Z＝R5 K＝R2                          (螺纹切削)
G00 X＝R1＋4                             (退刀)
```

5.2 矩形螺纹

矩形螺纹是一种非标准螺纹，传动效率高，但对中精度低，牙根强度弱。在零件图上的标记为"矩形公称直径×螺距"，如图 5-3"矩形 50×5"表示该矩形螺纹公称直径为ϕ50mm，螺距为 5mm，其牙型示意如图 5-4 所示，各部分名称代号及计算见表 5-1。

图 5-3　矩形螺纹

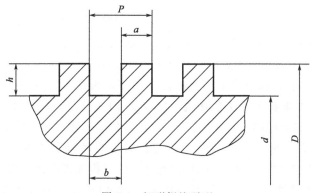

图 5-4　矩形螺纹牙型

表 5-1　矩形螺纹各部分名称代号及计算

名称	代号	计算公式	图 5-3 数值计算	备注
牙型角	α	$\alpha = 0°$		
螺纹大径	D		50	公称直径
螺距	P		5	
牙顶间隙	a_c	$a_c = 0.1 \sim 0.2$	取 0.1	根据螺距 P 大小取值
牙型高度	h	$h = 0.5P + a_c$	$0.5 \times 5 + 0.1 = 2.6$	
螺纹小径	d	$d = D - 2h$	$50 - 2 \times 2.6 = 44.8$	
螺纹槽宽	b	$b = 0.5P + (0.02 \sim 0.04)$	$0.5 \times 5 + 0.02 = 2.52$	
螺纹齿宽	a	$a = P - b$	$5 - 2.52 = 2.48$	

　　加工小螺距矩形螺纹时，选用刀具宽度等于槽宽的矩形螺纹刀，该刀具类似于切槽刀，采用直进法加工，加工方法可看作前节所讲的"矩形窄槽"和螺纹加工的有机组合。设工件原点在右端面与轴线的交点上，编程如下：

```
#1＝50                           （螺纹大径 D 赋值）
#2＝5                            （螺距 P 赋值）
#3＝0.1                          （牙顶间隙 ac 赋值）
#4＝0.5＊#2＋#3                   （牙型高度 h 计算）
#5＝#1－2＊#4                     （螺纹小径 d 计算）
#6＝0.5＊#2＋0.02                 （螺纹槽宽 b 计算）
#7＝#2－#6                        （螺纹齿宽 a 计算）
#8＝0.2                          （背吃刀量赋值）
#9＝60                           （螺纹长度赋值）
G00 X[#1＋10] Z[1.5＊#2]          （快进到循环起点）
#10＝50                          （加工 X 坐标赋初值）
WHILE [#10GT#5] DO1              （加工 X 坐标条件判断）
  #10＝#10－#8                    （加工 X 坐标值递减）
  IF [#10LT#5] THEN #10＝#5       （加工到螺纹小径）
  G00 X#10                       （进刀）
  G32 Z[－#9－2] F#2              （螺纹加工）
  G00 X[#1＋10]                   （退刀）
```

```
    Z[1.5*#2]                                    (返回)
END1                                             (循环体 1 结束)
```

上面只是小试身手，仅仅涉及 X 向分层直进法加工，如果我们要加工一个公称直径为 $\phi50mm$、螺距为 10mm 的大螺距矩形螺纹该如何加工编程？

由于槽宽 5mm 左右，选用等于槽宽的刀具加工不再现实，换句话说，当螺距较大时，螺纹牙槽宽度比刀具宽度要大，这个时候不仅仅 X 向要分层，还要在 Z 向分层，如图 5-5 所示，1、2、3 为 X 向分层示意，A、B、C 为 Z 向分层示意。可以将各层先后排列、搭配组合出不同的加工方法：图 5-5(a) 为上面程序所采用的 X 向分层直进法，没有 Z 向分层，图 5-5(b) 为从右边往左加工，图 5-5(c) 为先加工中间再加工两边，图 5-5(d) 为先加工两边再加工中间，即使是图 5-5(b) 也可以组合出 "$A1 \rightarrow B1 \rightarrow C1 \rightarrow A2 \rightarrow B2 \cdots\cdots$" 或者 "$A1 \rightarrow A2 \rightarrow A3 \rightarrow B1 \rightarrow B2 \cdots\cdots$" 的两种不同方案。

图 5-5　加工分层方法示意图

编制矩形 50×10 螺纹加工宏程序如下：

```
#1=50                                            (螺纹大径 D 赋值)
#2=10                                            (螺距 P 赋值)
#3=0.1                                           (牙顶间隙 aₒ 赋值)
#4=0.5*#2+#3                                     (牙型高度 h 计算)
#5=#1-2*#4                                       (螺纹小径 d 计算)
#6=0.5*#2+0.02                                   (螺纹槽宽 b 计算)
#7=#2-#6                                         (螺纹齿宽 a 计算)
#8=0.2                                           (背吃刀量赋值)
#9=60                                            (螺纹长度赋值)
#10=3                                            (矩形螺纹车刀宽度 3mm)
#11=0.8                                          (借刀步进量赋值，可适量调整)
#12=[#6-#10]/2                                   (第一刀加工后单边的宽度余量)
#20=50                                           (加工 X 坐标赋初值)
WHILE [#20GT#5] DO1                              (加工 X 坐标条件判断)
  #20=#20-#8                                     (加工 X 坐标值递减)
  IF [#20LT#5] THEN #20=#5                       (加工到螺纹小径)
  G00 X[#1+10] Z[1.5*#2]                         (快进到循环起点)
  G92 X#20 Z[-#9-2] F#2                          (中间螺纹加工)
  #30=0                                          (借刀量置零)
  WHILE [#30LT#12] DO2                           (借刀量条件判断)
    #30=#30+#11                                  (借刀量递增)
    IF [#30GT#12] THEN #30=#12                   (Z 向精加工条件判断)
    #40=1                                        (正负符号)
    N1                                           (程序跳转标记)
```

```
        G00 X[#1+10] Z[1.5*#2+#40*#30]          (快进到循环起点)
        G92 X#20 Z[-#9-2] F#2                    (左右螺纹加工)
        #40=-1*#40                               (正负符号翻转)
        IF [#40EQ-1] GOTO1                        (程序跳转)
     END2                                         (循环体 2 结束)
  END1                                            (循环体 1 结束)
```

各位读者，您认为上述程序是采用了图 5-5 中的哪一种方案组合呢？

5.3 梯形螺纹

数控车削加工如图 5-6 所示 Tr36×6 梯形螺纹，试编制其加工宏程序。

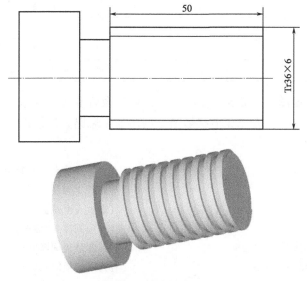

图 5-6　梯形螺纹

传统的低速切削螺纹的方法有直进法、斜进法、左右车削法和车阶梯槽法等，这些加工方法各有优缺点。我们这里选用图 4-18 所示加工梯形槽的分层法来加工梯形螺纹，它是直

图 5-7　梯形螺纹的牙型

进法和左右切削法的综合应用，先将螺纹槽 X 向分成若干层，每一层的切削都采用先直进后左右车削。由于左右切削时槽深不变，刀具只需做向左或向右的纵向进给即可，从而降低了车削难度。这种方法刀具一边受力，工作平稳，不易扎刀或产生振动，另外，它将梯形螺纹的切削进刀过程规律化，方便实现宏程序编程。

表 5-2　梯形螺纹各部分名称代号及计算公式

名称	代号	计算公式			
牙型角	α	$\alpha = 30°$			
螺距	P	由螺纹标准规定			
牙顶间隙	a_c	P	1.5~5	6~12	14~44
		a_c	0.25	0.5	1
螺纹大径	D	公称直径			
螺纹小径	d	$d = D - 2h$			
螺纹牙高	h	$h = 0.5P + a_c$			
牙顶宽	f	$f = 0.366P$			
螺纹牙槽底宽	W	$W = 0.366P - 0.536a_c$			

梯形螺纹的牙型如图 5-7 所示，各部分名称代号及计算公式见表 5-2。设工件原点在工件右端面与轴线的交点上，在 4.4 节梯形槽分层法加工思路，增加螺纹切削部分程序，编制加工程序如下。

```
#1=36                         (梯形螺纹大径 D 赋值)
#2=6                          (螺距 P 赋值)
#3=50                         (螺纹长度赋值)
#4=0                          (牙顶间隙 a_c 赋值)
IF [#2GE1.5] THEN #4=0.25     (判断牙顶间隙值)
IF [#2GE6] THEN #4=0.5        (判断牙顶间隙值)
IF [#2GE14] THEN #4=1         (判断牙顶间隙值)
#5=0.5*#2+#4                  (计算螺纹牙高 h)
#6=#1-2*#5                    (计算螺纹小径 d)
#7=0.366*#2-0.536*#4          (计算螺纹牙槽底宽 f)
#8=1.6                        (刀尖宽度赋值)
#9=0.1                        (X 向背吃刀量赋值)
#10=0.3                       (Z 向借刀量赋值)
IF [#8GT#7] GOTO1             (若刀宽大于槽底宽跳出程序)
#20=#1                        (加工 X 坐标赋初值)
WHILE [#20GT#6] DO1           (X 向加工条件判断)
  #20=#20-#9                  (加工 X 坐标递减)
  IF [#20LT#6] THEN #20=#6    (精加工 X 坐标)
  G00 X[#1+10] Z[1.5*#2]      (刀具定位)
  G92 X#20 Z[-#3-0.6*#2] F#2  (螺纹加工循环)
    #21=[#20-#6]/2            (当前层槽高度)
    #30=#21*TAN[15]+#7/2-#8/2 (当前层加工单边宽度计算)
    #31=0                     (当前层实际加工宽度计算,单边)
```

```
WHILE [#31LT#30] DO2                           (当前层加工循环)
  #31=#31+#10                                   (加工宽度递增)
  IF [#31GT#30] THEN #31=#30                    (当前层精加工判断)
  G00 Z[1.5*#2-#31]                             (向左定位)
  G92 X#20 Z[-#3-0.6*#2] F#2                    (左侧加工)
  G00 Z[1.5*#2+#31]                             (向右定位)
  G92 X#20 Z[-#3-0.6*#2] F#2                    (右侧加工)
  END2                                          (循环体2结束)
 END1                                           (循环体1结束)
N1                                              (跳转标记)
```

◆ 【华中宏程序】 ******

```
#1=36                                           (梯形螺纹大径D赋值)
#2=6                                            (螺距P赋值)
#3=50                                           (螺纹长度赋值)
#4=0                                            (牙顶间隙 a_c 赋值)
IF#2GE1.5                                        (判断牙顶间隙值)
  #4=0.25                                       (牙顶间隙赋值)
ENDIF                                           (条件结束)
IF#2GE6                                          (判断牙顶间隙值)
  #4=0.5                                        (牙顶间隙赋值)
ENDIF                                           (条件结束)
IF #2GE14                                        (判断牙顶间隙值)
  #4=1                                          (牙顶间隙赋值)
ENDIF                                           (条件结束)
#5=0.5*#2+#4                                     (计算螺纹牙高 h)
#6=#1-2*#5                                       (计算螺纹小径 d)
#7=0.366*#2-0.536*#4                             (计算螺纹牙槽底宽 f)
#8=1.6                                          (刀尖宽度赋值)
#9=0.1                                          (X向背吃刀量赋值)
#10=0.3                                          (Z向借刀量赋值)
IF#8GT#7                                          (若刀宽大于槽底宽)
  M30                                           (程序结束)
ENDIF                                           (条件结束)
#20=#1                                           (加工 X 坐标赋初值)
WHILE #20GT#6                                     (X向加工条件判断)
  #20=#20-#9                                     (加工 X 坐标递减)
  IF #20LT#6                                      (精加工判断)
    #20=#6                                       (精加工 X 赋值)
  ENDIF                                          (条件结束)
  G00 X[#1+10] Z[1.5*#2]                         (刀具定位)
  G82 X[#20] Z[-#3-0.6*#2] F[#2]                 (螺纹加工循环)
    #21=[#20-#6]/2                               (当前层槽高度)
    #30=#21*TAN[15*PI/180]+#7/2-#8/2  (当前层加工单边宽度计算)
```

```
  #31=0                                    (当前层实际加工宽度计算,单边)
  WHILE #31LT#30                           (当前层加工循环)
  #31=#31+#10                              (加工宽度递增)
  IF#31GT#30                               (当前层精加工判断)
    #31=#30                                (当前层精加工赋值)
  ENDIF                                    (条件结束)
  G00 Z[1.5*#2-#31]                        (向左定位)
  G82 X[#20] Z[-#3-0.6*#2] F[#2]           (左侧加工)
  G00 Z[1.5*#2+#31]                        (向右定位)
  G82 X[#20] Z[-#3-0.6*#2] F[#2]           (右侧加工)
  ENDW                                     (循环结束)
ENDW                                       (循环结束)
```

◇【SIEMENS 参数程序】******

```
R1=36                                      (梯形螺纹大径 D 赋值)
R2=6                                       (螺距 P 赋值)
R3=50                                      (螺纹长度赋值)
R4=0                                       (牙顶间隙 a。赋值)
IF R2<=14 GOTOFAAA                         (判断牙顶间隙值)
  R4=1                                     (牙顶间隙赋值)
  GOTOF CCC                                (无条件跳转)
AAA:                                       (程序跳转标记)
IF R2<=6 GOTOF BBB                         (判断牙顶间隙值)
  R4=0.5                                   (牙顶间隙赋值)
  GOTOF CCC                                (无条件跳转)
BBB:                                       (程序跳转标记)
IFR2<=1.5 GOTOF CCC                        (判断牙顶间隙值)
  R4=0.25                                  (牙顶间隙赋值)
CCC:                                       (程序跳转标记)
R5=0.5*R2+R4                               (计算螺纹牙高 h)
R6=R1-2*R5                                 (计算螺纹小径 d)
R7=0.366*R2-0.536*R4                       (计算螺纹牙槽底宽 f)
R8=1.6                                     (刀尖宽度赋值)
R9=0.1                                     (X 向背吃刀量赋值)
R10=0.3                                    (Z 向借刀量赋值)
IFR8>R7 GOTOF MAR1                         (若刀宽大于槽底宽跳出程序)
R20=R1                                     (加工 X 坐标赋初值)
DDD:                                       (程序跳转标记)
  R20=R20-R9                               (加工 X 坐标递减)
  IF R20>=R6 GOTOF EEE                     (精加工判断)
    R20=R6                                 (精加工 X 坐标赋值)
  EEE:                                     (程序跳转标记)
  G00 X=R1+10 Z=1.5*R2                     (刀具定位)
  G00 X=R20                                (进刀)
```

```
G33 Z=-R3-0.6*R2 K=R2                    (螺纹加工)
G00 X=R1+10                              (退刀)
  R21=(R20-R6)/2                         (当前层槽高度)
  R30=R21*TAN[15]+R7/2-R8/2              (当前层加工单边宽度计算)
  R31=0                                  (当前层实际加工宽度计算,单边)
  FFF:                                   (程序跳转标记)
    R31=R31+R10                          (加工宽度递增)
    IF R31<=R30 GOTOF GGG                (当前层精加工判断)
      R31=R30                            (当前层精加工赋值)
    GGG:                                 (程序跳转标记)
    G00 Z=1.5*R2-R31                     (向左定位)
    G00 X=R20                            (进刀)
    G33 Z=-R3-0.6*R2 K=R2                (左侧加工)
    G00 X=R1+10                          (退刀)
    G00 Z[1.5*R2+R31]                    (向右定位)
    G00 X=R20                            (进刀)
    G33 Z=-R3-0.6*R2 K=R2                (右侧加工)
    G00 X=R1+10                          (退刀)
  IF R31<R30 GOTOB FFF                   (当前层加工循环)
 IF R20>R6 GOTOB DDD                     (X向加工条件判断)
MAR1                                     (跳转标记)
```

5.4 多线梯形螺纹

数控加工如图 5-8 所示零件上的梯形螺纹 Tr40×12（P6），该梯形螺纹为多线，螺距为 6mm，导程为 12mm。

图 5-8　多线梯形螺纹

螺纹有单线和多线之分，沿一条螺旋线形成的螺纹称为单线螺纹，沿两条或两条以上螺旋线形成的螺纹称为双线或多线螺纹。在数控车床上加工多线螺纹时，常采用轴向分线法和圆周分线法。

圆周分线法是根据螺旋线在圆周上等距分布的特点，即当车好一条螺旋线后，起刀点轴向位置不变，使主轴旋转一个角度 α（$\alpha = 360°/$线数），接着进行下一线螺纹的加工。FANUC 数控系统 G32（G92）加工多线螺纹的指令格式为：

G32（G92）　　X（U）__　Z（W）__　F__　Q__；

其中，F 为螺纹导程（若为单线螺纹，则为螺纹的螺距）；Q 为螺纹的起始角。

轴向分线法是用改变螺纹切削起点的方法加工多线螺纹，在编程时先确定第 1 线螺纹的切削起点，利用螺纹加工指令完成第 1 线螺纹加工，在加工第 2 线螺纹前，要重新确定切削起点，与第 1 线螺纹的切削起点轴向相差一个螺距 P，依次类推，即可车削多线螺纹。

设螺纹导程为 F，线数为 n，则螺距 $P = F/n$，如图 5-9 所示，每线螺纹轴向相差一个螺距 P，若 A 点为第 1 线螺纹的切削起点，B 点为第 2 线螺纹的切削起点，则第 2 线螺纹的切削起点在 Z 方向值是在第 1 线螺纹的切削起点 Z 方向值上增加一个螺距 P。

由于螺纹切削起点位置发生变化，而切削终点不变，所以在编程时，每线螺纹走刀长度应相应增加或减少一个螺距，以保证各线螺纹终点的一致。

图 5-9　轴向分线法示意图

若采用 G92 螺纹循环指令来加工，其指令格式为：

G00　X_1 __　Z_1 __；　　　　　　　　　　　　　　（X_1 和 Z_1 为循环起点的坐标值）
G92　X_2 __　Z_2 __　F __；　　　　　　　　　（X_2 和 Z_2 为切削终点的坐标值）

为了区分，分别用下标 1、2 来表示第 1 行和第 2 行的 XZ 坐标值。加工的第一层循环通过使 Z_1 的值增减一个螺距 P 来实现分线加工，嵌套第二层循环通过使 X_2 的变化来实现 X 向分层加工，再嵌套第三层循环使 Z_1 的值叠加一个借刀量来实现左右借刀加工。设工件原点在零件右端面中心，编制加工宏程序如下。

```
#1=40                        （螺纹大径 D 赋值）
#2=12                        （螺纹导程 F 赋值）
#3=6                         （螺距 P 赋值）
#4=50                        （螺纹长度赋值）
#5=1.6                       （梯形螺纹刀尖宽度赋值）
#6=0.2                       （X 向背吃刀量赋值）
#7=0.3                       （Z 向借刀量赋值）
#8=0                         （右端面 Z 坐标值赋值）
```

```
#9＝1.5*#3                                    (导入空刀量赋值,取 1.5 倍螺距)
#10＝0.6*#3                                   (导出空刀量赋值,取 0.6 倍螺距)
#20＝0                                        (牙顶间隙 a。赋值)
IF [#3GE1.5] THEN #20＝0.25                   (判断牙顶间隙值)
IF [#3GE6] THEN #20＝0.5                      (判断牙顶间隙值)
IF [#3GE14] THEN #20＝1                       (判断牙顶间隙值)
#21＝0.5*#3＋#20                              (计算螺纹牙高 h)
#22＝#1－2*#21                                (计算螺纹小径 d)
#23＝0.366*#3－0.536*#20                      (计算螺纹牙槽底宽 f)
IF [#5GT#23] GOTO4                            (若刀宽大于槽底宽跳出程序)
#30＝1                                        (加工螺纹线数计数器)
WHILE [#30LE[#2/#3]] DO1                      (螺纹线数加工判断)
  #40＝#1                                     (加工 X 值赋初值)
  WHILE [#40GT#22] DO2                        (判断 X 是否加工到小径)
    #40＝#40－#6                              (加工 X 值递减)
    IF [#40LT#22] THEN #40＝#22               (小径值赋给 X 用于精加工)
    #41＝[#40－#22]/2                         (当前层高度计算)
    #42＝#41*TAN[15]＋#23/2－#5/2             (当前层槽应加工宽度计算,除以 2 表单
                                              边,扣除了刀具宽度值)

    #50＝－1                                  (Z 向借刀量正负翻转辅助变量)
    N1                                       (程序跳转标记)
    #51＝0                                    (加工宽度赋初值)
    WHILE [#51LE#42] DO3                      (加工宽度条件判断)
      G00 X[#1＋10] Z[#8＋#9＋[#30－1]*#3＋#50*#51] (循环起点)
      G92 X#40 Z[#8－#4－#10] F#2             (螺纹加工)
      #51＝#51＋#7                            (加工宽度递增)
      IF [#51GT#42] GOTO2                     (精加工条件判断)
      GOTO3                                   (无条件跳转)
      N2 IF [[#51－#7]LT#42] THEN #51＝#42     (精加工条件判断)
      N3                                      (程序跳转标记)
    END3                                      (循环体 3 结束)
    #50＝－1*#50                              (正负辅助变量翻转)
    IF [#50EQ1] GOTO1                         (当前层加工条件判断)
  END2                                        (循环体 2 结束)
  #30＝#30＋1                                 (螺纹线数递增)
END1                                          (循环体 1 结束)
N4                                            (程序跳转标记)
```

　　本程序中某一线梯形螺纹的加工方法与前一节单线梯形螺纹程序中的加工方法一致,不过前一程序中用了三个 G92 指令,本程序却只用了一个 G92 指令,请结合前面的讲解分析程序是如何实现的吧。

5.5　变螺距螺纹

　　编制程序完成如图 5-10 所示变螺距矩形螺纹的数控车削加工。

图 5-10　槽等宽牙变距矩形螺纹

（1）变螺距螺纹的螺距变化规律

常用变距螺纹的螺距变化规律如图 5-11 所示，螺纹的螺距是按等差级数规律渐变排列的，图中 P 为螺纹的基本螺距，ΔP 为主轴每转螺距的增量或减量。

图 5-11　变距螺纹螺距变化规律示意图

由图可得第 n 圈的螺距为

$$P_n = P + (n-1)\Delta P$$

设螺旋线上第 1 圈螺纹起始点到第 n 圈螺纹终止点的距离为 L，则可得

$$L = nP + \frac{n(n-1)}{2}\Delta P$$

式中，P 为基本螺距；ΔP 为螺距变化量；n 为螺旋线圈数。

（2）变距螺纹的种类及加工工艺

变距螺纹有两种情况，一种是槽等宽牙变距螺纹（图 5-12），另一种是牙等宽槽变距螺纹（图 5-13）。

槽等宽牙变距螺纹加工时，主轴带动工件匀速转动，同时刀具作轴向匀加（减）速移动就能形成变距螺旋线。

对于牙等宽槽变距螺纹的加工要比槽等宽牙变距螺纹复杂一些，表面上看要车成变槽宽，只能是在变距车削的过程中使刀具宽度均匀变大才能实现，不过这是不现实的。实际加工中可通过改变螺距和相应的起刀点来进行赶刀，逐渐完成螺纹加工。具体方法是：第一刀先车出一个槽等宽牙变距的螺纹，第二刀切削时的起刀点向端面靠近（或远离）一定距离，

同时基本螺距变小一个靠近的距离（或变大一个远离的距离），第三刀再靠近（或远离）一定距离，基本螺距再变小一个靠近的距离（或再变大一个远离的距离），依此类推，直至加工到要求尺寸为止。

如图 5-10 所示，该变距螺纹的基本螺距 $P=10\text{mm}$，螺距增量 $\Delta P=2\text{mm}$，螺纹总长度 $L=60\text{mm}$，代入方程

$$L=nP+\frac{n(n-1)}{2}\Delta P$$

解得 $n\approx4.458$，即该螺杆有 5 圈螺旋线（第 5 圈不完整），再由

$$P_n=P+(n-1)\Delta P$$

得第 5 圈螺纹螺距为 18mm。

选择 5mm 宽的矩形螺纹车刀，从距离右端面 8mm 处开始切削加工（基于螺纹加工升降速影响和安全考虑，选择切削起点距离右端面 1 个螺距的导入空刀量），到距离左端面 6mm 后螺纹加工完毕退刀（考虑了导出空刀量），所以螺距初始值为 8mm。设工件坐标系原点在工件右端面和轴线的交点上，编制螺纹精加工程序如下：

```
#1＝8                        (初始螺距赋值)
#2＝2                        (螺距增量赋值)
#3＝8                        (切削起点 Z 坐标值赋值)
#4＝－66                     (切削终点 Z 坐标值赋值)
G00 X34 Z8                   (快进至螺纹切削起点)
WHILE [#3GT#4] DO1           (当 Z 坐标值大于#4 时执行循环)
  G32 W－#1 F#1              (螺纹加工)
  #3＝#3－#1                 (Z 坐标值递减)
  #1＝#1＋#2                 (螺距递增)
END1                         (循环结束)
```

（3）牙等宽槽变距螺纹加工相关计算

如图 5-12 所示为牙宽 H 以基本螺距 P 为导入空刀量的牙等宽槽变距螺纹加工结果示意图，该螺纹是通过改变螺距和相应的起刀点来进行赶刀，以加工多个槽等宽牙变距螺纹逐渐叠加完成加工的。图 5-13 表示首先选择刀具宽度为 V，以 P 为基本螺距加工出一个槽等宽牙变距螺纹到第 n 圈（螺距为 P_n）。图 5-14 表示最后一次赶刀，刀具在第 n 圈朝右偏移距离 U（如图虚线箭头示意，但进给方向仍为图中实线箭头方向为从右向左）后以 $P-\Delta P$ 为基本螺距，螺距变化量仍为 ΔP 加工到螺距为 P_{n-1} 的第 n 圈。

图 5-12　牙等宽槽变距螺纹加工结果示意图

设工件右端面为 Z 向原点，则第一刀的切削起点的 Z 坐标值 $Z_1=P$，最后一刀的切削起点的 Z 坐标值 $Z_2=2P-\Delta P-V-H$。由图可得从第二刀到最后一刀第 n 圈的赶刀量

图 5-13 牙等宽槽变距螺纹第一刀加工示意图

图 5-14 牙等宽槽变距螺纹最后一刀加工示意图

（即第 n 圈第一刀加工后的轴向加工余量）为 U，螺距递减一个螺距变化量 ΔP，则赶刀次数至少为 $Q=\dfrac{U}{V}$ 的值上取整。其中，Q 为赶刀次数，V 为刀具宽度，U 为赶刀量，$U=P_n-V-H$，H 为牙宽。每一次赶刀时切削起点的偏移量 $M=\dfrac{Z_2-Z_1}{Q}$，每一次赶刀的螺距变化量 $N=\dfrac{\Delta P}{Q}$。

（4）变距螺纹实际加工注意事项

① 根据不同的加工要求合理选择刀具宽度。

② 根据不同情况正确设定 F 初始值和起刀点的位置。从切削起点开始车削的第一个螺距 $P=F+\Delta P$。车削牙等宽槽变距螺纹时注意选择正确的赶刀量，因为赶刀量是叠加的，若第 1 牙赶刀 0.1mm，则第 10 牙的赶刀量是 1mm，因此要考虑刀具强度是否足够和赶刀量是否超出刀宽。

③ 根据不同要求正确计算螺距偏移量和循环刀数。

④ 由于变距螺纹的螺纹升角随着导程的增大而变大，所以刀具左侧切削刃的刃磨后角应等于工作后角加上最大螺纹升角 ψ，即后角 $\alpha_0=(3°\sim5°)+\psi$。

如图 5-15 所示为牙等宽槽变距矩形螺纹，试编制数控车削加工该变距螺纹的宏程序。

由图 5-15 可得，螺纹牙宽 $H=5$mm，螺距增量 $\Delta P=2$mm，同前一题分析可得其基本（初始）螺距 $P=8$mm，终止螺距 $P_5=18$mm。若选择宽度 $V=2$mm 的矩形螺纹刀加工，则第一刀切削后工件实际轴向剩余最大余量为

$$U=P_5-V-H=18-2-5=11(\text{mm})$$

还需切削的次数为

$$Q=\frac{U}{V}=\frac{11}{2}=5.5$$

图 5-15 牙等宽槽变距矩形螺纹

即至少还需车削 6 刀。设工件坐标原点在右端面与轴线的交点上,第一刀的 Z 坐标值为

$$Z_1 = P = 8\text{mm}$$

最后一刀切削起点的 Z 坐标值为

$$Z_2 = 2P - \Delta P - V - H = 2 \times 8 - 2 - 2 - 5 = 7(\text{mm})$$

则每一次赶刀时切削起点的偏移量为

$$M = \frac{Z_2 - Z_1}{Q} = \frac{7 - 8}{6} \approx -0.167(\text{mm})$$

每一次赶刀的螺距变化量为

$$N = \frac{\Delta P}{Q} = \frac{2}{6} \approx 0.333(\text{mm})$$

编制加工程序如下 (注意程序中切削起点 Z 坐标值由 $Z_1 = 8$ 递增 6 次 -0.167 到 $Z_2 = 7$,螺距 F 由 8 递减 6 次 0.333 到 6)。

♯1＝40	(螺纹大径 D)
♯2＝34	(螺纹小径 d)
♯3＝60	(螺纹长度 L)
♯4＝10	(初始螺距 P)
♯5＝2	(螺距增量 ΔP)
♯6＝5	(螺纹牙宽 H)
♯7＝0	(螺纹右端面 Z 坐标值)
♯8＝2	(刀具宽度 V)
♯9＝6	(Z 向赶刀次数赋值)
♯10＝0.5	(X 向分层加工背吃刀量赋值)
♯20＝1	(螺纹圈数计数器♯20 赋初值)
♯21＝10	(初始长度值)
WHILE [♯21LT♯3]DO1	(长度条件判断,本循环用于计算出螺纹圈数)
♯21＝♯21＋[♯20－1]＊♯4＋♯20＊♯5	(计算对应螺杆长度)
♯20＝♯20＋1	(螺纹圈数递增)

END1	(循环体 1 结束)
＃22＝＃4＋[＃20－1]＊＃5	(最后一圈螺距计算：$P_n = P + (n-1)\Delta P$)
＃23＝＃22－＃8－＃6	(计算轴向最大余量 $U = P_n - V - H$)
＃24＝FUP[＃23/＃8]	(计算最少切削次数，收尾法取整)
IF [＃9LT＃24] GOTO100	(若赶刀次数＃9赋值少于最少切削次数，程序跳出，请重新对＃9赋值)
＃30＝＃1	(X 向分层加工 X 赋初值)
WHILE [＃30GT＃2] DO1	(X 向分层加工条件判断)
＃30＝＃30－＃10	(X 值递减)
IF [＃30LT＃2] THEN ＃30＝＃2	(精加工 X 值判断)
＃40＝＃4－＃5	(螺纹切削起点第 1 刀的 Z 坐标)
＃41＝2＊[＃4－＃5]－＃5－＃8－＃6	(螺纹切削起点最后 1 刀的 Z 坐标)
＃42＝[＃40－＃41]/＃9	(切削起点偏移量)
＃43＝＃5/＃9	(螺距变化量)
＃44＝0	(切削次数计数器)
＃45＝＃4－＃5	(螺距初值)
WHILE [＃44LE＃9] DO2	(切削次数判断)
G00 X＃30 Z[＃7＋＃40]	(刀具定位)
＃50＝0	(螺纹加工圈数计数器)
WHILE [＃50LE＃20] DO3	(螺纹加工圈数条件判断)
G32 W－[＃45＋＃50＊＃5] F[＃45＋＃50＊＃5]	(螺纹加工)
＃50＝＃50＋1	(螺纹加工圈数递增)
END3	(循环体 3 结束)
G00 X[＃1＋10]	(退刀)
Z[＃7＋＃40]	(返回)
＃44＝＃44＋1	(切削次数计数器加 1)
＃40＝＃40－＃42	(切削起点 Z 叠加偏移量)
＃45＝＃45－＃43	(螺距递减)
IF [＃44EQ＃9] THEN ＃40＝＃41	(最后 1 刀 Z 坐标赋值)
IF [＃44EQ＃9] THEN ＃45＝＃4－＃5－＃5	(最后 1 刀螺距赋值)
END2	(循环体 2 结束)
END1	(循环体 1 结束)
N100	(程序跳转标记)

上述程序是先以工件的第一个螺距为 10mm 加工一个槽等宽牙变距螺纹（图 5-16），然后逐渐往 Z 轴正方向也就是槽的右面赶刀（该过程中切削起点逐渐靠近工件端面，基本螺距逐渐变小），直到工件第一个螺距为 8mm（图 5-17）最终完成变距螺纹的加工，该方法称

图 5-16　正向偏移直进法车削第一步

为正向偏移直进法车削。

图 5-17　正向偏移直进法车削最后一步

另外一种方法是负向偏移直进法车削，先以工件的第一个螺距为 8mm 加工一个槽等宽牙变距螺纹（图 5-18），然后逐渐往 Z 轴负方向也就是槽的左面赶刀（该过程中切削起点逐渐远离工件端面，基本螺距逐渐变大），直到工件第一个螺距为 10mm（图 5-19）完成牙等宽槽变距螺纹的加工。除了直进法车削外还可以采用分层法车削。

图 5-18　负向偏移直进法车削第一步

图 5-19　负向偏移直进法车削最后一步

5.6　圆弧形螺纹

数控加工图 5-20 中圆弧形螺纹，分布在直径为 $\phi33mm$ 的圆柱面上，螺纹牙型为 $R3mm$ 的圆弧，牙型圆弧中心直径为 $\phi35mm$，螺距 8mm。

圆弧形螺纹是指螺纹牙型为圆弧的螺纹，比如常见的滚珠丝杠。加工圆弧形螺纹的方法有很多种：直进法、斜进法、左右切削法、车直槽法、分层法等。由于圆弧形螺纹较之其他螺纹，其螺距和牙型都大，致使圆弧螺纹车削时，吃刀深，走刀快，切削余量大，切削抗力大。选择圆弧螺纹车刀，编制宏程序采用分层切削，是一种比较好的解决方案。

设圆弧形螺纹圆弧半径为 R，选用半径为 K 的圆弧螺纹车刀采用分层法加工，如图 5-21（a）所示，先直进后左右切削，采用圆弧螺纹车刀中心编程，即图 5-21(b) 所示半径为 r 的

图 5-20 圆弧形螺纹

图 5-21 加工示意图

圆弧编程（$r = R - K$）。

分析图 5-22(a)，加工的极限位置并不是 A 点，最高点应为 C 点，如图 5-22(b) 所示其夹角为 α，最低位置为 B 点，夹角为 $-90°$，也就是说角度的变化由 $\alpha \rightarrow -90°$。设工件原点

图 5-22 加工极限位置与尺寸

在右端面中心，采用 $R1.5\mathrm{mm}$ 的圆弧螺纹车刀加工，编制程序如下：

```
#1=35                                    (圆弧 R3 所在直径赋值)
#2=33                                    (螺纹外径赋值)
#3=3                                     (圆弧牙型半径赋值)
#4=8                                     (螺距赋值)
#5=32                                    (圆弧长度赋值)
#6=1.5                                   (圆弧车刀半径赋值)
#7=2                                     (角度增量)
#8=0                                     (工件右端面 Z 坐标值)
#9=1.5*#4                                (导入空刀量赋值,1.5 倍螺距)
#10=0.6*#4                               (导出空刀量赋值,0.6 倍螺距)
#11=0.6*#5                               (Z 向借刀量,取 0.6 倍车刀半径)
IF [#6GT#3] GOTO100                      (若刀具半径大于圆弧牙型半径程序跳转)
#20=ASIN[[#6-[#1-#2]/2]/[#3-#6]]        (计算加工起始角 α)
#21=-90                                  (加工终止角-90°)
WHILE [#20GT#21] DO1                     (加工角度条件判断)
  #20=#20-#7                             (加工角度递减)
  #22=[#3-#6]*SIN[#20]                   (计算 X 向递变量,图 5-22(b)中三角形中垂
                                          直直边长,rsinα)
  #23=[#3-#6]*COS[#20]                   (计算 Z 向加工宽度,单边,图 5-22(b)中三角
                                          形水平直边长,rcosα)
  IF [#20LT#21] THEN #22=-[#3-#6]       (X 向终点判断,图 5-22(a)中 B 点)
  IF [#20LT#21] THEN #23=0              (X 向终点判断,图 5-22(a)中 B 点)
  G00 X[#1+15] Z[#8+#9]                  (刀具定位到循环起点)
  G92 X[#1+2*#22] Z[#8-#5-#10] F#4       (直进加工螺纹)
  #30=0                                  (Z 向加工宽度赋初值)
  WHILE [#30LT#23] DO2                   (Z 向循环条件判断)
    #30=#30+#11                          (加工宽度递增)
    IF [#30GT#23] THEN #30=#23           (Z 向精加工条件判断与赋值)
    G00 X[#1+15] Z[#8+#9-#30]            (刀具定位,向左借刀)
    G92 X[#1+2*#22] Z[#8-#5-#10] F#4     (螺纹加工)
    G00 X[#1+15] Z[#8+#9+#30]            (刀具定位,向右借刀)
    G92 X[#1+2*#22] Z[#8-#5-#10] F#4     (螺纹加工)
  END2                                   (循环体 2 结束)
END1                                     (循环体 1 结束)
N100                                     (跳转标记)
```

若加工如图 5-23 所示的整半圆弧牙型螺纹，如何编程加工？（提示一下：其实只需要修改上面程序的赋值即可。）

图 5-23 圆弧形（整半圆）螺纹

5.7 圆弧面螺纹

在全国或省市级数控技能大赛的数控车比赛中，经常会出现在圆弧表面或非圆曲线表面加工异形螺纹的考点。如下实例所示，其编程与加工难点有两处，一是拟合圆弧表面的螺旋线，二是螺纹槽的分层切削。

如图 5-24 所示圆弧面螺纹，螺纹牙型为标准的三角形，螺距 2mm，槽深 1.2mm，试编制其加工宏程序。

图 5-24 圆弧面螺纹

拟合圆弧表面的螺旋线时，首先确定圆弧线的方程为：$X^2+Z^2=R^2$，如图 5-25 所示。然后将圆弧段进行分段，接着我们先用直线段来拟合圆弧线，编制程序如下：

```
#1＝20                          (起点 Z 坐标值,以圆弧圆心为原点)
#2＝40                          (圆弧半径值 R40)
#3＝0.1                         (步进量赋值)
WHILE [#1GE－20] DO1            (加工条件判断,终点 Z 坐标值－20)
    #10＝SQRT[#2*#2－#1*#1]      (计算 X 坐标值,以圆弧圆心为原点)
    G01 X[2*#10－40] Z[#1－20] F0.15  (直线插补拟合圆弧线)
    #1＝#1－#3                  (Z 坐标值递减)
END1                           (循环结束)
```

图 5-25　圆方程示意图

将圆弧线进行分段直线段拟合加工时（G01 指令），分段数量由上述程序中的 #3 决定，可以根据加工的精度要求确定。若要拟合圆弧表面的螺旋线，需要根据螺旋线的螺距值进行分段，采用 G32 指令来进行拟合加工，修改上面程序如下：

```
#1＝20                          (起点 Z 坐标值,以圆弧圆心为原点)
#2＝40                          (圆弧半径值 R40)
#3＝2                           (螺距赋值)
WHILE [#1GE－20] DO1            (加工条件判断,终点 Z 坐标值－20)
    #10＝SQRT[#2*#2－#1*#1]      (计算 X 坐标值,以圆弧圆心为原点)
    G32 X[2*#10－40] Z[#1－20] F#3   (G32 拟合圆弧线)
    #1＝#1－#3                  (Z 坐标值递减)
END1                           (循环结束)
```

程序中采用 Z 向分段，如图 5-26(a) 所示，显然连接的线段长度并不相等，图 5-26(b) 所示采用圆心角分度的方式来将圆弧线分段显然更好，修改程序如下：

```
#1＝20                          (起点 Z 坐标值,以圆弧圆心为原点)
#2＝40                          (圆弧半径值 R40)
#3＝2                           (螺距赋值)
#10＝2*ASIN[#3/2/#2]            (计算螺距对应的圆心角值)
#11＝ACOS[#1/#2]               (计算起点角度值)
#20＝#11                        (角度变量赋初值)
```

```
WHILE [#20LE[180-#11]] DO1                    (加工条件判断)
    #21=#2*SIN[#20]                           (参数方程计算 X 坐标值,以圆弧圆心为原点)
    #22=#2*COS[#20]                           (参数方程计算 Z 坐标值,以圆弧圆心为原点)
    G32 X[2*#21-40] Z[#22-20] F#3             (G32 拟合圆弧线)
    #20=#20+#10                               (角度值递减)
END1                                          (循环结束)
```

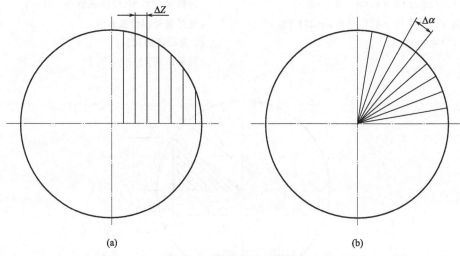

(a)　　　　　　　　　　　　　　　　　(b)

图 5-26　分段方式示意图

前面提到编程与加工难点有两处,一是拟合圆弧表面的螺旋线,二是螺纹槽的分层切削。拟合圆弧表面的螺旋线我们用 G32 指令将圆弧线分段拟合实现了,对于螺纹槽的分层切削可以通过偏移圆弧线(即修改圆弧半径的赋值)来实现,本例中将由 $R40$mm 分层切削到 $R37.6$mm($R40$mm 减去槽深 1.2mm 的 2 倍)。设右端面中心为工件原点,则圆弧圆心在工件坐标系中的坐标值为(-40,-20),编制加工程序如下。

```
#1=20                                         (起点 Z 坐标值,以圆弧圆心为原点)
#2=40                                         (圆弧半径值 R40)
#3=2                                          (螺距赋值)
#4=1.2                                        (螺纹槽深)
#5=-40                                        (R40 圆弧圆心在工件坐标系中的 X 坐标值)
#6=-20                                        (R40 圆弧圆心在工件坐标系中的 Z 坐标值)
#7=1.5*#3                                     (导入空刀量)
#8=0.6*#3                                     (导出空刀量)
#9=0.2                                        (螺纹槽深加工背吃刀量)
#10=2*ASIN[#3/2/#2]                           (计算螺距对应的圆心角值)
#11=ACOS[[#1+#7]/#2]                          (计算起点角度值)
#12=180-ACOS[[#1+#8]/#2]                      (计算终点角度值)
#20=#2                                        (X 向分层加工半径赋初值)
WHILE [#20GT[#2-2*#4]] DO1                    (X 向分层加工半径条件判断)
    #20=#20-#9                                (递减一个深度)
    IF [#20LT[#2-2*#4]] THEN #20=#2-2*#4      (精加工判断与赋值)
```

```
  G00 X50 Z♯7                              (刀具定位)
  ♯30＝♯11                                 (角度变量赋初值)
  WHILE [♯30LE♯12] DO2                     (加工条件判断)
    ♯31＝♯20＊SIN[♯30]                      (参数方程计算 X 坐标值,以圆弧圆心为原点)
    ♯32＝♯20＊COS[♯30]                      (参数方程计算 Z 坐标值,以圆弧圆心为原点)
    G32 X[2＊♯31＋♯5] Z[♯32＋♯6] F♯3        (G32 拟合圆弧线)
    ♯30＝♯30＋♯10                           (角度值递减)
  END2                                      (循环体 2 结束)
  G00 X50                                   (退刀)
  Z♯7                                       (返回)
END1                                        (循环体 1 结束)
```

第

6

章

球
车
削

6.1 半球

如图 6-1 所示半球面，球半径为 $SR15\mathrm{mm}$，试编制其数控精加工宏程序。

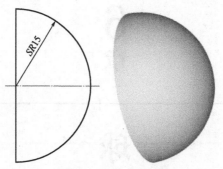

图 6-1　$SR15$ 半球面

半球面车削加工几何参数模型如图 6-2 所示，设工件原点在球心，选择外圆车刀，采用同心圆法编制半球的粗、精加工宏程序如下。仿真加工结果如图 6-3 所示。

ⓡ	ⓩ
球半径	球心Z坐标值

图 6-2　半球面车削加工几何参数模型

♯1＝0	（将球心 Z 坐标值赋给♯1）
♯2＝0.8	（背吃刀量赋值）
♯10＝15	（将球半径 R 的值 15 赋给♯10）
♯11＝SQRT[2]＊♯10	（计算最大加工半径$\sqrt{2}R$ 的值）

♯20＝♯11－♯2	（第一刀加工半径值赋值）
WHILE [♯20GT♯10] DO1	（粗加工循环条件判断）
G00 X0 Z[♯20＋♯1＋2]	（粗加工刀具定位）
G01 Z[♯20＋♯1]	（直线插补）
G03 X[2*♯20] Z♯1 R♯20	（粗加工,注意 X 坐标值应为直径值）
G00 X[2*♯20＋10]	（退刀）
Z[♯20＋♯1＋2]	（返回）
♯20＝♯20－♯2	（加工半径递减）
END1	（循环结束）
G00 X0 Z[♯10＋♯1＋2]	（精加工刀具定位）
G01 Z[♯10＋♯1]	（进刀到球顶点）
G03 X[2*♯10] Z♯1 R♯10	（精加工半球面）
G00 X[2*♯10＋10]	（退刀）
Z[♯10＋♯1＋2]	（返回）

图 6-3　半球仿真加工

◆【华中宏程序】＊＊＊＊＊＊

♯1＝0	（将球心 Z 坐标值赋给♯1）
♯2＝0.8	（背吃刀量赋值）
♯10＝15	（将球半径 R 的值 15 赋给♯10）
♯11＝SQRT[2]＊♯10	（计算最大加工半径$\sqrt{2}$R 的值）
♯20＝♯11－♯2	（第一刀加工半径值赋值）
WHILE ♯20GT♯10	（粗加工循环条件判断）
G00 X0 Z[♯20＋♯1＋2]	（粗加工刀具定位）
G01 Z[♯20＋♯1]	（直线插补）
G03 X[2*♯20] Z[♯1] R[♯20]	（粗加工,注意 X 坐标值应为直径值）
G00 X[2*♯20＋10]	（退刀）
Z[♯20＋♯1＋2]	（返回）

♯20＝♯20－♯2	（加工半径递减）
ENDW	（循环结束）
G00 X0 Z[♯10＋♯1＋2]	（精加工刀具定位）
G01 Z[♯10＋♯1]	（进刀到球顶点）
G03 X[2＊♯10] Z[♯1] R[♯10]	（精加工半球面）
G00 X[2＊♯10＋10]	（退刀）
Z[♯10＋♯1＋2]	（返回）

◇【SIEMENS 参数程序】＊＊＊＊＊＊

R1＝0	（将球心 Z 坐标值赋给 R1）
R2＝0.8	（背吃刀量赋值）
R10＝15	（将球半径 R 的值 15 赋给 R10）
R11＝SQRT(2)＊R10	（计算最大加工半径$\sqrt{2}$R 的值）
R20＝R11－R2	（第一刀加工半径值赋值）
AAA:	（跳转标记符）
G00 X0 Z＝R20＋R1＋2	（粗加工刀具定位）
G01 Z＝R20＋R1	（直线插补）
G03 X＝2＊R20 Z＝R1 CR＝R20	（粗加工,注意 X 坐标值应为直径值）
G00 X＝2＊R20＋10	（退刀）
Z＝R20＋R1＋2	（返回）
R20＝R20－R2	（加工半径递减）
IF R20>R10 GOTOB AAA	（粗加工循环条件判断）
G00 X0 Z＝R10＋R1＋2	（精加工刀具定位）
G01 Z＝R10＋R1	（进刀到球顶点）
G03 X＝2＊R10 Z＝R1 CR＝R10	（精加工半球面）
G00 X＝2＊R10＋10	（退刀）
Z＝R10＋R1＋2	（返回）

6.2 圆球

若要求加工如图 6-4 所示的圆球，试编制加工程序。

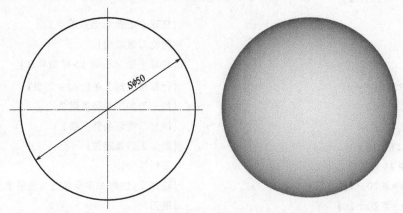

图 6-4　圆球

我们可能会遇到单件不同直径要求的圆球的加工。若采用成形刀加工，刀具制造费时费力，成本较高；若采用数控车床普通程序加工，编程麻烦，使用刀具较多。本节选用切槽刀编制宏程序来实现圆球的加工。

采用切槽刀加工圆球，为了保证粗加工时有较好的刚性，同时使切刀在粗加工左半球时有足够的进刀位置，先用切刀在左边切除较宽的沟槽，如图 6-5（a）所示，然后再用切刀沿着圆球表面切削掉图 6-5（b）中所示阴影部分区域，具体来说用切槽刀左刃切右半球，用右刃切左半球。

图 6-5　加工示意图

由于是利用切刀的左右两个刀尖分别加工左右半球，所以不会产生干涉，但是在编程加工时只能使用一个刀位点，因此在编程时要进行相关计算。一般选用左刀尖，加工左半球时使用左刀尖不需要调整（从图 6-6 中 A 点到 B 点或者从 B 点到 A 点），过象限后必须是右刀尖实际切削右半球，由于编程点仍在左刀尖，因此在过象限点后，要先将刀具沿 Z 轴平移一个刀具宽度 K，以左刀尖从 C 到 D 点编程。

为了减少精车切断球体连接处的切削力，在精加工前将槽再切直径更小点，然后按图 6-6 中点 $A \rightarrow B \rightarrow C \rightarrow D$ 的顺序精车。

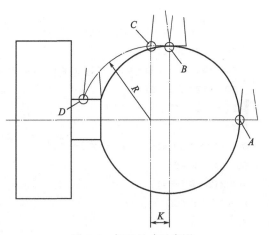

图 6-6　加工尺寸示意图

设工件原点在球顶点，选择刀具宽度为 4mm 的切槽刀，编制加工程序如下：

#1＝25	（球半径 R 赋值）
#2＝－25	（球心在工件坐标系中的坐标值）
#3＝4	（切槽刀宽度 K 赋值）
#5＝18	（第一次加工到槽底径值）
#6＝10	（第二次加工到槽底径值）
#7＝0.5	（粗加工圆球背吃刀量）

```
#8=0.1                              （圆球精加工余量）
#9=0.2                              （进给速度）
#10=SQRT[2]*#1                      （计算最大加工半径值）
#20=#10                             （加工半径赋初值）
WHILE [#20GT[#1+#8]] DO1            （加工半径条件判断）
  #20=#20-#7                        （加工半径递减）
  IF [#20LT[#1+#8]] THEN #20=#1+#8  （最后一刀加工半径,留有#8的精加工余量）
  G01 X[2*#20] Z#2                  （进刀）
  G02 X0 Z[#20+#2] R#20 F#9         （切右半球）
  G00 X[2*#20+4]                    （退刀）
  Z#2                               （返回）
END1                                （循环结束）
G00 X[2*#1+4] Z[-#1-#3+#2]          （切槽刀具定位）
G01 X#5 F#9                         （切槽到直径#5,保证工件具有足够刚性）
G00 X[2*#1+4]                       （退刀）
W-0.9*#3                            （Z向平移0.9倍刀具宽度）
G01 X#5 F#9                         （切宽槽）
G00 X[2*#1+4]                       （退刀）
#30=SQRT[#1*#1-[#5/2]*[#5/2]]       （圆弧加工终点Z坐标值计算）
G00 X[2*#1+4] Z[-#3+#2]             （刀具定位）
#31=#10                             （加工半径赋初值）
WHILE [#31GT[#1+#8]] DO1            （加工半径条件判断）
  #31=#31-#7                        （加工半径递减）
  IF [#31LT[#1+#8]] THEN #31=#1+#8  （最后一刀加工半径,留有#8的精加工余量）
  G01 X[2*#31]                      （进刀）
  G03 X#5 Z[-#30-#3+#2] R[#1+#8] F#9 （切左半球）
  G00 X[2*#1+4]                     （退刀）
  Z[-#3+#2]                         （返回,准备切下一层）
END1                                （循环体结束）
G00 X[2*#1+4] Z[-#1-#3+#2]          （切槽刀具定位）
G01 X#6 F#9                         （切槽到直径#6）
G00 X[2*#1+4]                       （退刀）
Z[#1+2+#2]                          （快速移动）
X0                                  （快速移动）
G01 Z[#1+#2]                        （精加工切削到图6-6中A点）
G03 X[2*#1] Z#2 R#1 F#9             （切削到B点）
G01 W-#3                            （切削到C点）
G03 X0 W-#1 R#1                     （切削左半球到终点）
G00X[2*#1+4]                        （退刀）
```

第 **7** 章

系列零件车削

7.1 尺寸不同系列零件加工

宏程序可以较大地简化编程，扩展程序应用范围。宏程序编程适合图形类似、只是尺寸不同的系列零件的编程，适合刀具轨迹相同、只是位置参数不同的系列零件的编程。

如图 7-1 所示含球头轴类零件，已知 D、R 和 L 尺寸，试编制其加工宏程序。

图 7-1　含球头轴类零件

如图 7-1 所示，由 $r_1 = D/2 - R$、$r_2 + r_3 = 4L$ 和 $r_1 + r_2 = 5L$ 可得 $r_2 = 5L - r_1$、$r_3 = 4L - r_2$。编制其加工宏程序如下。

#1＝50	(D 赋值)
#2＝3	(R 赋值)
#3＝10	(L 赋值)
#11＝#1/2－#2	(计算 r_1 的值)
#12＝5*#3－#11	(计算 r_2 的值)
#13＝4*#3－#12	(计算 r_3 的值)
G00 G42 X0 Z2	(进刀到切削起点)
G01 Z0	(直线插补)
G03 X[2*#13] Z－#13 R#13	(圆弧插补)
G02 X[2*4*#11/5] Z[－3*#12/5－#13] R#12	(圆弧插补)
G03 X[2*#11] Z[－#13－3*#3] R#11	(圆弧插补)
G01 Z[－#13－5*#3＋#2]	(直线插补)
G02 X#1 Z[－#13－5*#3] R#2	(圆弧插补)
G01 W－#3	(直线插补)
G00 G40 X100	(退刀)

◆【华中宏程序】******

#1＝50	(D 赋值)
#2＝3	(R 赋值)
#3＝10	(L 赋值)
#11＝#1/2－#2	(计算 r_1 的值)

#12＝5＊#3－#11	（计算 r_2 的值）
#13＝4＊#3－#12	（计算 r_3 的值）
G00 G42 X0 Z2	（进刀到切削起点）
G01 Z0	（直线插补）
G03 X[2＊#13] Z[－#13] R[#13]	（圆弧插补）
G02 X[2＊4＊#11/5] Z[－3＊#12/5－#13] R[#12]	（圆弧插补）
G03 X[2＊#11] Z[－#13－3＊#3] R[#11]	（圆弧插补）
G01 Z[－#13－5＊#3＋#2]	（直线插补）
G02 X[#1] Z[－#13－5＊#3] R[#2]	（圆弧插补）
G01 W[－#3]	（直线插补）
G00 G40 X100	（退刀）

◇【SIEMENS 参数程序】＊＊＊＊＊＊

R1＝50	（D 赋值）
R2＝3	（R 赋值）
R3＝10	（L 赋值）
R11＝R1/2－R2	（计算 r_1 的值）
R12＝5＊R3－R11	（计算 r_2 的值）
R13＝4＊R3－R12	（计算 r_3 的值）
G00 G42 X0 Z2	（进刀到切削起点）
G01 Z0	（直线插补）
G03 X＝2＊R13 Z＝－R13 CR＝R13	（圆弧插补）
G02 X＝2＊4＊R11/5 Z＝－3＊R12/5－R13 CR＝R12	（圆弧插补）
G03 X＝2＊R11 Z＝－R13－3＊R3 CR＝R11	（圆弧插补）
G01 Z＝－R13－5＊R3＋R2	（直线插补）
G02 X＝R1 Z＝－R13－5＊R3 CR＝R2	（圆弧插补）
G91 G01 Z＝－R3	（直线插补）
G90 G00 G40 X100	（退刀）

数控车削加工如图 7-2 所示零件外轮廓，该零件具有如表 7-1 所示的 4 种不同尺寸规格，试编制其加工宏程序。

图 7-2　零件外圆面的加工

表 7-1　4 种不同尺寸规格

几何参数	A	B	C	D	R
尺寸 1	30	50	40	60	3
尺寸 2	25	46	28	48	2
尺寸 3	19	45	21	47	4
尺寸 4	24	55	32	52	3

设工件坐标原点在右端面与工件轴线的交点上，下面是数控车削加工该系列零件的宏程序，仅需要对♯10 赋值 "1" "2" "3" 或 "4" 即可选择相应 4 种不同尺寸规格的零件进行加工。

♯10＝1	（零件尺寸规格选择）
IF ♯10EQ1 GOTO1	（尺寸规格判断）
IF ♯10EQ2 GOTO2	（尺寸规格判断）
IF ♯10EQ3 GOTO3	（尺寸规格判断）
IF ♯10EQ4 GOTO4	（尺寸规格判断）
M30	（若♯10 赋值错误则程序直接结束）
N1♯1＝30	（尺寸参数 A 赋值）
♯2＝50	（尺寸参数 B 赋值）
♯3＝40	（尺寸参数 C 赋值）
♯4＝60	（尺寸参数 D 赋值）
♯18＝3	（尺寸参数 R 赋值）
GOTO100	（无条件跳转）
N2♯1＝25	（尺寸参数 A 赋值）
♯2＝46	（尺寸参数 B 赋值）
♯3＝28	（尺寸参数 C 赋值）
♯4＝48	（尺寸参数 D 赋值）
♯18＝2	（尺寸参数 R 赋值）
GOTO100	（无条件跳转）
N3♯1＝19	（尺寸参数 A 赋值）
♯2＝45	（尺寸参数 B 赋值）
♯3＝21	（尺寸参数 C 赋值）
♯4＝47	（尺寸参数 D 赋值）
♯18＝4	（尺寸参数 R 赋值）
GOTO100	（无条件跳转）
N4♯1＝24	（尺寸参数 A 赋值）
♯2＝55	（尺寸参数 B 赋值）
♯3＝32	（尺寸参数 C 赋值）
♯4＝52	（尺寸参数 D 赋值）
♯18＝3	（尺寸参数 R 赋值）
N100 G00 G42 X[♯3－9] Z2	（快进到切削起点）
G01 X[♯3] Z－2.5	（直线插补）
Z[－♯1＋♯18]	（直线插补）
G02 X[♯3＋2＊♯18] Z[－♯1] R[♯18]	（圆弧插补）

G01 X[#4－2*#18]	(直线插补)
G03 X[#4] Z[－#1－#18] R[#18]	(圆弧插补)
G01 Z[－#2]	(直线插补)
G00 G40 X[#4＋10]	(退刀)

◆【华中宏程序】******

#10＝1	(零件尺寸规格选择)
IF#10EQ1	(尺寸规格判断)
#0＝30	(尺寸参数 A 赋值)
#1＝50	(尺寸参数 B 赋值)
#2＝40	(尺寸参数 C 赋值)
#3＝60	(尺寸参数 D 赋值)
#17＝3	(尺寸参数 R 赋值)
ENDIF	(条件结束)
IF#10EQ2	(尺寸规格判断)
#0＝25	(尺寸参数 A 赋值)
#1＝46	(尺寸参数 B 赋值)
#2＝28	(尺寸参数 C 赋值)
#3＝48	(尺寸参数 D 赋值)
#17＝2	(尺寸参数 R 赋值)
ENDIF	(条件结束)
IF#10EQ3	(尺寸规格判断)
#0＝19	(尺寸参数 A 赋值)
#1＝45	(尺寸参数 B 赋值)
#2＝21	(尺寸参数 C 赋值)
#3＝47	(尺寸参数 D 赋值)
#17＝4	(尺寸参数 R 赋值)
ENDIF	(条件结束)
IF#10EQ4	(尺寸规格判断)
#0＝24	(尺寸参数 A 赋值)
#1＝55	(尺寸参数 B 赋值)
#2＝32	(尺寸参数 C 赋值)
#3＝52	(尺寸参数 D 赋值)
#17＝3	(尺寸参数 R 赋值)
ENDIF	(条件结束)
M03 S1000 T0101 F120	(加工参数设定)
G00 X100 Z100	(刀具快进到起刀点)
G00 G42 X[#2－9] Z2	(快进到切削起点)
G01 X[#2] Z－2.5	(直线插补)
Z[－#0＋#17]	(直线插补)
G02 X[#2＋2*#17] Z[－#0] R[#17]	(圆弧插补)
G01 X[#3－2*#17]	(直线插补)
G03 X[#3] Z[－#0－#17] R[#17]	(圆弧插补)
G01 Z[－#1]	(直线插补)

```
G00 G40 X[#3+10]                          (退刀)
```

◇【SIEMENS 参数程序】******

```
R10=1                                     (零件尺寸规格选择)
IF R10==1 GOTOF AAA                        (尺寸规格判断)
IF R10==2 GOTOF BBB                        (尺寸规格判断)
IF R10==3 GOTOF CCC                        (尺寸规格判断)
IF R10==4 GOTOF DDD                        (尺寸规格判断)
GOTOF LAB                                  (若 R10 赋值错误,无条件跳转到程序结束)
AAA:                                       (标记符 AAA)
    R0=30                                  (尺寸参数 A 赋值)
    R1=50                                  (尺寸参数 B 赋值)
    R2=40                                  (尺寸参数 C 赋值)
    R3=60                                  (尺寸参数 D 赋值)
    R17=3                                  (尺寸参数 R 赋值)
GOTOF MAR                                  (无条件跳转,不再执行后续赋值程序)
BBB:                                       (标记符 BBB)
    R0=25                                  (尺寸参数 A 赋值)
    R1=46                                  (尺寸参数 B 赋值)
    R2=28                                  (尺寸参数 C 赋值)
    R3=48                                  (尺寸参数 D 赋值)
    R17=2                                  (尺寸参数 R 赋值)
GOTOF MAR                                  (无条件跳转)
CCC:                                       (标记符 CCC)
    R0=19                                  (尺寸参数 A 赋值)
    R1=45                                  (尺寸参数 B 赋值)
    R2=21                                  (尺寸参数 C 赋值)
    R3=47                                  (尺寸参数 D 赋值)
    R17=4                                  (尺寸参数 R 赋值)
GOTOF MAR                                  (无条件跳转)
DDD:                                       (标记符 DDD)
    R0=24                                  (尺寸参数 A 赋值)
    R1=55                                  (尺寸参数 B 赋值)
    R2=32                                  (尺寸参数 C 赋值)
    R3=52                                  (尺寸参数 D 赋值)
    R17=3                                  (尺寸参数 R 赋值)
MAR:                                       (标记符 MAR)
    M03 S1000 T1 F120                      (加工参数设定)
    G00 X100 Z100                          (刀具快进到起刀点)
    G00 G42 X=R2-9 Z2                      (快进到切削起点)
    G01 X=R2 Z-2.5                         (直线插补)
    Z=-R0+R17                              (直线插补)
    G02 X=R2+2*R17 Z=-R0 CR=R17            (圆弧插补)
    G01 X=R3-2*R17                         (直线插补)
```

G03 X＝R3 Z＝－R0－R17 CR＝R17	（圆弧插补）
G01 Z＝－R1	（直线插补）
G00 G40 X＝R3＋10	（退刀）
G00 X100 Z100	（返回起刀点）
LAB：	（标记符 LAB）

7.2 一次装夹多件加工

如图 7-3 所示零件，由于零件长度较短，每件零件加工时间也不长，如果加工完一件都需要重新装夹保证伸出的长度才能进行下一件的加工，这样所花费的加工辅助时间会比较长，加工的效率不高。

对于此类较短长度的零件加工采用一次装夹多件加工的方法可以使零件装夹的辅助时间减少，我们可以利用宏程序实现一次装夹加工多个零件，编程过程中只要先编制单件加工的程序，然后将长度 Z 改成变量即可，程序编制方便、简洁，根据料头长短调整加工件数也很方便，生产效率可以得到很大提高，实用性强。

图 7-3　单件零件

＃1＝10	（单件长度赋值）
＃2＝3	（切断刀宽度赋值）
＃10＝5	**（一次装夹加工件数）**
＃11＝＃1＋＃2＋0.5	**（单件工件所需长度,工件长加切刀宽加 0.5）**
＃12＝80	（零件伸出卡盘长度赋值,实际测量值）
IF [＃12LT[＃11＊＃10＋10]] GOTO100	（若伸出长度太短,直接跳转到程序末）
＃20＝1	（加工件数计数器置 1）
WHILE [＃20LE＃10] DO1	（加工件数判断）
T0101	（换 1 号外圆刀）
M03 S800	（主轴转）
G00 X40 Z[0－[＃20－1]＊＃11]	**（进刀）**
G01 X0 F0.15	（切削）
G00 W2	（退刀）
X30	（快进）
G01 X36 Z[－1－[＃20－1]＊＃11] F0.15	**（加工右倒角）**
W[－＃1－＃2]	（加工外圆面）
G00 X100	（退刀）
Z100	（返回）
T0202	（换 2 号切断刀）
G00 X40 Z[－＃1－＃2－[＃20－1]＊＃11]	**（刀具定位）**
G01 X34 F0.15	（切槽）
G00 X40	（退刀）

```
W3                              (左倒角加工定位)
G01 X34 W—3 F0.15              (加工左倒角)
X0                              (切断)
G00 X100                        (退刀)
Z100                            (返回)
T0101                           (换回 1 号刀具)
#20=#20+1                       (加工件数递增)
END1                            (循环结束)
N100                            (程序跳转标记)
```

　　一次装夹多件加工属于位置参数不同的系列零件加工，采用宏程序编程实现该类零件的加工在生产实际中有很多的应用。虽然子程序也可以实现，但是宏程序由于更方便调整与修改零件尺寸、加工件数等参数的数值无疑更具有优势。

第 **8** 章

轮廓仿形加工

数控车削加工如图 8-1 所示零件，毛坯直径为 ϕ48mm 棒料，试编程完成加工。

图 8-1 零件图

采用仿形法加工（图 8-2），即把精加工外轮廓路线偏移得到粗加工、半精加工刀路来实现分层加工的方法，编制加工程序如下：

图 8-2 仿形加工刀路示意图

＃1＝48	（毛坯直径赋值）
＃2＝20	（零件最小轴径赋值）
＃3＝0.15	（进给速度赋值）
＃10＝＃1－＃2	（总加工余量计算）
WHILE [＃10GT0] DO1	（加工余量条件判断）
IF [＃10GT0.2] THEN ＃11＝0.2	（若剩余加工厚度大于 0.2,则背吃刀量的值取 0.2）
IF [＃10GT0.5] THEN ＃11＝0.5	（若剩余加工厚度大于 0.5,则背吃刀量的值取 0.5）
IF [＃10GT1] THEN ＃11＝1	（若剩余加工厚度大于 1,则背吃刀量的值取 1）
IF [＃10GT2] THEN ＃11＝2	（若剩余加工厚度大于 2,则背吃刀量的值取 2）
＃10＝＃10－＃11	（加工余量递减一个背吃刀量）
IF [＃10LT0] THEN ＃10＝0	（精加工条件判断）
G00 X[20＋＃10] Z2	（快进）
G01 Z0 F＃3	（直线插补）
G03 X[34＋＃10] Z－10 R16	（圆弧插补）
G02 X[34＋＃10] Z－46 R28	（圆弧插补）
G01 X[46＋＃10]	（直线插补）
Z－60	（直线插补）

```
G00 X100                          (退刀)
    Z10                           (返回)
END1                              (循环结束)
```

不难发现，轮廓仿形加工编程的方法是在精加工程序中的 X 坐标上叠加一个加工余量变量 ♯10，通过改变变量 ♯10 的值来实现粗精加工的，仿真加工结果如图 8-3 所示。

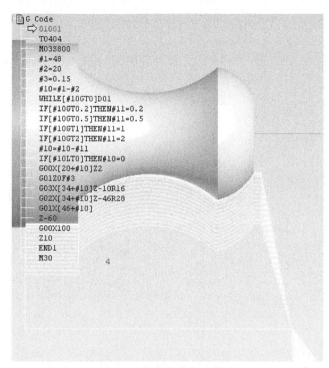

图 8-3　轮廓仿形加工仿真

第
9
章

公式曲线的宏程序编程模板

（1）函数

设 D 是给定的一个数集，若有两个变量 X 和 Y，当变量 X 在 D 中取某个特定值时，变量 Y 依确定的关系 f 也有一个确定的值，则称 Y 是 X 的函数，f 称为 D 上的一个函数关系，记为 $Y=f(X)$，X 称为自变量，Y 称为因变量。当 X 取遍 D 中各数，对应的 Y 构成一数集 R，D 称为定义域或自变数域，R 称为值域或因变数域。

由于数控车床使用 XZ 坐标系，则用 Z、X 分别代替 X、Y，即数控车削加工公式曲线中

图 9-1 公式曲线车削加工

曲线方程是变量 X 与 Z 的关系。例如图 9-1 所示曲线的函数为 $X=f(Z)$，Z 为自变量，X 为因变量，若设起点 A 在 Z 轴上的坐标值为 Z_a（自变量起点），终点 B 在 Z 轴上的坐标值为 Z_b（自变量终点），则 $D=Z_a$，Z_b 为定义域，X 是 Z 的函数，当 Z 取遍 D 中各数，对应的 X 构成的数集 R 为值域。当然也可以将 $X=f(Z)$ 进行函数变换得到表达式 $Z=f(X)$，即 X 为自变量，Z 为因变量，Z 是 X 的函数。

（2）数控编程中公式曲线的数学处理

公式曲线包括除圆以外的各种可以用方程描述的圆锥二次曲线（如抛物线、椭圆、双曲线）、阿基米德螺旋线、对数螺旋线及各种参数方程、极坐标方程所描述的平面曲线与列表曲线等。数控机床在加工上述各种曲线平面轮廓时，一般都不能直接进行编程，而必须经过数学处理以后，以直线或圆弧逼近的方法来实现。但这一工作一般都比较复杂，有时靠手工处理已经不大可能，必须借助计算机进行辅助处理，最好是采用计算机自动编程高级语言来编制加工程序。

处理用数学方程描述的平面非圆曲线轮廓图形，常采用相互连接的直线逼近或圆弧逼近方法。

① 直线逼近法　一般来说，由于直线法的插补节点均在曲线轮廓上，容易计算，编程也简便一些，所以常用直线法来逼近非圆曲线，其缺点是插补误差较大，但只要处理得当还是可以满足加工需要的，关键在于插补段的长度及插补误差控制。由于各种曲线上各点的曲率不同，如果要使各插补段的长度均相等，则各段插补的误差大小不同；反之，如要使各段的插补误差相同，则各插补段的长度不相等。

a. 等插补段法　等插补段法是使每个插补段长度相等，因而插补误差不相同。编程时必须使产生的最大插补误差小于允差的 $1/2 \sim 1/3$，以满足加工精度要求。一般都假设最大误差产生在曲线的曲率半径最小处，并沿曲线的法线方向计算。这一假设虽然不够严格，但数控加工实践表明，对大多数情况是适用的。如图 9-2(a)、(b) 所示是分别选用 Z 或 X 坐标为自变量进行等插补段法加工如图 9-1 所示公式曲线的示意图。

b. 等插补误差法　等插补误差法是使各插补段的误差相等，并小于或等于允许的插补误差，这种确定插补段长度的方法称为"等插补误差法"。显然，按此法确定的各插补段长度是不等的，因此也称为"变步长法"。这种方法的优点是插补段数目比上述的"等插补段法"少。这对于一些大型和形状复杂的非圆曲线零件有较大意义。对于曲率变化较大的曲线，用此法求得的节点数最少，但计算稍烦琐。

② 圆弧逼近法　曲线的圆弧逼近有曲率圆法、三点圆法和相切圆法等方法。三点圆法是通过已知的三个节点求圆，并作为一个圆弧加工程序段。相切圆法是通过已知的四个节点分别作两个相切的圆，编出两个圆弧的加工程序段。这两种方法都必须先用直线逼近方法求

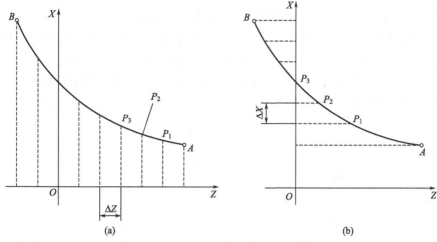

图 9-2 等插补段法加工曲线

出各节点再求出各圆半径，计算较烦琐。

（3）编制公式曲线加工宏程序的基本步骤

应用宏程序对可以用函数公式描述的工件轮廓或曲面进行数控加工，是现代数控系统一个重要的新功能和方法，但是使用宏程序编程用于数控加工公式曲线时，需要具有一定的数学和高级语言基础，要快速熟练准确地掌握较为困难。

事实上，数控加工公式曲线的宏程序编制具有一定的规律性，如表 9-1 所示为反映编制公式曲线加工宏程序基本步骤的变量处理表。

表 9-1　编制公式曲线加工宏程序变量处理表

步骤	步骤内容	变量表示		变量表示
第 1 步	选择自变量（通常 X 与 Z 二选一）	X	Z	$\sharp i$
第 2 步	确定自变量的定义域	$X = X_a, X_b$	$Z = Z_a, Z_b$	—
第 3 步	用自变量表示因变量的表达式	$Z = f(X)$	$X = f(Z)$	$\sharp j = f(\sharp i)$

① 选择自变量

a. 公式曲线中的 X 和 Z 坐标任意一个都可以被定义为自变量。

b. 一般选择变化范围大的一个作为自变量。数控车削加工时通常将 Z 坐标选定为自变量。

c. 根据表达式方便情况来确定 X 或 Z 作为自变量。如某公式曲线表达式为

$$z = 0.005x^3$$

将 X 坐标定义为自变量比较适当，如果将 Z 坐标定义为自变量，则因变量 X 的表达式为

$$x = \sqrt[3]{z/0.005}$$

其中含有三次开方函数在宏程序中不方便表达。

d. 变量的定义完全可根据个人习惯设定。例如，为了方便可将和 X 坐标相关的变量设为 $\sharp 1$、$\sharp 11$、$\sharp 12$ 等，将和 Z 坐标相关的变量设为 $\sharp 2$、$\sharp 21$、$\sharp 22$ 等。

② 确定自变量的起止点坐标值（即自变量的定义域）　自变量的起止点坐标值是相对于

公式曲线自身坐标系的坐标值（如椭圆自身坐标原点为椭圆中心，抛物线自身坐标原点为其顶点）。其中起点坐标为自变量的初始值，终点坐标为自变量的终止值。

③ 确定因变量相对于自变量的表达式　进行函数变换，确定因变量相对于自变量的表达式。如图 9-3 所示椭圆曲线，S 点为曲线加工起始点，T 点为终止点。起点 S 的 Z 坐标为 $Z8$，终点 T 的 Z 坐标为 $Z-8$，若选定 Z 坐标为自变量，则自变量的初始值为 8，终止值为 -8，将椭圆标准方程

$$\frac{x^2}{5^2} + \frac{z^2}{10^2} = 1$$

图 9-3　含椭圆曲线的零件图

进行函数变换得到用自变量表示因变量的表达式

$$x = -5 \times \sqrt{1 - \frac{z^2}{10^2}}$$

若用变量 ♯10 代表 X，♯1 表示 Z，则变量处理结果如表 9-2 所示。

表 9-2　含椭圆曲线零件加工宏程序变量处理表

步骤	步骤内容	变量表示	变量表示
第 1 步	选择自变量	Z	♯1
第 2 步	确定自变量的定义域	$Z[Z_1, Z_2] = Z[8, -8]$	—
第 3 步	用自变量表示因变量的表达式	$x = -5 \times \sqrt{1 - \dfrac{z^2}{10^2}}$	♯10 = -5 * SQRT(1 - ♯1 * ♯1/(10 * 10))

④ 公式曲线宏程序编程模板　在编制公式曲线的加工宏程序时，可按如表 9-3 和表 9-4 所示进行编程，表中的 6 个步骤在实际工作中可当成编程模板套用。程序模板的流程如图 9-4 和图 9-5 所示。

表 9-3　公式曲线宏程序编程模板（WHILE 语句）

步骤	程序	说　　明
第 1 步	♯i=a ♯j=b	（将自变量起点坐标 a 赋值给♯i） （将自变量起点坐标 b 赋值给♯j）

步骤	程序	说　　明
第2步	WHILE［♯i? ♯j］DO1	（循环条件判断,? 为条件运算符）
第3步	♯k＝f(♯i)	（用自变量表示因变量的表达式）
第4步	G01 X［2＊♯x＋g］Z［♯z＋h］	（直线段拟合曲线） （注意坐标转换,♯x 与 ♯z 分别表示 X 轴与 Z 轴所对应的宏变量） （g 为曲线自身坐标原点在工件坐标系下的 X 坐标值） （h 为曲线自身坐标原点在工件坐标系下的 Z 坐标值） （数控车采用直径值编程,因此 ♯x 的值应乘以 2）
第5步	♯i＝♯i±Δ	（自变量递变一个步长 Δ） （正负符号应根据实际情况选用,当 a＜b 时递增取＋,否则取－）
第6步	END1	（循环结束）

图 9-4　公式曲线加工宏程序流程图（WHILE 语句）　图 9-5　公式曲线加工宏程序流程图（IF 语句）

表 9-4　公式曲线宏程序编程模板（IF 语句）

步骤	程序	说明
第1步	♯i＝a ♯j＝b	（将自变量起点坐标 a 赋值给 ♯i） （将自变量起点坐标 b 赋值给 ♯j）
第2步	N1	（程序跳转标记符）
第3步	♯k＝f(♯i)	（用自变量表示因变量的表达式）

步骤	程序	说明
第4步	G01 X[2*#x+g] Z[#z+h]	(直线段拟合曲线) (注意坐标转换，#x与#z分别表示X轴与Z轴所对应的宏变量) (g为曲线自身坐标原点在工件坐标系下的X坐标值) (h为曲线自身坐标原点在工件坐标系下的Z坐标值) (数控车采用直径值编程，因此#x的值应乘以2)
第5步	#i=#i±Δ	(自变量递变一个步长Δ) (正负符号应根据实际情况选用，当$a<b$时递增取＋，否则取－)
第6步	IF[#i?#j]GOTO1	(循环条件判断，? 为条件运算符)

数控车削加工如图9-3所示椭圆曲线，加工刀具刀位点在加工曲线起始S点，要求完成该曲线的数控车削宏程序的编制。

设工件坐标原点在工件右端面与轴线的交点上，则椭圆中心O（椭圆自身坐标原点）在工件坐标系中的坐标值为（30，－20），选定Z坐标为自变量，则定义域为［8，－8］，参考公式曲线宏程序编程模板编制加工程序如下。

```
#1=8                              (曲线加工起点S的Z坐标赋值)
#2=－8                            (曲线加工终点T的Z坐标赋值)
#3=30                             (椭圆中心O在工件坐标系中的X坐标赋值)
#4=－20                           (椭圆中心O在工件坐标系中的Z坐标赋值)
WHILE[#1GE#2]DO1                   (循环条件判断)
   #10=－5*SQRT[1－[#1*#1]/[10*10]]  (计算X坐标)
   G01 X[2*#10+#3] Z[#1+#4]        (直线插补逼近曲线)
   #1=#1－0.1                      (自变量#1递减)
END1                              (循环结束)
```

第

10

章

椭圆曲线车削

10.1　正椭圆曲线（工件原点在椭圆中心）

（1）椭圆方程

在数控车床坐标系（XOZ 坐标平面）中，设 a 为椭圆在 Z 轴上的截距（椭圆长半轴长），b 为椭圆在 X 轴上的截距（短半轴长），椭圆轨迹上的点 P 坐标为 (x,z)，则椭圆方程、图形与椭圆中心坐标关系如表 10-1 所示。

表 10-1　椭圆方程、椭圆图形与椭圆中心坐标

椭圆方程	椭圆图形	椭圆中心坐标
（标准方程）$\dfrac{x^2}{b^2}+\dfrac{z^2}{a^2}=1$		$G(0,0)$
（参数方程）$\begin{cases} x=b\sin t \\ z=a\cos t \end{cases}$		$G(0,0)$

注意：① 椭圆标准方程为

$$\frac{x^2}{a^2}+\frac{y^2}{b^2}=1$$

但由于数控车床使用 XZ 坐标系，用 Z、X 分别代替 X、Y 得到数控车床坐标系下的椭圆标准方程为

$$\frac{x^2}{b^2}+\frac{z^2}{a^2}=1$$

不作特殊说明，本书相关章节均作了相应处理。

② 椭圆参数方程中 t 为离心角，是与 P 点对应的同心圆（半径分别为 a 和 b）半径与 Z 轴正方向的夹角。

（2）编程方法

椭圆的数控车削加工编程方法可根据方程类型分为两种：按标准方程和参数方程编程。采用标准方程编程时，如图 10-1(a)、(b) 所示，可分别以 Z 或 X 为自变量分别计算出 P_0、P_1、P_2 各点的坐标值，然后逐点插补完成椭圆曲线的加工。采用参数方程编程时，如图 10-1(c) 所示，以 t 为自变量分别计算 P_0、P_1、P_2 各点的坐标值，然后逐点插补完成椭圆曲线的加工。

(a) 以 Z 为自变量　　　　(b) 以 X 为自变量　　　　(c) 以 t 为自变量

图 10-1　不同加工方法的自变量选择示意图

如图 10-2 所示，试采用标准方程编制数控车削精加工该零件椭圆曲线部分的宏程序。

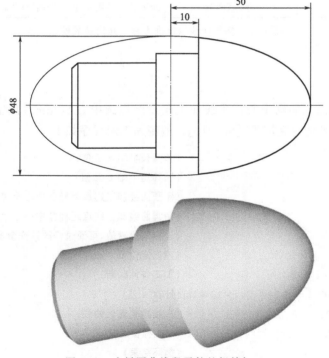

图 10-2　含椭圆曲线段零件的粗精加工

椭圆曲线（标准方程）几何参数模型如图 10-3 所示。由图 10-2 可得椭圆曲线长半轴 $a=50\text{mm}$，短半轴 $b=24\text{mm}$，则该椭圆曲线用标准方程表示为 $\dfrac{x^2}{24^2}+\dfrac{z^2}{50^2}=1$，若选择 Z 作为自变量则函数变换后的表达式为

ⓐ	ⓑ	Ⓜ	Ⓝ
椭圆长半轴	椭圆短半轴	曲线加工起点距椭圆中心距离	曲线加工终点距椭圆中心距离

图 10-3 椭圆曲线（标准方程）几何参数模型

$$x = 24 \times \sqrt{1 - \frac{z^2}{50^2}}$$

设工件坐标原点在椭圆中心，曲线加工起点距椭圆中心 50mm，加工终点距椭圆中心 10mm，即自变量 Z 的定义域为 [50, 10]，编制加工宏程序如下。

```
#1=50                          (椭圆长半轴 a 赋值)
#2=24                          (椭圆短半轴 b 赋值)
#3=50                          (椭圆曲线加工起点距椭圆中心距离 M 赋值)
#4=10                          (椭圆曲线加工终点距椭圆中心距离 N 赋值)
#5=0.2                         (坐标增量赋值,可通过修改该变量实现加工精度的控制)
G00 X0 Z52                     (刀具定位)
WHILE [#3GE#4] DO1             (加工条件判断)
  #10=#2*SQRT[1−[#3*#3]/[#1*#1]] (计算 x 值)
  G01 X[2*#10] Z#3            (直线插补逼近曲线)
  #3=#3−#5                    (Z 坐标值递减)
END1                           (循环结束)
```

◆【华中宏程序】******

```
#1=50                          (椭圆长半轴 a 赋值)
#2=24                          (椭圆短半轴 b 赋值)
#3=50                          (椭圆曲线加工起点距椭圆中心距离 M 赋值)
#4=10                          (椭圆曲线加工终点距椭圆中心距离 N 赋值)
```

♯5＝0.2	（坐标增量♯5赋值）
G00 X0 Z52	（刀具定位）
WHILE ♯3GE♯4	（加工条件判断）
♯10＝♯2*SQRT[1－[♯3*♯3]/[♯1*♯1]]	（计算 x 值）
G01 X[2*♯10] Z[♯3]	（直线插补逼近曲线）
♯3＝♯3－♯5	（Z 坐标值递减）
ENDW	（循环结束）

◇【SIEMENS 参数程序】******

R1＝50	（椭圆长半轴 a 赋值）
R2＝24	（椭圆短半轴 b 赋值）
R3＝50	（椭圆曲线加工起点距椭圆中心距离 M 赋值）
R4＝10	（椭圆曲线加工终点距椭圆中心距离 N 赋值）
R5＝0.2	（坐标增量 R5 赋值）
G00 X0 Z52	（刀具定位）
AAA:	（跳转标记符）
R10＝R2*SQRT(1－R3*R3/(R1*R1))	（计算 x 值）
G01 X＝2*R10 Z＝R3	（直线插补逼近曲线）
R3＝R3－R5	（Z 坐标值递减）
IF R3>=R4 GOTOB AAA	（加工条件判断）

数控车削加工如图 10-4 所示含椭圆曲线零件，试采用参数方程编制加工该零件椭圆曲线部分的宏程序。

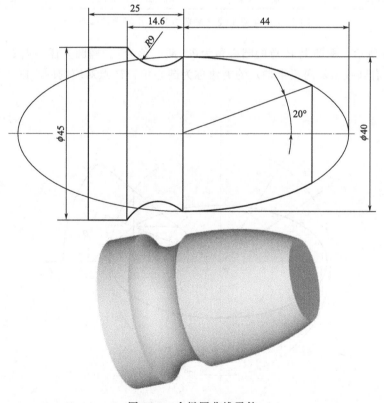

图 10-4　含椭圆曲线零件

图 10-5 为椭圆曲线（参数方程）几何参数模型。由图 10-4 所得，椭圆长半轴 $a=$ 44mm，短半轴 $b=20$mm，因此用参数方程表示为

$$\begin{cases} x=20\sin t \\ z=44\cos t \end{cases}$$

ⓐ	ⓑ	Ⓟ	Ⓠ
椭圆长半轴	椭圆短半轴	曲线加工起点的圆心角	曲线加工终点的圆心角

图 10-5　椭圆曲线（参数方程）几何参数模型

如图 10-6 所示，椭圆上 P 点的圆心角为 θ，离心角为 t。椭圆上任一点 P 与椭圆中心的连线与水平向右轴线（Z 向正半轴）的夹角称为圆心角，P 点对应的同心圆（半径分别为 a

图 10-6　椭圆曲线上 P 点的圆心角 θ 与离心角 t 关系示意图

和 b）的半径与 Z 轴正方向的夹角称为离心角。

离心角 t 的值应按照椭圆的参数方程来确定，因为它并不总是等于椭圆圆心角 θ 的值，仅当 $\theta = \dfrac{K\pi}{2}$ 时，才有 $t = \theta$。设 P 点坐标值（x，z），由

$$\tan\theta = \frac{x}{z} = \frac{b\sin t}{a\cos t} = \frac{b}{a}\tan t$$

可得

$$t = \arctan\left(\frac{a}{b}\tan\theta\right)$$

另外需要注意，通过直接计算出来的离心角数值与实际离心角度有 0°、180°或 360°的差值需要考虑。

该曲线段起始点的圆心角值为 20°，终止点的圆心角为 90°。设工件坐标原点在椭圆中心，采用参数方程编程，以离心角 t 为自变量，编制加工宏程序如下。

```
#1=44                              (椭圆长半轴 a 赋值)
#2=20                              (椭圆短半轴 b 赋值)
#3=20                              (曲线加工起点的圆心角 P 赋值)
#4=90                              (曲线加工终点的圆心角 Q 赋值)
#5=0.5                             (角度递变量赋值)
#10=ATAN[#1*TAN[#3]/#2]           (根据图中圆心角计算参数方程中离心角的值)
G00 X[2*#2*SIN[#10]] Z[#1*COS[#10]+2] (刀具定位)
WHILE [#10LE#4] DO1               (加工条件判断)
  #20=#2*SIN[#10]                 (用参数方程计算 x 值)
  #21=#1*COS[#10]                 (用参数方程计算 z 值)
  G01 X[2*#20] Z#21               (直线插补逼近曲线)
  #10=#10+#5                      (离心角递增)
END1                              (循环结束)
```

◆【华中宏程序】******

```
#1=44                              (椭圆长半轴 a 赋值)
#2=20                              (椭圆短半轴 b 赋值)
#3=20                              (曲线加工起点的圆心角 P 赋值)
#4=90                              (曲线加工终点的圆心角 Q 赋值)
#5=0.5                             (角度递变量赋值)
#10=ATAN[TAN[#3*PI/180]*#1/#2]    (根据图中圆心角计算参数方程中离心角的值)
#20=#2*SIN[#10*PI/180]            (用参数方程计算 x 值)
#21=#1*COS[#10*PI/180]            (用参数方程计算 z 值)
G00 X[2*#20] Z[#21+2]             (刀具定位)
WHILE #10LE#4                     (加工条件判断)
  #20=#2*SIN[#10*PI/180]          (用参数方程计算 x 值)
  #21=#1*COS[#10*PI/180]          (用参数方程计算 z 值)
  G01 X[2*#20] Z[#21]             (直线插补逼近曲线)
  #10=#10+#5                      (离心角递增)
ENDW                              (循环结束)
```

```
R1＝44                              (椭圆长半轴 a 赋值)
R2＝20                              (椭圆短半轴 b 赋值)
R3＝20                              (曲线加工起点的圆心角 P 赋值)
R4＝90                              (曲线加工终点的圆心角 Q 赋值)
R5＝0.5                             (角度递变量赋值)
R10＝ATAN2(R1 * TAN(R3)/R2)        (根据图中圆心角计算参数方程中离心角的值)
G00 X＝2 * R2 * SIN(R10)Z＝R1 * COS(R10)＋2  (刀具定位)
AAA:                               (程序跳转标记符)
  R20＝R2 * SIN(R10)               (用参数方程计算 x 值)
  R21＝R1 * COS(R10)               (用参数方程计算 z 值)
  G01 X＝2 * R20 Z＝R21            (直线插补逼近曲线)
  R10＝R10＋R5                     (离心角递增)
IF R10<＝R4 GOTOB AAA              (加工条件判断)
```

10.2 正椭圆曲线（工件原点不在椭圆中心）

坐标轴的平移如图 10-7 所示，P 点在原坐标系 XOZ 中的坐标值为 $(x，z)$，在新坐标系 $X'O'Z'$ 中的坐标值为 $(x'，z')$，原坐标系原点 O 在新坐标系中的坐标值为 $(g，h)$，则它们的关系为：

$$\begin{cases} x'=x+g \\ z'=z+h \end{cases}$$

在数控车床坐标系（XOZ 坐标平面）中，设 a 为椭圆在 Z 轴上的截距（椭圆长半轴长），b 为椭圆在 X 轴上的截距（短半轴长），椭圆轨迹上的点 P 坐标为 $(x，z)$，椭圆中心在工件坐标系中的坐标值为 $(g，h)$，则椭圆方程、图形与椭圆中心坐标关系如表 10-2 所示。

图 10-7　坐标平移

表 10-2　椭圆方程、椭圆图形与椭圆中心坐标

椭圆方程	椭圆图形	椭圆中心坐标
$\dfrac{(x-g)^2}{b^2}+\dfrac{(z-h)^2}{a^2}=1$		$G(g，h)$

椭圆方程	椭圆图形	椭圆中心坐标
$\begin{cases} x = b\sin t + g \\ z = a\cos t + h \end{cases}$		$G(g,h)$

如图 10-8 所示轴类零件，零件外轮廓含一段椭圆曲线，椭圆长半轴长 25mm，短半轴长 15mm，试编制该零件外圆面的加工宏程序。

图 10-8 含椭圆曲线的轴类零件

图 10-9 为工件原点不在椭圆中心的椭圆曲线几何参数模型。如图 10-8 所示，设工件原点在工件右端面与工件回转中心的交点上，则椭圆中心在工件坐标系下的坐标值为（30，0），采用参数方程编制其加工宏程序如下。

```
♯1＝25              （椭圆长半轴 a 赋值）
♯2＝15              （椭圆短半轴 b 赋值）
♯3＝30              （椭圆中心在工件坐标系中的 X 坐标值赋值）
♯4＝0               （椭圆中心在工件坐标系中的 z 坐标值赋值）
♯5＝270             （曲线加工起点的圆心角赋值）
♯6＝180             （曲线加工终点的圆心角赋值）
♯7＝0.5             （角度递增量赋值）
G00 X0 Z2          （刀具定位）
```

```
WHILE [#5GE#6] DO1                      (加工循环条件判断)
    #10=#2*SIN[#5]                      (参数方程计算 x 值)
    #11=#1*COS[#5]                      (参数方程计算 z 值)
    G01 X[2*#10+#3] Z[#11+#4]          (直线插补逼近椭圆曲线)
                                        (注意 X、Z 坐标分别叠加了椭圆中心在工件坐标系
                                         下的 X、Z 坐标值)

    #5=#5-#7                            (角度递减)
END1                                    (循环结束)
```

(a)	(b)	(X)	(Z)
椭圆长半轴	椭圆短半轴	椭圆中心在工件坐标系中的X坐标值	椭圆中心在工件坐标系中的Z坐标值

图 10-9　工件原点不在椭圆中心的椭圆曲线几何参数模型

以 z 为自变量，采用标准方程编制其加工宏程序如下。

```
#1=25                                   (椭圆长半轴 a 赋值)
#2=15                                   (椭圆短半轴 b 赋值)
#3=30                                   (椭圆中心在工件坐标系中的 X 坐标值赋值)
#4=0                                    (椭圆中心在工件坐标系中的 z 坐标值赋值)
#5=0                                    (曲线加工起点在椭圆自身坐标系中 z 坐标值赋值)
#6=-25                                  (曲线加工终点在椭圆自身坐标系中 z 坐标值赋值)
#7=0.2                                  (z 坐标递减量赋值)
G00 X0 Z2                               (刀具定位)
    WHILE [#5GE#6] DO1                  (加工条件判断)
    #10=-#2*SQRT[1-[#5*#5]/[#1*#1]]    (计算 x 值，注意此处为负值)
    G01 X[2*#10+#3] Z[#5+#4]           (直线插补逼近椭圆曲线)
    #5=#5-#7                            (z 坐标值递减)
```

```
    END1                            （循环结束）
```

◆ **【华中宏程序】** ＊＊＊＊＊＊

```
    ＃1＝25                          （椭圆长半轴 a 赋值）
    ＃2＝15                          （椭圆短半轴 b 赋值）
    ＃3＝30                          （椭圆中心在工件坐标系中的 X 坐标值赋值）
    ＃4＝0                           （椭圆中心在工件坐标系中的 Z 坐标值赋值）
    ＃5＝270                         （曲线加工起点的圆心角赋值）
    ＃6＝180                         （曲线加工终点的圆心角赋值）
    ＃7＝0.5                         （角度递增量赋值）
    G00 X0 Z2                        （刀具定位）
    WHILE ＃5GE＃6                    （加工循环条件判断）
      ＃10＝＃2＊SIN[＃5＊PI/180]       （参数方程计算x 值）
      ＃11＝＃1＊COS[＃5＊PI/180]       （参数方程计算z 值）
      G01 X[2＊＃10＋＃3] Z[＃11＋＃4]   （直线插补逼近椭圆曲线）
                                     （注意 X、Z 坐标分别叠加了椭圆中心在工件坐标系下
                                     的 X、Z 坐标值）
      ＃5＝＃5－＃7                     （角度递减）
    ENDW                             （循环结束）
```

◇ **【SIEMENS 参数程序】** ＊＊＊＊＊＊

```
    R1＝25                           （椭圆长半轴 a 赋值）
    R2＝15                           （椭圆短半轴 b 赋值）
    R3＝30                           （椭圆中心在工件坐标系中的 X 坐标值赋值）
    R4＝0                            （椭圆中心在工件坐标系中的 Z 坐标值赋值）
    R5＝270                          （曲线加工起点的圆心角赋值）
    R6＝180                          （曲线加工终点的圆心角赋值）
    R7＝0.5                          （角度递增量赋值）
    G00 X0 Z2                        （刀具定位）
    AAA:                             （程序跳转标记）
      R10＝R2＊SIN(R5)                 （参数方程计算x 值）
      R11＝R1＊COS(R5)                 （参数方程计算z 值）
      G01 X＝2＊R10＋R3 Z＝R11＋R4       （直线插补逼近椭圆曲线）
                                     （注意 X、Z 坐标分别叠加了椭圆中心在工件坐标系下
                                     的 X、Z 坐标值）
      R5＝R5－R7                       （角度递减）
    IF R5>=R6 GOTOB AAA              （加工条件判断）
```

如图 10-10 所示外轮廓含二分之一椭圆曲线的轴类零件，试采用参数方程编制其外圆面加工宏程序。

由图可得椭圆长半轴 15mm，短半轴 4mm，设工件原点在工件右端面与轴线的交点上，则椭圆中心在工件坐标系中的坐标值为（40，－20），编制加工程序如下。

```
    ＃1＝15                          （椭圆长半轴 a 赋值）
    ＃2＝4                           （椭圆短半轴 b 赋值）
```

```
♯3＝40                              (椭圆中心在工件坐标系中的 X 坐标值赋值)
♯4＝－20                            (椭圆中心在工件坐标系中的 Z 坐标值赋值)
♯5＝360                             (曲线加工起点的圆心角赋值)
♯6＝180                             (曲线加工终点的圆心角赋值)
♯7＝0.5                             (角度递增量赋值)
G00 X40 Z2                          (刀具定位)
G01 Z－5                            (直线插补到曲线加工起点)
WHILE [♯5GE♯6] DO1                  (加工循环条件判断)
  ♯10＝♯2＊SIN[♯5]                   (参数方程计算x 值)
  ♯11＝♯1＊COS[♯5]                   (参数方程计算z 值)
  G01 X[2＊♯10＋♯3] Z[♯11＋♯4]        (直线插补逼近椭圆曲线)
  ♯5＝♯5－♯7                         (角度递减)
END1                                (循环结束)
```

图 10-10　含二分之一椭圆曲线的轴类零件

◆【华中宏程序】＊＊＊＊＊＊

```
♯1＝15                              (椭圆长半轴 a 赋值)
♯2＝4                               (椭圆短半轴 b 赋值)
♯3＝40                              (椭圆中心在工件坐标系中的 X 坐标值赋值)
♯4＝－20                            (椭圆中心在工件坐标系中的 Z 坐标值赋值)
♯5＝360                             (曲线加工起点的圆心角赋值)
♯6＝180                             (曲线加工终点的圆心角赋值)
♯7＝0.5                             (角度递增量赋值)
G00 X40 Z2                          (刀具定位)
G01 Z－5                            (直线插补到曲线加工起点)
WHILE ♯5GE♯6                        (加工循环条件判断)
  ♯10＝♯2＊SIN[♯5＊PI/180]            (参数方程计算 x 值)
  ♯11＝♯1＊COS[♯5＊PI/180]            (参数方程计算 z 值)
  G01 X[2＊♯10＋♯3] Z[♯11＋♯4]        (直线插补逼近椭圆曲线)
  ♯5＝♯5－♯7                         (角度递减)
ENDW                                (循环结束)
```

◇【SIEMENS 参数程序】 ＊＊＊＊＊＊

R1＝15	(椭圆长半轴 a 赋值)
R2＝4	(椭圆短半轴 b 赋值)
R3＝40	(椭圆中心在工件坐标系中的 X 坐标值赋值)
R4＝－20	(椭圆中心在工件坐标系中的 Z 坐标值赋值)
R5＝360	(曲线加工起点的圆心角赋值)
R6＝180	(曲线加工终点的圆心角赋值)
R7＝0.5	(角度递增量赋值)
G00 X40 Z2	(刀具定位)
G01 Z－5	(直线插补到曲线加工起点)
AAA:	(程序跳转标记符)
R10＝R2＊SIN(R5)	(参数方程计算 x 值)
R11＝R1＊COS(R5)	(参数方程计算 z 值)
G01 X＝2＊R10＋R3 Z＝R11＋R4	(直线插补逼近椭圆曲线)
R5＝R5－R7	(角度递减)
IF R5>＝R6 GOTOB AAA	(加工条件判断)

10.3 倾斜椭圆曲线

    倾斜椭圆类零件的数控车削加工有两种解决思路：一是利用高等数学中的坐标变换公式进行坐标变换，这种方式理解难度大，公式复杂，但编程简单，程序长度比较短；二是把椭圆分段，利用图形中复杂的三角几何关系进行坐标变换，程序理解的难度相对低，但应用的指令比较全面，程序长度会比较长。本书仅简单介绍第一种方式编程。

    倾斜椭圆曲线几何参数模型如图 10-11 所示，图中椭圆曲线为正椭圆绕椭圆中心旋转 β 角度之后的倾斜椭圆。利用旋转转换矩阵

a	b	β
椭圆长半轴	椭圆短半轴	旋转角度

图 10-11 倾斜椭圆曲线几何参数模型

$$\begin{bmatrix} \cos\beta & -\sin\beta \\ \sin\beta & \cos\beta \end{bmatrix}$$

对曲线方程变换，可得如下方程（旋转后的椭圆在原坐标系下的方程）：

$$\begin{cases} z' = z\cos\beta - x\sin\beta \\ x' = z\sin\beta + x\cos\beta \end{cases}$$

其中，XZ 为旋转前的坐标值；$X'Z'$ 为旋转后的坐标值；β 为旋转角度。

（1）采用椭圆参数方程编程

以离心角为自变量，将椭圆参数方程

$$\begin{cases} x = b\sin t \\ z = a\cos t \end{cases}$$

代入上式，得：

$$\begin{cases} z' = a\cos t\cos\beta - b\sin t\sin\beta \\ x' = a\cos t\sin\beta + b\sin t\cos\beta \end{cases}$$

（2）采用椭圆标准方程编程

若选择 Z 为自变量，则可将标准方程转换为

$$x = b\sqrt{1 - \frac{z^2}{a^2}}$$

代入前式，可得：

$$\begin{cases} z' = z\cos\beta - b\sqrt{1 - \dfrac{z^2}{a^2}}\sin\beta \\ x' = z\sin\beta + b\sqrt{1 - \dfrac{z^2}{a^2}}\cos\beta \end{cases}$$

数控车削加工如图 10-12 所示含倾斜椭圆曲线段的零件外圆面，试编制其精加工程序。

图 10-12　含倾斜椭圆曲线零件

设工件坐标系原点在椭圆中心，该倾斜椭圆曲线段的加工示意图如图 10-13 所示。

♯1＝25	(椭圆长半轴 a 赋值)
♯2＝15	(椭圆短半轴 b 赋值)
♯3＝15	(旋转角度 β 赋值)
♯4＝25	(曲线加工起点 z 坐标值,该值为旋转前的值)
♯5＝0	(曲线加工终点 z 坐标值,该值为旋转前的值)
♯6＝0.2	(坐标增量赋值)
WHILE [♯4GE♯5] DO1	(加工条件判断)
♯10＝♯2＊SQRT[1－[♯4＊♯4]/[♯1＊♯1]]	(计算旋转前的 x 值)
♯11＝♯4＊SIN[♯3]＋♯10＊COS[♯3]	(计算旋转后的 x 值)
♯12＝♯4＊COS[♯3]－♯10＊SIN[♯3]	(计算旋转后的 z 值)
G01 X[2＊♯11] Z♯12	(直线插补逼近椭圆曲线)
♯4＝♯4－♯6	(z 值递减)
END1	(循环结束)

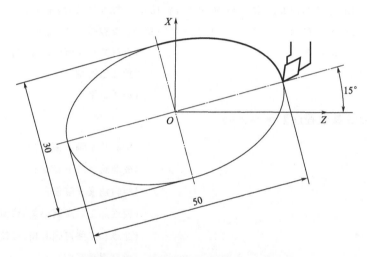

图 10-13　倾斜椭圆曲线段加工示意图

上述程序是采用椭圆标准方程编制的,下面采用椭圆参数方程编程。

♯1＝25	(椭圆长半轴 a 赋值)
♯2＝15	(椭圆短半轴 b 赋值)
♯3＝15	(旋转角度 β 赋值)
♯4＝0	(曲线加工起点圆心角,该值为旋转前的值)
♯5＝90	(曲线加工终点圆心角,该值为旋转前的值)
♯6＝0.5	(角度增量赋值)
WHILE [♯4LE♯5] DO1	(加工条件判断)
♯10＝♯2＊SIN[♯4]	(计算旋转前的 x 值)
♯11＝♯1＊COS[♯4]	(计算旋转前的 z 值)
♯12＝♯11＊SIN[♯3]＋♯10＊COS[♯3]	(计算旋转后的 x 值)
♯13＝♯11＊COS[♯3]－♯10＊SIN[♯3]	(计算旋转后的 z 值)

```
        G01 X[2*#12] Z#13                        (直线插补逼近椭圆曲线)
        #4=#4+#6                                 (角度值递增)
     END1                                        (循环结束)
```

◆【华中宏程序】******

```
     #1=25                                       (椭圆长半轴 a 赋值)
     #2=15                                       (椭圆短半轴 b 赋值)
     #3=15                                       (旋转角度 β 赋值)
     #4=0                                        (曲线加工起点圆心角,该值为旋转前的值)
     #5=90                                       (曲线加工终点圆心角,该值为旋转前的值)
     #6=0.5                                      (角度增量赋值)
     WHILE #4LE#5                                (加工条件判断)
        #10=#2*SIN[#4*PI/180]                    (计算旋转前的 x 值)
        #11=#1*COS[#4*PI/180]                    (计算旋转前的 z 值)
        #12=#11*SIN[#3*PI/180]+#10*COS[#3*PI/180](计算旋转后的 x 值)
        #13=#11*COS[#3*PI/180]-#10*SIN[#3*PI/180](计算旋转后的 z 值)
        G01 X[2*#12] Z[#13]                      (直线插补逼近椭圆曲线)
        #4=#4+#6                                 (角度值递增)
     ENDW                                        (循环结束)
```

◇【SIEMENS 参数程序】******

```
     R1=25                                       (椭圆长半轴 a 赋值)
     R2=15                                       (椭圆短半轴 b 赋值)
     R3=15                                       (旋转角度 β 赋值)
     R4=0                                        (曲线加工起点圆心角,该值为旋转前的值)
     R5=90                                       (曲线加工终点圆心角,该值为旋转前的值)
     R6=0.5                                      (角度增量赋值)
     AAA:                                        (程序跳转标记符)
        R10=R2*SIN(R4)                           (计算旋转前的 x 值)
        R11=R1*COS(R4)                           (计算旋转前的 z 值)
        R12=R11*SIN(R3)+R10*COS(R3)              (计算旋转后的 x 值)
        R13=R11*COS(R3)-R10*SIN(R3)              (计算旋转后的 z 值)
        G01 X=2*R12 Z=R13                        (直线插补逼近椭圆曲线)
        R4=R4+R6                                 (角度值递增)
     IF R4<=R5 GOTOB AAA                         (加工条件判断)
```

　　如图 10-14 所示轴类零件,零件外轮廓含两段倾斜椭圆曲线,试编制其外圆面加工宏程序。

　　设工件坐标系原点在工件右端面与轴线的交点上,由图可得右侧椭圆曲线的椭圆中心在工件坐标系中的坐标值为 (0,-45.36),左侧椭圆曲线的椭圆中心坐标值为 (0,-97.78),采用椭圆参数方程编程如下。

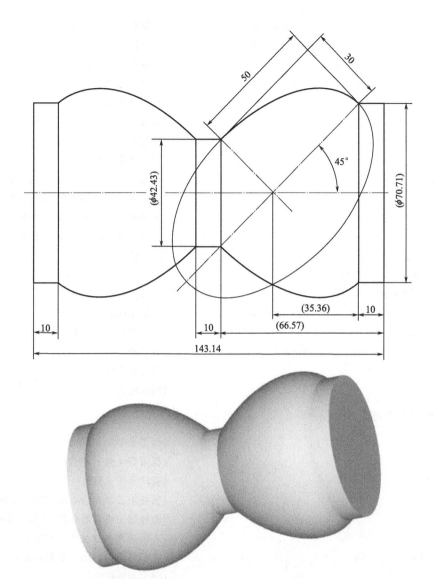

图 10-14　含两段倾斜椭圆曲线的轴类零件

♯1＝50	(椭圆长半轴 a 赋值)
♯2＝30	(椭圆短半轴 b 赋值)
♯3＝45	(旋转角度 β 赋值)
♯4＝0	(曲线加工起点圆心角,该值为旋转前的值)
♯5＝90	(曲线加工终点圆心角,该值为旋转前的值)
♯6＝0	(右侧椭圆中心 x 坐标值赋值)
♯7＝－45.36	(右侧椭圆中心 z 坐标值赋值)
♯8＝0.5	(角度增量赋值)
G00 X70.71 Z2	(刀具定位)
G01 Z－10	(直线插补)
WHILE [♯4LE♯5] DO1	(加工条件判断)
♯10＝♯2＊SIN[♯4]	(计算旋转前的x 值)
♯11＝♯1＊COS[♯4]	(计算旋转前的z 值)

#12＝#11*SIN[#3]＋#10*COS[#3]　　　　　　　　　（计算旋转后的x值）

#13＝#11*COS[#3]－#10*SIN[#3]　　　　　　　　　（计算旋转后的z值）

G01 X[2*#12＋#6] Z[#13＋#7]　　　　　　　　　　（直线插补逼近椭圆曲线）

#4＝#4＋#8　　　　　　　　　　　　　　　　　　（角度值递增）

END1　　　　　　　　　　　　　　　　　　　　　（循环结束）

G01 X42.43 Z－66.57　　　　　　　　　　　　　　（直线插补）

Z－76.57　　　　　　　　　　　　　　　　　　　（直线插补）

#3＝－45　　　　　　　　　　　　　　　　　　　（旋转角度 β 赋值）

#4＝90　　　　　　　　　　　　　　　　　　　　（曲线加工起点圆心角,该值为旋转前的值）

#5＝180　　　　　　　　　　　　　　　　　　　　（曲线加工终点圆心角,该值为旋转前的值）

#6＝0　　　　　　　　　　　　　　　　　　　　　（左侧椭圆中心 X 坐标值赋值）

#7＝－97.78　　　　　　　　　　　　　　　　　　（左侧椭圆中心 Z 坐标值赋值）

WHILE [#4LE#5] DO2　　　　　　　　　　　　　　（加工条件判断）

#10＝#2*SIN[#4]　　　　　　　　　　　　　　　（计算旋转前的x值）

#11＝#1*COS[#4]　　　　　　　　　　　　　　　（计算旋转前的z值）

#12＝#11*SIN[#3]＋#10*COS[#3]　　　　　　　　　（计算旋转后的x值）

#13＝#11*COS[#3]－#10*SIN[#3]　　　　　　　　　（计算旋转后的z值）

G01 X[2*#12＋#6] Z[#13＋#7]　　　　　　　　　（直线插补逼近椭圆曲线）

#4＝#4＋#8　　　　　　　　　　　　　　　　　（角度值递增）

END2　　　　　　　　　　　　　　　　　　　　　（循环结束）

◆【华中宏程序】******

#1＝50　　　　　　　　　　　　　　　　　　　　（椭圆长半轴 a 赋值）

#2＝30　　　　　　　　　　　　　　　　　　　　（椭圆短半轴 b 赋值）

#3＝45　　　　　　　　　　　　　　　　　　　　（旋转角度 β 赋值）

#4＝0　　　　　　　　　　　　　　　　　　　　（曲线加工起点圆心角,该值为旋转前的值）

#5＝90　　　　　　　　　　　　　　　　　　　　（曲线加工终点圆心角,该值为旋转前的值）

#6＝0　　　　　　　　　　　　　　　　　　　　　（右侧椭圆中心 X 坐标值赋值）

#7＝－45.36　　　　　　　　　　　　　　　　　　（右侧椭圆中心 Z 坐标值赋值）

#8＝0.5　　　　　　　　　　　　　　　　　　　　（角度增量赋值）

G00 X70.71 Z2　　　　　　　　　　　　　　　　　（刀具定位）

G01 Z－10　　　　　　　　　　　　　　　　　　　（直线插补）

WHILE #4LE#5　　　　　　　　　　　　　　　　　（加工条件判断）

#10＝#2*SIN[#4*PI/180]　　　　　　　　　　　　（计算旋转前的x值）

#11＝#1*COS[#4*PI/180]　　　　　　　　　　　　（计算旋转前的z值）

#12＝#11*SIN[#3*PI/180]＋#10*COS[#3*PI/180]（计算旋转后的x值）

#13＝#11*COS[#3*PI/180]－#10*SIN[#3*PI/180]（计算旋转后的z值）

G01 X[2*#12＋#6] Z[#13＋#7]　　　　　　　　　（直线插补逼近椭圆曲线）

#4＝#4＋#8　　　　　　　　　　　　　　　　　（角度值递增）

ENDW　　　　　　　　　　　　　　　　　　　　　（循环结束）

G01 X42.43 Z－66.57　　　　　　　　　　　　　　（直线插补）

Z－76.57　　　　　　　　　　　　　　　　　　　（直线插补）

#3＝－45　　　　　　　　　　　　　　　　　　　（旋转角度 β 赋值）

#4＝90　　　　　　　　　　　　　　　　　　　　（曲线加工起点圆心角,该值为旋转前的值）

♯5＝180	(曲线加工终点圆心角,该值为旋转前的值)
♯6＝0	(左侧椭圆中心 X 坐标值赋值)
♯7＝－97.78	(左侧椭圆中心 Z 坐标值赋值)
WHILE ♯4LE♯5	(加工条件判断)
♯10＝♯2＊SIN[♯4＊PI/180]	(计算旋转前的x 值)
♯11＝♯1＊COS[♯4＊PI/180]	(计算旋转前的z 值)
♯12＝♯11＊SIN[♯3＊PI/180]＋♯10＊COS[♯3＊PI/180]	(计算旋转后的x 值)
♯13＝♯11＊COS[♯3＊PI/180]－♯10＊SIN[♯3＊PI/180]	(计算旋转后的z 值)
G01 X[2＊♯12＋♯6] Z[♯13＋♯7]	(直线插补逼近椭圆曲线)
♯4＝♯4＋♯8	(角度值递增)
ENDW	(循环结束)

◇【SIEMENS 参数程序】＊＊＊＊＊＊

R1＝50	(椭圆长半轴 a 赋值)
R2＝30	(椭圆短半轴 b 赋值)
R3＝45	(旋转角度 β 赋值)
R4＝0	(曲线加工起点圆心角,该值为旋转前的值)
R5＝90	(曲线加工终点圆心角,该值为旋转前的值)
R6＝0	(右侧椭圆中心 X 坐标值赋值)
R7＝－45.36	(右侧椭圆中心 Z 坐标值赋值)
R8＝0.5	(角度增量赋值)
G00 X70.71 Z2	(刀具定位)
G01 Z－10	(直线插补)
AAA:	(程序跳转标记符)
R10＝R2＊SIN(R4)	(计算旋转前的x 值)
R11＝R1＊COS(R4)	(计算旋转前的z 值)
R12＝R11＊SIN(R3)＋R10＊COS(R3)	(计算旋转后的x 值)
R13＝R11＊COS(R3)－R10＊SIN(R3)	(计算旋转后的z 值)
G01 X＝2＊R12＋R6 Z＝R13＋R7	(直线插补逼近椭圆曲线)
R4＝R4＋R8	(角度值递增)
IF R4<＝R5 GOTOB AAA	(加工条件判断)
G01 X42.43 Z－66.57	(直线插补)
Z－76.57	(直线插补)
R3＝－45	(旋转角度 β 赋值)
R4＝90	(曲线加工起点圆心角,该值为旋转前的值)
R5＝180	(曲线加工终点圆心角,该值为旋转前的值)
R6＝0	(左侧椭圆中心 X 坐标值赋值)
R7＝－97.78	(左侧椭圆中心 Z 坐标值赋值)
BBB:	(程序跳转标记符)
R10＝R2＊SIN(R4)	(计算旋转前的x 值)
R11＝R1＊COS(R4)	(计算旋转前的z 值)
R12＝R11＊SIN(R3)＋R10＊COS(R3)	(计算旋转后的x 值)
R13＝R11＊COS(R3)－R10＊SIN(R3)	(计算旋转后的z 值)
G01 X＝2＊R12＋R6 Z＝R13＋R7	(直线插补逼近椭圆曲线)

```
        R4＝R4＋R8                          （角度值递增）
    IF R4<＝R5 GOTOB BBB                  （加工条件判断）
```

　　旋转转换矩阵中的旋转角度值有正也有负，但如图 10-15(a) 通常所说的"逆时针为正，顺时针为负"是不严谨的，正确的判断方法是先利用右手定则判断出旋转所在平面之外的另一坐标轴，然后用右手螺旋法则判断旋转角度的正负，如图 10-15(b) 所示右手大拇指指向该坐标轴的正方向，四指弯曲的方向为旋转的正方向，即该旋转方向的角度为正，反之为负。

(a)   (b)

图 10-15　旋转角度

10.4　椭圆曲面螺纹

　　如图 10-16 所示椭圆曲面螺纹，椭圆长半轴 40mm，短半轴 23mm，要求在该椭圆表面加工出螺距为 3mm 的三角牙型螺纹。

图 10-16　椭圆曲面螺纹

设工件原点在右端面中心,则椭圆中心在工件坐标系中的坐标值为(0,—30)。类似于5.7节圆弧面螺纹加工思路,首先编制用 G01 指令拟合椭圆曲线的程序:

#1=40	(椭圆长半轴赋值)
#2=23	(椭圆短半轴赋值)
#3=30	(椭圆曲线加工起点 Z 坐标值)
#4=—20	(椭圆曲线加工终点 Z 坐标值)
#10=0.1	(步进量赋值)
#11=#3	(加工 Z 坐标赋初值)
WHILE [#11GE#4] DO1	(循环条件判断)
#20=#2*SQRT[1—#11*#11/[#1*#1]]	(计算 X 坐标值)
G01 X[2*#20] Z[#11—30] F0.15	(G01 拟合椭圆曲线)
#11=#11—#10	(加工 Z 坐标递减)
END1	(循环结束)

接着换 G32 指令拟合椭圆曲线:

#1=40	(椭圆长半轴赋值)
#2=23	(椭圆短半轴赋值)
#3=30	(椭圆曲线加工起点 Z 坐标值)
#4=—20	(椭圆曲线加工终点 Z 坐标值)
#10=3	**(螺距赋值)**
#11=#3	(加工 Z 坐标赋初值)
WHILE [#11GE#4] DO1	(循环条件判断)
#20=#2*SQRT[1—#11*#11/[#1*#1]]	(计算 X 坐标值)
G32 X[2*#20] Z[#11—30] F#10	**(G32 拟合椭圆曲线)**
#11=#11—#10	(加工 Z 坐标递减)
END1	(循环结束)

当然这里仅仅是在椭圆表面用 G32 指令走刀,要想得到有效的螺纹切深,可以通过将椭圆曲线偏移的方式,即修改加工轨迹中的椭圆长短半轴赋值即可完成。

接下来我们要求在同样尺寸的椭圆曲面上加工出如图 10-17 所示的圆弧牙型螺纹,圆弧

图 10-17　椭圆曲面圆弧牙型螺纹

半径 3mm，螺纹牙深 1mm，螺距 6mm。

由于圆弧半径为 3mm，螺纹牙深 1mm，所以圆弧中心所在椭圆如图 10-18 所示长半轴为 42mm，短半轴为 25mm，椭圆中心在工件坐标系中的坐标值仍然是（0，－30），程序编制时应以此椭圆为基准，而不是原椭圆。若取导入空刀量 6mm，导出空刀量 4mm，如图 10-19 通过 CAD 查询得出圆弧加工起始角度为－19.52°，终止角度为－182.28°，注意该角度为负值。

图 10-18　圆弧中心所在椭圆曲线示意图

图 10-19　导入导出空刀量取值与圆弧起止角度

♯1＝42	（椭圆长半轴赋值）
♯2＝25	（椭圆短半轴赋值）
♯3＝36	（椭圆曲线加工起点 Z 坐标值,如图 10-18 增加了导入空刀量 6mm）
♯4＝－24	（椭圆曲线加工终点 Z 坐标值,如图 10-18 增

```
                                            加了导出空刀量 4mm)
#5＝6                                         (螺距赋值)
#6＝0                                         (椭圆中心在工件坐标系中的 X 坐标值)
#7＝－30                                       (椭圆中心在工件坐标系中的 Z 坐标值)
#10＝3                                        (圆弧半径 R3)
#11＝－19.52                                   (圆弧起始角度－19.52°)
#12＝－182.28                                  (圆弧终止角度－182.28°)
#13＝#2 * SQRT[1－#3 * #3/[#1 * #1]]            (计算椭圆曲线切削起点的 X 坐标值)
WHILE [#11GE#12] DO1                          (圆弧加工条件判断)
  #14＝#10 * SIN[#11]                          (计算圆弧 X 坐标值,半径值)
  #15＝#10 * COS[#11]                          (计算圆弧 Z 坐标值)
  G00 X[2 * #13＋2 * #14＋#6] Z[#3＋#15＋#7]      (刀具定位)
  #20＝#3                                      (加工 Z 坐标赋初值)
  WHILE [#20GE#4] DO2                          (循环条件判断)
    #30＝#2 * SQRT[1－#20 * #20/[#1 * #1]]       (计算 X 坐标值)
    G32 X[2 * #30＋2 * #14＋#6] Z[#20＋#15＋#7] F#5 (G32 拟合椭圆曲线,注意在椭圆曲线坐标值上
                                                 叠加了圆弧的 XZ 坐标值)
    #20＝#20－#5                                 (加工 Z 坐标递减)
  END2                                         (循环体 2 结束)
  G00 X100                                     (退刀)
  Z50                                          (返回)
  #11＝#11－1                                    (圆弧加工角度递减 1°)
END1                                           (循环体 1 结束)
```

第

11

章

抛物曲线车削

主轴与 Z 坐标轴平行的抛物线的方程、图形和顶点坐标如表 11-1 所示，方程中 p 为抛物线焦点参数。

表 11-1　主轴与 Z 坐标轴平行的抛物线方程、图形和顶点坐标

方程	图形	顶点
$x^2 = 2pz$（标准方程）		$A(0,0)$
$x^2 = -2pz$		$A(0,0)$
$(x-g)^2 = 2p(z-h)$		$A(g,h)$
$(x-g)^2 = -2p(z-h)$		$A(g,h)$

为了方便在宏程序中表示，可将方程 $x^2 = \pm 2pz$ 转换为以 X 坐标为自变量、Z 坐标为因变量的方程式：

$$z = \pm \frac{x^2}{2p}$$

当抛物线开口朝向 Z 轴正半轴时 $z=\dfrac{x^2}{2p}$，反之 $z=-\dfrac{x^2}{2p}$。

主轴与 X 坐标轴平行的抛物线方程、图形和顶点坐标如表 11-2 所示。

表 11-2　主轴与 X 坐标轴平行的抛物线方程、图形和顶点坐标

方程	图形	顶点
$z^2=2px$（标准方程）		$A(0,0)$
$z^2=-2px$		$A(0,0)$
$(z-h)^2=2p(x-g)$		$A(g,h)$
$(z-h)^2=-2p(x-g)$		$A(g,h)$

编制如图 11-1 所示含抛物曲线段零件的数控车削加工宏程序，抛物曲线方程为 $z=-x^2/8$。

图 11-1　数控车削加工抛物线零件

若选择 Z 为自变量编程加工该零件中抛物线段，则将该抛物线方程转换为 $x=\sqrt{-8z}$，其定义域区间为 $[0，-32]$，设工件坐标原点在抛物线顶点，编制该零件加工宏程序如下。

```
#1=0                            (抛物曲线加工起点在抛物线自身坐标系下的 z 坐标值)
#2=-32                          (抛物曲线加工终点在抛物线自身坐标系下的 z 坐标值)
#3=0.2                          (坐标递变量赋值,调整该值实现不同加工精度的需求)
G00 X0 Z2                       (刀具定位)
WHILE [#1GE#2] DO1              (加工条件判断)
  G01 X[2*SQRT[-8*#1]] Z#1      (直线插补逼近曲线)
  #1=#1-#3                      (z 坐标递减)
END1                            (循环结束)
```

◆【华中宏程序】******

```
#1=0                            (抛物曲线加工起点在抛物线自身坐标系下的 z 坐标值)
#2=-32                          (抛物曲线加工终点在抛物线自身坐标系下的 z 坐标值)
#3=0.2                          (坐标递变量赋值)
G00 X0 Z2                       (刀具定位)
WHILE #1GE#2                    (加工条件判断)
  G01 X[2*SQRT[-8*#1]] Z[#1]    (直线插补逼近曲线)
  #1=#1-#3                      (z 坐标递减)
ENDW                            (循环结束)
```

◇【SIEMENS 参数程序】******

```
R1=0                            (抛物曲线加工起点在抛物线自身坐标系下的 z 坐标值)
R2=-32                          (抛物曲线加工终点在抛物线自身坐标系下的 z 坐标值)
R3=0.2                          (坐标递变量赋值)
G00 X0 Z2                       (刀具定位)
AAA:                            (程序跳转标记符)
  G01 X=2*SQRT(-8*R1)Z=R1       (直线插补逼近曲线)
  R1=R1-R3                      (z 坐标递减)
IF R1>=R2 GOTOB AAA             (加工条件判断)
```

第12章

双曲线车削

双曲线方程、图形与中心坐标见表 12-1，方程中的 a 为双曲线实半轴长，b 为虚半轴长。

表 12-1　双曲线方程、图形与中心坐标

方程	图形	中心
$\dfrac{z^2}{a^2}-\dfrac{x^2}{b^2}=1$（标准方程）		$G(0,0)$
$-\dfrac{z^2}{a^2}+\dfrac{x^2}{b^2}=1$		$G(0,0)$
$\dfrac{(z-h)^2}{a^2}-\dfrac{(x-g)^2}{b^2}=1$		$G(g,h)$

数控车削加工如图 12-1 所示含双曲线段的轴类零件外圆面，试编制其加工宏程序。

如图 12-1 所示，双曲线段的实半轴长 13mm，虚半轴长 10mm，选择 Z 坐标作为自变量，X 作为 Z 的函数，将双曲线方程

$$-\frac{z^2}{13^2}+\frac{x^2}{10^2}=1$$

改写为

$$x=\pm 10\times\sqrt{1+\frac{z^2}{13^2}}$$

由于加工线段开口朝向 X 轴正半轴，所以该段双曲线的 X 值为

$$x=10\times\sqrt{1+\frac{z^2}{13^2}}$$

图 12-1　数控车削加工含双曲线段零件

设工件原点在工件右端面与轴线的交点上，编制加工部分宏程序如下。

♯1＝13	（双曲线实半轴长赋值）
♯2＝10	（双曲线虚半轴长赋值）
♯3＝14.53	（双曲线加工起点在自身坐标系下的 Z 坐标值）
♯4＝－19.46	（双曲线加工终点在自身坐标系下的 Z 坐标值）
♯5＝0	（双曲线中心在工件坐标系下的 X 坐标值）
♯6＝－29.53	（双曲线中心在工件坐标系下的 Z 坐标值）
♯7＝0.2	（坐标递变量）
G00 X30 Z2	（刀具定位）
G01 Z－15	（直线插补至双曲线加工起点）
WHILE [♯3GE♯4] DO1	（加工条件判断）
♯10＝♯2＊SQRT[1＋♯3＊♯3/[♯1＊♯1]]	（计算 x 值）
G01 X[2＊♯10＋♯5] Z[♯3＋♯6]	（直线插补逼近曲线）
♯3＝♯3－♯7	（Z 坐标递减）
END1	（循环结束）
G01 X36 Z－48.99	（直线插补至双曲线加工终点）
Z－60	（直线插补）

◆【华中宏程序】 ******

```
#1=13                                      (双曲线实半轴长赋值)
#2=10                                      (双曲线虚半轴长赋值)
#3=14.53                                   (双曲线加工起点在自身坐标系下的 z 坐标值)
#4=-19.46                                  (双曲线加工终点在自身坐标系下的 z 坐标值)
#5=0                                       (双曲线中心在工件坐标系下的 X 坐标值)
#6=-29.53                                  (双曲线中心在工件坐标系下的 z 坐标值)
#7=0.2                                     (坐标递变量)
G00 X30 Z2                                 (刀具定位)
G01 Z-15                                   (直线插补至双曲线加工起点)
WHILE #3GE#4                               (加工条件判断)
  #10=#2*SQRT[1+#3*#3/[#1*#1]]             (计算 x 值)
  G01 X[2*#10+#5] Z[#3+#6]                 (直线插补逼近曲线)
  #3=#3-#7                                 (z 坐标递减)
ENDW                                       (循环结束)
G01 X36 Z-48.99                            (直线插补至双曲线加工终点)
Z-60                                       (直线插补)
```

◇【SIEMENS 参数程序】 ******

```
R1=13                                      (双曲线实半轴长赋值)
R2=10                                      (双曲线虚半轴长赋值)
R3=14.53                                   (双曲线加工起点在自身坐标系下的 z 坐标值)
R4=-19.46                                  (双曲线加工终点在自身坐标系下的 z 坐标值)
R5=0                                       (双曲线中心在工件坐标系下的 X 坐标值)
R6=-29.53                                  (双曲线中心在工件坐标系下的 z 坐标值)
R7=0.2                                     (坐标递变量)
G00 X30 Z2                                 (刀具定位)
G01 Z-15                                   (直线插补至双曲线加工起点)
AAA:                                       (程序跳转标记符)
  R10=R2*SQRT(1+R3*R3/(R1*R1))             (计算 x 值)
  G01 X=2*R10+R5 Z=R3+R6                   (直线插补逼近曲线)
  R3=R3-R7                                 (z 坐标递减)
IF R3>=R4 GOTOB AAA                        (加工条件判断)
G01 X36 Z-48.99                            (直线插补至双曲线加工终点)
Z-60                                       (直线插补)
```

第

13

章

正弦曲线车削

如图 13-1 所示正弦曲线，振幅（极值）为 A，包含一个周期，则该曲线方程为

$$X = A\sin\theta$$

其中 X 为半径值。设曲线上任一点 P 的 Z 坐标值为 Z_P，对应的角度为 θ_P，由于曲线一个周期（360°）对应在 Z 坐标轴上的长度为 L，则有

$$\frac{Z_P}{L} = \frac{\theta_P}{360}$$

那么 P 点在曲线方程中对应的角度

$$\theta_P = \frac{Z_P \times 360}{L}$$

如图 13-1 所示，正弦曲线上任一点 P 以 Z 坐标为自变量表示其 X 坐标值（半径值）的方程为：

$$\begin{cases} \theta_P = \dfrac{Z_P \times 360}{L} \\ X_P = A\sin\theta_P \end{cases}$$

若以角度 θ 为自变量，则正弦曲线上任一点 P 的 X 和 Z 坐标值（X 坐标值为半径值）方程为：

$$\begin{cases} X_P = A\sin\theta \\ Z_P = \dfrac{L\theta}{360} \end{cases}$$

图 13-1　正弦曲线图

如图 13-2 所示含正弦曲线段的轴类零件，试编制数控车削加工该零件外圆面的宏程序。

图 13-2　含正弦曲线的轴类零件

如图 13-2 所示，正弦曲线极值为 3mm，一个周期对应的 Z 轴长度为 30mm，设工件坐标原点在工件右端面与轴线的交点上，则正弦曲线自身坐标原点在工件坐标系中的坐标值为（20，−30）。以 Z 为自变量编制该零件中正弦曲线段加工宏程序如下。

```
#1＝3                              (正弦曲线振幅赋值)
#2＝30                             (正弦曲线一个周期对应的 Z 轴长度赋值)
#3＝30                             (曲线加工起点在自身坐标系下的 Z 坐标值)
#4＝0                              (曲线加工终点在自身坐标系下的 Z 坐标值)
#5＝20                             (曲线自身原点在工件坐标系中的 X 坐标值)
#6＝−30                            (曲线自身原点在工件坐标系中的 Z 坐标值)
#7＝0.1                            (坐标递变量)
WHILE [#3GE#4] DO1                 (加工条件判断)
  #10＝#3*360/#2                   (计算 θ 值)
  #11＝#1*SIN[#10]                 (计算 X 坐标值)
  G01 X[2*#11＋#5] Z[#3＋#6]       (直线插补逼近正弦曲线)
  #3＝#3−#7                        (Z 坐标递减)
END1                              (循环结束)
```

以角度 θ 为自变量编制该零件中正弦曲线段加工宏程序如下。

```
#1＝3                              (正弦曲线极值赋值)
#2＝30                             (正弦曲线一个周期对应的 Z 轴长度赋值)
#3＝360                            (曲线加工起点的角度 θ 值)
#4＝0                              (曲线加工终点的角度 θ 值)
#5＝20                             (曲线自身原点在工件坐标系中的 X 坐标值)
#6＝−30                            (曲线自身原点在工件坐标系中的 Z 坐标值)
#7＝0.5                            (角度递变量)
WHILE [#3GE#4] DO1                 (加工条件判断)
  #10＝#1*SIN[#3]                  (计算 X 坐标值)
  #11＝#2*#3/360                   (计算 Z 坐标值)
  G01 X[2*#10＋#5] Z[#11＋#6]      (直线插补逼近正弦曲线)
  #3＝#3−#7                        (角度递减)
END1                              (循环结束)
```

◆【华中宏程序】******

```
#1＝3                              (正弦曲线振幅赋值)
#2＝30                             (正弦曲线一个周期对应的 Z 轴长度赋值)
#3＝30                             (曲线加工起点在自身坐标系下的 Z 坐标值)
#4＝0                              (曲线加工终点在自身坐标系下的 Z 坐标值)
#5＝20                             (曲线自身原点在工件坐标系中的 X 坐标值)
#6＝−30                            (曲线自身原点在工件坐标系中的 Z 坐标值)
#7＝0.1                            (坐标递变量)
WHILE #3GE#4                      (加工条件判断)
  #10＝#3*360/#2                   (计算 θ 值)
  #11＝#1*SIN[#10*PI/180]          (计算 X 坐标值)
  G01 X[2*#11＋#5] Z[#3＋#6]       (直线插补逼近正弦曲线)
```

```
    #3＝#3－#7                        (Z 坐标递减)
    ENDW                             (循环结束)
```

◇【SIEMENS 参数程序】******

```
    R1＝3                            (正弦曲线振幅赋值)
    R2＝30                           (正弦曲线一个周期对应的 z 轴长度赋值)
    R3＝30                           (曲线加工起点在自身坐标系下的 z 坐标值)
    R4＝0                            (曲线加工终点在自身坐标系下的 z 坐标值)
    R5＝20                           (曲线自身原点在工件坐标系中的 x 坐标值)
    R6＝－30                         (曲线自身原点在工件坐标系中的 z 坐标值)
    R7＝0.1                          (坐标递变量)
    AAA:                             (程序跳转标记符)
    R10＝R3*360/R2                   (计算 θ 值)
    R11＝R1*SIN(R10)                 (计算 x 坐标值)
    G01 X＝2*R11＋R5 Z＝R3＋R6        (直线插补逼近正弦曲线)
    R3＝R3－R7                       (Z 坐标递减)
    IF R3>＝R4 GOTOB AAA             (加工条件判断)
```

如图 13-3 所示含一个周期的正弦曲线零件，曲线方程为 $X＝3\sin(20Z)$，旋转角度 $-5°$，试编程加工。

图 13-3　倾斜正弦曲线零件

若将前述方程 $Z＝\dfrac{L\theta}{360}$ 转换为 $\theta＝\dfrac{360}{L}Z$，则有 $X＝A\sin\left(\dfrac{360}{L}Z\right)$，所以振幅 A 的值为 3，由 $\dfrac{360}{L}＝20$ 解得 L 的值为 18，用角度参数 θ 表示该曲线方程如下，再结合前面所介绍的旋转公式即可实现该曲线的编程加工。设工件右端面为编程原点，则曲线原点在工件坐标系中的坐标值为（30，－25）。

$$\begin{cases} X＝3\sin\theta \\ Z＝\dfrac{18\theta}{360} \end{cases}$$

```
#1＝3                                            (振幅 A 赋值)
#2＝18                                           (长度 L 赋值)
#3＝360                                          (曲线起点角度 θ 赋值)
#4＝−5                                           (旋转角度 β 赋值)
#5＝30                                           (曲线原点在坐标系中的 X 坐标值)
#6＝−25                                          (曲线原点在坐标系中的 Y 坐标值)
#7＝0.5                                          (角度递变量)
#10＝#1 * SIN[#3]                                (计算曲线起点 X 值)
#11＝#2 * #3/360                                 (计算曲线起点 Z 值)
#12＝#11 * SIN[#4]＋#10 * COS[#4]               (计算旋转后的曲线起点 X 值)
#13＝#11 * COS[#4]−#10 * SIN[#4]               (计算旋转后的曲线起点 Z 值)
G00 X[#12 * 2＋#5] Z2                            (刀具定位)
G01 Z[#13＋#6]                                   (直线插补到曲线加工起点)
#20＝360                                         (曲线加工角度参数 θ 赋初值)
WHILE [#20GE0] DO1                               (加工条件判断)
  #21＝#1 * SIN[#20]                             (计算曲线 X 值)
  #22＝#2 * #20/360                              (计算曲线 Z 值)
  #23＝#22 * SIN[#4]＋#21 * COS[#4]             (计算旋转后的曲线 X 值)
  #24＝#22 * COS[#4]−#21 * SIN[#4]             (计算旋转后的曲线 Z 值)
  G01 X[2 * #23＋#5] Z[#24＋#6]                 (直线插补拟合曲线)
  #20＝#20−#7                                   (角度递减)
END1                                            (循环结束)
G01 X30 Z−25                                    (直线插补)
Z−35                                            (直线插补)
G00 X100                                        (退刀)
```

◆【华中宏程序】******

```
#1＝3                                            (振幅 A 赋值)
#2＝18                                           (长度 L 赋值)
#3＝360                                          (曲线起点角度 θ 赋值)
#4＝−5                                           (旋转角度 β 赋值)
#5＝30                                           (曲线原点在坐标系中的 X 坐标值)
#6＝−25                                          (曲线原点在坐标系中的 Y 坐标值)
#7＝0.5                                          (角度递变量)
#10＝#1 * SIN[#3 * PI/180]                       (计算曲线起点 X 值)
#11＝#2 * #3/360                                 (计算曲线起点 Z 值)
#12＝#11 * SIN[#4 * PI/180]＋#10 * COS[#4 * PI/180]   (计算旋转后的曲线起点 X 值)
#13＝#11 * COS[#4 * PI/180]−#10 * SIN[#4 * PI/180]   (计算旋转后的曲线起点 Z 值)
G00 X[#12 * 2＋#5] Z2                            (刀具定位)
G01 Z[#13＋#6]                                   (直线插补到曲线加工起点)
#20＝360                                         (曲线加工角度参数 θ 赋初值)
WHILE #20GE0                                     (加工条件判断)
  #21＝#1 * SIN[#20 * PI/180]                    (计算曲线 X 值)
  #22＝#2 * #20/360                              (计算曲线 Z 值)
```

```
    #23＝#22＊SIN[#4＊PI/180]＋#21＊COS[#4＊PI/180]     (计算旋转后的曲线 X 值)
    #24＝#22＊COS[#4＊PI/180]－#21＊SIN[#4＊PI/180]     (计算旋转后的曲线 Z 值)
    G01 X[2＊#23＋#5] Z[#24＋#6]                        (直线插补拟合曲线)
    #20＝#20－#7                                       (角度递减)
ENDW                                                  (循环结束)
G01 X30 Z－25                                         (直线插补)
Z－35                                                 (直线插补)
G00 X100                                             (退刀)
```

◇【SIEMENS 参数程序】＊＊＊＊＊＊

```
R1＝3                              (振幅 A 赋值)
R2＝18                             (长度 L 赋值)
R3＝360                            (曲线起点角度 θ 赋值)
R4＝－5                            (旋转角度 β 赋值)
R5＝30                             (曲线原点在坐标系中的 X 坐标值)
R6＝－25                           (曲线原点在坐标系中的 Y 坐标值)
R7＝0.5                            (角度递变量)
R10＝R1＊SIN(R3)                   (计算曲线起点 X 值)
R11＝R2＊R3/360                    (计算曲线起点 Z 值)
R12＝R11＊SIN(R4)＋R10＊COS(R4)    (计算旋转后的曲线起点 X 值)
R13＝R11＊COS(R4)－R10＊SIN(R4)    (计算旋转后的曲线起点 Z 值)
G00 X＝R12＊2＋R5 Z2               (刀具定位)
G01 Z＝R13＋R6                     (直线插补到曲线加工起点)
R20＝360                           (曲线加工角度参数 θ 赋初值)
AAA:                              (程序跳转标记符)
    R21＝R1＊SIN(R20)              (计算曲线 X 值)
    R22＝R2＊R20/360               (计算曲线 Z 值)
    R23＝R22＊SIN(R4)＋R21＊COS(R4) (计算旋转后的曲线 X 值)
    R24＝R22＊COS(R4)－R21＊SIN(R4) (计算旋转后的曲线 Z 值)
    G01 X＝2＊R23＋R5 Z＝R24＋R6    (直线插补拟合曲线)
    R20＝R20－R7                   (角度递减)
IF R20>＝0 GOTOB AAA              (加工条件判断)
G01 X30 Z－25                     (直线插补)
Z－35                             (直线插补)
G00 X100                         (退刀)
```

第
14
章

公式曲线加工的其他情况

14.1　其他公式曲线车削

如图 14-1 所示含三次方曲线段轴类零件，试编制数控车削加工该零件外圆面的宏程序。

图 14-1　含三次曲线零件

如图 14-1 所示，若选定三次曲线的 X 坐标为自变量，曲线加工起点 S 的 X 坐标值为 $-28.171+12=-16.171$，终点 T 的 X 坐标值为 $-\sqrt[3]{2/0.005}=-7.368$。设工件坐标原点在工件右端面与轴线的交点上，则曲线自身坐标原点在工件坐标系中的坐标值为（56.342，-26.144），编制该曲线段加工宏程序如下。

＃1＝－16.171	（曲线加工起点 S 的 X 坐标赋值）
＃2＝－7.368	（曲线加工终点 T 的 X 坐标赋值）
＃3＝56.342	（曲线自身坐标原点在工件坐标系下的 X 坐标值）

＃4＝－26.144　　　　　　　　　　　（曲线自身坐标原点在工件坐标系下的 Z 坐标值）

＃5＝0.1　　　　　　　　　　　　　（X 坐标递增量赋值）

G00 X24 Z2　　　　　　　　　　　（刀具定位）

G01 Z－5　　　　　　　　　　　　（直线插补）

WHILE [＃1LE＃2] DO1　　　　　　（加工条件判断）

　　＃10＝－0.005＊＃1＊＃1＊＃1　（计算 Z 坐标值）

　　G01 X[2＊＃1＋＃3] Z[＃10＋＃4]　（直线插补逼近曲线）

　　＃1＝＃1＋＃5　　　　　　　　　（X 坐标递增）

END1　　　　　　　　　　　　　　（循环结束）

G01 X[－7.368＊2＋＃3] Z－24.144　（直线插补至曲线终点）

◆【华中宏程序】＊＊＊＊＊＊

＃1＝－16.171　　　　　　　　　　（曲线加工起点 S 的 X 坐标赋值）

＃2＝－7.368　　　　　　　　　　（曲线加工终点 T 的 X 坐标赋值）

＃3＝56.342　　　　　　　　　　　（曲线自身坐标原点在工件坐标系下的 X 坐标值）

＃4＝－26.144　　　　　　　　　　（曲线自身坐标原点在工件坐标系下的 Z 坐标值）

＃5＝0.1　　　　　　　　　　　　　（X 坐标递增量赋值）

G00 X24 Z2　　　　　　　　　　　（刀具定位）

G01 Z－5　　　　　　　　　　　　（直线插补）

WHILE ＃1LE＃2　　　　　　　　　（加工条件判断）

　　＃10＝－0.005＊＃1＊＃1＊＃1　（计算 Z 坐标值）

　　G01 X[2＊＃1＋＃3] Z[＃10＋＃4]　（直线插补逼近曲线）

　　＃1＝＃1＋＃5　　　　　　　　　（X 坐标递增）

ENDW　　　　　　　　　　　　　　（循环结束）

G01 X[－7.368＊2＋＃3] Z－24.144　（直线插补至曲线终点）

◇【SIEMENS 参数程序】＊＊＊＊＊＊

R1＝－16.171　　　　　　　　　　（曲线加工起点 S 的 X 坐标赋值）

R2＝－7.368　　　　　　　　　　（曲线加工终点 T 的 X 坐标赋值）

R3＝56.342　　　　　　　　　　　（曲线自身坐标原点在工件坐标系下的 X 坐标值）

R4＝－26.144　　　　　　　　　　（曲线自身坐标原点在工件坐标系下的 Z 坐标值）

R5＝0.1　　　　　　　　　　　　　（X 坐标递增量赋值）

G00 X24 Z2　　　　　　　　　　　（刀具定位）

G01 Z－5　　　　　　　　　　　　（直线插补）

AAA：　　　　　　　　　　　　　（程序跳转标记符）

　　R10＝－0.005＊R1＊R1＊R1　　（计算 Z 坐标值）

　　G01 X＝2＊R1＋R3 Z＝R10＋R4　（直线插补逼近曲线）

　　R1＝R1＋R5　　　　　　　　　（X 坐标递增）

IF R1<＝R2 GOTOB AAA　　　　　（加工条件判断）

G01 X＝－7.368＊2＋R3 Z－24.144　（直线插补至曲线终点）

如图 14-2 所示零件外圆面为一正切曲线段，曲线方程为

$$\begin{cases} x=-3t \\ z=2\tan(57.2957t) \end{cases}$$

试编制该曲线段的加工宏程序。

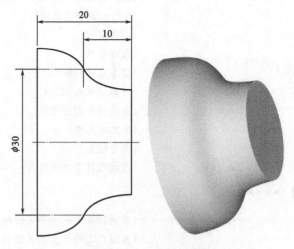

图 14-2　含正切曲线段零件

设工件坐标系原点在工件右端面与轴线的交点上，则正切曲线的原点在工件坐标系中的坐标值为（30，−10）。曲线右端起点在正切曲线本身坐标系中的 Z 坐标值为10，则由

$$z = 2\tan(57.2957t) = 10$$

解得该起点的参数 $t = 1.3734$，相应的终点的参数 $t = -1.3734$。

```
#1＝ATAN[10/2]/57.2957                    (曲线加工起点参数 t 值)
#2＝−#1                                   (曲线加工终点参数 t 值)
#3＝30                                    (曲线自身坐标原点在工件坐标系中的 X 坐标值)
#4＝−10                                   (曲线自身坐标原点在工件坐标系中的 Z 坐标值)
#5＝0.01                                  (参数 t 递变量)
WHILE [#1GE#2] DO1                       (加工条件判断)
   #10＝−3*#1                            (计算 X 值)
   #11＝2 * TAN[57.2957 * #1]            (计算 Z 值)
   G01 X[2*#10＋#3] Z[#11＋#4]           (直线插补逼近曲线)
   #1＝#1−#5                             (参数 t 递减)
END1                                     (循环结束)
```

◆【华中宏程序】******

```
#1＝ATAN[10/2]/57.2957                    (曲线加工起点参数 t 值)
#2＝−#1                                   (曲线加工终点参数 t 值)
#3＝30                                    (曲线自身坐标原点在工件坐标系中的 X 坐标值)
#4＝−10                                   (曲线自身坐标原点在工件坐标系中的 Z 坐标值)
#5＝0.01                                  (参数 t 递变量)
WHILE #1GE#2                             (加工条件判断)
   #10＝−3*#1                            (计算 X 值)
   #11＝2 * TAN[57.2957 * #1 * PI/180]   (计算 Z 值)
   G01 X[2*#10＋#3] Z[#11＋#4]           (直线插补逼近曲线)
   #1＝#1−#5                             (参数 t 递减)
ENDW                                     (循环结束)
```

◇【SIEMENS 参数程序】＊＊＊＊＊＊

R1＝ATAN2(10/2)/57.2957	（曲线加工起点参数 t 值）
R2＝－R1	（曲线加工终点参数 t 值）
R3＝30	（曲线自身坐标原点在工件坐标系中的 X 坐标值）
R4＝－10	（曲线自身坐标原点在工件坐标系中的 Z 坐标值）
R5＝0.01	（参数 t 递变量）
AAA:	（程序跳转标记符）
R10＝－3＊R1	（计算 X 值）
R11＝2＊TAN(57.2957＊R1)	（计算 Z 值）
G01 X＝2＊R10＋R3 Z＝R11＋R4	（直线插补逼近曲线）
R1＝R1－R5	（参数 t 递减）
IF R1>＝R2 GOTOB AAA	（加工条件判断）

数控车削加工如图 14-3 所示的玩具喇叭凸模，该零件含一段曲线，曲线方程为

$$x＝36/z＋3$$

曲线方程中 X 值为半径值，曲线方程原点在如图 O 点位置。

图 14-3　含曲线段零件数控车削加工

曲线加工起点 Z 坐标值为 72，终点 Z 坐标值为 2，设工件原点在工件右端面与轴线的交点上，则曲线自身坐标原点在工件坐标系下的坐标值为（0，－72），编制宏程序如下。

```
#1=72                              (曲线加工起点 z 坐标赋值)
#2=2                               (曲线加工终点 z 坐标赋值)
#3=0                               (曲线自身坐标原点在工件坐标系下的 x 坐标值)
#4=—72                             (曲线自身坐标原点在工件坐标系下的 z 坐标值)
#5=0.2                             (z 坐标递变量赋值)
G00 X7 Z2                          (刀具定位)
G01 Z0                             (直线插补到曲线加工起点)
WHILE [#1GE#2] DO1                 (加工条件判断)
  #10=36/#1+3                      (计算 x 值)
  G01 X[2*#10+#3] Z[#1+#4]         (直线插补逼近曲线)
  #1=#1—#5                         (z 坐标递减)
END1                               (循环结束)
```

◆【华中宏程序】******

```
#1=72                              (曲线加工起点 z 坐标赋值)
#2=2                               (曲线加工终点 z 坐标赋值)
#3=0                               (曲线自身坐标原点在工件坐标系下的 x 坐标值)
#4=—72                             (曲线自身坐标原点在工件坐标系下的 z 坐标值)
#5=0.2                             (z 坐标递变量赋值)
G00 X7 Z2                          (刀具定位)
G01 Z0                             (直线插补到曲线加工起点)
WHILE #1GE#2                       (加工条件判断)
  #10=36/#1+3                      (计算 x 值)
  G01 X[2*#10+#3] Z[#1+#4]         (直线插补逼近曲线)
  #1=#1—#5                         (z 坐标递减)
ENDW                               (循环结束)
```

◇【SIEMENS 参数程序】******

```
R1=72                              (曲线加工起点 z 坐标赋值)
R2=2                               (曲线加工终点 z 坐标赋值)
R3=0                               (曲线自身坐标原点在工件坐标系下的 x 坐标值)
R4=—72                             (曲线自身坐标原点在工件坐标系下的 z 坐标值)
R5=0.2                             (z 坐标递变量赋值)
G00 X7 Z2                          (刀具定位)
G01 Z0                             (直线插补到曲线加工起点)
AAA:                               (程序跳转标记符)
  R10=36/R1+3                      (计算 x 值)
  G01 X=2*R10+R3 Z=R1+R4           (直线插补逼近曲线)
  R1=R1—R5                         (z 坐标递减)
IF R1>=R2 GOTOB AAA                (加工条件判断)
```

14.2 粗精加工含公式曲线零件

数控车削加工如图 14-4 所示含抛物曲线的回转体零件，已知曲线方程为 $z=-x^2/20$，

毛坯直径 $\phi82mm$，材料为 Q235 棒料，要求编制该外轮廓面加工程序。

图 14-4　含抛物曲线零件

（1）利用 G73 指令与宏程序相结合实现粗、精加工

如图 14-4 所示，由于切削余量太大，不可能一次走刀完成加工，可利用复合循环指令 G73 与宏程序相结合的方法，即把抛物线轮廓加工的宏程序作为精车程序直接编写在粗车循环的循环体内的方法，实现对该零件的粗精加工。

如图所示，已知抛物线方程 $z=-x^2/20$，为方便编程，直接选择 X 坐标为自变量，Z 坐标为因变量，用任一点 X 的值来表示 Z 的值，X 每次增加一个步距 ΔX。选用变量 $\sharp1$、$\sharp2$、$\sharp3$ 来编程，设 $\sharp1$ 为抛物线上任一点的 X 坐标值，其初始值为 0，$\sharp2$ 为抛物线终点的 X 坐标为 40。$\sharp3$ 为 Z 坐标，$\sharp3=-\sharp1*\sharp1/20$。利用 IF…GOTO 条件跳转语句和直线插补指令 G01，每走一步将 X 值（$\sharp1$）增加 ΔX，直到 X 等于 40，抛物线加工结束。

```
G00 X86 Z2                    （进刀到循环起点）
G73 U41 R20                   （粗加工参数设定）
G73 P10 Q30 U1 W0.5 F0.15     （粗加工参数设定）
  N10 G00 X0                  （精加工部分程序开始程序段）
  G01 Z0
  ♯1=0
  ♯2=40
  N20 ♯3=－♯1*♯1/20
  G01 X[2*♯1] Z♯3
  ♯1=♯1+0.1
  IF [♯1LE♯2] GOTO20
  G01 X80 Z－80
  Z－110
  N30 G00 U10                 （精加工部分程序终止程序段）
G70 P10 Q30 F0.08             （精加工参数设定）
G00 X100                      （退刀）
Z50                           （返回）
```

仿真加工结果如图 14-5 所示。显然用 G73 指令与宏程序结合的方法能完成含非圆曲线轮廓的粗精加工，而且编程简单，只需要将精加工路线用宏程序编程，然后和 G73 指令结

合即可，但空刀路径太多，加工效率不高。

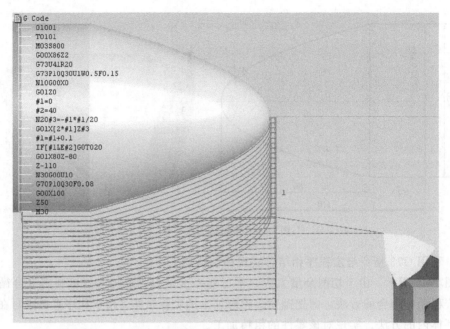

图 14-5   G73 指令与宏程序相结合粗精加工抛物线零件仿真结果

（2）单独使用宏程序进行粗、精加工

下面我们利用循环指令（WHILE…DO 语句）和条件转移指令（IF…THEN 语句）来编写图 14-4 零件外轮廓的粗、精加工程序。走刀加工路线如图 14-6 所示，相当于用 G71 指令循环加工的效果，此方法避免了 G73 指令产生的空切现象，提高了生产效率。

在粗加工程序中，$\sharp 1$ 为 X 坐标自变量，置初始值为 40，其终点坐标为 0，ΔX 为 X 方向步距值，设为 1.5，$\sharp 2$ 为计算的 Z 变量，按照抛物线公式，$\sharp 2 = \sharp 1 * \sharp 1/20$。利用循环语句和 G01 直线插补指令，每走一刀将 X 减小 1.5mm，并使 Z 方向留有 0.5mm 的精加工余量，直到 X 加工到抛物线的顶点 $X = 0$，完成抛物线粗加工，这整个过程相当于 G71 粗车循环。

在精加工程序中，$\sharp 5$ 为 X 坐标自变量，置初始值为 0，它的终点坐标为抛物线最大开口处，值 40，$\sharp 6$ 为计算的 Z 变量，同上 $\sharp 2$。同样利用循环语句和 G01 直线插补指令，令 $X（\sharp 5）$ 每增加一个步距 ΔX（为保证加工精度，一般取 0.1mm），直到抛物线 X 终点坐标 40，完成抛物线精加工，这个过程相当于 G70 精车循环。

```
G00 X86 Z2                          (到循环起点)
G90 X80.5 Z—110 F0.2                (外圆面加工)
#1=40                               (粗加工层 X 坐标赋初值,半径值)
WHILE [#1GT0] DO1                   (粗加工循环条件判断)
  #1=#1—1.5                         (递减切削厚度 1.5mm)
  IF [#1LT0] THEN #1=0              (最后一刀判断)
  #2=#1*#1/20                       (计算对应 Z 坐标值)
G00 X[2*#1] Z2                      (刀具定位到加工层)
G01 Z[—#2+0.5] F0.1                (当前层切削,Z 向留有 0.5mm 精车余量)
```

```
G00 U10                                (退刀)
   Z2                                  (返回)
END1                                   (循环体 1 结束)
G00 X0 Z2                              (到精车起点)
♯5＝0                                   (精车 X 坐标赋初值)
WHILE [♯5LE40] DO2                      (精车循环条件)
   ♯6＝♯5＊♯5/20                          (计算 Z 坐标值)
   G01 X[2＊♯5] Z－♯6 F0.1               (直线插补拟合抛物线)
   ♯5＝♯5＋0.1                           (递增一个步距 0.1mm)
END2                                   (循环体 2 结束)
G01 X80 Z－80                          (直线插补)
   Z－110                              (直线插补)
G00 X100                              (退刀)
   Z50                                (返回)
```

仿真加工结果如图 14-6 所示。

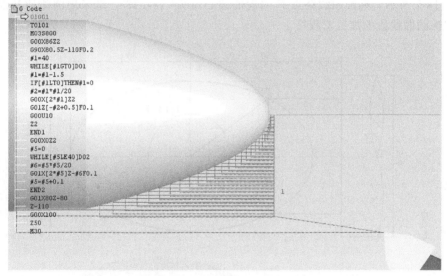

图 14-6　单独使用宏程序粗精加工抛物线零件仿真结果

通过以上两种编程方法的对比，可以看出用第一种方法用 G73 指令编程方便、程序段少，但由于 G73 是仿形车削，加工时空刀路径多，费时，生产效率不高。第二种方法相当于 G71 粗车循环，避免了 G73 指令产生的空切现象，提高了生产效率，但编程复杂，程序段稍多。

14.3　圆弧插补逼近公式曲线

除了采用直线插补逼近公式曲线之外，还可以采用圆弧插补逼近公式曲线。之前各公式曲线均采用直线插补逼近法编程，下面以椭圆曲线为例来介绍圆弧插补逼近公式曲线。

采用圆弧插补逼近相对于直线插补逼近椭圆曲线得到的表面加工质量更佳。采用圆弧插补逼近椭圆曲线的难点在于计算曲线上任一点的曲率半径 R 值。

设曲线的参数方程为：

$$\begin{cases} x = \varphi(t) \\ y = \psi(t) \end{cases}$$

则曲线上任一点的曲率公式为：

$$K(t) = \frac{\left| \varphi'(t)\psi''(t) - \varphi''(t)\psi'(t) \right|}{\left[\varphi'^2(t) + \psi'^2(t) \right]^{\frac{3}{2}}}$$

曲率半径 R 与曲率 K 互为倒数，即 $R = \dfrac{1}{K}$。

由椭圆参数方程

$$\begin{cases} x = b\sin t \\ z = a\cos t \end{cases}$$

求得的椭圆曲线上离心角为 t 的点的曲率半径为：

$$R = \frac{\left[(a\sin t)^2 + (b\cos t)^2 \right] \sqrt{(a\sin t)^2 + (b\cos t)^2}}{ab}$$

如图 14-7 所示，椭圆曲线终点 P 对应的圆心角 $\theta = 144.43°$，试采用圆弧插补逼近法编制该零件椭圆曲线段的加工宏程序。

图 14-7　含椭圆曲线轴类零件

椭圆曲线终点 P 对应的圆心角 $\theta = 144.43°$，则该点的离心角 t 值为：

$$t = \arctan\left(\frac{a}{b}\tan\theta\right) = \arctan\left(\frac{40}{24} \times \tan 144.43°\right) = \arctan\left(-\frac{40}{20} \times \tan 35.57°\right)$$

$$= 180° - \arctan\left(\frac{40}{24} \times \tan 35.57°\right) \approx 130°$$

采用圆弧插补逼近该椭圆曲线段的加工宏程序如下。

```
#1＝40                              (椭圆长半轴赋值)
#2＝24                              (椭圆短半轴赋值)
#3＝0                               (曲线加工起点的离心角 t 值)
#4＝130                             (曲线加工终点的离心角 t 值)
#5＝0                               (椭圆中心在工件坐标系中的 X 坐标值)
#6＝－40                            (椭圆中心在工件坐标系中的 Z 坐标值)
#7＝10                              (离心角增量赋值)
#3＝#3＋#7                          (加工初始点的离心角值计算)
G00 X0 Z2                          (刀具定位)
G01 Z0                             (直线插补到曲线加工起点)
WHILE [#3LE#4] DO1                 (加工条件判断)
  #10＝#2＊SIN[#3]                   (计算圆弧插补终点的 X 值)
  #11＝#1＊COS[#3]                   (计算圆弧插补终点的 Z 值)
  #12＝#2＊COS[#3－#7＊0.5]            (计算圆弧插补中间点的"bcost"值,见曲率半径计
                                    算公式)
  #13＝#1＊SIN[#3－#7＊0.5]            (计算圆弧插补中间点的"asint"值)
  #14＝#12＊#12＋#13＊#13              (计算"(asint)² + (bcost)²"的值)
  #15＝#14＊SQRT[#14]/[#1＊#2]         (计算圆弧插补中间点的曲率半径 R 值)
  G03 X[2＊#10＋#5] Z[#11＋#6] R#15    (圆弧插补逼近椭圆曲线)
  #3＝#3＋#7                          (离心角 t 递增)
END1                               (循环结束)
```

◆【华中宏程序】＊＊＊＊＊＊

```
#1＝40                              (椭圆长半轴赋值)
#2＝24                              (椭圆短半轴赋值)
#3＝0                               (曲线加工起点的离心角 t 值)
#4＝130                             (曲线加工终点的离心角 t 值)
#5＝0                               (椭圆中心在工件坐标系中的 X 坐标值)
#6＝－40                            (椭圆中心在工件坐标系中的 Z 坐标值)
#7＝10                              (离心角增量赋值)
#3＝#3＋#7                          (加工初始点的离心角值计算)
G00 X0 Z2                          (刀具定位)
G01 Z0                             (直线插补到曲线加工起点)
WHILE #3LE#4                       (加工条件判断)
  #10＝#2＊SIN[#3＊PI/180]            (计算圆弧插补终点的 X 值)
  #11＝#1＊COS[#3＊PI/180]            (计算圆弧插补终点的 Z 值)
  #12＝#2＊COS[[#3－#7＊0.5]＊PI/180]   (计算圆弧插补中间点的"bcost"值)
  #13＝#1＊SIN[[#3－#7＊0.5]＊PI/180]   (计算圆弧插补中间点的"asint"值)
  #14＝#12＊#12＋#13＊#13              (计算"(asint)² + (bcost)²"的值)
```

```
#15=#14*SQRT[#14]/[#1*#2]          (计算圆弧插补中间点的曲率半径 R 值)
G03 X[2*#10+#5] Z[#11+#6] R[#15]   (圆弧插补逼近椭圆曲线)
#3=#3+#7                            (离心角 t 递增)
ENDW                               (循环结束)
```

◇ 【SIEMENS 参数程序】 ******

```
R1=40                              (椭圆长半轴赋值)
R2=24                              (椭圆短半轴赋值)
R3=0                               (曲线加工起点的离心角 t 值)
R4=130                             (曲线加工终点的离心角 t 值)
R5=0                               (椭圆中心在工件坐标系中的 X 坐标值)
R6=-40                             (椭圆中心在工件坐标系中的 Z 坐标值)
R7=10                              (离心角增量赋值)
R3=R3+R7                           (加工初始点的离心角值计算)
G00 X0 Z2                          (刀具定位)
G01 Z0                             (直线插补到曲线加工起点)
AAA:                               (程序跳转标记符)
  R10=R2*SIN(R3)                   (计算圆弧插补终点的 X 值)
  R11=R1*COS(R3)                   (计算圆弧插补终点的 Z 值)
  R12=R2*COS(R3-R7*0.5)           (计算圆弧插补中间点的"bcost"值,见曲率半径计
                                    算公式)
  R13=R1*SIN(R3-R7*0.5)           (计算圆弧插补中间点的"asint"值)
  R14=R12*R12+R13*R13             (计算"$(a\sin t)^2+(b\cos t)^2$"的值)
  R15=R14*SQRT(R14)/(R1*R2)       (计算圆弧插补中间点的曲率半径 R 值)
  G03 X=2*R10+R5 Z=R11+R6 CR=R15  (圆弧插补逼近椭圆曲线)
  R3=R3+R7                         (离心角 t 递增)
IF R3<=R4 GOTOB AAA                (加工条件判断)
```

14.4 数值计算与加工循环分离编程

宏指令是一种更接近高级语言的指令形式,具有顺序、分支选择、循环的流程结构,另外还有进行多种数学运算的能力。因此如何合理安排程序结构,使程序更易读、易维护,运行效率、加工效果更好,加工方式更合理是宏程序编写时必须解决的问题。如下程序段:

```
WHILE [#1LE3] DO1                  (加工条件判断)
  #2=……                           (坐标值计算)
  #3=……                           (坐标值计算)
  G01 X#2 Y#3                      (插补加工)
  #1=#1+1                          (计数器递增)
END1                               (加工循环结束)
```

在上面的程序中我们可以看到在循环内共有三个数值计算语句。数值计算会占用大量的机器时间,特别是当计算为浮点、三角函数、求根等运算时,占用机器时间更多。此时机床处于进给暂停状态。具有加工经验的人应该知道这种状态下在刀具停顿处会产生"过切"现

象，从而造成工件表面出现刀痕影响表面质量，在大余量大进给切削条件下甚至会影响到尺寸精度。此时我们就要想办法尽量缩短机床的暂停时间。除了简化计算公式、优化加工路径等方法外，一个比较有效的方法就是设法将数值计算与加工循环分离。比如我们可将前面的程序改为下面的形式：

```
(数值计算循环)
＃1＝1                              (变量计数器赋初值)
WHILE [＃1LE3 * 2] DO1            (数值计算循环条件判断)
  ＃[＃1＋1]＝……                  (坐标值计算)
  ＃[＃1＋2]＝……                  (坐标值计算)
  ＃1＝＃1＋2                       (变量计数器递增)
END1                              (数值计算循环结束)
(加工循环)
＃100＝1                           (变量计数器赋初值)
WHILE [＃100LE3] DO2              (加工条件判断)
  G01 X[＃[＃100＋1]] Y[＃[＃100＋2]]   (插补加工)
  ＃100＝＃100＋2                   (变量计数器递增)
END2                              (加工循环结束)
```

从上面的例子可以看出我们将原循环中的数值计算部分单独拿出作为一个循环。在机床实际执行加工 G 代码之前先将占用大量机器时间的计算工作完成。这样一来在实际的加工循环中，原来复杂的数值计算就被简单的变量下标计算替代。这类计算都为简单的整数运算，大大缩短运算时间，从而使切削的连续性大大提高。

尽管从程序表面上看，这样做似乎增加了程序的长度，增大了程序输入量。但实际上这种程序结构由于将复杂的计算与标准 G 代码分离，使程序的可读性大大提高。

程序员在编制程序时可将精力更集中地解决单独地运算问题或加工指令上。避免了两种性质完全不同编程工作混杂在一起造成思路上的混乱。且程序的可维护性也大大提高，修改程序可单独地修改计算或加工段避免在一堆混杂的代码之间跳来跳去，减少了出错的可能性。如果程序的计算量非常大，程序非常长，使用这种结构你会发现将大大节省修改、调试的时间。程序长度的少许增加换来后继工作时间的大大缩短还是相当合算的。

当然这种结构的缺点也很明显，就是占用了更多的变量。一般数控系统由于硬件的限制，变量寄存器的数量都非常有限。对于需要大量变量的加工，上面的结构显然会产生变量可用数目不足的问题。这种情况下，我们可将加工问题进行合理分解，利用循环嵌套多段数值计算和加工循环的方法来重复利用变量寄存器。程序结构如下（用伪代码表示）：

```
[WHILE,加工结束条件]
(阶段数值计算循环)
  [WHILE,变量计数器<最大可用变量标号]
  [＃[变量标号计算]＝数值计算]
  ……(更多数值计算)
  [变量计数器＝变量计数器＋赋值变量的个数]
  [END]
      (阶段加工循环)
      [WHILE,阶段加工循环条件]
```

　　　　[加工循环]

　　　　[END]

　　　[加工结束条件进行增量计算]

　　[END]

可以看到，简单地在循环后面加是否结束加工的判断就可以反复地利用同一个区段的变量与加工循环配合最终完成加工任务。利用这种结构就可重复利用变量寄存器，大大扩展可编程的空间。这种方法的难点并不在于编程，而在于操作者如何对加工轨迹进行合理的分解，从而使分段重复计算可行。

数控车削加工如图 14-8 所示含椭圆曲线的轴类零件，试采用数值计算与加工循环分离编程加工公式曲线的方法来编程实现加工该零件椭圆曲线段的宏程序。

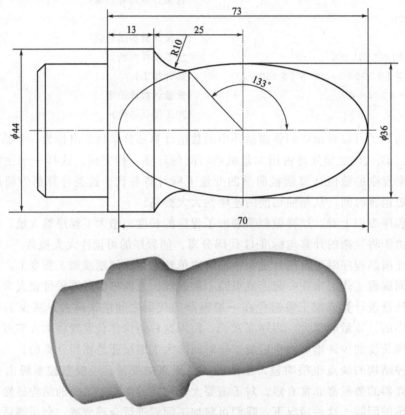

图 14-8　含椭圆曲线零件外轮廓的加工

由于宏程序因计算延迟导致加工过程边算边加工出现停顿现象影响加工质量的问题始终无法得到有效解决，下面程序采用了将数值计算提前，并"转储"，待算完后再加工的加工编程思路。

♯1＝35	（椭圆长半轴赋值）
♯2＝18	（椭圆短半轴赋值）
♯3＝0	（曲线加工起点的圆心角赋值）
♯4＝133	（曲线加工终点的圆心角赋值）
♯5＝0	（椭圆中心在工件坐标系中的 X 坐标值）
♯6＝－35	（椭圆中心在工件坐标系中的 z 坐标值）

```
# 7＝0.5                                          (离心角递增量)
# 8＝180－ATAN[TAN[180－# 4]*# 1/# 2]             (计算曲线加工终点的离心角值)
# 10＝10                                          (存储地址计数器赋初值)
WHILE [# 3LE# 8] DO1                              (数值计算循环条件判断)
  # [# 10＋1]＝# 2*SIN[# 3]*2＋# 5                 (计算 X 坐标值)
  # [# 10＋2]＝# 1*COS[# 3]＋# 6                    (计算 Z 坐标值)
  # 3＝# 3＋# 7                                    (角度递增)
  # 10＝# 10＋2                                    (存储地址计数器递增)
END1                                             (循环结束)
  # 500＝10                                       (读取地址计数器赋值)
  WHILE [# 500LT# 10] DO2                         (加工条件判断)
    G01 X[# [# 500＋1]] Z[# [# 500＋2]]           (直线插补逼近曲线)
    # 500＝# 500＋2                                (读取地址计数器递增)
END2                                             (循环结束)
```

◆ 【华中宏程序】＊＊＊＊＊＊

```
# 1＝35                                           (椭圆长半轴赋值)
# 2＝18                                           (椭圆短半轴赋值)
# 3＝0                                            (曲线加工起点的圆心角赋值)
# 4＝133                                          (曲线加工终点的圆心角赋值)
# 5＝0                                            (椭圆中心在工件坐标系中的 X 坐标值)
# 6＝－35                                         (椭圆中心在工件坐标系中的 Z 坐标值)
# 7＝0.5                                          (离心角递增量)
# 8＝180－ATAN [TAN[[180－# 4]*PI/180]*# 1/# 2]    (计算曲线加工终点的离心角值)
# 10＝10                                          (存储地址计数器赋初值)
WHILE # 3LE# 8                                    (数值计算循环条件判断)
  # [# 10＋1]＝# 2*SIN[# 3*PI/180]*2＋# 5           (计算 X 坐标值)
  # [# 10＋2]＝# 1*COS[# 3*PI/180]＋# 6             (计算 Z 坐标值)
  # 3＝# 3＋# 7                                    (角度递增)
  # 10＝# 10＋2                                    (存储地址计数器递增)
ENDW                                             (循环结束)
  # 500＝10                                       (读取地址计数器赋值)
  WHILE # 500LT# 10                               (加工条件判断)
    G01 X[# [# 500＋1]] Z[# [# 500＋2]]           (直线插补逼近曲线)
    # 500＝# 500＋2                                (读取地址计数器递增)
  ENDW                                           (循环结束)
```

◇ 【SIEMENS 参数程序】＊＊＊＊＊＊

```
R1＝35                                            (椭圆长半轴赋值)
R2＝18                                            (椭圆短半轴赋值)
R3＝0                                             (曲线加工起点的圆心角赋值)
R4＝133                                           (曲线加工终点的圆心角赋值)
R5＝0                                             (椭圆中心在工件坐标系中的 X 坐标值)
R6＝－35                                          (椭圆中心在工件坐标系中的 Z 坐标值)
```

```
R7＝0.5                                      (离心角递增量)
R8＝180－ATAN2(TAN(180－R4)＊R1/R2)            (计算曲线加工终点的离心角值)
R10＝10                                      (存储地址计数器赋初值)
AAA:                                         (跳转标记符)
  R[R10＋1]＝R2＊SIN(R3)＊2＋R5                 (计算 X 坐标值)
  R[R10＋2]＝R1＊COS(R3)＋R6                    (计算 Z 坐标值)
  R3＝R3＋R7                                  (角度递增)
  R10＝R10＋2                                 (存储地址计数器递增)
IF R3<＝R8 GOTOB AAA                          (数值计算循环条件判断)
  R500＝10                                    (读取地址计数器赋值)
  BBB:                                        (跳转标记符)
    G01 X＝R[R500＋1] Z＝R[R500＋2]              (直线插补逼近曲线)
    R500＝R500＋2                              (读取地址计数器递增)
  IF R500<R10 GOTOB BBB                        (加工条件判断)
```

第 15 章

模块化编程与『耦合』

15.1 宏程序的优点

（1）长远性

数控系统中随机携带有各种固定循环指令，这些指令是以宏程序为基础开发的通用的固定循环指令。通用循环指令有时对于工厂实际加工中某一类特点零件的加工并不一定能满足加工要求，对此可以根据加工零件的具体特点，量身定制出适合这类零件特征的专用程序，并固化在数控系统内部。这种专用的程序类似于使用普通固定循环指令一样调用，使数控系统增加了专用的固定循环指令，只要这一类零件继续生产，这种专用固定循环指令就可一直存在并长期应用，因此，数控系统的功能得到增强和扩大。

（2）共享性

宏程序的编制确实存在相当的难度，要想编制出一个加工效率高、程序简洁、功能完善的程序更是难上加难，但是这并不影响宏程序的使用。正如设计一台电视机要涉及多方面的知识，考虑多方面的因素，是复杂的事情，但使用电视机却是一件相对简单的事情，使用者只要熟悉它的操作与使用，并不需要注重其内部构造和结构原理。宏程序的使用也是一样，使用者只需懂其功能、各参数的具体含义和使用限制注意事项即可，不必了解其设计过程、原理、具体程序内容。使用宏程序者不是必须要懂宏程序，当然懂宏程序可以更好地应用宏程序。

（3）多功能性

宏程序的功能包含以下几个方面。

① 相似系列零件的加工。同一类相同特征、不同尺寸的零件，给定不同的参数，使用同一个宏程序就可以加工，编程得到大幅度简化。

② 非圆曲线的拟合处理加工。对于椭圆、双曲线、抛物线、螺旋线、正（余）弦曲线等可以用数学公式描述的非圆曲线的加工，数控系统一般没有这样的插补功能，但是应用宏程序功能，可以将这样的非圆曲线用非常微小的直线段或圆弧段拟合加工，从而得到满足精度要求的非圆曲线。

③ 曲线交点的计算功能。在复杂零件结构中，许多节点的坐标是需要计算才能得到的，例如，直线与圆弧的交点、切点，直线与直线的交点，圆弧与圆弧的交点、切点等，不用人工计算并输入，只要输入已知的条件，节点坐标可以由宏程序计算完成并直接编程加工，在很大程度上增强了数控系统的计算功能，降低了编程的难度。

（4）简练性

在质量上，自动编程生成的加工程序基本由G00、G01、G02/G03等简单指令组成，数据大部分是离散的小数点数据，难以分析、判别和查找错误，程序长度要比宏程序长几十倍甚至几百倍，不仅占用宝贵的存储空间，加工时间也要长得多。

以数控车削加工第14.2节"粗精加工含公式曲线零件"中图14-4所示含抛物曲线零件为例，图15-1（a）～（c）分别为G73指令与宏程序相结合实现粗精加工的程序、单独使用宏程序进行粗精加工的程序和MasterCAM软件自动生成的加工程序。

图15-2分别对三种方式编制的加工程序进行了字数统计：第一种方法最简短，共21行程序180个字符，第二种方法共27行237个字符，第三种共288行3735个字符。从程序段多少上来说，自动编程的程序是宏程序的10.6倍，从字符数上来说，自动编程的程序是宏

程序的 15.7 倍。

很明显，同样一个工件，采用宏程序编制的程序更短小精悍。其实，如果对自动加工参数做一些修改，可能生成的程序段数比 288 行还要多得多，而用户宏程序修改加工参数后，程序段数始终保持不变。

图 15-1　三种不同编程方法程序

图 15-2　三个程序字数统计

（5）智能性

宏程序是数控加工程序编制的高级阶段，程序编制的质量与编程人员的素质息息相关。高素质的编程人员在宏程序的编制过程中可以融入积累的工艺经验技巧，考虑轮廓要素之间的数学关系，应用适当的编程技巧，使程序非常精练，并且加工效果好。宏程序是由人工编制的，必然包含人的智能因素，程序中应考虑到各种因素对加工过程及精度的影响。

15.2 系统变量

系统变量是宏程序变量中一类特殊的变量，其定义为：数控系统中所使用的有固定用途和用法的变量，它们的位址是固定对应的，它的值决定系统的状态。系统变量一般由♯后跟4位数字来定义，它能获取包含在机床处理器或 NC 内存中的只读或读/写信息，包括与机床处理器有关的交换参数、机床状态获取参数、加工参数等系统信息。宏程序中还有许多不同功能和含义的系统变量，有些只可读，有些既可读又可写。系统变量对于系统功能二次开发至关重要，它是自动控制和通用加工程序开发的基础。系统变量的序号与系统的某种状态有严格的对应关系，在确实明白其含义和用途前，不要贸然任意应用，否则会造成难以预料的结果。

（1）接口信号

接口信号可在可编程机床控制器（PMC）和用户宏程序之间进行交换。表 15-1 为用于接口信号的系统变量。关于接口信号系统变量的详细说明请参考说明书。

表 15-1　用于接口信号的系统变量

变量号	功能
♯1000～♯1015 ♯1032	用于从 PMC 传送 16 位的接口信号到用户宏程序。♯1000～♯1015 信号是逐位读取的，而♯1032 信号是 16 位一次读取的
♯1100～♯1115 ♯1132	用于从用户宏程序传送 16 位的接口信号到 PMC。♯1100～♯1115 信号是逐位写入的，而♯1132 信号是 16 位一次写入的
♯1133	用于从用户宏程序一次写入 32 位的接口信号到 PMC 注意：♯1133 取值范围为−99999999～＋99999999

（2）刀具补偿

使用这类系统变量可以读取或者写入刀具补偿值，刀具补偿存储方式有三种类型，分别如表 15-2～表 15-4 所示。

表 15-2　刀具补偿存储方式 A 的系统变量

补偿号	系统变量
1	♯10001(♯2001)
...	...
200	♯10200(♯2200)

表 15-3　刀具补偿存储方式 B 的系统变量

补偿号	半径补偿	长度补偿
1	♯11001(♯2201)	♯10001(♯2001)
...	...	...
200	♯11200(♯2400)	♯10200(♯2200)

变量号的后 3 位数对应于刀具补偿号，如♯10080 或♯2080 均对应补偿号 80。

可使用的变量数取决于刀具补偿号和是否区分外形补偿和磨损补偿，以及是否区分刀具长度补偿和刀具半径补偿。当刀具补偿号小于或等于 200 时，♯10000 组或♯2000 组都可以使用（如表 15-2、表 15-3 所示），但当刀具补偿号大于 200，采用刀具补偿存储方式 C（表 15-4）的时候请避开♯2000 组的变量号码，使用♯10000 组的变量号码。

表 15-4   刀具补偿存储方式 C 的系统变量

补偿号	刀具长度补偿(H)		刀具半径补偿(D)	
	外形补偿	磨损补偿	外形补偿	磨损补偿
1	＃11001(＃2201)	＃10001(＃2001)	＃13001	＃12001
…	…	…	…	…
200	＃11201(＃2400)	＃10201(＃2200)	…	…
…	…	…		
400	＃11400	＃10400	＃13400	＃12400

类似其他的变量一样,刀具补偿数据可以带有小数点,因此小数点之后的数据输入时请加入小数点。

注意:以上的变量可能会因机床参数不同而使磨损补偿系统变量与外形补偿系统变量相反,或者与坐标所使用的变量相冲突,所以在使用之前先要确认机床具体的刀具补偿系统变量。

(3)宏程序报警

宏程序报警系统变量号码 3000 使用时,可以强制 NC 处于报警状态,如表 15-5 所示。

表 15-5   宏程序报警的系统变量

变量号	功能
＃3000	当＃3000 值为 0～200 间的某一值时,CNC 停止并显示报警信息。可在表达式后指定不超过 26 个字符报警信息。CRT 屏幕上显示报警号和报警信息,其中报警号为变量＃3000 的值加上 3000

例如执行程序段"＃3000＝1(TOOL NOT FOUND)"后,CNC 停止运行,并且报警屏幕将显示"3001 TOOL NOT FOUND"(刀具未找到),其中 3001 为报警号,"TOOL NOT FOUND"为报警信息。

(4)程序停止和信息显示

变量号码 3006 使用时,可停止程序并显示提示信息,启动后可继续运行,如表 15-6 所示。

表 15-6   停止和信息显示系统变量

变量号	功能
＃3006	在宏程序中指令"＃3006＝1(MESSAGE);"时,程序在执行完前一程序段后停止,并在 CRT 上显示括号内不超过 26 个字符的提示信息

(5)时间信息

时间信息可以读和写,用于时间信息的系统变量,如表 15-7 所示。通过对＃3011 和＃3012 时间信息系统变量赋值,可以调整系统的显示日期(年/月/日)和当前的时间(时/分/秒)。

表 15-7   时间信息的系统变量

变量号	功能
＃3001	这个变量是一个以 1 毫秒(ms)为增量一直计数的计时器,当电源接通时或达到 2147483648(2 的 32 次方)毫秒时,该变量值复位为 0 重新开始计时
＃3002	这个变量是一个以 1 小时(h)为增量、当循环启动灯亮时开始计数的计时器,电源关闭后计时器值依然保持,达到 9544.371767 小时时复位为 0(可用于刀具寿命管理)

变量号	功能
♯3011	这个变量用于读取当前日期(年/月/日),该数据以类似于十进制数显示。例如,1993 年 3 月 28 日表示成 19930328
♯3012	这个变量用于读当前时间(时/分/秒),该数据以类似于十进制数显示。例如,下午 3 点 34 分 56 秒表示成 153456

续表

假设当前时间为 2007 年 11 月 18 日 18:17:32,则执行如下程序后,公共变量♯500 和♯501 的值为多少?

♯500＝♯3011

♯501＝♯3012

运行程序后查看公共变量♯500 和♯501,分别显示 20071118 和 181732。

假设当前时间为 2007 年 11 月 18 日 18:17:32,则执行如下程序后,时间信息变量♯3011 和♯3012 的值分别为多少?

♯3011＝20071119

♯3012＝201918

如对♯3011 和♯3012 赋值则可以修改系统日期和时间,程序运行后系统日期改为 2007 年 11 月 19 日,时间修改为 20:19:18(注意:某些系统可能无法通过直接赋值修改日期和时间)。

（6）自动运行控制

自动运行控制可以改变自动运行的控制状态。自动运行控制的系统变量见表 15-8、表 15-9。

① ♯3003

表 15-8　自动运行控制的系统变量（♯3003）

♯3003	程序单段运行	辅助功能的完成
0	有效	等待
1	无效	等待
2	有效	不等待
3	无效	不等待

a. 当电源接通时,该变量值为 0,即缺省状态为允许程序单段运行和等待辅助功能完成后才执行下一程序段。

b. 当单段运行"无效"时,即使单段运行开关置为开（ON）,单段运行操作也不执行。

c. 当指定"不等待"辅助功能（M、S 和 T 功能）完成时,则不等待本程序段辅助功能的结束信号就直接继续执行下一程序段。

② ♯3004

表 15-9　自动运行控制的系统变量（♯3004）

♯3004	进给保持	进给倍率	准确停止
0	有效	有效	有效
1	无效	有效	有效

♯3004	进给保持	进给倍率	准确停止
2	有效	无效	有效
3	无效	无效	有效
4	有效	有效	无效
5	无效	有效	无效
6	有效	无效	无效
7	无效	无效	无效

a.当电源接通时，该变量值为 0，即缺省状态为进给保持、进给倍率可调及进行准确停止检查。

b.当进给保持无效时：进给保持按钮按下并保持时，机床以单段停止方式停止，但单段方式若因变量♯3003 而无效时，不执行单程序段停止操作；进给保持按钮按下又释放时，进给保持灯亮，但机床不停止，程序继续执行，直到机床停在最先含有进给保持有效的程序段。

c.当进给倍率无效时，倍率锁定在 100％，而忽略机床操作面板上的倍率开关。

d.当准确停止无效时，即使是那些不执行切削的程序段，也不执行准确停止检查（位置检测）。

（7）零件数

要求加工的零件数（目标数）变量♯3902 和已加工的零件数（完成数）变量♯3901 可以被读和写，如表 15-10 所示。

表 15-10　加工零件数的系统变量

变量号	功能
♯3901	已加工的零件数（完成数）
♯3902	要求加工的零件数（目标数）

注意：写入的零件数不能使用负数。

（8）模态信息

模态信息是只读的系统变量，正在处理的程序段之前指定的模态信息可以读出，其数值根据前一个程序段指令的不同而不同，变量号从♯4001 至♯4120。模态信息的系统变量见表 15-11。

表 15-11　模态信息的系统变量

变量号	功能	组别
♯4001	G00,G01,G02,G03,G33,G60（依参数选项）	01 组
♯4002	G17,G18,G19	02 组
♯4003	G90,G91	03 组
♯4004		04 组
♯4005	G94,G95	05 组
♯4006	G20,G21	06 组
♯4007	G40,G41,G42	07 组

变量号	功能	组别
♯4008	G43,G44,G49	08 组
♯4009	G73,G74,G76,G80～G89	09 组
♯4010	G98,G99	10 组
♯4011	G50,G51	11 组
♯4012	G65,G66,G67	12 组
♯4013	G96,G97	13 组
♯4014	G54～G59	14 组
♯4015	G61～G64	15 组
♯4016	G68,G69	16 组
...	...	
♯4022	G50.1,G50.2	22 组
♯4102	B 代码	
♯4107	D 代码	
♯4109	F 代码	
♯4111	H 代码	
♯4113	M 代码	
♯4114	程序段号 N	
♯4115	程序号 O	
♯4119	S 代码	
♯4120	T 代码	

例如当执行♯1＝♯4002 时，在♯1 中得到的值是 17、18 或 19。执行如下三个程序段后♯1 的数值为 17，♯2 的数值为 03。

N40 G17 M03 S1000
N50 ♯1＝♯4016
N60 ♯2＝♯4113

（9）当前位置

位置信息系统变量不能写，只能读。表 15-12 为位置信息的系统变量。

表 15-12　位置信息的系统变量

变量号	位置信息	坐标系	刀具补偿值	移动期间读操作
♯5001～♯5004	程序段终点	工件坐标系	不包括	有效
♯5021～♯5024	当前位置	机床坐标系	包括	无效
♯5041～♯5044	当前位置	工件坐标系		
♯5061～♯5064	跳转信号位置			有效
♯5081～♯5084	刀具补偿值			无效
♯5101～♯5104	伺服位置误差			

① 对于数控铣镗类机床，末位数（从 1～4）分别代表轴号，数 1 代表 X 轴，数 2 代表 Y

轴，数 3 代表 Z 轴，数 4 代表第四轴。如♯5001 表示工件坐标系下程序段终点的 X 坐标值。

② ♯5081～♯5084 存储的刀具补偿值是当前执行值，不是后面程序段的处理值。

③ 在含有 G31（跳转功能）的程序段中发出跳转信号时，刀具位置保持在变量♯5061～♯5064 里，如果不发出跳转信号，这些变量中储存指定程序段的终点值。

④ 移动期间读变量无效时，表示由于缓冲（准备）区忙，所希望的值不能读。

⑤ 移动期间可读变量在移动指令后无缓冲读取时可能会不是希望值。

⑥ 请注意，工件坐标系当前位置♯5041～♯5044 和跳转信号位置♯5061～♯5064 的值包含了刀具补偿值♯5081～♯5084，而不是坐标的显示值。

（10）工件坐标系补偿（工件坐标系原点偏移值）

工件坐标系原点偏移值的系统变量可以读和写，如表 15-13 所示。

表 15-13　工件坐标系原点偏移值的系统变量

工件坐标系原点	第 1 轴	第 2 轴	第 3 轴	第 4 轴
外部工件坐标系原点补偿量	♯5201	♯5202	♯5203	♯5204
G54 工件坐标系原点补偿量	♯5221	♯5222	♯5223	♯5224
G55 工件坐标系原点补偿量	♯5241	♯5242	♯5243	♯5244
G56 工件坐标系原点补偿量	♯5261	♯5262	♯5263	♯5264
G57 工件坐标系原点补偿量	♯5281	♯5282	♯5283	♯5284
G58 工件坐标系原点补偿量	♯5301	♯5302	♯5303	♯5304
G59 工件坐标系原点补偿量	♯5321	♯5322	♯5323	♯5324

执行如下程序后，工件坐标系原点位置发生了怎样的变化？

```
N1 G28 X0 Y0 Z0
N2 ♯5221=-20.0
   ♯5222=-20.0
……
N3 G90 G00 G54 X0 Y0
N10 ♯5221=-80.0
    ♯5222=-10.0
N11 G90 G00 G54 X0 Y0
```

如图 15-3 所示，M 点为机床坐标系原点，W_1 点为以 N2 定义的 G54 工件坐标系原点，W_1' 点为以 N10 定义的 G54 工件坐标系原点。

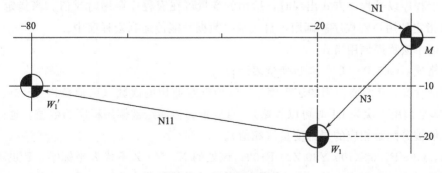

图 15-3　工件原点偏移

15.3 宏程序的调用

15.3.1 宏程序调用概述

（1）宏程序的调用方法

一个数控子程序只能用 M98 来调用，但是 B 类宏程序的调用方法较数控子程序丰富得多。宏程序可用下列方法调用宏程序，调用方法大致可分为两类：宏程序调用和子程序调用。即使在 MDI 运行中，也同样可以调用程序。

① 宏程序调用

a. 简单调用（G65）。

b. 模态调用（G66、G67）。

c. 利用 G 代码（或称 G 指令）的宏程序调用。

d. 利用 M 代码的宏程序调用。

② 子程序调用

a. 利用 M 代码的子程序调用。

b. 利用 T 代码的子程序调用。

c. 利用特定代码的子程序调用。

（2）宏程序调用和子程序调用的差别

宏程序调用（G65/G66/G 指令/M 指令）与子程序调用（M98/M 指令/T 指令）具有如下差别：

① 宏程序调用可以指定一个自变量（传递给宏程序的数据），而子程序没有这个功能。

② 当子程序调用段含有另一个 NC 指令（如：G01 X100.0 M98 Pp）时，则执行命令之后调用子程序，而宏程序调用的程序段中含有其他的 NC 指令时，会发生报警。

③ 当子程序调用段含有另一个 NC 指令（如：G01 X100.0 M98 Pp）时，在单程序段方式下机床停止，而使用宏程序调用时机床不停止。

④ 用 G65（G66）进行宏程序调用时局部变量的级别要改变，也就是说在不同的程序中数值可能不同，而子程序调用则不改变。

15.3.2 简单宏程序调用（G65）

用户宏程序以子程序方式出现时，所用的变量可在宏程序调用时赋值。当指定 G65 时，地址 P 所指定的用户宏程序被调用，自变量（数据）能传递到宏程序中。

（1）简单宏程序调用格式

指令格式：G65 P__ L__ ＜自变量表＞；

各地址含义：P 为要调用的宏程序号；L 为重复调用的次数（取值范围 1～9999，缺省值为 1，即当调用 1 次为 L1 时可以省略）；自变量为传递给被调用程序的数值，通过使用自变量表，值被分配给相应的局部变量（赋值）。

例如，G65 P1060X100 Y30 Z20 F100；该处的 X、Y、Z 不代表坐标字，F 也不代表进给字，而是对应于宏程序中的局部变量号，变量的具体数值由自变量后的数值决定。

（2）自变量使用

自变量与局部变量的对应关系有两类。第一类可以使用的字母只能使用一次，格式：A＿B＿C＿…X＿Y＿Z＿，各自变量与局部变量的对应关系如表15-14所示。第二类可以使用A、B、C（一次），也可以使用I、J、K（最多十次），格式：A＿B＿C＿I＿J＿K＿I＿J＿K＿……如表15-15所示。在实际使用程序中，I、J、K的下标不用写出来。

表15-14　自变量指定类型Ⅰ

地址	变量号	地址	变量号	地址	变量号
A	＃1	E	＃8	T	＃20
B	＃2	F	＃9	U	＃21
C	＃3	H	＃11	V	＃22
I	＃4	M	＃13	W	＃23
J	＃5	Q	＃17	X	＃24
K	＃6	R	＃18	Y	＃25
D	＃7	S	＃19	Z	＃26

表15-15　自变量指定类型Ⅱ

地址	变量号	地址	变量号	地址	变量号
A	＃1	K3	＃12	J7	＃23
B	＃2	I4	＃13	K7	＃24
C	＃3	J4	＃14	I8	＃25
I1	＃4	K4	＃15	J8	＃26
J1	＃5	I5	＃16	K8	＃27
K1	＃6	J5	＃17	I9	＃28
I2	＃7	K5	＃18	J9	＃29
J2	＃8	I6	＃19	K9	＃30
K2	＃9	J6	＃20	I10	＃31
I3	＃10	K6	＃21	J10	＃32
J3	＃11	I7	＃22	K10	＃33

① 自变量地址

a.地址G、L、N、O、P不能当作自变量使用。

b.不需要的地址可以省略，与省略的地址相应的局部变量被置成空。

c.地址不需要按字母顺序指定，但应符合字母地址的格式。I、J和K需要按字母顺序指定。

例如，B＿A＿D＿…J＿K＿正确

B＿A＿D＿…J＿I＿不正确

② 格式　在自变量之前一定要指定G65。

③ 自变量指定类型Ⅰ和Ⅱ混合使用　如果将两类自变量混合使用，自变量使用的类别系统自己会根据使用的字母自动确定属于哪类，最后指定的那一类优先。若相同变量对应的地址指令同时指定时，仅后面的地址有效。

提示：如果只用自变量赋值 I 进行赋值，由于地址和变量是一一对应的关系，混淆和出错的机会相当小，尽管只有 21 个英文字母可以给自变量赋值，但是毫不夸张地说，绝大多数编程工作再复杂也不会出现超过 21 个变量的情况。因此，建议在实际编程时使用自变量赋值 I 进行赋值。

④ 小数点　传递的不带小数点的自变量的单位与每个地址的最小输入增量一致，其值与机床的系统结构非常一致。为了程序的兼容性，建议使用带小数点的自变量。

⑤ 调用嵌套　调用最多可以嵌套含有简单调用（G65）和模态调用（G66）的程序 4级，但不包括子程序调用（M98）。

⑥ 局部变量的级别

表 15-16　局部变量的级别

主程序（0级）	宏程序（1级）	宏程序（2级）	宏程序（3级）	宏程序（4级）
O0001; … #1=1; G65 P2 A2; … M30;	O0002; … #1=2; G65 P3 A3; … M99;	O0003; … #1=3; G65 P4 A4; … M99;	O0004; … #1=4; G65 P5 A5; … M99;	O0005; … #1=5; … M99;

	（0级）		（1级）		（2级）		（3级）		（4级）	
	变量	值	变量	值	变量	值	变量	值	变量	值
局部变量	#1	1	#1	2	#1	3	#1	4	#1	5
	…		…		…		…		…	
	#33	…	#33	…	#33	…	#33	…	#33	…
公共变量	公共变量（#100～#199，#500～#599）可以由宏程序在不同的级别上读写									

a. 局部变量可以嵌套 0～4 级，如表 15-16 所示。

b. 主程序的级数是 0。

c. 用 G65 或 G66 每调用一次宏，局部变量的级数就增加一次。上一级局部变量的值保存在 NC 中。

d. 宏程序执行到 M99 时，控制返回到调用的程序。这时局部变量的级数减 1，恢复宏调用时存储的局部变量值。

案例 1：执行如下程序段后，试确定对应宏程序中的局部变量分别为何数值？

N10 G65 P1061 A50 I40 J100 K0 I20 J10 K40
N20 G65 P1062 A50 X40 F100
N30 G65 P1063 A50 D40 I100 K0 I20

N10 程序段采用自变量指定类型 I 给 1061 号宏程序赋值，经赋值后 #1=50，#4=40，#5=100，#6=0，#7=20，#8=10，#9=40（注意：程序中第一次出现的 "I" 为 I1，第二次出现的 "I" 为 I2，依次类推）。

N20 程序段采用自变量指定类型 II 给 1062 号宏程序赋值，经赋值后 #1=50，#24=40，#9=100。

N30 程序段采用自变量指定类型Ⅰ和类型Ⅱ混合使用方式给 1063 号宏程序赋值，经赋值后，D40 与 I20 同时分配给变量♯7，则后一个♯7有效，所以变量♯7＝20，其余同上。

案例 2：试采用简单宏程序调用指令编写一个计时器宏程序（功能相当于 G04）。

宏程序调用指令为：

```
G65 P1064 T                          (T 后数值为等待时间,单位毫秒(ms))
```

宏程序：

```
O1064
♯3001＝0                              (初始设定,♯3001 为时间信息系统变量)
WHILE [♯3001LE♯20] DO1               (等待规定时间)
END1
M99
```

案例 3：将 10.2 节"正椭圆曲线（工件原点不在椭圆中心）"中下面宏程序改为用 G65 指令调用的宏程序。

```
♯1＝25                                (椭圆长半轴 a 赋值)
♯2＝15                                (椭圆短半轴 b 赋值)
♯3＝30                                (椭圆中心在工件坐标系中的 X 坐标值赋值)
♯4＝0                                 (椭圆中心在工件坐标系中的 Z 坐标值赋值)
♯5＝270                               (曲线加工起点的圆心角赋值)
♯6＝180                               (曲线加工终点的圆心角赋值)
♯7＝0.5                               (角度递增量赋值)
G00 X0 Z2                             (刀具定位)
WHILE [♯5GE♯6] DO1                    (加工循环条件判断)
  ♯10＝♯2＊SIN[♯5]                     (参数方程计算 x 值)
  ♯11＝♯1＊COS[♯5]                     (参数方程计算 z 值)
  G01 X[2＊♯10＋♯3] Z[♯11＋♯4]          (直线插补逼近椭圆曲线)
                                      (注意 X、z 坐标分别叠加了椭圆中心在工件坐标系下的 X、z
                                      坐标值)
  ♯5＝♯5－♯7                           (角度递减)
END1                                  (循环结束)
```

宏程序调用指令为：

```
G65 P1065 A25 B15 C30 I0 J270 K180 D0.5   (G65 指令调用 1065 号宏程序)
```

宏程序：

```
O1065
G00 X0 Z2                             (刀具定位)
WHILE [♯5GE♯6] DO1                    (加工循环条件判断)
  ♯10＝♯2＊SIN[♯5]                     (参数方程计算 x 值)
  ♯11＝♯1＊COS[♯5]                     (参数方程计算 z 值)
  G01 X[2＊♯10＋♯3] Z[♯11＋♯4]          (直线插补逼近椭圆曲线)
                                      (注意 X、z 坐标分别叠加了椭圆中心在工件坐标系下的 X、z
                                      坐标值)
```

```
#5＝#5－#7                    （角度递减）
END1                         （循环结束）
M99
```

通过本例可以看出，要将普通宏程序修改为能供 G65 指令直接调用的宏程序非常简单，只需要将程序中赋值部分变量用对应的地址符号写入 G65 指令中，并将原宏程序中赋值部分语句删除，增加 M99 指令变为子程序格式即可。

15.3.3　模态宏程序调用（G66、　G67）

G65 简单宏调用可方便地向被调用的宏程序传递数据，但是用它制作诸如固定循环之类的移动到坐标后才加工的程序就无能为力了。采用模态宏程序调用 G66 指令调用宏程序，那么在以后的含有轴移动命令的程序段执行之后，地址 P 所指定的宏程序被调用，直到发出 G67 命令，该方式被取消。

（1）模态宏程序调用指令格式

指令格式：

G66　P＿＿L＿＿＜自变量指定＞

…

G67

各地址含义：P 为要调用的宏程序号。

L 为重复调用的次数（缺省值为 1，取值范围 1～9999）。

自变量为传递给宏程序中的数据。与 G65 调用一样，通过使用自变量，值被分配给相应的局部变量。

G67 取消模态调用。

（2）模态宏程序调用注意事项

① G66 所在程序段进行宏程序调用，但是局部变量（自变量）已被设定，即 G66 程序段仅赋值。

② 一定要在自变量前指定 G66。

③ G66 和 G67 指令在同一程序中，需成对指定。若无 G66 指令，而 G67 指令有时，会导致程序错误。

④ 在只有诸如 M 指令这样的辅助功能字，但无轴移动指令的程序段中不能调用宏程序。

⑤ 在一对 G66 和 G67 指令之间有轴移动指令的程序段中，先执行轴移动指令，然后才执行被调用的宏程序。

⑥ 最多可以嵌套含有简单调用（G65）和模态调用（G66）的程序 4 级（不包括子程序调用）。模态调用期间可重复嵌套 G66。

⑦ 局部变量（自变量）数据只能在 G66 程序段中设定，每次模态调用执行时不能在坐标地址中设定，例如下面几个程序段中的同一地址的含义不尽相同：

```
G66 P1070 A1 B2 X100    （X100 为自变量,用于将数值 100 赋给局部变量#24）
G00 G90 X200            （X200 表示 X 坐标值为 200,移动到 X200 后调用 1070 号宏程序执行）
Y200                    （移动到 Y200 后调用 1070 号宏程序执行）
X150 Y300               （移动到 X150Y300 后调用 1070 号宏程序执行）
```

G67   （取消模态调用）

案例1：阅读如下孔加工程序，试判断其执行情况。

主程序部分程序段：

N1 G90 G54 G00 X0 Y0 Z20

N2 G91 G00 X-50 Y-50

N3 G66 P1071 R2 Z-10 F100

N4 X-50 Y-50

N5 X-50

N6 G67

宏程序：

O1071

N10 G00 Z♯18   （进刀至 R 点）

N20 G01 Z♯26 F♯9   （钻孔加工）

N30 G00 Z[♯18＋10]   （退刀）

N40 M99

程序执行情况示意如图 15-4 所示。

图 15-4 钻孔加工

案例2：仔细阅读如下程序，然后确定各程序段的执行顺序。

主程序部分程序段：

G66 P1072   （调用 O1072 宏程序）

G00 X10   （1-1）

  G66 P1073   （调用 O1073 宏程序）

  X15   （1-2）

  G67   （取消 O1073 宏程序调用）

G67   （取消 O1072 宏程序调用）

X-25   （1-3）

宏程序 O1072：

```
O1072
Z50              (2-1)
M99
```

宏程序 O1073：

```
O1073
X60              (3-1)
Y70              (3-2)
M99
```

上述程序的执行顺序（省略不包含移动指令的程序段）为：程序段 1-1→程序段 2-1→程序段 1-2→程序段 3-1→程序段 2-1→程序段 3-2→程序段 2-1→程序段 1-3。

注意：① 程序段 3-1 执行后，继续调用宏程序 O1072 执行程序段 2-1，程序段 3-2 执行同样需要执行程序段 2-1。

② 程序段 1-3 之后不是宏程序调用方式，因此不能进行模态调用。

案例 3：利用模态调用指令编制如图 15-5 所示矩形沟槽加工程序。

图 15-5　矩形沟槽

在任意位置切槽加工的 G66 调用格式：

G66 P1075 D__ X__F__

自变量含义：

♯7＝D——外圆柱直径；

♯24＝X——槽底直径；

♯9＝F——切槽加工的切削速度。

主程序（调用宏程序的程序）：

O1074	（主程序号）
T0101	（换切槽刀）
G00 X100 Z200	（快进刀起刀点）
S500 M03	（主轴启动）
G66 P1075 D60 X50 F0.08	（调用宏程序，通过变量 D 和 X 赋值外圆柱直径 60mm、槽底直径 50mm 和切削速度 0.08mm/r 给宏程序）
G00 X64 Z-25	（进刀至 X64Z-25 处后，调用宏程序加工第 1 槽）
Z-48	（进刀至 X64Z-48 处后，调用宏程序加工第 2 槽）
Z-68	（进刀至 X64Z-68 处后，调用宏程序加工第 3 槽）
G67	（取消宏程序调用功能）
G00 X100 Z200 M05	（返回起刀点，主轴停止）
M30	（程序结束）

宏程序：

O1075	（宏程序号）
G01 X♯24 F♯9	（切削加工至槽底部）
G04 X2.0	（暂停进给 2s）
G00 D[♯7＋4]]	（退刀）
M99	（返回主程序）

15.3.4　G 指令宏程序调用

　　G 指令宏程序调用也可以称为自定义 G 指令调用，使用系统提供的 G 指令调用功能可以将宏程序调用设计成自定义的 G 指令形式（也可以使用其他代码，如 M 代码或 T 代码调用）。在相应参数（No.6050～No.6059）中设置调用宏程序（O9010～O9019）的 G 指令（G 指令号从 1～9999），然后按简单宏程序调用（G65）同样的方法调用宏程序。例如要将某一宏程序定义为 G93 指令执行的固定循环，先将宏程序名改为表 15-17 中的一个，如 O9010，再将对应参数 6050 中的值改为"93"即可。

　　（1）参数号和程序号之间的对应关系

　　系统用参数对应以特定的程序号命名的宏程序，参数号和程序号之间的对应关系如表 15-17 所示。

表 15-17　参数号和程序号之间的对应关系

程序号	O9010	O9011	O9012	O9013	O9014	O9015	O9016	O9017	O9018	O9019
参数号	6050	6051	6052	6053	6054	6055	6056	6057	6058	6059

（2）重复调用

与简单宏程序调用一样，地址 L 中指定从 1～9999 的重复次数。

（3）自变量指定

与简单宏程序调用一样，可以使用两种自变量指定类型，并可根据使用的地址自动决定自变量的指定类型。

（4）使用 G 指令的宏程序调用嵌套

在 G 指令调用的程序中，不能用 G 指令调用宏程序，这种程序中的 G 指令被处理为普通 G 指令。在用 M 或 T 指令调用的子程序中，不能用 G 指令调用宏程序，这种程序中的 G 指令也处理为普通 G 指令。

例 1：O9010 宏程序如下，如何实现用 G81 调用该程序，并对宏程序赋值？

宏程序：

```
O9010
......
N9 M99
```

通过设置参数 No. 6050＝81，则可由 G81 调用宏程序 O9010，而不再需要像 G65 或 G66 指令宏程序中指定"P9010"。参数设置好后若执行"G81 X10 Y20 Z-1"程序段就可以实现用 G81 调用 O9010 程序，并对该宏程序赋值（该宏程序调用指令中"X10Y20Z-10"与 G65 简单宏程序调用用法一致，均为自变量赋值）。

例 2：阅读如下类似 G04 暂停的程序：

G65 调用指令：

G65 P1080 T35.0   （指令暂停 35s）

宏程序：

```
O1080
＃3001＝0               （计时器置 0）
WHILE [＃3001LE＃20] DO1    （当＃3001 小于等于＃20 时执行循环）
END1                  （循环结束）
M99
```

若要求将上述 G65 调用宏程序的指令改写为用 G04 指令调用宏程序，请问宏程序号需要更改吗、参数如何设置、调用宏程序的 G04 指令格式如何？

需要更改宏程序号，如改为 O9010；把 6050 参数值改为 4；调用指令为"G04 T35.0"。编制宏程序如下：

```
O9010
＃3001＝0
WHILE [＃3001LE＃20] DO1
END1
M99
```

15.3.5　M 指令宏程序调用

（1）M 指令宏程序调用方法

用 M 代码调用宏程序属于 M 指令的扩充应用。在参数中设置调用宏程序的 M 代码，即可按非模态调用（G65）同样的方法调用宏程序。

在参数（No.6080～No.6089）中设置调用用户宏程序（O9020～O9029）的 M 代码号（从 1～99999999），调用用户宏程序的方法与 G65 相同。参数号和程序号之间的对应关系见表 15-18，参数（No.6080～No.6089）对应用户宏程序（O9020～O9029），一共可以设计10 个自定义的 M 指令。

表 15-18　参数号与程序号之间的对应关系

程序号	O9020	O9021	O9022	O9023	O9024	O9025	O9026	O9027	O9028	O9029
参数号	6080	6081	6082	6083	6084	6085	6086	6087	6088	6089

例如，设置参数 No.6080＝50，M50 就是一个新功能的 M 指令，由 M50 调用宏程序 O9020，就可以调用由用户宏程序编制的特殊加工循环，比如执行程序段"M50A1B2"将调用宏程序 O9020，并用 A1 和 B2 分别赋值给宏程序中的♯1 和♯2。如果设置 No.6080＝23，则 M23 就是调用宏程序 O9020 的特殊指令，相当于 G65 P9020。

（2）M 指令调用宏程序的注意事项

① 有些系统支持的 M 代码最大为 M99，设置参数 No.6080～6089 时，其数值不要超过99，否则会引起系统报警。

② 与非模态 G65 指令调用一样，自定义的 M 指令（如 M23）中地址 L 中指定从 1～9999 的重复调用次数。

③ 与非模态 G65 指令调用一样，自定义的 M 指令（如 M23）中自变量指定规则相同。

④ 调用宏程序的 M 代码必须在程序段的开头指定。

⑤ 用 G 代码调用的宏程序或用 M 代码或 T 代码调用的子程序中，不能用 M 代码调用宏程序。这种宏程序或子程序中的 M 代码被处理为普通 M 代码。

15.3.6　M 指令子程序调用

（1）M 指令子程序调用方法

子程序的调用指令是 M98 P__ L__，P 后数值代表被调用子程序的名称，L 后数值代表调用子程序的次数。利用宏程序功能，能使更多的 M 指令能像 M98 指令一样调用子程序。

在参数（No.6071～No.6079）中设置调用子程序的 M 代码号（从 1～99999999），相应的用户宏程序（O9001～O9009）按照与 M98 相同的方法调用，如表 15-19 所示。参数（No.6071～No.6079）对应调用宏程序（O9001～O9009），一共可以设计 9 个自定义的 M 指令。

表 15-19　参数号与程序号的对应关系

程序号	6071	6072	6073	6074	6075	6076	6077	6078	6079
参数号	O9001	O9002	O9003	O9004	O9005	O9006	O9007	O9008	O9009

例如，设置参数 No.6071＝03，M03 就是一个新功能的 M 指令，由 M03 调用子程序 O9001。如果设置参数 No.6071＝89，则 M89 就是调用子程序 O9001 的特殊指令，相当于 M98 P9001。

（2）M 指令子程序调用注意事项

① 有些系统支持的 M 代码最大为 M99，设置参数 No.6071～No.6079 时，其数值不要

超过 99，否则会引起系统报警。

　　② 与 M98 指令调用子程序一样，自定义的 M 指令（如 M89）中地址 L 中指定从 1～9999 的重复调用次数。

　　③ 特别注意：自定义的 M 指令（如 M89）调用子程序时不允许指定自变量。

　　④ 用 G 代码调用的宏程序或用 M 代码或 T 代码调用的子程序中，不能用 M 代码调用宏程序。这种宏程序或子程序中的 M 代码被处理为普通 M 代码。

15.4　定制固定循环

　　在前面介绍的应用宏程序编制的数控车削加工固定循环，宏程序都是原理性质的，只用了绝对坐标，没有相对坐标，如果缺少自变量赋值也不会报警，可以说缺少实用性。一个完整的宏程序指令应该具有绝对坐标、相对坐标和混合坐标编程，缺少自变量赋值或赋值错误时宏程序将停止运行并有报警提示等。

　　案例 1：编制一个模仿 G90 固定循环车削外圆柱（锥）面的宏程序，要求运用相对坐标、绝对坐标和混合坐标编程以及添加了赋值错误报警等内容。

　　如下宏程序模仿 G90 固定循环车削外圆柱（锥）面，运用了绝对坐标、相对坐标和混合坐标编程以及添加了赋值错误报警等内容。

　　宏程序调用指令：

　　G65 P2070 X（U）__ Z（W）__ R__ F__

　　自变量含义：

　　♯24（♯21）/♯26（♯23）＝X（U）/Z（W）：外圆柱（锥）面切削终点坐标值；

　　♯18＝R：锥体大小端的半径差（切削起点直径小于切削终点直径时 R 取负值）；

　　♯9＝F：进给速度。

　　宏程序：

```
O2070
    IF [♯24EQ♯0] GOTO10
    ♯3＝1                           (绝对值赋值)
    ♯1＝♯5041                       (X 轴初始位置)
    GOTO15
N10 IF [♯21EQ♯0] GOTO99             (X 轴未赋值则报警)
N15 IF [♯26EQ♯0] GOTO20
    ♯4＝1                           (绝对值赋值)
    ♯2＝♯5042                       (Z 轴初始位置)
    GOTO25
N20 IF [♯23EQ♯0] GOTO99             (Z 轴未赋值则报警)
N25 IF [♯9NE♯0] GOTO30
    ♯9＝0.1                         (F 未赋值则用 F＝0.1)
N30 IF [♯3EQ1] GOTO40
    G00 U[♯21＋2*♯18]               (相对值指令)
    GOTO50
N40 G00 X[♯24＋2*♯18]               (绝对值指令)
```

```
N50 IF [♯4EQ1] GOTO60
   G01 U[−2*♯18] W♯23 F♯9          (相对值指令)
   GOTO70
N60 G01 U[−2*♯18] Z♯26 F♯9         (绝对值指令)
N70 IF [♯3EQ1] GOTO80
   U−♯21                          (相对值指令)
   GOTO90
N80 X♯1                            (绝对值指令)
N90 IF [♯4EQ1] GOTO95
   G00 W−♯23                      (相对值指令)
   GOTO10
N95 G00 Z♯2                        (绝对值指令)
   GOTO100
N99 ♯3000=1(ERROR)                (赋值错误报警)
N100 M99
```

案例 2：编制一个类似 G71 指令的宏程序实现外圆柱面粗、精车固定循环加工。

外圆柱面车削加工一般不能一次车削完成，必须经过多次进刀和退刀加工，如果使用 G90 指令需要多个程序段。对于这种简单的大余量的切除，可以编制一个类似 G71 指令的宏程序实现外圆柱面粗、精加工固定循环。

宏程序调用指令：

G65 P2071 X（U）__ Z（W）__ D__ E__ F__

自变量含义：

♯24（♯21）/♯26（♯23）=X（U）/Z（W）：外圆柱面切削终点坐标值；

♯7=D：每次切削的深度（半径值）；

♯8=E：每次切削后的退刀量（如果不指定则自动指定为 0.5mm）；

♯9=F：切削进给速度。

宏程序：

```
O2071
   ♯31=♯5041                      (保存 X 值初值)
   ♯32=♯5042                      (保存 Z 值初值)
   IF [♯8NE♯0] GOTO1
   ♯8=0.5                         (E 参数缺失时每次切削后的退刀量)
N1 IF [♯24EQ♯0] GOTO2
   ♯1=♯24                         (X 值绝对值指令)
   GOTO3
N2 IF [♯21EQ♯0] GOTO9             (X 值未赋值则报警)
   ♯1=♯31+♯21                     (X 轴绝对值坐标)
N3 IF [♯26EQ♯0] GOTO4
   ♯2=♯26
   GOTO5
N4 IF [♯23EQ♯0] GOTO9             (Z 轴未赋值则报警)
   ♯2=♯32+♯23                     (Z 轴绝对值坐标)
```

```
N5 IF [#7EQ#0] GOTO9              (每次切深不赋值则报警)
   IF [#9NE#0] GOTO6
   #9=0.1                        (F 未赋值则 F=0.1)
N6 #30=#31                       (X 轴初值)
   WHILE [#30GT#1] DO1
   #30=#30-2*#7
   IF [#30GT#1] GOTO7
   #30=#1
N7 G00 X#30                      (切削循环)
   G01 Z#2 F#9
   U[2*#8]
   G00 Z#23                      (切削循环结束)
   END1
   X#31                          (退回起始点)
   GOTO10
N9 #3000=1(ERROR)                (赋值错误报警)
N10 M99
```

数控车削加工如图 15-6 所示外圆柱面，试调用宏程序从毛坯尺寸 ϕ70mm 加工到 ϕ50mm。

图 15-6　外圆柱面

设工件原点在右端面和轴线的交点上，调用上面编制的类似 G90 指令的外圆柱（锥）面车削固定循环宏程序加工：

```
T0101                            (换 1 号刀具加 1 号刀补)
M03 S800                         (主轴正转)
G00 X74 Z2                       (进刀到循环起点)
G65 P2070 X65 Z-45 R0 F0.3       (调用宏程序粗加工)
G65 P2070 X60 Z-45 R0 F0.3       (调用宏程序粗加工)
G65 P2070 X55 Z-45 R0 F0.3       (调用宏程序粗加工)
G65 P2070 X51 Z-45 R0 F0.3       (调用宏程序粗加工)
G65 P2070 X50 Z-45 R0 F0.1       (调用宏程序精加工)
G00 X100 Z50                     (返回起刀点)
M05                              (主轴停转)
```

M30	（程序结束）

调用上面编制的类似 G71 指令的外圆柱面粗、精车固定循环宏程序加工：

T0101	（换 1 号刀具加 1 号刀补）
M03 S800	（主轴正转）
G00 X74 Z2	（进刀到循环起点）
G65 P2071 X50 Z-45 D3 E1 F0.15	（调用宏程序粗精加工外圆柱面）
G00 X100 Z50	（返回起刀点）
M05	（主轴停转）
M30	（程序结束）

亲爱的读者，你能参照本节宏程序试着编制一个类似 G71 指令既能实现外圆柱面也能实现外圆锥面粗、精加工的宏程序吗？

15.5　模块化耦合

宏程序的编写、调试、修改是一个比较复杂的过程，如何高效编制高品质的程序是摆在读者面前的一道难题。采用模块化方式编程是解决这一难题的有效方式之一，所谓模块化，就是将复杂的加工程序按照结构或者功能分解成一些小模块，各模块相对独立、功能单一、结构清晰。通过模块化方法编制出来的程序用起来就像玩积木，你可以自由组合它们，独立或者串联、并联使用，不同的组合以适应不同的使用环境。模块化编程的目的是为了降低程序复杂度，使程序设计、编制、调试和维护等操作简单化。也许一开始并不能完全适应这种模式编程，但有模块化思想对宏程序的编制是有益的。图 15-7 为模块化示意图。

图 15-7　模块化示意图

（1）模块化编程原则

① 力求以少量的程序模块实现尽可能多的功能，并在满足要求的基础上使程序结构简单、稳定可靠、易于调试和维护，模块间的联系尽可能简单。例如 1.4 节 "循环语句" 中提到一个完整的宏程序可分为零件加工、变量赋值、程序运算三个基本部分的程序，我们就可以将这三部分作为三个程序结构模块来编程。

② 模块的系列化，其目的在于用有限的程序种类或形式来最大限度又经济合理地满足加工的要求。例如公式曲线的车削编程，我们可以将常见的公式曲线分别编制为一个程序模块，形成公式曲线加工系列程序，供加工程序来使用。

（2）程序模块的三大特征

程序模块是程序模块化设计、编制和实现加工的功能单元，具有三大特征：

① 相对独立性，可以对模块单独进行设计、编制、调试和修改，这便于由不同的编程或加工人员进行调用。

② 互换性，程序模块接口的结构、参数标准化，容易实现模块间的互换，从而使模块满足更大数量的不同程序的需要。

③ 通用性，程序可以在不同的条件下能够达到同样的作用，即使需要改动，改动的地方也应该很少。

（3）模块化耦合

耦合不同于组合，耦合是指某两个事物之间存在一种相互作用、相互影响的关系。宏程序模块化的耦合，直接体现在程序模块间的衔接和程序模块前后关联关系上。

① 宏程序模块内部程序间的耦合，如考虑变量赋值、程序运算和零件加工部分程序之间相互作用与影响，做到合理衔接和相互支撑。

② 模块间的耦合，例如要从更高层次制定变量标准，做到局部变量、公共变量和系统变量的统一规划（变量类型见表 15-20），避免变量值无效引用或者数值错位引用。比如简单宏程序调用中的自变量♯9 对应的地址为 F，各程序模块中的进给速度和螺纹螺距 F 均可统一用变量♯9 表示。

表 15-20　变量类型表

变量号	变量类型	功能
♯0	空变量	该变量总是空的,不能被赋值(只读)
♯1～♯33	局部变量	局部变量只能在宏程序内部使用,用于保存数据,如运算结果等。当电源关闭时,局部变量被清空。当宏程序被调用时,所调用参数值被赋值给局部变量
♯100～♯149(♯199) ♯500～♯531(♯999)	公共变量	公共变量在不同宏程序中的意义相同。当电源关闭时,变量♯100～♯149 被清空,而变量♯500～♯531 的数据仍保留
♯1000～♯9999	系统变量	系统变量可读、可写,用于保存 NC 的各种数据项,如:当前位置、刀具补偿值、机床模态等

注：变量类型注意事项：

1. 公共变量♯150～♯199，♯532～♯999 是选用变量，应根据实际系统使用。

2. 局部变量和公共变量称为用户变量。局部变量和公共变量可以有 0 值或在下述范围内的值：-10^{47}～-10^{-29} 或 10^{-29}～10^{47}，如计算结果无效（超出取值范围）时，发出编号 111 的错误警报。

③ 宏程序与普通程序的耦合，如 14.2 节"粗精加工含公式曲线零件"中普通循环指令 G73 在宏程序中的应用。

正如前面所说，模块化编程的目的是为了降低程序复杂度，使程序设计、编制、调试和维护等操作简单化。笔者在此仅是提醒读者在宏程序编程的时候要具有模块化编程的思想，但绝不要为了模块化而模块化，若过分强调"互换性""通用性""可维护性"和"可扩展性"，把一个本来用很简单的程序代码就可以解决的问题搞得过于复杂化就得不偿失了。

第
16
章

提高加工效率

数控加工中提高效率的有效途径很多，比如优化加工轨迹、选用最短的走刀路线，结合加工零件的工艺性要求选择合适的进刀方式，选择合理的刀具、切削用量都能在某种程度上提高加工效率。本节主要介绍通过运用宏程序编程技巧来提高加工效率。

（1）偏移轨迹加工

采用偏移轨迹法加工如图 16-1 所示含椭圆曲线零件，椭圆长半轴 60mm，短半轴 25mm，毛坯直径 ϕ60mm，设工件原点在右端面，则椭圆中心坐标值为（0，-60）。

图 16-1　含椭圆曲线零件（一）

代码	说明
＃1＝60	（长半轴赋值）
＃2＝25	（短半轴赋值）
＃3＝60	（毛坯直径赋值）
＃4＝0	（椭圆中心在工件坐标系中 X 坐标值）
＃5＝-60	（椭圆中心在工件坐标系中 Z 坐标值）
＃6＝0.5	（X 向分层每层背吃刀量赋值）
＃7＝0.2	（Z 向步距）
＃20＝＃3	（当前加工层 X 起始坐标赋值）
WHILE [＃20GT0] DO1	（X 向分层加工条件判断）
＃20＝＃20-＃6	（X 值递减）
IF [＃20LT0] THEN ＃20＝0	（精加工层判断）
G00 X＃20 Z2	（刀具定位）
G01 Z0 F0.15	（进刀）
＃30＝＃1	（Z 坐标赋初值）
WHILE [＃30GT0] DO2	（Z 向加工条件判断）
＃30＝＃30-＃7	（Z 值递减）

```
    IF [#30LT0] THEN #30＝0                        (Z 向终点判断)
    #31＝#2 * SQRT[1－#30 * #30/[#1 * #1]]          (计算椭圆曲线 X 坐标值)
    G01 X[2 * #31＋#20＋#4] Z[#30＋#5] F0.15        (直线插补拟合椭圆曲线)
  END2                                             (循环体 2 结束)
  G00 X[#3＋10]                                     (退刀)
   Z2                                              (返回)
END1                                               (循环体 1 结束)
```

（2）G73 仿形加工

```
#1＝60                                            (长半轴赋值)
#2＝25                                            (短半轴赋值)
#3＝60                                            (毛坯直径赋值)
#4＝0                                             (椭圆中心在工件坐标系中 X 坐标值)
#5＝－60                                          (椭圆中心在工件坐标系中 Z 坐标值)
#6＝0.2                                           (Z 向步距)
G00 X[#3＋4] Z2                                   (快进到循环起点)
G73 U30 R20                                       (粗加工参数设置)
G73 P10 Q20 U0.5 W0.1 F0.3                        (粗加工循环)
  N10 G00 X0                                      (刀具定位)
  G01 Z0 F0.15                                    (进刀)
  #30＝#1                                         (Z 坐标赋初值)
  WHILE [#30GT0] DO1                              (Z 向加工条件判断)
    #30＝#30－#6                                   (Z 值递减)
    IF [#30LT0] THEN #30＝0                        (Z 向终点判断)
    #31＝#2 * SQRT[1－#30 * #30/[#1 * #1]]          (计算椭圆曲线 X 坐标值)
    G01 X[2 * #31＋#4] Z[#30＋#5] F0.15             (直线插补拟合椭圆曲线)
  END1                                            (循环结束)
  N20 G00 X[#3＋10]                                (退刀)
G70 P10 Q20                                       (精加工循环)
```

上面偏移轨迹和 G73 仿形加工两种方式编制的宏程序运行轨迹类似，如图 16-2 所示，程序执行时空刀很多，而且空刀时仍然保持工进速度，这样在加工中浪费时间严重，加工效率低。

图 16-2　仿形加工轨迹

（3）速度控制

加工如图 16-3 所示含椭圆曲线零件，椭圆长半轴 25mm，短半轴 15mm，毛坯直径 ϕ40mm，设工件原点在右端面，则椭圆中心在工件坐标系中的坐标值为（0，−25），在上述偏移轨迹加工法编制的程序基础上略作修改。

图 16-3　含椭圆曲线零件（二）

＃1＝25	（长半轴赋值）
＃2＝15	（短半轴赋值）
＃3＝40	（毛坯直径赋值）
＃4＝0	（椭圆中心在工件坐标系中 X 坐标值）
＃5＝−25	（椭圆中心在工件坐标系中 Z 坐标值）
＃6＝0.5	（X 向分层每层背吃刀量赋值）
＃7＝0.2	（Z 向步距）
＃8＝−20	（Z 向切削终点赋值）
＃20＝＃3	（当前加工层 X 起始坐标赋值）
WHILE [＃20GT0] DO1	（X 向分层加工条件判断）
＃20＝＃20−＃6	（X 值递减）
IF [＃20LT0] THEN ＃20＝0	（精加工层判断）
G00 X＃20 Z2	（刀具定位）
G01 Z0 F0.15	（进刀）
＃30＝＃1	（Z 坐标赋初值）
WHILE [＃30GT＃8] DO2	（Z 向加工条件判断）
＃30＝＃30−＃7	（Z 值递减）
IF [＃30LT＃8] THEN ＃30＝＃8	（Z 向终点判断）
＃31＝＃2＊SQRT[1−＃30＊＃30/[＃1＊＃1]]	（计算椭圆曲线 X 坐标值）
＃32＝2＊＃31＋＃20	（计算当前 X 值）
IF [＃32GT＃3] THEN ＃40＝5	（若 X 值大于毛坯直径，则 F 设为 5，快进）
IF [＃32LT＃3] THEN ＃40＝0.15	（若 X 值小于毛坯直径，则 F 设为 0.15，工进）
G01 X[＃32＋＃4] Z[＃30＋＃5] F＃40	（直线插补拟合椭圆曲线）
END2	（循环体 2 结束）
G01 W−5	（直线插补）
G00 X[＃3＋10]	（退刀）
Z2	（返回）
END1	（循环体 1 结束）

程序中将进给速度 F 设为变量，然后对其按加工条件赋值，走空刀部分设定为较大的进给速度，切削加工时设定为较小的进给速度。加工轨迹如图 16-4 所示，虚线为较快的进给速度，细实线为切削进给速度。

图 16-4　速度控制法加工轨迹

（4）直径控制

按上述速度控制法编制程序加工时可以提高空刀时的加工速度，节约加工时间，比前面偏移轨迹或者 G73 指令仿形加工的加工效率要高。但是，如果采用速度控制法加工如图 16-5 所示内孔比较小的零件时，由于超过毛坯直径部分仍然要以快进速度走刀，容易产生干涉，如图 16-6(a) 所示。

图 16-5　含椭圆曲线零件（三）

下面采用控制加工直径的方法来编程，如图 16-6(b) 所示，具体思路是当刀具加工 X 值小于内孔尺寸时，就立即退刀返回起点，进行下一次循环，以提高加工效率。

图 16-5 所示含椭圆曲线零件，椭圆长半轴 30mm，短半轴 15mm，内孔毛坯直径

$\phi14mm$，设工件原点在右端面，则椭圆中心在工件坐标系中坐标值为（0,0）。

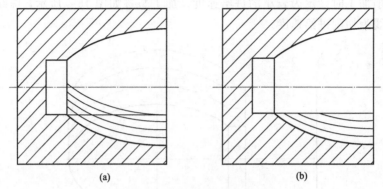

图 16-6　直径控制法加工轨迹

＃1＝30	（长半轴赋值）
＃2＝15	（短半轴赋值）
＃3＝14	（内孔毛坯直径赋值）
＃4＝0	（椭圆中心在工件坐标系中 X 坐标值）
＃5＝0	（椭圆中心在工件坐标系中 Z 坐标值）
＃6＝0.5	（X 向分层每层背吃刀量赋值）
＃7＝0.2	（Z 向步距）
＃8＝－＃1＊SQRT[1－＃3＊0.5＊＃3＊0.5/[＃2＊＃2]]	（Z 向切削终点计算,注意＃3 应取半径值）
＃20＝＃3	（当前加工层 X 起始坐标赋值）
WHILE [＃20LT＃2＊2] DO1	（X 向分层加工条件判断）
＃20＝＃20＋＃6	（X 值递增）
IF [＃20GT＃2＊2] THEN ＃20＝＃2	（精加工层判断）
G00 X＃20 Z2	（刀具定位）
G01 Z0 F0.15	（进刀）
＃30＝0	（Z 坐标赋初值）
WHILE [＃30GT＃8] DO2	（Z 向加工条件判断）
＃30＝＃30－＃7	（Z 值递减）
IF [＃30LT＃8] THEN ＃30＝＃8	（Z 向终点判断）
＃31＝＃2＊SQRT[1－＃30＊＃30/[＃1＊＃1]]	（计算椭圆曲线 X 坐标值）
＃32＝2＊＃31－2＊＃2＋＃20	**（计算当前 X 值）**
IF [＃32LT＃3] GOTO10	**（若 X 值小于内孔毛坯直径程序跳转）**
G01 X[＃32＋＃4] Z[＃30＋＃5] F0.15	（直线插补拟合椭圆曲线）
END2	（循环体 2 结束）
N10 G00 X[＃3－2]	（退刀）
Z2	（返回）
END1	（循环体 1 结束）

（5）台阶法粗车

速度控制和直径控制法编程都是对偏移轨迹加工（仿形加工）方法的改进，它们对加工效率都有提升。除此之外，为避免空刀以提高效率，还可以选用台阶法粗车，如图 16-8所示。

如图 16-7 所示含椭圆曲线零件，椭圆长半轴 30mm，短半轴 20mm，毛坯直径 ϕ50mm，设工件原点在右端面，椭圆中心在工件坐标系中的坐标值为（50，0），采用台阶法粗车编程（图 16-8）。

图 16-7　含椭圆曲线零件（四）

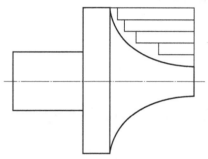

图 16-8　台阶法粗车加工轨迹

＃1＝30	（长半轴赋值）
＃2＝20	（短半轴赋值）
＃3＝50	（毛坯直径赋值）
＃4＝50	（椭圆中心在工件坐标系中 X 坐标值）
＃5＝0	（椭圆中心在工件坐标系中 Z 坐标值）
＃6＝0.5	（X 向分层每层背吃刀量赋值，半径值）
＃7＝0.2	（精加工余量）
＃8＝0.2	（精车步距）
＃10＝0	（加工层 X 赋初值）
WHILE［＃10GT－＃2＋＃7］DO1	（粗加工条件判断）
＃10＝＃10－＃6	（加工层 X 值递减）
IF［＃10LT－＃2＋＃7］THEN ＃10＝－＃2＋＃7	（粗加工最后一层判断）
＃11＝－＃1＊SQRT［1－＃10＊＃10/［＃2＊＃2］］	（计算 Z 坐标值）
G00 X［2＊＃10＋＃4］Z2	（刀具定位）
G01 Z［＃11＋＃7＋＃5］F0.15	（台阶加工，Z 向预留精加工余量＃7）
G00 X［＃3＋10］	（退刀）
Z2	（返回）
END1	（循环体 1 结束）

```
G00 X[#3-2*#2] Z2                        (椭圆精加工刀具定位)
G01 Z0 F0.15                             (进刀)
#20=-#2                                   (加工 x 赋初值)
WHILE [#20LT0] DO2                        (精车椭圆曲线条件判断)
  #20=#20+#8                              (递增一个步距)
  IF [#20GT0] THEN #20=0                  (终点条件判断)
  #21=-#1*SQRT[1-#20*#20/[#2*#2]]         (计算 z 坐标值)
  G01 X[2*#20+#4] Z[#21+#5] F0.15         (直线插补拟合椭圆曲线)
END2                                      (循环体 2 结束)
G00 X[#3+10]                              (退刀)
Z50                                       (返回)
```

　　本节介绍了几种提高加工效率的方法，可以根据加工零件的实际情况选用。这几种方法对于单调曲线的适应性更好，若遇到非单调变化的曲线，请选择合适的加工方法，并注意检查程序是否非正常中断。对于非公式曲线零件的仿形加工（如第 8 章案例），也可以参照上述方法处理。

第
17
章

系列零件铣削

17.1 不同尺寸规格系列零件

加工生产中经常遇到形状相同，但尺寸数值不尽相同的系列零件加工的情况，加工程序基本相似又有区别，通常需要重新编程或通过修改原程序中的相应数值来满足加工要求，效率不高且容易出现错误。针对这种系列零件的加工，我们可以事先编制出加工宏程序，加工时根据具体情况给变化的数值赋值即可，无须修改程序或重新编程。

如图 17-1 所示，数控铣削加工矩形外轮廓，矩形长 55mm，宽 30mm，试编制可适应不同尺寸矩形外轮廓加工的宏程序。

数控铣削加工的矩形外轮廓几何参数模型如图 17-2 所示，设工件原点在矩形左前角，编制

图 17-1 矩形外轮廓铣削加工

加工宏程序如下（为简化程序，方便理解，本程序未编制工件坐标系设定、主轴控制及刀具半径补偿等部分内容，亦没有给出进给速度，请读者自行根据实际情况添加相关指令，下同）。

B	L	X	Y
矩形宽度	矩形长度	左前角在工件坐标系中的X坐标值	左前角在工件坐标系中的Y坐标值

图 17-2 矩形轮廓铣削几何参数模型

#1＝30	(矩形宽度 B 赋值)
#2＝55	(矩形长度 L 赋值)
#3＝0	(矩形左前角点在工件坐标系中的 X 坐标值)
#4＝0	(矩形左前角点在工件坐标系中的 Y 坐标值)
G00 X[#2＋#3] Y[#1＋#4＋5]	(快进到切削起点)
G01 Y#4	(直线插补)
X#3	(直线插补)
Y[#1＋#4]	(直线插补)
X[#2＋#3]	(直线插补)

若考虑加工刀具，则可把矩形长宽分别增加一个刀具直径值（程序坐标中叠加一个刀具半径）编程即可：

#1＝30	(矩形宽度 B 赋值)
#2＝55	(矩形长度 L 赋值)
#3＝0	(矩形左前角点在工件坐标系中的 X 坐标值)
#4＝0	(矩形左前角点在工件坐标系中的 Y 坐标值)
#5＝6	(刀具半径赋值)
G00 X[#2＋#5＋#3] Y[#1＋#5＋#4＋5]	(快进到切削起点)
G01 Y[#4－#5]	(直线插补)
X[#3－#5]	(直线插补)
Y[#1＋#5＋#4]	(直线插补)
X[#2＋#5＋#3]	(直线插补)

◆ 【华中宏程序】＊＊＊＊＊＊

#1＝30	(矩形宽度 B 赋值)
#2＝55	(矩形长度 L 赋值)
#3＝0	(矩形左前角点在工件坐标系中的 X 坐标值)
#4＝0	(矩形左前角点在工件坐标系中的 Y 坐标值)
G00 X[#2＋#3] Y[#1＋#4＋5]	(快进到切削起点)
G01 Y[#4]	(直线插补)
X[#3]	(直线插补)
Y[#1＋#4]	(直线插补)
X[#2＋#3]	(直线插补)

◇ 【SIEMENS 参数程序】＊＊＊＊＊＊

R1＝30	(矩形宽度 B 赋值)
R2＝55	(矩形长度 L 赋值)
R3＝0	(矩形左前角点在工件坐标系中的 X 坐标值)
R4＝0	(矩形左前角点在工件坐标系中的 Y 坐标值)
G00 X＝R2＋R3 Y＝R1＋R4＋5	(快进到切削起点)
G01 Y＝R4	(直线插补)
X＝R3	(直线插补)
Y＝R1＋R4	(直线插补)
X＝R2＋R3	(直线插补)

如图 17-3 所示正六边形，其外接圆半径为 $R20\text{mm}$，数控铣削加工该零件外轮廓，试编制其加工宏程序。

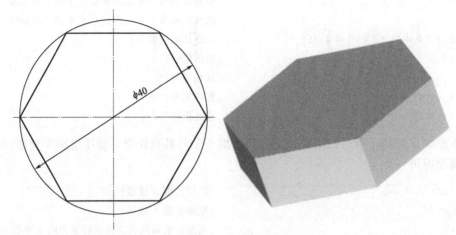

图 17-3　正六边形

正多边形轮廓铣削几何参数模型如图 17-4 所示，圆曲线本质上就是边数等于 n 的正多边形，所以圆的曲线方程实际上就是正多边形节点的坐标方程：

$$\begin{cases} x = R\cos t \\ y = R\sin t \end{cases}$$

其中，R 为正多边形外接圆半径；t 为正多边形节点与外接圆圆心的连线与 X 正半轴的夹角。设工件原点在正多边形的对称中心，编程如下。

D	n	X	Y
外接圆直径	正多边形边数	正多边形中心在工件坐标系中的X坐标值	正多边形中心在工件坐标系中的Y坐标值

图 17-4　正多边形轮廓铣削几何参数模型

```
#1=40                                    (正多边形外接圆直径 D 赋值)
#2=6                                     (正多边形边数 n 赋值)
#3=0                                     (正多边形对称中心在工件坐标系中的 X 坐标值
                                          赋值)
#4=0                                     (正多边形对称中心在工件坐标系中的 Y 坐标值
                                          赋值)
#10=360/#2                               (计算每边对应的角度)
#11=0                                    (边数计数器置 0)
WHILE [#11LE#2] DO1                      (加工条件判断)
   #20=#1*0.5*COS[#11*#10]               (计算加工节点的 X 坐标值)
   #21=#1*0.5*SIN[#11*#10]               (计算加工节点的 Y 坐标值)
   G01 X[#20+#3] Y[#21+#4]               (直线插补)
   #11=#11+1                             (边数计数器递增)
END1                                     (循环结束)
```

◆【华中宏程序】******

```
#1=40                                    (正多边形外接圆直径 D 赋值)
#2=6                                     (正多边形边数 n 赋值)
#3=0                                     (正多边形对称中心在工件坐标系中的 X 坐标值
                                          赋值)
#4=0                                     (正多边形对称中心在工件坐标系中的 Y 坐标值
                                          赋值)
#10=360/#2                               (计算每边对应的角度)
#11=0                                    (边数计数器置 0)
WHILE #11LE#2                            (加工条件判断)
   #20=#1*0.5*COS[#11*#10*PI/180]        (计算加工节点的 X 坐标值)
   #21=#1*0.5*SIN[#11*#10*PI/180]        (计算加工节点的 Y 坐标值)
   G01 X[#20+#3] Y[#21+#4]               (直线插补)
   #11=#11+1                             (边数计数器递增)
ENDW                                     (循环结束)
```

◇【SIEMENS 参数程序】******

```
R1=40                                    (正多边形外接圆直径 D 赋值)
R2=6                                     (正多边形边数 n 赋值)
R3=0                                     (正多边形对称中心在工件坐标系中的 X 坐标值
                                          赋值)
R4=0                                     (正多边形对称中心在工件坐标系中的 Y 坐标值
                                          赋值)
R10=360/R2                               (计算每边对应的角度)
R11=0                                    (边数计数器置 0)
AAA:                                     (程序跳转标记符)
   R20=R1*0.5*COS(R11*R10)               (计算加工节点的 X 坐标值)
   R21=R1*0.5*SIN(R11*R10)               (计算加工节点的 Y 坐标值)
   G01 X=R20+R3 Y=R21+R4                 (直线插补)
```

```
        R11＝R11＋1                          (边数计数器递增)
     IF R11< ＝R2 GOTOB AAA                 (加工条件判断)
```

17.2 相同轮廓的重复铣削

在实际加工中，还有一类属于刀具轨迹相同但是位置参数不同的系列零件，即相同轮廓的重复加工。相同轮廓的重复加工主要有同一零件上相同轮廓在不同位置多次出现或在不同坯料上加工多个相同轮廓零件两种情况。如图 17-5(a)～(c) 所示分别为同一零件上相同轮廓在深度、矩形阵列和环形阵列三种不同位置的重复铣削加工示意图。

(a)   (b)   (c)

图 17-5   相同轮廓在不同位置的重复铣削加工示意图

实现相同轮廓重复铣削加工的方法主要有三种：

① 用增量方式定制轮廓加工子程序，在主程序中用绝对方式对轮廓进行定位，再调用子程序完成加工；

② 用绝对方式定制轮廓加工子程序，并解决坐标系平移的问题来完成加工；

③ 用宏程序来完成加工。

某等分圆弧槽零件如图 17-6 所示，其中包含 8 个圆缺，试编制适宜加工该类零件的程序完成该零件外轮廓的数控铣削加工。

图 17-6   含圆缺零件

为方便理解和简化编程，将本题看作在一个 $R35mm$ 的整圆上环形阵列铣削 8 个半径为 $R8mm$ 的整圆而成。设工件坐标系原点在零件对称中心，编制宏程序如下。

```
#1＝35                              (大圆半径赋值)
#2＝40                              (圆缺圆心所在圆弧半径赋值)
#3＝8                               (圆缺半径赋值)
#4＝8                               (圆缺数量赋值)
#10＝360/#4                        (等分角度计算)
#11＝1                              (计数器置 1)
G00X[#2＋#3] Y0                    (第一个圆缺加工定位)
G03 I－#3 J0                       (第一个圆缺加工)
WHILE [#11LT#4] DO1                (加工条件判断)
  #20＝[#2＋#3] * COS[#11 * #10]   (计算各加工定位点的 X 坐标值)
  #21＝[#2＋#3] * SIN[#11 * #10]   (计算各加工定位点的 Y 坐标值)
  #22＝#2 * COS[#11 * #10]         (计算各圆缺圆心的 X 坐标值)
  #23＝#2 * SIN[#11 * #10]         (计算各圆缺圆心的 Y 坐标值)
  G03 X#20 Y#21 R[#2＋#3]          (圆弧插补到定位点)
  I[#22－#20] J[#23－#21]           (刀具轨迹为整圆来实现圆缺的加工)
  #11＝#11＋1                      (计数器递增)
END1                               (循环结束)
```

　　上述程序是采用逐个圆缺的坐标值先计算然后加工的方式编制的，下面采用坐标旋转方式编程（为避免干涉，本程序采用工件表面之上进行刀具定位）。

```
#1＝35                              (大圆半径赋值)
#2＝40                              (圆缺圆心所在圆弧半径赋值)
#3＝8                               (圆缺半径赋值)
#4＝8                               (圆缺数量赋值)
#10＝360/#4                        (等分角度计算)
#11＝0                              (坐标旋转角度置 0)
WHILE [#11LT360] DO1               (加工条件判断)
  G68 X0 Y0 R#11                    (坐标旋转设定)
  G00 X[#2＋#3] Y0                 (定位)
  Z－2                             (下刀到加工平面)
  G03 I－#3 J0                     (圆缺加工)
  G00 Z50                          (抬刀)
  G69                              (取消坐标旋转)
  #11＝#11＋360/#4                 (坐标旋转角度递增)
END1                               (循环结束)
```

◆【华中宏程序】******

```
#1＝35                              (大圆半径赋值)
#2＝40                              (圆缺圆心所在圆弧半径赋值)
#3＝8                               (圆缺半径赋值)
#4＝8                               (圆缺数量赋值)
#10＝360/#4                        (等分角度计算)
```

```
♯11＝1                                              (计数器置1)
G00 X[♯2＋♯3] Y0                                    (第一个圆缺加工定位)
G03 I[－♯3] J0                                      (第一个圆缺加工)
WHILE ♯11LT♯4                                       (加工条件判断)
   ♯20＝[♯2＋♯3]＊COS[♯11＊♯10＊PI/180]                (计算各加工定位点的X坐标值)
   ♯21＝[♯2＋♯3]＊SIN[♯11＊♯10＊PI/180]                (计算各加工定位点的Y坐标值)
   ♯22＝♯2＊COS[♯11＊♯10＊PI/180]                      (计算各圆缺圆心的X坐标值)
   ♯23＝♯2＊SIN[♯11＊♯10＊PI/180]                      (计算各圆缺圆心的Y坐标值)
   G03 X[♯20] Y[♯21] R[♯2＋♯3]                       (圆弧插补到定位点)
   I[♯22－♯20] J[♯23－♯21]                           (加工圆缺)
   ♯11＝♯11＋1                                        (计数器递增)
ENDW                                               (循环结束)
```

◇【SIEMENS 参数程序】＊＊＊＊＊＊

```
R1＝35                                              (大圆半径赋值)
R2＝40                                              (圆缺圆心所在圆弧半径赋值)
R3＝8                                               (圆缺半径赋值)
R4＝8                                               (圆缺数量赋值)
R10＝360/R4                                         (等分角度计算)
R11＝1                                              (计数器置1)
G00 X＝R2＋R3 Y0                                     (第一个圆缺加工定位)
G03 I＝－R3 J0                                       (第一个圆缺加工)
AAA:                                               (程序跳转标记符)
   R20＝(R2＋R3)＊COS(R11＊R10)                        (计算各加工定位点的X坐标值)
   R21＝(R2＋R3)＊SIN(R11＊R10)                        (计算各加工定位点的Y坐标值)
   R22＝R2＊COS(R11＊R10)                             (计算各圆缺圆心的X坐标值)
   R23＝R2＊SIN(R11＊R10)                             (计算各圆缺圆心的Y坐标值)
   G03 X＝R20 Y＝R21 CR＝R2＋R3                        (圆弧插补到定位点)
   I＝R22－R20 J＝R23－R21                            (加工圆缺)
   R11＝R11＋1                                        (计数器递增)
IF R11< R4 GOTOB AAA                               (加工条件判断)
```

17.3 刻线加工

   如图 17-7 所示沿直线分布标线，长短标线均深 0.2mm，各标线间隔 3mm，试编制其加工宏程序。

   设工件坐标原点在矩形坯料上表面左前角点，编制加工程序如下。

```
♯1＝6                                               (短标线长度赋值)
♯2＝10                                              (长标线长度赋值)
♯3＝3                                               (标线间间隔赋值)
♯4＝60                                              (刻线总宽度赋值)
♯5＝－0.2                                            (加工深度赋值)
♯10＝0                                              (加工 X 向坐标赋初值)
```

#11＝5	(线槽计数器赋初值)
WHILE [#10LE#4] DO1	(加工条件判断)
#20＝#1	(加工长度赋值)
IF [#11NE5] GOTO100	(条件跳转)
#20＝#2	(加工长度重新赋值)
#11＝0	(线槽计数器重新赋值)
N100	(程序跳转标记符)
G00 X#10 Y0	(刀具定位)
G01 Z#5	(Z 向下刀)
Y#20	(标线加工)
G00 Z5	(抬刀)
#10＝#10＋#3	(加工 X 向坐标递增)
#11＝#11＋1	(线槽计数器递增)
END1	(循环结束)

图 17-7 沿直线分布标线

◆【华中宏程序】＊＊＊＊＊＊

#1＝6	(短标线长度赋值)
#2＝10	(长标线长度赋值)
#3＝3	(标线间间隔赋值)
#4＝60	(刻线总宽度赋值)
#5＝－0.2	(加工深度赋值)
#10＝0	(加工 X 向坐标赋初值)
#11＝5	(线槽计数器赋初值)
WHILE #10LE#4	(加工条件判断)
#20＝#1	(加工长度赋值)
IF #11EQ5	(条件判断)
#20＝#2	(加工长度重新赋值)
#11＝0	(线槽计数器重新赋值)
ENDIF	(条件终止)
G00 X[#10] Y0	(刀具定位)
G01 Z[#5]	(Z 向下刀)

```
    Y[#20]                              (标线加工)
    G00 Z5                              (抬刀)
    #10=#10+#3                          (加工 X 向坐标递增)
    #11=#11+1                           (线槽计数器递增)
ENDW                                    (循环结束)
```

◇【SIEMENS 参数程序】＊＊＊＊＊＊

```
R1=6                                    (短标线长度赋值)
R2=10                                   (长标线长度赋值)
R3=3                                    (标线间间隔赋值)
R4=60                                   (刻线总宽度赋值)
R5=－0.2                                (加工深度赋值)
R10=0                                   (加工 X 向坐标赋初值)
R11=5                                   (线槽计数器赋初值)
AAA:                                    (程序跳转标记符)
    R20=R1                              (加工长度赋值)
    IF R11<> 5 GOTOF BBB                (条件跳转)
    R20=R2                              (加工长度重新赋值)
    R11=0                               (线槽计数器重新赋值)
    BBB:                                (程序跳转标记符)
    G00 X=R10 Y0                        (刀具定位)
    G01 Z=R5                            (Z 向下刀)
    Y=R20                               (标线加工)
    G00 Z5                              (抬刀)
    R10=R10+R3                          (加工 X 向坐标递增)
    R11=R11+1                           (线槽计数器递增)
IF R10<=R4 GOTOB AAA                    (加工条件判断)
```

如图 17-8 所示沿圆弧分布的标线，长短标线均深 0.2mm，各标线间隔 6°，试编制其加工宏程序。

设工件坐标系原点在圆心，编制加工宏程序如下。

图 17-8　沿圆弧分布标线

```
#1＝20                                    (标线的起始半径赋值)
#2＝25                                    (短标线的终止半径赋值)
#3＝28                                    (长标线的终止半径赋值)
#4＝6                                     (标线间隔角度赋值)
#5＝180                                   (终止角度赋值)
#6＝－0.2                                 (加工深度赋值)
#10＝0                                    (加工标线角度赋初值)
#11＝5                                    (计数器赋初值)
WHILE [#10LE#5] DO1                       (加工条件判断)
  #20＝#2                                 (加工标线终止半径赋值)
  IF [#11NE5] GOTO100                     (条件跳转)
  #20＝#3                                 (加工标线终止半径重新赋值)
  #11＝0                                  (计数器重新赋初值)
  N100                                    (程序跳转标记符)
  G00 X[#1＊COS[#10]] Y[#1＊SIN[#10]]      (刀具定位)
  G01 Z#6                                 (Z向下刀)
  X[#20＊COS[#10]] Y[#20＊SIN[#10]]        (标线加工)
  G00 Z5                                  (抬刀)
  #10＝#10＋#4                             (标线角度递增)
  #11＝#11＋1                              (计数器递增)
END1                                      (循环结束)
```

◆ 【华中宏程序】 ＊＊＊＊＊＊

```
#1＝20                                    (标线的起始半径赋值)
#2＝25                                    (短标线的终止半径赋值)
#3＝28                                    (长标线的终止半径赋值)
#4＝6                                     (标线间隔角度赋值)
#5＝180                                   (终止角度赋值)
#6＝－0.2                                 (加工深度赋值)
#10＝0                                    (加工标线角度赋初值)
#11＝5                                    (计数器赋初值)
WHILE #10LE#5                             (加工条件判断)
  #20＝#2                                 (加工标线终止半径赋值)
  IF #11NE5                               (条件判断)
  #20＝#3                                 (加工标线终止半径重新赋值)
  #11＝0                                  (计数器重新赋初值)
  ENDIF                                   (条件终止)
  G00 X[#1＊COS[#10＊PI/180]] Y[#1＊SIN[#10＊PI/180]]
                                          (刀具定位)
  G01 Z[#6]                               (Z向下刀)
  X[#20＊COS[#10＊PI/180]] Y[#20＊SIN[#10＊PI/180]]
                                          (标线加工)
  G00 Z5                                  (抬刀)
  #10＝#10＋#4                             (标线角度递增)
```

```
    ♯11=♯11+1                                    (计数器递增)
ENDW                                             (循环结束)
```

◇【SIEMENS 参数程序】＊＊＊＊＊＊

```
R1＝20                                           (标线的起始半径赋值)
R2＝25                                           (短标线的终止半径赋值)
R3＝28                                           (长标线的终止半径赋值)
R4＝6                                            (标线间隔角度赋值)
R5＝180                                          (终止角度赋值)
R6＝－0.2                                        (加工深度赋值)
R10＝0                                           (加工标线角度赋初值)
R11＝5                                           (计数器赋初值)
AAA:                                             (跳转标记符)
  R20＝R2                                        (加工标线终止半径赋值)
  IF R11<> 5 GOTOF BBB                           (条件跳转)
  R20＝R3                                        (加工标线终止半径重新赋值)
  R11＝0                                         (计数器重新赋初值)
  BBB:                                           (程序跳转标记符)
  G00 X＝R1＊COS(R10) Y＝R1＊SIN(R10)             (刀具定位)
  G01 Z＝R6                                      (Z 向下刀)
  X＝R20＊COS(R10) Y＝R20＊SIN(R10)               (标线加工)
  G00 Z5                                         (抬刀)
  R10＝R10+R4                                    (标线角度递增)
  R11＝R11+1                                     (计数器递增)
IF R10<＝R5 GOTOB AAA                            (加工条件判断)
```

如图 17-9 所示为一五环槽，各槽深 0.3mm，试编制其铣削加工宏程序。

设工件原点在工件上表面左边第一个圆的圆心，编制加工程序如下。

```
♯1＝24                                           (槽直径赋值)
♯2＝5                                            (槽个数赋值)
♯3＝15                                           (行间距赋值)
♯4＝15                                           (列间距赋值)
♯5＝－0.3                                        (槽深度赋值)
♯10＝1                                           (槽加工个数赋初值)
♯11＝0                                           (角度赋初值)
WHILE [♯10LE♯2] DO1                              (加工条件判断)
  ♯20＝ABS[SIN[♯11]]                             (0 与 1 周期性变化)
  G00 X[[♯10－1]＊♯4－♯1＊0.5] Y[♯20＊♯3]          (刀具定位)
  G01 Z♯5                                        (Z 向下刀)
  G02 I[♯1＊0.5] J0                              (槽加工)
  G00 Z5                                         (抬刀)
  ♯10＝♯10+1                                     (槽加工个数递增)
  ♯11＝♯11+90                                    (角度递增)
END1                                            (循环结束)
```

图 17-9　五环槽

◆【华中宏程序】＊＊＊＊＊＊

＃1＝24	(槽直径赋值)
＃2＝5	(槽个数赋值)
＃3＝15	(行间距赋值)
＃4＝15	(列间距赋值)
＃5＝－0.3	(槽深度赋值)
＃10＝1	(槽加工个数赋初值)
＃11＝0	(角度赋初值)
WHILE ＃10LE＃2	(加工条件判断)
＃20＝ABS[SIN[＃11＊PI/180]]	(0 与 1 周期性变化)
G00 X[[＃10－1]＊＃4－＃1＊0.5] Y[＃20＊＃3]	(刀具定位)
G01 Z[＃5]	(z 向下刀)
G02 I[＃1＊0.5] J0	(槽加工)
G00 Z5	(抬刀)
＃10＝＃10＋1	(槽加工个数递增)
＃11＝＃11＋90	(角度递增)
ENDW	(循环结束)

◇【SIEMENS 参数程序】＊＊＊＊＊＊

R1＝24	(槽直径赋值)
R2＝5	(槽个数赋值)

```
R3＝15                                          （行间距赋值）
R4＝15                                          （列间距赋值）
R5＝－0.3                                        （槽深度赋值）
R10＝1                                          （槽加工个数赋值初值）
R11＝0                                          （角度赋初值）
AAA:                                            （程序跳转标记符）
  R20＝ABS(SIN(R11))                            （0 与 1 周期性变化）
  G00 X＝(R10－1)＊R4－R1＊0.5 Y＝R20＊R3          （刀具定位）
  G01 Z＝R5                                      （Z 向下刀）
  G02 I＝R1＊0.5 J0                              （槽加工）
  G00 Z5                                         （抬刀）
  R10＝R10＋1                                     （槽加工个数递增）
  R11＝R11＋90                                    （角度递增）
IF R10<＝R2 GOTOB AAA                            （加工条件判断）
```

如图 17-10 所示数字刻线，根据控制变量赋值选择加工显示出"0～9"各数字，即类似于电子显示数字，若控制变量赋值 0 则加工"0"，赋值 1 则加工出"1"，依此类推，试编制其加工宏程序。

图 17-10　数字刻线

设工件坐标系原点在对称中心，编制加工宏程序如下。

```
＃100＝6                                         （控制变量赋值）
＃1＝20                                          （长度赋值）
＃2＝40                                          （宽度赋值）
＃3＝16                                          （线段长度赋值）
＃4＝－0.2                                        （槽深赋值）
＃10＝1                                          （中间刻线控制变量赋初值）
＃11＝1                                          （右上刻线控制变量赋初值）
＃12＝1                                          （上方刻线控制变量赋初值）
＃13＝1                                          （左上刻线控制变量赋初值）
＃14＝1                                          （左下刻线控制变量赋初值）
```

＃15＝1	（下方刻线控制变量赋初值）
＃16＝1	（右下刻线控制变量赋初值）
IF [＃100LT0] GOTO207	（若＃100赋值错误跳转）
IF [＃100GT9] GOTO207	（若＃100赋值错误跳转）
＃21＝[＃2＊0.5－＃3]＊0.5	（坐标值计算）
IF [＃100EQ0] GOTO100	（根据赋值0选择跳转）
IF [＃100EQ1] GOTO101	（根据赋值1选择跳转）
IF [＃100EQ2] GOTO102	（根据赋值2选择跳转）
IF [＃100EQ3] GOTO103	（根据赋值3选择跳转）
IF [＃100EQ4] GOTO104	（根据赋值4选择跳转）
IF [＃100EQ5] GOTO105	（根据赋值5选择跳转）
IF [＃100EQ6] GOTO106	（根据赋值6选择跳转）
IF [＃100EQ7] GOTO107	（根据赋值7选择跳转）
IF [＃100EQ8] GOTO108	（根据赋值8选择跳转）
IF [＃100EQ9] GOTO109	（根据赋值9选择跳转）
N100	（程序跳转标记符）
＃10＝0	（不加工标线标记为0）
GOTO200	（无条件跳转）
N101	（程序跳转标记符）
＃10＝0	（不加工标线标记为0）
＃12＝0	（不加工标线标记为0）
＃13＝0	（不加工标线标记为0）
＃14＝0	（不加工标线标记为0）
＃15＝0	（不加工标线标记为0）
GOTO200	（无条件跳转）
N102	（程序跳转标记符）
＃13＝0	（不加工标线标记为0）
＃16＝0	（不加工标线标记为0）
GOTO200	（无条件跳转）
N103	（程序跳转标记符）
＃13＝0	（不加工标线标记为0）
＃14＝0	（不加工标线标记为0）
GOTO200	（无条件跳转）
N104	（程序跳转标记符）
＃12＝0	（不加工标线标记为0）
＃14＝0	（不加工标线标记为0）
＃15＝0	（不加工标线标记为0）
GOTO200	（无条件跳转）
N105	（程序跳转标记符）
＃11＝0	（不加工标线标记为0）
＃14＝0	（不加工标线标记为0）
GOTO200	（无条件跳转）
N106	（程序跳转标记符）
＃11＝0	（不加工标线标记为0）

```
GOTO200                              (无条件跳转)
N107                                 (程序跳转标记符)
#10＝0                               (不加工线标记为 0)
#13＝0                               (不加工线标记为 0)
#14＝0                               (不加工线标记为 0)
#15＝0                               (不加工线标记为 0)
GOTO200                              (无条件跳转)
N108                                 (程序跳转标记符)
GOTO200                              (无条件跳转)
N109                                 (程序跳转标记符)
#14＝0                               (不加工线标记为 0)
N200IF [#10EQ0] GOTO201              (若标线标记为 0,即不要求加工则直接跳转)
    G00 X[－#3＊0.5] Y0               (定位)
    G01 Z#4                          (下刀)
    X[#3＊0.5]                       (加工)
    G00 Z5                           (抬刀)
N201 IF [#11EQ0] GOTO202             (若标线标记为 0,即不要求加工则直接跳转)
    G00 X[#1＊0.5] Y#21              (定位)
    G01 Z#4                          (下刀)
    Y[#2＊0.5－#21]                  (加工)
    G00 Z5                           (抬刀)
N202 IF [#12EQ0] GOTO203             (若标线标记为 0,即不要求加工则直接跳转)
    G00 X[#3＊0.5] Y[#2＊0.5]        (定位)
    G01 Z#4                          (下刀)
    X[－#3＊0.5]                     (加工)
    G00 Z5                           (抬刀)
N203 IF [#13EQ0] GOTO204             (若标线标记为 0,即不要求加工则直接跳转)
    G00 X[－#1＊0.5] Y[#2＊0.5－#21]  (定位)
    G01 Z#4                          (下刀)
    Y#21                            (加工)
    G00 Z5                           (抬刀)
N204 IF [#14EQ0] GOTO205             (若标线标记为 0,即不要求加工则直接跳转)
    G00 X[－#1＊0.5] Y[－#21]        (定位)
    G01 Z#4                          (下刀)
    Y[#21－#2＊0.5]                  (加工)
    G00 Z5                           (抬刀)
N205 IF[#15EQ0] GOTO206              (若标线标记为 0,即不要求加工则直接跳转)
    G00 X[－#3＊0.5] Y[－#2＊0.5]     (定位)
    G01 Z#4                          (下刀)
    X[#3＊0.5]                       (加工)
    G00 Z5                           (抬刀)
N206 IF[#16EQ0] GOTO207              (若标线标记为 0,即不要求加工则直接跳转)
    G00 X[#1＊0.5] Y[#21－#2＊0.5]   (定位)
    G01 Z#4                          (下刀)
```

```
    Y－#21                          (加工)
    G00 Z5                         (抬刀)
    N207                           (程序跳转标记符)
```

17.4　月牙形轮廓加工

如图 17-11 所示月牙形零件，试编制铣削加工该零件外轮廓的加工程序。

图 17-11　月牙形零件

月牙形几何关系如图 17-12 所示，设 R 为外半径，r 为内半径，l 为圆心距（O_1O_2，$0<l<R+r$ 且 $l>R-r$），α 为月牙张开角度。如图所示外圆弧与内圆弧的交点 A 和 B 的计算是程序设计的难点，由于 A 和 B 点关于 O_1O_2 对称，因此仅需要计算 A 的坐标值即可，设坐标原点在 O_1，则有：

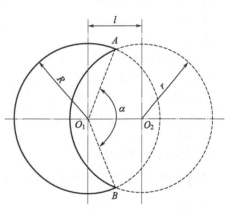

图 17-12　月牙形几何关系

$$\begin{cases} x_A = R\cos\dfrac{\alpha}{2} \\[2mm] y_A = R\sin\dfrac{\alpha}{2} \end{cases}$$

由余弦定理可得：$\cos\dfrac{\alpha}{2}=\dfrac{R^2+l^2-r^2}{2Rl}$，则 $\sin\dfrac{\alpha}{2}=\sqrt{1-\left(\cos\dfrac{\alpha}{2}\right)^2}$。

```
#1=20                                    (外半径 R 赋值)
#2=20                                    (内半径 r 赋值)
#3=15                                    (圆心距 l 赋值)

#10=[#1*#1+#3*#3-#2*#2]/[2*#1*#3]        (计算 cos α/2 的值)

#11=SQRT[1-#10*#10]                      (计算 sin α/2 的值)

#12=#1*#10                               (计算 x_A 的值)
#13=#1*#11                               (计算 y_A 的值)
```

```
G00 G41 X[#2＋#3] Y0 D01                        (上平面建立刀具半径补偿)
Z2                                              (下刀)
G01 Z－5                                         (下刀切削到加工平面)
G03 X#12 Y－#13 R－#2                            (加工内圆弧 r,注意圆弧切入)
G02 X－#1 Y0 R#1                                 (加工外圆弧 R)
G02 X#12 Y#13 R#1                               (采用分段加工以避免半径值不确定是否
                                                取负数)

G00 Z50                                         (抬刀)
G00 G40 X[#2＋#3] Y0                             (上平面取消刀具半径补偿)
```

◆ 【华中宏程序】＊＊＊＊＊＊

```
#1＝20                                           (外半径 R 赋值)
#2＝20                                           (内半径 r 赋值)
#3＝15                                           (圆心距 l 赋值)

#10＝[#1*#1＋#3*#3－#2*#2]/[2*#1*#3]             (计算 cos α/2 的值)

#11＝SQRT[1－#10*#10]                            (计算 sin α/2 的值)

#12＝#1*#10                                      (计算 x_A 的值)
#13＝#1*#11                                      (计算 y_A 的值)
G00 G41 X[#2＋#3] Y0 D01                         (上平面建立刀具半径补偿)
Z2                                              (下刀)
G01 Z－5                                         (下刀切削到加工平面)
G03 X[#12] Y[－#13] R[－#2]                      (加工内圆弧 r,注意圆弧切入)
G02 X[－#1] Y0 R[#1]                             (加工外圆弧 R)
G02 X[#12] Y[#13] R[#1]                         (采用分段加工以避免半径值不确定是否
                                                取负数)

G00 Z50                                         (抬刀)
G00 G40 X[#2＋#3] Y0                             (上平面取消刀具半径补偿)
```

◇ 【SIEMENS 参数程序】＊＊＊＊＊＊

```
R1＝20                                           (外半径 R 赋值)
R2＝20                                           (内半径 r 赋值)
R3＝15                                           (圆心距 l 赋值)
R10＝(R1*R1＋R3*R3－R2*R2)/(2*R1*R3)             (计算 cos α/2 的值)

R11＝SQRT(1－R10*R10)                            (计算 sin α/2 的值)

R12＝R1*R10                                      (计算 x_A 的值)
R13＝R1*R11                                      (计算 y_A 的值)
G00 G41 X＝R2＋R3 Y0 D01                         (上平面建立刀具半径补偿)
Z2                                              (下刀)
G01 Z－5                                         (下刀切削到加工平面)
G03 X＝R12 Y＝－R13 CR＝－R2                      (加工内圆弧 r,注意圆弧切入)
G02 X＝－R1 Y0 CR＝R1                            (加工外圆弧 R)
```

G02 X=R12 Y=R13 CR=R1	(采用分段加工以避免半径值不确定是否取负数)
G00 Z50	(抬刀)
G00 G40 X=R2+R3 Y0	(上平面取消刀具半径补偿)

17.5 离合器齿形加工

数控铣削加工如图 17-13 所示离合器齿形轮廓，共 6 齿，齿宽 12mm，试编程加工。

图 17-13 离合器齿形轮廓加工

#1=64	(齿外中心所在圆周直径赋值)
#2=50	(齿根所在圆周直径赋值)
#3=12	(齿宽赋值)
#4=6	(齿数赋值)
#5=360/#4	(计算齿间夹角)
#6=ASIN[#3*0.5/[#2*0.5]]	(计算右侧第一齿左上角点的角度值)
#7=SQRT[[#1*0.5]*[#1*0.5]+[#3*0.5]*[#3*0.5]]	(计算右侧第一齿右上角点所在圆半径值)
#8=ATAN[#3*0.5/[#1*0.5]]	(计算右侧第一齿右上角点的角度值)
G00 G42 X[#1*0.5] Y−#3 D01	(建立刀具半径补偿)
#10=0	(加工角度赋初值)
WHILE [#10LE360] DO1	(加工循环条件判断)
#11=#7*COS[−#8+#10]	(计算齿右下角点的 X 坐标值)
#12=#7*SIN[−#8+#10]	(计算齿右下角点的 Y 坐标值)
#13=#7*COS[#8+#10]	(计算齿右上角点的 X 坐标值)
#14=#7*SIN[#8+#10]	(计算齿右上角点的 Y 坐标值)
#15=#2*0.5*COS[#6+#10]	(计算齿左上角点的 X 坐标值)

#16＝#2*0.5*SIN[#6＋#10]	(计算齿左上角点的Y坐标值)
#17＝#2*0.5*COS[－#6＋#10＋#5]	(计算下一齿左下角点的X坐标值)
#18＝#2*0.5*SIN[－#6＋#10＋#5]	(计算下一齿左下角点的Y坐标值)
#19＝#7*COS[－#8＋#10＋#5]	(计算下一齿右下角点的X坐标值)
#20＝#7*SIN[－#8＋#10＋#5]	(计算下一齿右下角点的Y坐标值)
G01 X#11 Y#12	(直线插补到齿右下角点)
X#13 Y#14	(直线插补到齿右上角点)
X#15 Y#16	(直线插补到齿左上角点)
G03 X#17 Y#18 R[#2*0.5]	(圆弧插补到下一齿左下角点)
G01 X#19 Y#20	(直线插补到下一齿右下角点)
#10＝#10＋#5	(角度递增)
END1	(循环结束)
G00 G40 X100	(取消刀具半径补偿)

数控铣削加工如图 17-14 所示离合器零件齿侧面，共 4 个齿，齿形外圆周直径为 φ60mm，内圆周直径为 φ40mm，齿侧面夹角为 30°，齿高 5mm，试编制适用于该系列零件齿侧面的加工程序。

图 17-14　离合器零件

#1＝60	(外圆周直径赋值)
#2＝40	(内圆周直径赋值)
#3＝4	(齿数赋值)
#4＝30	(齿侧面夹角赋值)
#5＝5	(齿高赋值)

#6＝360/#3	（计算各齿间夹角）
G00 X100 Y100 Z2	（刀具移动）
#10＝1	（齿数计数器赋初值）
WHILE [#10LT#3] DO1	（加工条件判断）
#11＝#4*0.5＋[#10－1]*#6	（齿侧夹角计算）
#12＝－#4*0.5＋[#10－1]*#6	（齿侧夹角计算）
#13＝#1*0.5*COS[#11]	（计算齿右上角点 X 坐标值）
#14＝#1*0.5*SIN[#11]	（计算齿右上角点 Y 坐标值）
#15＝#1*0.5*COS[#12]	（计算齿右下角点 X 坐标值）
#16＝#1*0.5*SIN[#12]	（计算齿右下角点 Y 坐标值）
#17＝#2*0.5*COS[#11]	（计算齿左上角点 X 坐标值）
#18＝#2*0.5*SIN[#11]	（计算齿左上角点 Y 坐标值）
#19＝#2*0.5*COS[#12]	（计算齿左下角点 X 坐标值）
#20＝#2*0.5*SIN[#12]	（计算齿左下角点 Y 坐标值）
G00 G42 X#13 Y#14 D01	（上平面建立刀具半径补偿）
G01 Z－#5	（下刀切削到加工平面）
X#17 Y#18	（直线插补到齿左上角点）
G02 X#19 Y#20 R[#2*0.5]	（圆弧插补到齿左下角点）
G01 X#15 Y#16	（直线插补到齿右下角点）
G03 X#13 Y#14 R[#1*0.5]	（圆弧插补到齿右上角点）
G00 Z2	（抬刀）
G40 X100 Y100	（取消刀具半径补偿）
#10＝#10＋1	（加工齿数递增）
END1	（循环结束）

数控铣削加工如图 17-15 所示离合器零件齿形侧面，试编制其加工程序。

图 17-15　离合器零件齿形加工

#1＝80	（外圆周直径赋值）
#2＝60	（内圆周直径赋值）
#3＝10	（齿宽赋值）
#4＝10	（齿深赋值）

```
#5＝8                              (齿数赋值)
#6＝10                             (刀具直径赋值)
#7＝[#1＋#6]＊0.5                 (计算外圆周半径,考虑了刀具半径值)
#8＝[#2－#6]＊0.5                 (计算内圆周半径,考虑了刀具半径值)
#9＝[#3＋#6]＊0.5                 (计算齿半宽值,考虑了刀具半径值)
#10＝SQRT[#7＊#7－#9＊#9]        (计算外圆周加工点的 X 坐标值)
#11＝SQRT[#8＊#8－#9＊#9]        (计算内圆周加工点的 X 坐标值)
G00 X100 Y100 Z50                 (刀具移动)
Z－#4                             (下刀到加工平面)
#20＝0                            (加工齿角度赋初值)
WHILE [#20LT360] DO1             (加工条件判断)
  G68 X0 Y0 R#20                 (坐标旋转模式建立)
  G01 X#10 Y－#9                 (直线插补到齿右下角点)
  G03 Y#9 R#7                    (圆弧插补到齿右上角点)
  G01 X#11                       (直线插补到齿左上角点)
  G02 Y－#9 R#8                  (圆弧插补到齿左下角点)
  G01 X#10                       (直线插补到齿右下角点)
  G03 Y#9 R#7                    (圆弧插补到齿右上角点)
  G69                            (坐标旋转模式取消)
  #20＝#20＋360/#5               (加工角度递增)
END1                             (循环结束)
G00 Z50                          (抬刀)
X100 Y100                        (返回起刀点)
```

第

18

章

平面铣削

18.1 矩形平面

矩形平面铣削加工策略如图 18-1(a)～(c) 所示，分别对应为单向平行铣削、双向平行铣削和环绕铣削三种，从编程难易程度及加工效率等方面综合考虑以双向平行铣削加工为佳。

图 18-1　矩形平面铣削加工策略

如图 18-2 所示，长方体零件上表面为一长 80mm 宽 50mm 的矩形平面，数控铣削加工该平面，铣削深度为 2mm，试编制其加工宏程序。

图 18-2　矩形平面铣削加工

如图 18-3 所示矩形平面铣削几何参数模型，设该矩形平面长 L，宽 B，铣削深度 H，采用直径为 D 的立铣刀铣削加工。设工件坐标原点在工件上表面的左前角，采用双向平行铣削加工，编制加工宏程序如下。

Ⓛ	Ⓑ	Ⓧ	Ⓨ
矩形长度	矩形宽度	左前角在工件坐标系中的X坐标值	左前角在工件坐标系中的Y坐标值

图 18-3　矩形平面铣削几何参数模型

```
＃1＝80                          (矩形平面长度 L 赋值)
＃2＝50                          (矩形平面宽度 B 赋值)
＃3＝0                           (左前角在工件坐标系中的 X 坐标值)
＃4＝0                           (左前角在工件坐标系中的 Y 坐标值)
＃5＝2                           (加工深度赋值)
＃6＝12                          (刀具直径值赋值)
＃7＝0.7＊＃6                     (计算行距值,行距取 0.7 倍刀具直径)
＃10＝0                          (加工 Y 坐标赋初值)
G00 Z－＃5                       (下刀到加工平面)
WHILE [＃10LE[＃2－0.5＊＃6＋＃7]] DO1    (加工条件判断)
  G00 X[＃1＋＃6＋＃3] Y[＃10＋＃4]     (刀具定位)
  G01 X[－＃6＋＃3]                (直线插补)
  G00 Y[＃10＋＃7＋＃4]             (刀具定位)
  G01 X[＃1＋＃6＋＃3]              (直线插补)
  ＃10＝＃10＋2＊＃7                (加工 Y 坐标递增)
END1                            (循环结束)
```

◆【华中宏程序】＊＊＊＊＊＊

```
＃1＝80                          (矩形平面长度 L 赋值)
＃2＝50                          (矩形平面宽度 B 赋值)
＃3＝0                           (左前角在工件坐标系中的 X 坐标值)
＃4＝0                           (左前角在工件坐标系中的 Y 坐标值)
＃5＝2                           (加工深度赋值)
```

```
♯6＝12                                    (刀具直径值赋值)
♯7＝0.7*♯6                                (计算行距值,行距取 0.7 倍刀具直径)
♯10＝0                                    (加工 Y 坐标赋初值)
G00 Z[－♯5]                              (下刀到加工平面)
WHILE ♯10LE[♯2－0.5*♯6＋♯7]          (加工条件判断)
  G00 X[♯1＋♯6＋♯3] Y[♯10＋♯4]      (刀具定位)
  G01 X[－♯6＋♯3]                       (直线插补)
  G00 Y[♯10＋♯7＋♯4]                   (刀具定位)
  G01 X[♯1＋♯6＋♯3]                    (直线插补)
  ♯10＝♯10＋2*♯7                       (加工 Y 坐标递增)
ENDW                                     (循环结束)
```

◇【SIEMENS 参数程序】******

```
R1＝80                                   (矩形平面长度 L 赋值)
R2＝50                                   (矩形平面宽度 B 赋值)
R3＝0                                    (左前角在工件坐标系中的 X 坐标值)
R4＝0                                    (左前角在工件坐标系中的 Y 坐标值)
R5＝2                                    (加工深度赋值)
R6＝12                                   (刀具直径值赋值)
R7＝0.7*R6                               (计算行距值,行距取 0.7 倍刀具直径)
R10＝0                                   (加工 Y 坐标赋初值)
G00 Z－R5                                (下刀到加工平面)
AAA:                                     (程序跳转标记符)
  G00 X＝R1＋R6＋R3 Y＝R10＋R4           (刀具定位)
  G01 X＝－R6＋R3                        (直线插补)
  G00 Y＝R10＋R7＋R4                     (刀具定位)
  G01 X＝R1＋R6＋R3                      (直线插补)
  R10＝R10＋2*R7                         (加工 Y 坐标递增)
IF R10<＝R2－0.5*R6＋R7 GOTOB AAA        (加工条件判断)
```

如图 18-4 所示,在长方体毛坯上铣削一个长 70mm、宽 30mm、深 5mm 的台阶,试编制其加工宏程序。

台阶平面铣削几何参数模型如图 18-5 所示,由于加工零件时有台阶侧面,即最后一刀

图 18-4　台阶面铣削加工

的刀具中心轨迹必须保证距离台阶侧面正好为 0.5 倍刀具直径，前一程序无法保证这一点，所以不能直接修改程序中的长宽等值用于该台阶面的加工，而应重新编制适用于该类零件加工的宏程序。

设工件坐标原点在工件上表面左前角，选用刀具直径为 $\phi 12$mm 的立铣刀铣削加工该台阶面，编制加工宏程序如下。

Ⓛ	Ⓑ	Ⓧ	Ⓨ
台阶平面长度	台阶平面宽度	左前角在工件坐标系中的X坐标值	左前角在工件坐标系中的Y坐标值

图 18-5　台阶平面铣削几何参数模型

```
＃1＝80                                    (台阶平面长度 L 赋值)
＃2＝50                                    (台阶平面宽度 B 赋值)
＃3＝0                                     (左前角在工件坐标系中的 X 坐标值)
＃4＝0                                     (左前角在工件坐标系中的 Y 坐标值)
＃5＝5                                     (加工深度赋值)
＃6＝12                                    (刀具直径值赋值)
＃7＝0.7＊＃6                              (计算行距值,行距取 0.7 倍刀具直径)
＃10＝－＃7                                (加工 Y 坐标赋初值)
＃11＝＃1＋＃6                             (计算 X 轴方向刀具运行距离值)
G00 X[＃1＋0.5＊＃6＋＃3] Y＃4              (刀具定位)
Z－＃5                                     (下刀到加工平面)
WHILE [＃10LT[＃2－0.5＊＃6]] DO1           (加工条件判断)
  ＃10＝＃10＋＃7                          (Y 坐标递增)
  ＃11＝－1＊＃11                          (反向)
  IF [＃10GE[＃2－0.5＊＃6]] THEN ＃10＝＃2－0.5＊＃6  (最后一刀条件判断)
  G90 G00 Y[＃10＋＃4]                     (Y 轴定位)
  G91 G01 X＃11                           (行切加工)
END1                                       (循环结束)
G90                                        (恢复绝对坐标值编程)
```

◆【华中宏程序】＊＊＊＊＊＊

```
#1＝80                              (台阶平面长度 L 赋值)
#2＝50                              (台阶平面宽度 B 赋值)
#3＝0                               (左前角在工件坐标系中的 X 坐标值)
#4＝0                               (左前角在工件坐标系中的 Y 坐标值)
#5＝5                               (加工深度赋值)
#6＝12                              (刀具直径值赋值)
#7＝0.7＊#6                         (计算行距值,行距取 0.7 倍刀具直径)
#10＝－#7                           (加工 Y 坐标赋初值)
#11＝#1＋#6                         (计算 X 轴方向刀具运行距离值)
G00 X[#1＋0.5＊#6＋#3] Y[#4]        (刀具定位)
Z[－#5]                            (下刀到加工平面)
WHILE #10LT[#2－0.5＊#6]            (加工条件判断)
  #10＝#10＋#7                      (Y 坐标递增)
  #11＝－1＊#11                     (反向)
  IF #10GE[#2－0.5＊#6]             (最后一刀条件判断)
  #10＝#2－0.5＊#6                  (Y 坐标赋值)
  ENDIF                            (条件结束)
  G90 G00 Y[#10＋#4]               (Y 轴定位)
  G91 G01 X#11                     (行切加工)
ENDW                               (循环结束)
G90                                (恢复绝对坐标值编程)
```

◇【SIEMENS 参数程序】＊＊＊＊＊＊

```
R1＝80                             (台阶平面长度 L 赋值)
R2＝50                             (台阶平面宽度 B 赋值)
R3＝0                              (左前角在工件坐标系中的 X 坐标值)
R4＝0                              (左前角在工件坐标系中的 Y 坐标值)
R5＝5                              (加工深度赋值)
R6＝12                             (刀具直径值赋值)
R7＝0.7＊R6                        (计算行距值,行距取 0.7 倍刀具直径)
R10＝－R7                          (加工 Y 坐标赋初值)
R11＝R1＋R6                        (计算 X 轴方向刀具运行距离值)
G00 X＝R1＋0.5＊R6＋R3 Y＝R4        (刀具定位)
Z＝－R5                            (下刀到加工平面)
AAA:                              (程序跳转标记符)
  R10＝R10＋R7                     (Y 坐标递增)
  R11＝－1＊R11                    (反向)
  IF R10<R2－0.5＊R6 GOTOF BBB     (最后一刀条件判断)
  R10＝R2－0.5＊R6                 (Y 坐标赋值)
  BBB:                            (程序跳转标记符)
  G90 G00 Y＝R10＋R4              (Y 轴定位)
  G91 G01 X＝R11                  (行切加工)
IF R10<R2－0.5＊R6 GOTOB AAA       (加工循环条件判断)
G90                               (恢复绝对坐标值编程)
```

18.2 圆形平面

数控铣削加工圆形平面的策略（方法）主要有如图 18-6(a) 所示双向平行铣削和如图 18-6(b) 所示环绕铣削两种。比较而言，环绕铣削加工方法比平行铣削加工方法更容易编程实现。

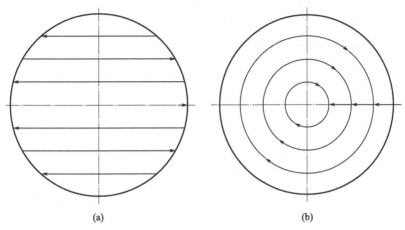

(a)   (b)

图 18-6 圆形平面铣削策略

如图 18-7 所示，在圆柱体零件毛坯上铣削加工一个圆环形平面，圆环外圆周直径为 $\phi 70\text{mm}$，内圆周直径为 $\phi 20\text{mm}$，高度 5mm，试编制其铣削加工宏程序。

图 18-7 圆环形平面铣削

圆环形平面铣削几何参数模型如图 18-8 所示。设工件坐标原点在工件上表面圆心,选用刀具直径 φ12mm 的立铣刀铣削加工该平面,编制加工宏程序如下。

D	d	H	X	Y
大圆直径	小圆直径	台阶高度	圆心在工件坐标系中X坐标值	圆心在工件坐标系中Y坐标值

图 18-8 圆环形平面铣削几何参数模型

```
#1=70                                   (大圆直径 D 赋值)
#2=20                                   (小圆直径 d 赋值)
#3=5                                    (深度 H 赋值)
#4=0                                    (圆心在工件坐标系中的 X 坐标值)
#5=0                                    (圆心在工件坐标系中的 Y 坐标值)
#6=12                                   (刀具直径赋值)
#7=0.7*#6                               (行距赋值为 0.7 倍刀具直径)
#10=0.5*#1                              (加工半径计算)
G00 Z-#3                                (下刀到加工平面)
WHILE [#10GT0.5*#2+0.5*#6] DO1          (加工条件判断)
  G01 X[#10+#4] Y#5                     (直线插补定位)
  G02 I-#10                             (圆弧插补)
  #10=#10-#7                            (加工半径递减)
END1                                    (循环结束)
G01 X[0.5*#2+0.5*#6+#4]                 (直线插补定位)
G02 I[-0.5*#2-0.5*#6]                   (圆弧插补)
```

◆ 【华中宏程序】 ******

```
#1=70                                   (大圆直径 D 赋值)
#2=20                                   (小圆直径 d 赋值)
```

```
＃3＝5                                  （深度 H 赋值）
＃4＝0                                  （圆心在工件坐标系中的 X 坐标值）
＃5＝0                                  （圆心在工件坐标系中的 Y 坐标值）
＃6＝12                                 （刀具直径赋值）
＃7＝0.7＊＃6                            （行距赋值为 0.7 倍刀具直径）
＃10＝0.5＊＃1                           （加工半径计算）
G00 Z［－＃3］                          （下刀到加工平面）
WHILE ＃10GT0.5＊＃2＋0.5＊＃6           （加工条件判断）
  G01 X［＃10＋＃4］Y［＃5］             （直线插补定位）
  G02 I［－＃10］                        （圆弧插补）
  ＃10＝＃10－＃7                         （加工半径递减）
ENDW                                    （循环结束）
G01 X［0.5＊＃2＋0.5＊＃6＋＃4］          （直线插补定位）
G02 I［－0.5＊＃2－0.5＊＃6］            （圆弧插补）
```

◇【SIEMENS 参数程序】＊＊＊＊＊＊

```
R1＝70                                  （大圆直径 D 赋值）
R2＝20                                  （小圆直径 d 赋值）
R3＝5                                   （深度 H 赋值）
R4＝0                                   （圆心在工件坐标系中的 X 坐标值）
R5＝0                                   （圆心在工件坐标系中的 Y 坐标值）
R6＝12                                  （刀具直径赋值）
R7＝0.7＊R6                             （行距赋值为 0.7 倍刀具直径）
R10＝0.5＊R1                            （加工半径计算）
G00 Z＝－R3                             （下刀到加工平面）
AAA：                                   （加工条件判断）
  G01 X＝R10＋R4 Y＝R5                  （直线插补定位）
  G02 I＝－R10                          （圆弧插补）
  R10＝R10－R7                          （加工半径递减）
IF R10＞0.5＊R2＋0.5＊R6 GOTOB AAA      （循环结束）
G01 X＝0.5＊R2＋0.5＊R6＋R4             （直线插补定位）
G02 I＝－0.5＊R2－0.5＊R6              （圆弧插补）
```

第
19
章

椭圆曲线铣削

19.1 完整正椭圆曲线

如图 19-1 所示椭圆，椭圆长轴长 60mm，短轴长 32mm，试编制数控铣削加工该椭圆外轮廓的宏程序。

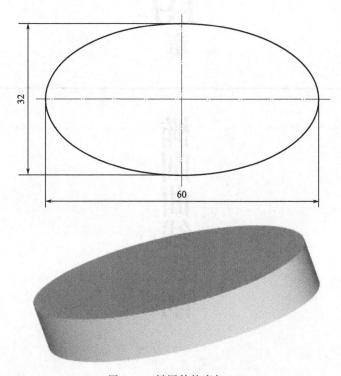

图 19-1　椭圆外轮廓加工

（1）采用标准方程加工椭圆

椭圆标准方程为

$$\frac{x^2}{a^2}+\frac{y^2}{b^2}=1$$

如图 19-2 所示，图中 a 为椭圆长半轴长，b 为椭圆短半轴长。采用标准方程编程时，以 x 或 y 为自变量进行分段逐步插补加工椭圆曲线均可。若以 x 坐标为自变量，则 y 坐标为因变量，那么可将标准方程转换成用 x 表示 y 的方程为：

$$y=\pm b\sqrt{1-\frac{x^2}{a^2}}$$

当加工椭圆曲线上任一点 P 在以椭圆中心建立的自身坐标系中第 I 或第 II 象限时

$$y=b\sqrt{1-\frac{x^2}{a^2}}$$

而在第 III 或第 IV 象限时

$$y=-b\sqrt{1-\frac{x^2}{a^2}}$$

a	b	X	Y
椭圆长半轴	椭圆短半轴	椭圆中心在工件坐标系中的X坐标值	椭圆中心在工件坐标系中的Y坐标值

图 19-2   椭圆标准方程参数模型

因此在数控铣床上采用标准方程加工椭圆时,一个循环内只能加工椭圆曲线的局部,最多一半,第 I 和第 II 象限或第 III 和第 IV 象限内可以在一次循环中加工完毕,若是要加工完整椭圆,必须至少分两次循环编程。

设工件坐标系原点在椭圆中心,编制加工程序如下。

```
＃1＝30                                      (椭圆长半轴 a 赋值)
＃2＝16                                      (椭圆短半轴 b 赋值)
＃3＝0                                       (椭圆中心在工件坐标系中的 X 坐标赋值)
＃4＝0                                       (椭圆中心在工件坐标系中的 Y 坐标赋值)
＃5＝0.2                                     (坐标增量赋值,改变该值实现加工精度的控制)
＃10＝＃1                                    (加工 x 坐标值赋初值)
WHILE [＃10GT－＃1] DO1                       (Ⅲ、Ⅳ象限椭圆曲线加工循环条件判断)
  ＃11＝－＃2＊SQRT[1－＃10＊＃10/[＃1＊＃1]]    (计算 y 坐标值)
  G01 X[＃10＋＃3] Y[＃11＋＃4]                (直线插补逼近椭圆曲线)
  ＃10＝＃10－＃5                             (x 坐标值递减)
END1                                        (循环结束)
WHILE [＃10LE＃1] DO2                         (Ⅰ、Ⅱ象限椭圆曲线加工循环条件判断)
  ＃11＝＃2＊SQRT[1－＃10＊＃10/[＃1＊＃1]]     (计算 y 坐标值)
  G01 X[＃10＋＃3] Y[＃11＋＃4]                (直线插补逼近椭圆曲线)
  ＃10＝＃10＋＃5                             (x 坐标值递增)
END2                                        (循环结束)
```

（2）采用参数方程加工椭圆

椭圆参数方程为

$$\begin{cases} x = a\cos t \\ y = b\sin t \end{cases}$$

如图 19-3 所示，方程中 a、b 分别为椭圆长、短半轴长；t 为离心角，是与 P 点对应的同心圆（半径为 a、b）的半径与 X 坐标轴正方向的夹角。

a	b	t	X	Y
椭圆长半轴	椭圆短半轴	离心角	椭圆中心的X坐标值	椭圆中心的Y坐标值

图 19-3　椭圆方程参数模型

在数控铣床上通过参数方程编制宏程序加工椭圆可以加工任意角度，即使是完整椭圆也不需要分两次循环编程，直接通过参数方程编制宏程序加工即可。

```
#1＝30                        (椭圆长半轴 a 赋值)
#2＝16                        (椭圆短半轴 b 赋值)
#3＝0                         (椭圆中心在工件坐标系中的 X 坐标赋值)
#4＝0                         (椭圆中心在工件坐标系中的 Y 坐标赋值)
#5＝0.5                       (离心角增量赋值)
#10＝0                        (离心角 t 赋初值)
WHILE [#10LE360] DO1          (加工条件判断)
  #11＝#1＊COS[#10]            (计算 x 坐标值)
  #12＝#2＊SIN[#10]            (计算 y 坐标值)
  G01 X[#11＋#3] Y[#12＋#4]    (直线插补逼近椭圆曲线)
  #10＝#10＋#5                 (离心角递增)
END1                          (循环结束)
```

◆【华中宏程序】＊＊＊＊＊＊

＃1＝30	（椭圆长半轴 a 赋值）
＃2＝16	（椭圆短半轴 b 赋值）
＃3＝0	（椭圆中心在工件坐标系中的 X 坐标赋值）
＃4＝0	（椭圆中心在工件坐标系中的 Y 坐标赋值）
＃5＝0.5	（离心角增量赋值）
＃10＝0	（离心角 t 赋初值）
WHILE ＃10LE360	（加工条件判断）
＃11＝＃1＊COS[＃10＊PI/180]	（计算 x 坐标值）
＃12＝＃2＊SIN[＃10＊PI/180]	（计算 y 坐标值）
G01 X[＃11＋＃3] Y[＃12＋＃4]	（直线插补逼近椭圆曲线）
＃10＝＃10＋＃5	（离心角递增）
ENDW	（循环结束）

◇【SIEMENS 参数程序】＊＊＊＊＊＊

R1＝30	（椭圆长半轴 a 赋值）
R2＝16	（椭圆短半轴 b 赋值）
R3＝0	（椭圆中心在工件坐标系中的 X 坐标赋值）
R4＝0	（椭圆中心在工件坐标系中的 Y 坐标赋值）
R5＝0.5	（离心角增量赋值）
R10＝0	（离心角 t 赋初值）
AAA:	（加工条件判断）
R11＝R1＊COS(R10)	（计算 x 坐标值）
R12＝R2＊SIN(R10)	（计算 y 坐标值）
G01 X＝R11＋R3 Y＝R12＋R4	（直线插补逼近椭圆曲线）
R10＝R10＋R5	（离心角递增）
IF R10<＝360 GOTOB AAA	（循环结束）

19.2　正椭圆曲线段

数控加工如图 19-4 所示椭圆凸台，椭圆长轴长 60mm，短轴长 40mm，高 5mm，试编制该椭圆凸台外轮廓的加工程序。

设工件坐标系原点在工件上表面的椭圆中心，采用椭圆标准方程编制加工程序如下。

＃1＝30	（椭圆长半轴 a 赋值）
＃2＝20	（椭圆短半轴 b 赋值）
＃3＝5	（加工深度赋值）
＃4＝14.84	（曲线段起点的 X 坐标）
＃5＝0	（椭圆中心在工件坐标系中的 X 坐标值）
＃6＝0	（椭圆中心在工件坐标系中的 Y 坐标值）
＃7＝0.2	（坐标递变量赋值）
＃10＝＃4	（加工 x 坐标赋初值）
G00 X100 Y100 Z50	（进刀到起刀点）

```
Z—#3                                    (下刀到加工平面)
G41 X20 Y15 D01                         (建立刀具半径补偿)
G01 Y—9.9                               (直线插补)
G02 X14.84 Y—17.38 R8                   (圆弧插补)
WHILE [#10GT—#4] DO1                    (加工条件判断)
  #10=#10—#7                            (加工 x 坐标递减)
  #11=—#2*SQRT[1—#10*#10/[#1*#1]]       (计算 y 坐标值)
  G01 X[#10+#5] Y[#11+#6]               (直线插补逼近椭圆曲线)
END1                                     (循环结束)
G02 X—20 Y—9.9 R8                       (圆弧插补)
G01 Y9.9                                 (直线插补)
G02 X—14.84 Y17.38 R8                    (圆弧插补)
WHILE [#10LT#4] DO2                      (加工条件判断)
  #10=#10+#7                             (加工 x 坐标递增)
  #11=#2*SQRT[1—#10*#10/[#1*#1]]        (计算 y 坐标值)
  G01 X[#10+#5] Y[#11+#6]               (直线插补逼近椭圆曲线)
END2                                     (循环结束)
G02 X20 Y9.9 R8                          (圆弧插补)
G40 G00 X100 Y100                        (返回起刀点)
Z50                                      (抬刀)
```

图 19-4　椭圆凸台外轮廓加工

◆【华中宏程序】******

```
#1=30                    (椭圆长半轴 a 赋值)
#2=20                    (椭圆短半轴 b 赋值)
#3=5                     (加工深度赋值)
#4=14.84                 (曲线段起点的 x 坐标)
#5=0                     (椭圆中心在工件坐标系中的 x 坐标值)
#6=0                     (椭圆中心在工件坐标系中的 Y 坐标值)
#7=0.2                   (坐标递变量赋值)
```

＃10＝＃4	（加工 x 坐标赋初值）
G00 X100 Y100 Z50	（进刀到起刀点）
Z－＃3	（下刀到加工平面）
G41 X20 Y15 D01	（建立刀具半径补偿）
G01 Y－9.9	（直线插补）
G02 X14.84 Y－17.38 R8	（圆弧插补）
WHILE ＃10GT－＃4	（加工条件判断）
＃10＝＃10－＃7	（加工 x 坐标递减）
＃11＝－＃2＊SQRT[1－＃10＊＃10/[＃1＊＃1]]	（计算 y 坐标值）
G01 X[＃10＋＃5] Y[＃11＋＃6]	（直线插补逼近椭圆曲线）
ENDW	（循环结束）
G02 X－20 Y－9.9 R8	（圆弧插补）
G01 Y9.9	（直线插补）
G02 X－14.84 Y17.38 R8	（圆弧插补）
WHILE ＃10LT＃4	（加工条件判断）
＃10＝＃10＋＃7	（加工 x 坐标递增）
＃11＝＃2＊SQRT[1－＃10＊＃10/[＃1＊＃1]]	（计算 y 坐标值）
G01 X[＃10＋＃5] Y[＃11＋＃6]	（直线插补逼近椭圆曲线）
ENDW	（循环结束）
G02 X20 Y9.9 R8	（圆弧插补）
G40 G00 X100 Y100	（返回起刀点）
Z50	（抬刀）

◇【SIEMENS 参数程序】＊＊＊＊＊＊

R1＝30	（椭圆长半轴 a 赋值）
R2＝20	（椭圆短半轴 b 赋值）
R3＝5	（加工深度赋值）
R4＝14.84	（曲线段起点的 X 坐标）
R5＝0	（椭圆中心在工件坐标系中的 X 坐标值）
R6＝0	（椭圆中心在工件坐标系中的 Y 坐标值）
R7＝0.2	（坐标递变量赋值）
R10＝R4	（加工 x 坐标赋初值）
G00 X100 Y100 Z50	（进刀到起刀点）
Z＝－R3	（下刀到加工平面）
G41 X20 Y15 D01	（建立刀具半径补偿）
G01 Y－9.9	（直线插补）
G02 X14.84 Y－17.38 CR＝8	（圆弧插补）
AAA:	（程序跳转标记符）
R10＝R10－R7	（加工 x 坐标递减）
R11＝－R2＊SQRT(1－R10＊R10/(R1＊R1))]	（计算 y 坐标值）
G01 X＝R10＋R5 Y＝R11＋R6	（直线插补逼近椭圆曲线）
IF R10＞－R4 GOTOB AAA	（加工条件判断）
G02 X－20 Y－9.9 CR＝8	（圆弧插补）
G01 Y9.9	（直线插补）

```
    G02 X—14.84 Y17.38 CR=8                    (圆弧插补)
    BBB:                                        (程序跳转标记符)
      R10=R10+R7                                (加工 x 坐标递增)
      R11=R2*SQRT(1—R10*R10/(R1*R1))           (计算 y 坐标值)
      G01 X=R10+R5 Y=R11+R6                     (直线插补逼近椭圆曲线)
    IF R10<R4 GOTOB BBB                         (加工条件判断)
    G02 X20 Y9.9 CR=8                           (圆弧插补)
    G40 G00 X100 Y100                           (返回起刀点)
    Z50                                         (抬刀)
```

数控铣削加工如图 19-5 所示含椭圆曲线零件的外轮廓，椭圆长轴 50mm，短轴 35mm，椭圆圆心角为 45°，试编制其加工宏程序。

图 19-5　含椭圆曲线段零件

椭圆上任一点与椭圆中心的连线与水平向右轴线（X 坐标轴）的夹角称为圆心角，与任一点对应的同心圆（半径为 a、b）的半径与 X 轴正方向的夹角称为离心角。如图 19-6 所示，椭圆上 P 点的椭圆圆心角为 θ，离心角为 t。

确定离心角 t 应按照椭圆的参数方程来确定，因为它们并不总是等于椭圆圆心角 θ，仅当 $\theta=\dfrac{K\pi}{2}$ 时，才使 $\theta=t$。设 P 点坐标值 (x, y)，由

$$\tan\theta=\frac{y}{x}=\frac{b\sin t}{a\cos t}=\frac{b}{a}\tan t$$

可得

$$t=\arctan\left(\frac{a}{b}\tan\theta\right)$$

另外，通过直接计算出来的数值与实际角度有 0°、180°或 360°的差距需要考虑。由图 19-5 可得 $a=25$，$b=17.5$，$\theta=45°$，则

$$t=\arctan\left(\frac{a}{b}\tan\theta\right)=\arctan\left(\frac{25}{17.5}\tan 45°\right)\approx 55°$$

设工件坐标系原点在椭圆中心，采用椭圆参数方程编制曲线段加工程序如下。

```
#1=25                                          (椭圆长半轴 a 赋值)
#2=17.5                                        (椭圆短半轴 b 赋值)
```

```
#3=45                              (圆心角 θ 赋值)
#4=0                               (椭圆中心在工件坐标系中的 X 坐标值)
#5=0                               (椭圆中心在工件坐标系中的 Y 坐标值)
#6=0.5                             (离心角递增量赋值)
#10=ATAN[#1*TAN[#3]/#2]            (起点离心角 t 值计算)
#11=#10                            (加工离心角 t 赋初值)
WHILE [#11LT360-#10] DO1           (加工条件判断)
    #20=#1*COS[#11]                (计算 x 坐标值)
    #21=#2*SIN[#11]                (计算 y 坐标值)
    G01 X[#20+#4] Y[#21+#5]        (直线插补逼近)
    #11=#11+#6                     (离心角递增)
END1                               (循环结束)
```

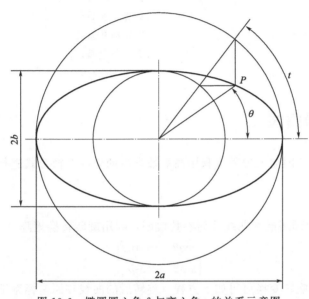

图 19-6　椭圆圆心角 θ 与离心角 t 的关系示意图

◆【华中宏程序】******

```
#1=25                                  (椭圆长半轴 a 赋值)
#2=17.5                                (椭圆短半轴 b 赋值)
#3=45                                  (圆心角 θ 赋值)
#4=0                                   (椭圆中心在工件坐标系中的 X 坐标值)
#5=0                                   (椭圆中心在工件坐标系中的 Y 坐标值)
#6=0.5                                 (离心角递增量赋值)
#10=ATAN[#1*TAN[#3*PI/180]/#2]         (起点离心角 t 值计算)
#11=#10                                (加工离心角 t 赋初值)
WHILE #11LT360-#10                     (加工条件判断)
    #20=#1*COS[#11*PI/180]             (计算 x 坐标值)
    #21=#2*SIN[#11*PI/180]             (计算 y 坐标值)
    G01 X[#20+#4] Y[#21+#5]            (直线插补逼近)
    #11=#11+#6                         (离心角递增)
```

ENDW	(循环结束)

◇【SIEMENS 参数程序】******

R1＝25	(椭圆长半轴 a 赋值)
R2＝17.5	(椭圆短半轴 b 赋值)
R3＝45	(圆心角 θ 赋值)
R4＝0	(椭圆中心在工件坐标系中的 X 坐标值)
R5＝0	(椭圆中心在工件坐标系中的 Y 坐标值)
R6＝0.5	(离心角递增量赋值)
R10＝ATAN2(R1 * TAN(R3)/R2)	(起点离心角 t 值计算)
R11＝R10	(加工离心角 t 赋初值)
AAA:	(程序跳转标记符)
R20＝R1 * COS(R11)	(计算 x 坐标值)
R21＝R2 * SIN(R11)	(计算 y 坐标值)
G01 X＝R20＋R4 Y＝R21＋R5	(直线插补逼近)
R11＝R11＋R6	(离心角递增)
IF R11<360－R10 GOTOB AAA	(加工条件判断)

19.3 倾斜椭圆曲线

倾斜椭圆类零件铣削加工编程可利用高等数学中的坐标变换公式进行坐标变换或者利用坐标旋转指令来实现。

(1) 坐标变换

如图 19-7 所示为倾斜椭圆曲线几何参数模型,利用旋转转换矩阵

$$\begin{bmatrix} \cos\beta & -\sin\beta \\ \sin\beta & \cos\beta \end{bmatrix}$$

对曲线方程进行旋转变换可得如下方程(旋转后的曲线在原坐标系下的方程):

$$\begin{cases} x'=x\cos\beta-y\sin\beta \\ y'=x\sin\beta+y\cos\beta \end{cases}$$

其中, x、y 为旋转前的坐标值; x'、y' 为旋转后的坐标值; β 为曲线旋转角度。

(2) 坐标旋转

使用坐标旋转功能后,会根据旋转角度建立一个当前坐标系,新输入的尺寸均为此坐标系中的尺寸。

① FANUC 系统坐标旋转指令 (G68/G69)

FANUC 系统坐标旋转指令格式如下:

G68 X__ Y__ R__	(坐标旋转模式建立)
……	(坐标旋转模式)
G69	(坐标旋转取消)

其中, X、Y 为指定的旋转中心坐标,缺省值为 X0 Y0,即省略不写 X 和 Y 值时认为当前工件坐标系原点为旋转中心; R 为旋转角度,逆时针方向角度为正,反之为负。

ⓐ	ⓑ	β	Ⓧ	Ⓨ
椭圆长半轴	椭圆短半轴	旋转角度	椭圆中心的X坐标值	椭圆中心的Y坐标值

图 19-7　倾斜椭圆曲线几何参数模型

需要特别注意的是：刀具半径补偿的建立和取消应该在坐标旋转模式中完成，即有刀具半径补偿时的编程顺序应为 G68→G41(G42)→G40→G69。

② 华中系统坐标旋转指令（G68/G69）　华中系统坐标旋转指令格式如下：

G68　X__　Y__　P__　　　（坐标旋转模式建立）

……　　　　　　　　　　（坐标旋转模式）

G69　　　　　　　　　　（坐标旋转取消）

其中，X、Y 为指定的旋转中心坐标，缺省值为 X0 Y0，即省略不写 X 和 Y 值时认为当前工件坐标系原点为旋转中心；P 为旋转角度，逆时针方向角度为正，反之为负。

③ SIEMENS 系统坐标旋转指令（ROT）　SIEMENS 系统坐标旋转指令格式如下：

ROT　RPL=__　　　（坐标旋转模式建立）

……　　　　　　　　（坐标旋转模式）

ROT　　　　　　　　（坐标旋转取消）

其中，ROT 指令为绝对可编程零位旋转，以当前工件坐标系（G54～G59 设定）原点为旋转中心；RPL 为旋转角度，单位为（°），在 XOY 平面内，逆时针方向角度为正，反之为负。

如图 19-8 所示，椭圆长轴长 50mm，椭圆短轴长 30mm，绕 X 轴旋转 30°，试编制铣削加工该零件外轮廓的宏程序。

设工件坐标系原点在椭圆中心，编制加工程序如下。

① 采用坐标变换公式结合椭圆参数方程编程

图 19-8　斜椭圆数控铣削加工

＃1＝25	（椭圆长半轴长 a 赋值）
＃2＝15	（椭圆短半轴长 b 赋值）
＃3＝30	（旋转角度 β 赋值）
＃4＝0	（椭圆中心在工件坐标系中的 x 坐标赋值）
＃5＝0	（椭圆中心在工件坐标系中的 y 坐标赋值）
＃6＝0.5	（离心角递变量赋值）
＃10＝0	（离心角 t 赋初值）
WHILE [＃10LE360] DO1	（加工条件判断）
＃20＝＃1*COS[＃10]	（计算 x 坐标值）
＃21＝＃2*SIN[＃10]	（计算 y 坐标值）
＃30＝＃20*COS[＃3]－＃21*SIN[＃3]	（计算 x' 坐标值）
＃31＝＃20*SIN[＃3]＋＃21*COS[＃3]	（计算 y' 坐标值）
G01 X[＃30＋＃4] Y[＃31＋＃5]	（直线插补逼近）
＃10＝＃10＋＃6	（离心角 t 递增）
END1	（循环结束）

② 采用坐标变换公式结合椭圆标准方程编程

＃1＝25	（椭圆长半轴长 a 赋值）
＃2＝15	（椭圆短半轴长 b 赋值）
＃3＝30	（旋转角度 β 赋值）
＃4＝0	（椭圆中心在工件坐标系中的 x 坐标赋值）
＃5＝0	（椭圆中心在工件坐标系中的 y 坐标赋值）
＃6＝0.2	（坐标递变量赋值）
＃10＝＃1	（加工 x 坐标赋初值）
WHILE [＃10GE－＃1] DO1	（加工条件判断）
＃11＝＃2*SQRT[1－＃10*＃10/[＃1*＃1]]	（计算 y 坐标值）
＃20＝＃10*COS[＃3]－＃11*SIN[＃3]	（计算 x' 坐标值）
＃21＝＃10*SIN[＃3]＋＃11*COS[＃3]	（计算 y' 坐标值）

```
G01 X[#20+#4] Y[#21+#5]                           (直线插补逼近)
   #10=#10-#6                                     (加工 x 坐标递减)
END1                                              (循环结束)
#10=-#1                                           (加工 x 坐标赋初值)
WHILE [#10LE#1] DO2                               (加工条件判断)
   #11=-#2*SQRT[1-#10*#10/[#1*#1]]                (计算 y 坐标值)
   #20=#10*COS[#3]-#11*SIN[#3]                    (计算 x' 坐标值)
   #21=#10*SIN[#3]+#11*COS[#3]                    (计算 y' 坐标值)
   G01 X[#20+#4] Y[#21+#5]                        (直线插补逼近)
   #10=#10+#6                                     (加工 x 坐标递增)
END2                                              (循环结束)
```

③ 采用坐标旋转指令编程

```
#1=25                                             (椭圆长半轴长 a 赋值)
#2=15                                             (椭圆短半轴长 b 赋值)
#3=30                                             (旋转角度 β 赋值)
#4=0                                              (椭圆中心在工件坐标系中的 X 坐标赋值)
#5=0                                              (椭圆中心在工件坐标系中的 Y 坐标赋值)
#6=0.5                                            (离心角递变量赋值)
#10=0                                             (离心角 t 赋初值)
G68 X#4 Y#5 R#3                                   (坐标旋转设定)
WHILE [#10LE360] DO1                              (加工条件判断)
   #20=#1*COS[#10]                                (计算 x 坐标值)
   #21=#2*SIN[#10]                                (计算 y 坐标值)
   G01 X[#20+#4] Y[#21+#5]                        (直线插补逼近)
   #10=#10+#6                                     (离心角 t 递增)
END1                                              (循环结束)
G69                                               (取消坐标旋转)
```

◆【华中宏程序】******

```
#1=25                                             (椭圆长半轴长 a 赋值)
#2=15                                             (椭圆短半轴长 b 赋值)
#3=30                                             (旋转角度 β 赋值)
#4=0                                              (椭圆中心在工件坐标系中的 X 坐
                                                   标赋值)
#5=0                                              (椭圆中心在工件坐标系中的 Y 坐
                                                   标赋值)
#6=0.5                                            (离心角递变量赋值)
#10=0                                             (离心角 t 赋初值)
WHILE #10LE360                                    (加工条件判断)
   #20=#1*COS[#10*PI/180]                         (计算 x 坐标值)
   #21=#2*SIN[#10*PI/180]                         (计算 y 坐标值)
   #30=#20*COS[#3*PI/180]-#21*SIN[#3*PI/180]      (计算 x' 坐标值)
   #31=#20*SIN[#3*PI/180]+#21*COS[#3*PI/180]      (计算 y' 坐标值)
```

```
  G01 X[#30+#4] Y[#31+#5]                    (直线插补逼近)
  #10=#10+#6                                  (离心角 t 递增)
ENDW                                          (循环结束)
```

◇【SIEMENS 参数程序】＊＊＊＊＊＊

```
R1=25                                         (椭圆长半轴长 a 赋值)
R2=15                                         (椭圆短半轴长 b 赋值)
R3=30                                         (旋转角度 β 赋值)
R4=0                                          (椭圆中心在工件坐标系中的 X 坐标赋值)
R5=0                                          (椭圆中心在工件坐标系中的 Y 坐标赋值)
R6=0.5                                        (离心角递变量赋值)
R10=0                                         (离心角 t 赋初值)
AAA:                                          (程序跳转标记符)
  R20=R1 * COS(R10)                           (计算 x 坐标值)
  R21=R2 * SIN(R10)                           (计算 y 坐标值)
  R30=R20 * COS(R3)－R21 * SIN(R3)            (计算 x′坐标值)
  R31=R20 * SIN(R3)＋R21 * COS(R3)            (计算 y′坐标值)
  G01 X=R30+R4 Y=R31+R5                       (直线插补逼近)
  R10=R10+R6                                  (离心角 t 递增)
IF R10<=360 GOTOB AAA                         (加工条件判断)
```

第

20

章

抛物曲线铣削

抛物线方程、图形和顶点如表 20-1 所示。由于后边三个图可看成是将第一个图分别逆时针方向旋转 180°、90°、270°后得到，因此可以只用标准方程 $y^2 = 2px$ 和其图形编制加工宏程序即可。

表 20-1　抛物线方程、图形和顶点

方程	图形	顶点	对称轴	方程	图形	顶点	对称轴
$y^2 = 2px$（标准方程）		$A(0,0)$	X 正半轴	$x^2 = 2py$		$A(0,0)$	Y 正半轴
$y^2 = -2px$		$A(0,0)$	X 负半轴	$x^2 = -2py$		$A(0,0)$	Y 负半轴

　　如图 20-1 所示，数控铣削加工含抛物曲线段零件的外轮廓，抛物曲线方程为 $y^2 = 18x$，试编制其加工宏程序。

图 20-1　含抛物曲线段零件

　　抛物曲线几何参数模型如图 20-2 所示。设工件坐标系原点在抛物曲线顶点，编制加工程序如下。

　　#1=25　　　　　　　　　　　　　　　（曲线上端点与曲线顶点距离 I 赋值）

Ⓐ	Ⓑ	Ⓘ	Ⓙ	Ⓧ	Ⓨ
端点*M*与轴线距离	端点*N*与轴线距离	端点*M*与曲线顶点距离	端点*N*与曲线顶点距离	抛物曲线顶点在工件坐标系中的*X*坐标值	抛物曲线顶点在工件坐标系中的*Y*坐标值

图 20-2　抛物曲线几何参数模型

♯2＝35	（曲线下端点与曲线顶点距离 J 赋值）
♯3＝21.21	（曲线上端点与轴线距离 A 赋值，可根据曲线公式计算）
♯4＝－25.1	（曲线下端点与轴线距离 B 赋值，可根据曲线公式计算）
♯5＝0	（曲线顶点在工件坐标系中的 X 坐标值）
♯6＝0	（曲线顶点在工件坐标系中的 Y 坐标值）
♯7＝0.2	（坐标递变量赋值）
♯10＝♯3	（加工 Y 坐标赋初值）
WHILE［♯10GE♯4］DO1	（加工条件判断）
♯11＝♯10*♯10/18	（计算 X 坐标值）
G01 X［♯11＋♯5］Y［♯10＋♯6］	（直线插补逼近曲线）
♯10＝♯10－♯7	（加工 Y 坐标递减）
END1	（循环结束）

上述程序选择 *Y* 坐标为自变量，若选择 *X* 坐标为自变量编制加工程序如下。

♯1＝25	（曲线上端点与曲线顶点距离 I 赋值）
♯2＝35	（曲线下端点与曲线顶点距离 J 赋值）
♯3＝21.21	（曲线上端点与轴线距离 A 赋值，可根据曲线公式计算）
♯4＝－25.1	（曲线下端点与轴线距离 B 赋值，可根据曲线公式计算）
♯5＝0	（曲线顶点在工件坐标系中的 X 坐标值）
♯6＝0	（曲线顶点在工件坐标系中的 Y 坐标值）
♯7＝0.2	（坐标递变量赋值）
♯10＝♯1	（加工 X 坐标赋初值）

```
WHILE [#10GE0] DO1                    (加工条件判断)
   #11＝SQRT[18*#10]                  (计算 Y 坐标值)
   G01 X[#10＋#5] Y[#11＋#6]          (直线插补逼近曲线)
   #10＝#10－#7                       (加工 X 坐标递减)
END1                                  (循环结束)
#10＝0                                (加工 X 坐标赋初值)
WHILE [#10LE#2] DO2                   (加工条件判断)
   #11＝－SQRT[18*#10]                (计算 Y 坐标值)
   G01 X[#10＋#5] Y[#11＋#6]          (直线插补逼近曲线)
   #10＝#10＋#7                       (加工 X 坐标递减)
END2                                  (循环结束)
```

◆【华中宏程序】******

```
#1＝25                                (曲线上端点与曲线顶点距离 I 赋值)
#2＝35                                (曲线下端点与曲线顶点距离 J 赋值)
#3＝21.21                             (曲线上端点与轴线距离 A 赋值,可根据曲线公式计算)
#4＝－25.1                            (曲线下端点与轴线距离 B 赋值,可根据曲线公式计算)
#5＝0                                 (曲线顶点在工件坐标系中的 X 坐标值)
#6＝0                                 (曲线顶点在工件坐标系中的 Y 坐标值)
#7＝0.2                               (坐标递变量赋值)
#10＝#3                               (加工 Y 坐标赋初值)
WHILE #10GE#4                         (加工条件判断)
   #11＝#10*#10/18                    (计算 X 坐标值)
   G01 X[#11＋#5] Y[#10＋#6]          (直线插补逼近曲线)
   #10＝#10－#7                       (加工 Y 坐标递减)
ENDW                                  (循环结束)
```

◇【SIEMENS 参数程序】******

```
R1＝25                                (曲线上端点与曲线顶点距离 I 赋值)
R2＝35                                (曲线下端点与曲线顶点距离 J 赋值)
R3＝21.21                             (曲线上端点与轴线距离 A 赋值,可根据曲线公式计算)
R4＝－25.1                            (曲线下端点与轴线距离 B 赋值,可根据曲线公式计算)
R5＝0                                 (曲线顶点在工件坐标系中的 X 坐标值)
R6＝0                                 (曲线顶点在工件坐标系中的 Y 坐标值)
R7＝0.2                               (坐标递变量赋值)
R10＝R3                               (加工 Y 坐标赋初值)
AAA:                                  (加工条件判断)
   R11＝R10*R10/18                    (计算 X 坐标值)
   G01 X＝R11＋R5 Y＝R10＋R6          (直线插补逼近曲线)
   R10＝R10－R7                       (加工 Y 坐标递减)
IF R10>=R4 GOTOB AAA                  (循环结束)
```

第

21

章

双曲线铣削

双曲线方程、图形与中心坐标如表 21-1 所示。

表 21-1　双曲线方程、图形与中心坐标

方程	$\dfrac{x^2}{a^2}-\dfrac{y^2}{b^2}=1$（标准方程）	$-\dfrac{x^2}{a^2}+\dfrac{y^2}{b^2}=1$
图形		
中心坐标	$G(0,0)$	$G(0,0)$
半轴	实半轴 a、虚半轴 b	实半轴 b、虚半轴 a

表 21-1 中左图第Ⅰ、Ⅳ象限（右部）内的双曲线段可表示为

$$x=a\sqrt{1+\frac{y^2}{b^2}}$$

第Ⅱ、Ⅲ象限（左部）内的双曲线可以看作由该双曲线段绕中心旋转 180°所得；右图中第Ⅰ、Ⅱ象限（上部）内的双曲线段可以看作由该双曲线段旋转 90°所得，第Ⅲ、Ⅳ象限（下部）内的双曲线段可以看作由该双曲线段旋转 270°所得。也就是说任何一段双曲线段均可看作由 $x=a\sqrt{1+\dfrac{y^2}{b^2}}$ 的双曲线段经过适当旋转所得。

如图 21-1 所示含双曲线段的凸台零件，双曲线方程为 $\dfrac{x^2}{4^2}-\dfrac{y^2}{3^2}=1$，试编制该零件双曲线部分轮廓的加工程序。

图 21-1　含双曲线凸台零件

设工件坐标原点在双曲线中心，编制加工程序如下。

```
#1=4                                    （双曲线实半轴 a 赋值）
#2=3                                    （双曲线虚半轴 b 赋值）
#3=5                                    （加工深度 H 赋值）
#4=14.695                               （曲线加工起点 y 坐标值赋值，可根据曲线公
                                          式计算）

#5=0.2                                  （加工坐标递变量）
#10=0                                   （坐标旋转角度赋初值）
WHILE [#10LE180] DO1                    （循环条件判断）
  G68 X0 Y0 R#10                        （坐标旋转设定）
  G00 G42 X20 Y#4 D01                   （建立刀具半径补偿）
  G01 Z-#3                              （下刀到加工平面）
  #20=#4                                （加工 y 坐标赋初值）
  WHILE [#20GE-#4] DO2                  （加工条件判断）
    #21=#1*SQRT[1+#20*#20/[#2*#2]]      （计算 x 坐标值）
    G01 X#21 Y#20                       （直线插补逼近双曲线段）
    #20=#20-#5                          （y 坐标值递减）
  END2                                  （循环结束）
  G00 Z10                               （抬刀）
  G40 X50 Y50                           （取消刀具半径补偿）
  G69                                   （取消坐标旋转）
  #10=#10+180                           （坐标旋转角度递增）
END1                                    （循环结束）
G00Z50                                  （抬刀）
```

◆ 【华中宏程序】 ＊＊＊＊＊＊

```
#1=4                                    （双曲线实半轴 a 赋值）
#2=3                                    （双曲线虚半轴 b 赋值）
#3=5                                    （加工深度 H 赋值）
#4=14.695                               （曲线加工起点 y 坐标值赋值，可根据曲线公
                                          式计算）

#5=0.2                                  （加工坐标递变量）
#10=0                                   （坐标旋转角度赋初值）
WHILE #10LE180                          （循环条件判断）
  G68 X0 Y0 P[#10]                      （坐标旋转设定）
  G00 G42 X20 Y[#4] D01                 （建立刀具半径补偿）
  G01 Z[-#3]                            （下刀到加工平面）
  #20=#4                                （加工 y 坐标赋初值）
  WHILE #20GE-#4                        （加工条件判断）
    #21=#1*SQRT[1+#20*#20/[#2*#2]]      （计算 x 坐标值）
    G01 X[#21] Y[#20]                   （直线插补逼近双曲线段）
    #20=#20-#5                          （y 坐标值递减）
  ENDW                                  （循环结束）
  G00 Z10                               （抬刀）
```

```
  G40 X50 Y50                                    (取消刀具半径补偿)
  G69                                            (取消坐标旋转)
  #10＝#10+180                                   (坐标旋转角度递增)
ENDW                                             (循环结束)
G00 Z50                                          (抬刀)
```

◇ 【SIEMENS 参数程序】 ＊＊＊＊＊＊

```
R1＝4                                            (双曲线实半轴 a 赋值)
R2＝3                                            (双曲线虚半轴 b 赋值)
R3＝5                                            (加工深度 H 赋值)
R4＝14.695                                       (曲线加工起点 y 坐标值赋值,可根据曲线公式
                                                 计算)

R5＝0.2                                          (加工坐标递变量)
R10＝0                                           (坐标旋转角度赋初值)
AAA:                                             (程序跳转标记符)
  ROT RPL＝R10                                   (坐标旋转设定)
  G00 G42 X20 YR4 D01                            (建立刀具半径补偿)
  G01 Z－R3                                      (下刀到加工平面)
  R20＝R4                                        (加工 y 坐标赋初值)
  BBB:                                           (程序跳转标记符)
    R21＝R1＊SQRT(1+R20＊R20/(R2＊R2))           (计算 x 坐标值)
    G01 X＝R21 Y＝R20                            (直线插补逼近双曲线段)
    R20＝R20－R5                                 (y 坐标值递减)
  IF R20>＝－R4 GOTOB BBB                        (加工条件判断)
  G00 Z10                                        (抬刀)
  G40 X50 Y50                                    (取消刀具半径补偿)
  ROT                                            (取消坐标旋转)
  R10＝R10+180                                   (坐标旋转角度递增)
IF R10<＝180 GOTOB AAA                           (加工条件判断)
G00Z50                                           (抬刀)
```

第

22

章

正弦曲线铣削

22.1 平面正弦曲线

铣削如图 22-1 所示含两正弦曲线段零件外轮廓，曲线方程分别为 $x = 5\sin\theta$ 和 $y = 5\sin\theta$，振幅为 5mm，均只有一个周期，一个周期内对应长度值 60mm，则曲线另一坐标方程分别为 $y = 60 \times \dfrac{\theta}{360}$ 和 $x = 60 \times \dfrac{\theta}{360}$。

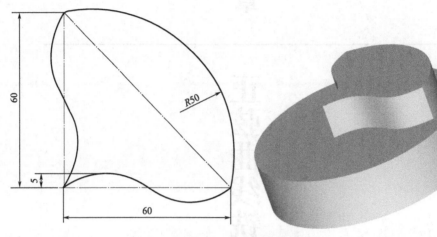

图 22-1　含正弦曲线轮廓

♯1＝5	（正弦曲线振幅赋值）
♯2＝60	（曲线长度赋值）
♯3＝360	（曲线周期赋值）
♯4＝1	（角度增量赋值）
♯10＝0	（加工初始角度）
WHILE［♯10LE♯3］DO1	（第一条正弦曲线加工条件判断）
♯11＝♯2＊♯10/360	（计算 X 坐标值）
♯12＝♯1＊SIN［♯10］	（计算 Y 坐标值）
G01 X♯11 Y♯12	（直线插补拟合正弦曲线）
♯10＝♯10＋♯4	（角度递增）
END1	（循环结束）
G03 X0 Y60 R50	（圆弧插补加工连接圆弧）
♯10＝♯3	（加工初始角度）
WHILE［♯10GE0］DO1	（第二条正弦曲线加工条件判断）
♯11＝♯1＊SIN［♯10］	（计算 X 坐标值）
♯12＝♯2＊♯10/360	（计算 Y 坐标值）
G01 X♯11 Y♯12	（直线插补拟合正弦曲线）
♯10＝♯10－♯4	（角度递减）
END1	（循环结束）

◆【华中宏程序】＊＊＊＊＊＊

♯1＝5　　　　　　　　　　　　　　（正弦曲线振幅赋值）

```
♯2＝60                          (曲线长度赋值)
♯3＝360                         (曲线周期赋值)
♯4＝1                          (角度增量赋值)
♯10＝0                         (加工初始角度)
WHILE ♯10LE♯3                   (第一条正弦曲线加工条件判断)
    ♯11＝♯2*♯10/360              (计算 X 坐标值)
    ♯12＝♯1*SIN[♯10*PI/180]       (计算 Y 坐标值)
    G01 X[♯11] Y[♯12]           (直线插补拟合正弦曲线)
    ♯10＝♯10＋♯4                 (角度递增)
ENDW                           (循环结束)
G03 X0 Y60 R50                  (圆弧插补加工连接圆弧)
♯10＝♯3                        (加工初始角度)
WHILE ♯10GE0                    (第二条正弦曲线加工条件判断)
    ♯11＝♯1*SIN[♯10*PI/180]       (计算 X 坐标值)
    ♯12＝♯2*♯10/360              (计算 Y 坐标值)
    G01 X[♯11] Y[♯12]           (直线插补拟合正弦曲线)
    ♯10＝♯10－♯4                 (角度递减)
ENDW                           (循环结束)
```

◇【SIEMENS 参数程序】******

```
R1＝5                           (正弦曲线振幅赋值)
R2＝60                          (曲线长度赋值)
R3＝360                         (曲线周期赋值)
R4＝1                          (角度增量赋值)
R10＝0                         (加工初始角度)
AAA:                           (程序跳转标记符)
    R11＝R2*R10/360             (计算 X 坐标值)
    R12＝R1*SIN(R10)            (计算 Y 坐标值)
    G01 X＝R11 Y＝R12           (直线插补拟合正弦曲线)
    R10＝R10＋R4                (角度递增)
IF R10<=R3 GOTOB AAA            (第一条正弦曲线加工条件判断)
G03 X0 Y60CR＝50                (圆弧插补加工连接圆弧)
R10＝R3                        (加工初始角度)
BBB:                           (程序跳转标记符)
    R11＝R1*SIN(R10)            (计算 X 坐标值)
    R12＝R2*R10/360             (计算 Y 坐标值)
    G01 X＝R11 Y＝R12           (直线插补拟合正弦曲线)
    R10＝R10－R4                (角度递减)
IF R10>=R3 GOTOB BBB            (第二条正弦曲线加工条件判断)
```

22.2　空间正弦曲线

数控铣削加工如图 22-2 所示空间曲线槽，该曲线槽由一个周期的两条正弦曲线 $y=$

$25\sin\theta$ 和 $z=5\sin\theta$ 叠加而成，刀具中心轨迹如图 22-3 所示。试编制其加工程序。

图 22-2　正弦曲线槽铣削加工

图 22-3　正弦曲线 $y=25\sin\theta$ 和 $z=5\sin\theta$

为了方便编制程序，采用粗微分方法忽略插补误差来加工，即以 X 为自变量，取相邻两点间的 X 向距离相等，间距为 0.2mm，然后用正弦曲线方程 $y=25\sin\theta$ 和 $z=5\sin\theta$ 分别计算出各点对应的 Y 值和 Z 值，进行空间直线插补，以空间直线来逼近空间曲线。正弦曲线一个周期（$360°$）对应的 X 轴长度为 72mm，因此任意 X 值对应角度 $\theta=\dfrac{360x}{72}$。正弦空间曲线槽槽底为 $R4\text{mm}$ 的圆弧，加工时采用球半径为 $SR4\text{mm}$ 的球头铣刀在平面实体零件上铣削出该空间曲线槽。

```
#1＝0                          （加工起点坐标赋值）
#2＝72                         （加工终点坐标赋值）
#3＝0.2                        （坐标递变量赋值）
#4＝6                          （加工深度赋值）
#5＝1                          （加工深度 z 坐标值赋初值）
WHILE［#5LE#4］DO1              （加工深度条件判断）
  G01 Z－#5                     （直线插补切削至加工深度）
  #10＝#1                      （x 值赋初值）
  WHILE［#10LT#2］DO2            （加工条件判断）
    #10＝#10＋#3                （x 值加增量）
    #11＝360＊#10/72            （计算对应的角度值）
    #12＝25＊SIN［#11］          （计算 y 坐标值）
    #13＝5＊SIN［#11］－#5        （计算 z 坐标值）
    G01 X［#10］Y［#12］Z［#13］   （切削空间直线逐段逼近空间曲线）
  END2                         （循环结束）
  G00 Z30                      （退刀）
  X0 Y0                        （加工起点上平面定位）
  #5＝#5＋2.5                   （加工深度递增）
END1                           （循环结束）
```

◆【华中宏程序】＊＊＊＊＊＊

```
#1＝0                          （加工起点坐标赋值）
#2＝72                         （加工终点坐标赋值）
#3＝0.2                        （坐标递变量赋值）
#4＝6                          （加工深度赋值）
#5＝1                          （加工深度 z 坐标值赋初值）
WHILE #5LE#4                   （加工深度条件判断）
  G01 Z［－#5］                  （直线插补切削至加工深度）
  #10＝#1                      （x 值赋初值）
  WHILE #10LT#2                （加工条件判断）
    #10＝#10＋#3                （x 值加增量）
    #11＝360＊#10/72            （计算对应的角度值）
    #12＝25＊SIN［#11＊PI/180］   （计算 y 坐标值）
    #13＝5＊SIN［#11＊PI/180］－#5 （计算 z 坐标值）
    G01 X［#10］Y［#12］Z［#13］   （切削空间直线逐段逼近空间曲线）
  ENDW                         （循环结束）
```

```
  G00 Z30                              (退刀)
  X0 Y0                                (加工起点上平面定位)
  #5=#5+2.5                            (加工深度递增)
ENDW                                   (循环结束)
```

◇ 【SIEMENS 参数程序】******

```
R1=0                                   (加工起点坐标赋值)
R2=72                                  (加工终点坐标赋值)
R3=0.2                                 (坐标递变量赋值)
R4=6                                   (加工深度赋值)
R5=1                                   (加工深度 z 坐标值赋初值)
AAA:                                   (程序跳转标记符)
  G01 Z=-R5                           (直线插补切削至加工深度)
  R10=R1                               (x 值赋初值)
  BBB:                                 (程序跳转标记符)
    R10=R10+R3                         (x 值加增量)
    R11=360*R10/72                     (计算对应的角度值)
    R12=25*SIN(R11)                    (计算 y 坐标值)
    R13=5*SIN(R11)-R5                  (计算 z 坐标值)
    G01 X=R10 Y=R12 Z=R13             (切削空间直线逐段逼近空间曲线)
  IF R10<R2 GOTOB BBB                  (加工条件判断)
  G00 Z30                              (退刀)
  X0 Y0                                (加工起点上平面定位)
  R5=R5+2.5                            (加工深度递增)
IF R5<=R4 GOTOB AAA                    (加工条件判断)
```

数控铣削如图 22-4 所示圆筒零件，圆筒内径 ϕ40mm，外径 ϕ50mm，端面上有一个沿着圆周方向分布的正弦曲线，振幅为 4mm，包括两个周期（2×360°=720°）。

正弦曲线展开图

图 22-4　空间正弦曲面圆筒零件

下面分别采用环切和放射形加工两种走刀方式编程。环切方式如图 22-5(a) 所示，是每次沿圆周方向铣削一个环形空间正弦曲线，然后向内移动一个圆筒半径方向的步距，再铣削第二个环形空间正弦曲线，依次加工，直至加工出整个正弦曲面。

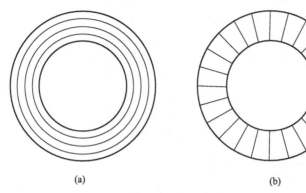

(a)   (b)

图 22-5　走刀方式

```
#1＝40                          (圆筒内径赋值)
#2＝50                          (圆筒外径赋值)
#3＝4                           (正弦曲线振幅赋值)
#4＝720                         (正弦曲线角度赋值)
#5＝1                           (圆筒半径方向移动步距赋值)
#6＝1                           (正弦曲线加工角度递变量赋值)
#10＝#2                         (加工圆周直径赋初值)
WHILE [#10GE#1] DO1             (加工条件判断)
  #20＝0                        (正弦曲线加工角度赋初值)
  WHILE [#20LE#4] DO2           (加工条件判断)
    #21＝360*#20/#4             (计算加工圆周上点对应的旋转角)
    #22＝#10*0.5*COS[#21]       (计算 X 坐标值)
    #23＝#10*0.5*SIN[#21]       (计算 Y 坐标值)
    #24＝#3*SIN[#20]            (计算 Z 坐标值)
    G01 X#22 Y#23 Z#24          (直线插补拟合曲线)
    #20＝#20＋#6                (曲线加工角度递增)
  END2                         (循环体 2 结束)
  #10＝#10－#5                  (圆周直径递减)
END1                           (循环体 1 结束)
```

◆【华中宏程序】******

```
#1＝40                          (圆筒内径赋值)
#2＝50                          (圆筒外径赋值)
#3＝4                           (正弦曲线振幅赋值)
#4＝720                         (正弦曲线角度赋值)
#5＝1                           (圆筒半径方向移动步距赋值)
#6＝1                           (正弦曲线加工角度递变量赋值)
#10＝#2                         (加工圆周直径赋初值)
WHILE #10GE#1                   (加工条件判断)
```

```
    #20＝0                                (正弦曲线加工角度赋初值)
    WHILE ＃20LE＃4                        (加工条件判断)
      #21＝360＊#20/#4                     (计算加工圆周上点对应的旋转角)
      #22＝#10＊0.5＊COS[#21＊PI/180]      (计算 X 坐标值)
      #23＝#10＊0.5＊SIN[#21＊PI/180]      (计算 Y 坐标值)
      #24＝#3＊SIN[#20＊PI/180]            (计算 Z 坐标值)
      G01 X[#22] Y[#23] Z[#24]            (直线插补拟合曲线)
      #20＝#20＋#6                         (曲线加工角度递增)
    ENDW                                  (循环结束)
    #10＝#10－#5                           (圆周直径递减)
ENDW                                      (循环结束)
```

◇【SIEMENS 参数程序】＊＊＊＊＊＊

```
R1＝40                                    (圆筒内径赋值)
R2＝50                                    (圆筒外径赋值)
R3＝4                                     (正弦曲线振幅赋值)
R4＝720                                   (正弦曲线角度赋值)
R5＝1                                     (圆筒半径方向移动步距赋值)
R6＝1                                     (正弦曲线加工角度递变量赋值)
R10＝R2                                   (加工圆周直径赋初值)
AAA:                                      (程序跳转标记)
  R20＝0                                  (正弦曲线加工角度赋初值)
  BBB:                                    (程序跳转标记)
    R21＝360＊R20/R4                       (计算加工圆周上点对应的旋转角)
    R22＝R10＊0.5＊COS(R21)               (计算 X 坐标值)
    R23＝R10＊0.5＊SIN(R21)               (计算 Y 坐标值)
    R24＝R3＊SIN(R20)                      (计算 Z 坐标值)
    G01 X＝R22 Y＝R23 Z＝R24              (直线插补拟合曲线)
    R20＝R20＋R6                           (曲线加工角度递增)
  IF R20<＝R4 GOTOB BBB                   (加工条件判断)
  R10＝R10－R5                            (圆周直径递减)
IF R10>＝R1 GOTOB AAA                     (加工条件判断)
```

　　放射形切削方式如图 22-5（b）所示，是每次沿半径方向向内铣削一个壁厚距离，然后在圆周方向移动一个角度步距，再向外铣削一个壁厚距离，同时 Z 向高度随角度的不同而变化，最后加工出整个正弦曲面。

```
    #1＝40                                (圆筒内径赋值)
    #2＝50                                (圆筒外径赋值)
    #3＝4                                 (正弦曲线振幅赋值)
    #4＝720                               (正弦曲线角度赋值)
    #5＝1                                 (正弦曲线加工角度递变量赋值)
    #10＝0                                (正弦曲线加工角度赋初值)
    WHILE [#10LE#4] DO1                   (加工条件判断,注意本循环内刀具的往返加工)
      #11＝360＊#10/#4                     (计算加工圆周上点对应的旋转角)
```

```
#12=#2*0.5*COS[#11]                     (计算外正弦曲线上点的X坐标值)
#13=#2*0.5*SIN[#11]                     (计算外正弦曲线上点的Y坐标值)
#14=#1*0.5*COS[#11]                     (计算内正弦曲线上点的X坐标值)
#15=#1*0.5*SIN[#11]                     (计算内正弦曲线上点的Y坐标值)
#16=#3*SIN[#10]                         (计算正弦曲线上点的Z坐标值)
G01 X#12 Y#13 Z#16                      (切削加工到外侧点,刀具定位)
X#14 Y#15                               (切削加工到内侧点,往加工)
#10=#10+#5                              (曲线加工角度递增)
#11=360*#10/#4                          (计算加工圆周上点对应的旋转角)
#12=#2*0.5*COS[#11]                     (计算外正弦曲线上点的X坐标值)
#13=#2*0.5*SIN[#11]                     (计算外正弦曲线上点的Y坐标值)
#14=#1*0.5*COS[#11]                     (计算内正弦曲线上点的X坐标值)
#15=#1*0.5*SIN[#11]                     (计算内正弦曲线上点的Y坐标值)
#16=#3*SIN[#10]                         (计算正弦曲线上点的Z坐标值)
G01 X#14 Y#15 Z#16                      (切削加工到内侧点,刀具定位)
X#12 Y#13                               (切削加工到外侧点,返加工)
#10=#10+#5                              (曲线加工角度递增)
END1                                    (循环结束)
```

◆ 【华中宏程序】＊＊＊＊＊＊

```
#1=40                                   (圆筒内径赋值)
#2=50                                   (圆筒外径赋值)
#3=4                                    (正弦曲线振幅赋值)
#4=720                                  (正弦曲线角度赋值)
#5=1                                    (正弦曲线加工角度递变量赋值)
#10=0                                   (正弦曲线加工角度赋初值)
WHILE #10LE#4                           (加工条件判断,注意本循环内刀具的往返加工)
  #11=360*#10/#4                        (计算加工圆周上点对应的旋转角)
  #12=#2*0.5*COS[#11*PI/180]            (计算外正弦曲线上点的X坐标值)
  #13=#2*0.5*SIN[#11*PI/180]            (计算外正弦曲线上点的Y坐标值)
  #14=#1*0.5*COS[#11*PI/180]            (计算内正弦曲线上点的X坐标值)
  #15=#1*0.5*SIN[#11*PI/180]            (计算内正弦曲线上点的Y坐标值)
  #16=#3*SIN[#10*PI/180]               (计算正弦曲线上点的Z坐标值)
  G01 X[#12] Y[#13] Z[#16]              (切削加工到外侧点,刀具定位)
  X[#14] Y[#15]                         (切削加工到内侧点,往加工)
  #10=#10+#5                            (曲线加工角度递增)
  #11=360*#10/#4                        (计算加工圆周上点对应的旋转角)
  #12=#2*0.5*COS[#11*PI/180]            (计算外正弦曲线上点的X坐标值)
  #13=#2*0.5*SIN[#11*PI/180]            (计算外正弦曲线上点的Y坐标值)
  #14=#1*0.5*COS[#11*PI/180]            (计算内正弦曲线上点的X坐标值)
  #15=#1*0.5*SIN[#11*PI/180]            (计算内正弦曲线上点的Y坐标值)
  #16=#3*SIN[#10*PI/180]               (计算正弦曲线上点的Z坐标值)
  G01 X[#14] Y[#15] Z[#16]              (切削加工到内侧点,刀具定位)
  X[#12] Y[#13]                         (切削加工到外侧点,返加工)
```

```
    #10=#10+#5                          (曲线加工角度递增)
    ENDW                                 (循环结束)
```

◇【SIEMENS 参数程序】＊＊＊＊＊＊

```
    R1=40                                (圆筒内径赋值)
    R2=50                                (圆筒外径赋值)
    R3=4                                 (正弦曲线振幅赋值)
    R4=720                               (正弦曲线角度赋值)
    R5=1                                 (正弦曲线加工角度递变量赋值)
    R10=0                                (正弦曲线加工角度赋初值)
    AAA:                                 (程序跳转标记符)
      R11=360*R10/R4                     (计算加工圆周上点对应的旋转角)
      R12=R2*0.5*COS(R11)                (计算外正弦曲线上点的 X 坐标值)
      R13=R2*0.5*SIN(R11)                (计算外正弦曲线上点的 Y 坐标值)
      R14=R1*0.5*COS(R11)                (计算内正弦曲线上点的 X 坐标值)
      R15=R1*0.5*SIN(R11)                (计算内正弦曲线上点的 Y 坐标值)
      R16=R3*SIN(R10)                    (计算正弦曲线上点的 Z 坐标值)
      G01 X=R12 Y=R13 Z=R16              (切削加工到外侧点,刀具定位)
      X=R14 Y=R15                        (切削加工到内侧点,往加工)
      R10=R10+R5                         (曲线加工角度递增)
      R11=360*R10/R4                     (计算加工圆周上点对应的旋转角)
      R12=R2*0.5*COS(R11)                (计算外正弦曲线上点的 X 坐标值)
      R13=R2*0.5*SIN(R11)                (计算外正弦曲线上点的 Y 坐标值)
      R14=R1*0.5*COS(R11)                (计算内正弦曲线上点的 X 坐标值)
      R15=R1*0.5*SIN(R11)                (计算内正弦曲线上点的 Y 坐标值)
      R16=R3*SIN(R10)                    (计算正弦曲线上点的 Z 坐标值)
      G01 X=R14 Y=R15 Z=R16              (切削加工到内侧点,刀具定位)
      X=R12 Y=R13                        (切削加工到外侧点,返加工)
      R10=R10+R5                         (曲线加工角度递增)
    IF R10<=R4 GOTOB AAA                 (加工条件判断)
```

第

23

章

阿基米德螺线铣削

23.1　螺线段铣削

阿基米德螺线的标准极坐标方程为：

$$\rho = \rho_0 + kt$$

其中，ρ 为极半径，mm；t 为极角，(°)，表示转过的角度；ρ_0 为 $t=0$ 时的极半径，mm；k 为阿基米德螺线系数，mm/(°)，表示每转 1°时极半径的增加或减少量。

从 $A \rightarrow B$ 点，A 点的极角 $t=0°$，如图 23-1(a) 所示 A 点的极半径 $\rho = 10$mm，终点 B 的极角为 90°，极半径为 25mm，阿基米德螺线系数 $k = \dfrac{25-10}{90-0} \approx 0.167$。

如图 23-1(b) 所示 A 点的极半径 $\rho = 0$mm，终点 B 的极角为 360°，极半径为 24mm，阿基米德螺线系数 $k = \dfrac{24-0}{360-0} \approx 0.067$。

图 23-1　阿基米德螺线

将阿基米德螺线极坐标方程转换为直角坐标方程，用参数方程表示为：

$$\begin{cases} x = \rho\cos t \\ y = \rho\sin t \end{cases}$$

数控铣削加工如图 23-2 所示含阿基米德螺线凸轮外轮廓，螺线起点 A 的极半径为 36mm，极角 0°，螺线终点 B 的极半径为 50mm，极角 270°，则该螺线系数 $k = \dfrac{50-36}{270-0}$，设工件原点在 $R36$mm 圆弧圆心，编制加工宏程序如下：

#1＝36	（螺线起点 A 极半径）
#2＝50	（螺线终点 B 极半径）
#3＝0	（螺线起点 A 极角）
#4＝270	（螺线终点 B 极角）
#5＝[#2−#1]/[#4−#3]	（计算螺线系数）
#6＝1	（角度增量）

```
G00 X60 Y0                          (快进)
G00 G42 X46 Y－10 D01               (建立刀具半径补偿)
G02 X36 Y0 R10 F100                (圆弧切入)
＃10＝＃3                           (极角初始值)
WHILE [＃10LT＃4] DO1               (加工条件判断)
  ＃10＝＃10＋＃6                    (极角递增)
  ＃11＝＃1＋＃5＊＃10               (计算极半径)
  ＃12＝＃11＊COS[＃10]             (计算 X 坐标值)
  ＃13＝＃11＊SIN[＃10]             (计算 Y 坐标值)
  G01 X＃12 Y＃13                   (直线插补逼近曲线)
END1                                (循环结束)
G02X10. 55 Y－34. 42 R15            (圆弧插补)
G03 X36 Y0 R36                      (圆弧插补)
G02 X46 Y10 R10                     (圆弧切出)
G00 G40 X60 Y0                      (取消刀具半径补偿)
```

图 23-2　凸轮

◆【华中宏程序】＊＊＊＊＊＊

```
＃1＝36                             (螺线起点 A 极半径)
＃2＝50                             (螺线终点 B 极半径)
＃3＝0                              (螺线起点 A 极角)
＃4＝270                            (螺线终点 B 极角)
＃5＝[＃2－＃1]/[＃4－＃3]          (计算螺线系数)
＃6＝1                              (角度增量)
G00 X60 Y0                          (快进)
G00 G42 X46 Y－10 D01               (建立刀具半径补偿)
G02 X36 Y0 R10 F100                (圆弧切入)
＃10＝＃3                           (极角初始值)
WHILE ＃10LT＃4                     (加工条件判断)
  ＃10＝＃10＋＃6                    (极角递增)
  ＃11＝＃1＋＃5＊＃10               (计算极半径)
  ＃12＝＃11＊COS[＃10＊PI/180]     (计算 X 坐标值)
```

```
  #13=#11*SIN[#10*PI/180]          (计算 Y 坐标值)
  G01 X[#12] Y[#13]                (直线插补逼近曲线)
ENDW                                (循环结束)
G02 X10.55 Y-34.42 R15             (圆弧插补)
G03 X36 Y0 R36                      (圆弧插补)
G02 X46 Y10 R10                     (圆弧切出)
G00 G40 X60 Y0                      (取消刀具半径补偿)
```

◇【SIEMENS 参数程序】******

```
R1=36                              (螺线起点 A 极半径)
R2=50                              (螺线终点 B 极半径)
R3=0                               (螺线起点 A 极角)
R4=270                             (螺线终点 B 极角)
R5=(R2-R1)/(R4-R3)                 (计算螺线系数)
R6=1                               (角度增量)
G00 X60 Y0                         (快进)
G00 G42 X46 Y-10 D01               (建立刀具半径补偿)
G02 X36 Y0CR=10 F100               (圆弧切入)
R10=R3                             (极角初始值)
AAA:                               (程序跳转标记)
  R10=R10+R6                       (极角递增)
  R11=R1+R5*R10                    (计算极半径)
  R12=R11*COS(R10)                 (计算 X 坐标值)
  R13=R11*SIN(R10)                 (计算 Y 坐标值)
  G01 X=R12 Y=R13                  (直线插补逼近曲线)
IF R10<R4 GOTOB AAA                (加工条件判断)
G02 X10.55 Y-34.42CR=15            (圆弧插补)
G03 X36 Y0 CR=36                   (圆弧插补)
G02 X46 Y10 CR=10                  (圆弧切出)
G00 G40 X60 Y0                     (取消刀具半径补偿)
```

数控铣削加工如图 23-3 所示阿基米德螺线凹槽，加工螺线段起点极角 165°，终点极角

图 23-3 阿基米德螺线凹槽

560°，从 0°～360°极半径增量为 20mm，所以该螺线系数 $k = \dfrac{20}{360}$，凹槽宽度 6mm，槽深 1mm。

设工件坐标原点在工件上表面的阿基米德螺线中心上，选择 ϕ6mm 键槽立铣刀加工，编制加工宏程序如下。

```
＃1＝165                          （加工螺线段起点极角赋值）
＃2＝560                          （加工螺线段终点极角赋值）
＃3＝20/360                       （螺线系数计算）
＃4＝1                            （加工深度赋值）
＃5＝1                            （加工角度递变量赋值）
＃10＝＃1                         （将加工螺线段起点极角赋给＃10）
＃11＝0＋＃10＊＃3                （计算螺线起点极半径）
＃12＝＃11＊COS[＃10]             （计算螺线起点的 x 坐标值）
＃13＝＃11＊SIN[＃10]             （计算螺线起点的 y 坐标值）
G00 X＃12 Y＃13                   （刀具定位）
G01 Z－＃4F100                    （刀具下降到加工平面）
WHILE [＃10LE＃2] DO1             （加工条件判断）
  ＃11＝0＋＃10＊＃3              （计算加工点的极半径值）
  ＃12＝＃11＊COS[＃10]           （计算加工点的 x 坐标值）
  ＃13＝＃11＊SIN[＃10]           （计算加工点的 y 坐标值）
  G03 X＃12 Y＃13 R＃11          （圆弧插补逼近螺线）
  ＃10＝＃10＋＃5                （加工角度递增）
END1                             （循环结束）
G00 Z50                          （抬刀）
```

◆【华中宏程序】＊＊＊＊＊＊

```
＃1＝165                          （加工螺线段起点极角赋值）
＃2＝560                          （加工螺线段终点极角赋值）
＃3＝20/360                       （螺线系数计算）
＃4＝1                            （加工深度赋值）
＃5＝1                            （加工角度递变量赋值）
＃10＝＃1                         （将加工螺线段起点极角赋给＃10）
＃11＝0＋＃10＊＃3                （计算螺线起点极半径）
＃12＝＃11＊COS[＃10]             （计算螺线起点的 x 坐标值）
＃13＝＃11＊SIN[＃10]             （计算螺线起点的 y 坐标值）
G00 X[＃12] Y[＃13]               （刀具定位）
G01 Z[－＃4] F100                 （刀具下降到加工平面）
WHILE ＃10LE＃2                   （加工条件判断）
  ＃11＝0＋＃10＊＃3              （计算加工点的极半径值）
  ＃12＝＃11＊COS[＃10＊PI/180]   （计算加工点的 x 坐标值）
  ＃13＝＃11＊SIN[＃10＊PI/180]   （计算加工点的 y 坐标值）
  G03 X[＃12] Y[＃13] R[＃11]     （圆弧插补逼近螺线）
  ＃10＝＃10＋＃5                （加工角度递增）
```

```
ENDW                                    （循环结束）
G00 Z50                                 （抬刀）
```

◇【SIEMENS 参数程序】＊＊＊＊＊＊

```
R1＝165                                  （加工螺线段起点极角赋值）
R2＝560                                  （加工螺线段终点极角赋值）
R3＝20/360                               （螺线系数计算）
R4＝1                                    （加工深度赋值）
R5＝1                                    （加工角度递变量赋值）
R10＝R1                                  （将加工螺线段起点极角赋给 R10）
R11＝0＋R10＊R3                           （计算螺线起点极半径）
R12＝R11＊COS(R10)                        （计算螺线起点的 x 坐标值）
R13＝R11＊SIN(R10)                        （计算螺线起点的 y 坐标值）
G00 X＝R12 Y＝R13                         （刀具定位）
G01 Z＝－R4 F100                          （刀具下降到加工平面）
AAA:                                    （程序跳转标记）
  R11＝0＋R10＊R3                         （计算加工点的极半径值）
  R12＝R11＊COS(R10)                      （计算加工点的 x 坐标值）
  R13＝R11＊SIN(R10)                      （计算加工点的 y 坐标值）
  G03 X＝R12 Y＝R13 CR＝R11               （圆弧插补逼近螺线）
  R10＝R10＋R5                           （加工角度递增）
IF R10<＝R2 GOTOB AAA                     （加工条件判断）
G00 Z50                                 （抬刀）
```

23.2 螺旋铣削圆形平面

如图 23-4 所示圆形平面，直径 ϕ80mm，若要求采用阿基米德螺线进刀方式螺旋铣削该平面，试编程。

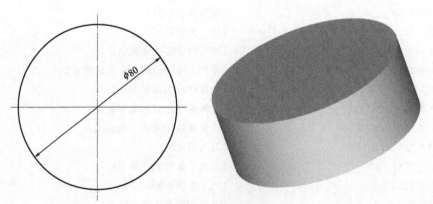

图 23-4 圆形平面

采用阿基米德螺线螺旋铣削圆形平面的走刀轨迹类似图 23-5 中蚊香，从外圈开始逐渐缩小半径，直至加工到平面中心。设工件坐标原点在圆形平面中心，选用 ϕ10mm 立铣刀，编制加工程序如下，仿真加工结果如图23-6所示。

图23-5 蚊香

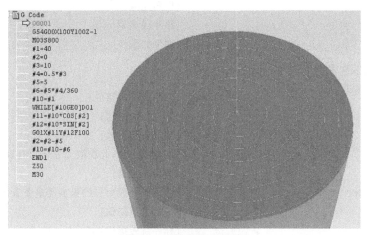

图23-6 仿真加工结果

♯1＝40	（圆平面半径赋值，如图23-4所示直径为80mm，半径为40mm）
♯2＝0	（起点极角赋值）
♯3＝10	（刀具直径10mm）
♯4＝0.5＊♯3	（每圈缩进量，此次取0.5倍刀具直径值）
♯5＝5	（角度递变量）
♯6＝♯5＊♯4/360	（角度递变量对应的极半径递变量计算）
♯10＝♯1	（极半径赋初值）
WHILE [♯10GE0] DO1	（加工条件判断）
♯11＝♯10＊COS[♯2]	（计算X坐标值）
♯12＝♯10＊SIN[♯2]	（计算Y坐标值）
G01 X♯11 Y♯12 F100	（直线插补逼近螺线）
♯2＝♯2－♯5	（极角递减）
♯10＝♯10－♯6	（极半径递减）
END1	（循环结束）

注意程序中♯6为角度递变量对应的极半径递变量，因为每圈缩进量为♯4，所以每1°对应的极半径递变量（即螺线系数）等于♯4/360，角度递变量为♯5，所以角度递变量对应

的极半径递变量♯6＝♯5＊♯4/360。

◆【华中宏程序】＊＊＊＊＊＊

```
♯1＝40                          (圆平面半径赋值)
♯2＝0                           (起点极角赋值)
♯3＝10                          (刀具直径赋值)
♯4＝0.5＊♯3                     (每圈缩进量,此次取 0.5 倍刀具直径值)
♯5＝5                           (角度递变量)
♯6＝♯5＊♯4/360                  (角度递变量对应的极半径递变量计算)
♯10＝♯1                         (极半径赋初值)
WHILE ♯10GE0                    (加工条件判断)
  ♯11＝♯10＊COS[♯2＊PI/180]      (计算 X 坐标值)
  ♯12＝♯10＊SIN[♯2＊PI/180]      (计算 Y 坐标值)
  G01 X[♯11] Y[♯12] F100        (直线插补逼近螺线)
  ♯2＝♯2－♯5                     (极角递减)
  ♯10＝♯10－♯6                   (极半径递减)
ENDW                            (循环结束)
```

◇【SIEMENS 参数程序】＊＊＊＊＊＊

```
R1＝40                          (圆平面半径赋值)
R2＝0                           (起点极角赋值)
R3＝10                          (刀具直径赋值)
R4＝0.5＊R3                     (每圈缩进量,此次取 0.5 倍刀具直径值)
R5＝5                           (角度递变量)
R6＝R5＊R4/360                  (角度递变量对应的极半径递变量计算)
R10＝R1                         (极半径赋初值)
AAA:                           (程序跳转标记)
  R11＝R10＊COS(R2)             (计算 X 坐标值)
  R12＝R10＊SIN(R2)             (计算 Y 坐标值)
  G01 X＝R11 Y＝R12 F100        (直线插补逼近螺线)
  R2＝R2－R5                    (极角递减)
  R10＝R10－R6                  (极半径递减)
IF R10>＝0 GOTOB AAA            (加工条件判断)
```

第

24

章

其他公式曲线铣削

利用变量编制零件的加工宏程序，一方面针对具有相似要素的零件，另一方面是针对具有某些规律需要进行插补运算的零件（如由非圆曲线构成的轮廓）。对这些要素编程就如同解方程，首先要寻找模型的参数，确定变量及其限定条件，设计逻辑关系，然后编写加工程序。

（1）星形线

星形线方程为

$$\begin{cases} x = a\cos^3\theta \\ y = a\sin^3\theta \end{cases}$$

其中，a 为定圆半径。如图 24-1 所示为定圆直径 $\phi80$mm 的星形线凸台零件，所以该曲线的方程为

$$\begin{cases} x = 40\cos^3\theta \\ y = 40\sin^3\theta \end{cases}$$

试编制数控铣削精加工该曲线外轮廓的宏程序。

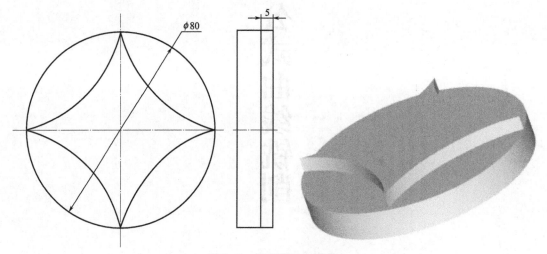

图 24-1　星形线凸台零件

设工件坐标原点在工件上表面对称中心，编制精加工宏程序如下（未考虑刀具半径补偿）。

```
#1＝40                                   (定圆半径 a 赋值)
#2＝0.5                                  (角度递变量赋值)
#10＝0                                   (θ 赋初值)
WHILE [#10LE360] DO1                     (加工条件判断)
  #20＝#1*COS[#10]*COS[#10]*COS[#10]     (计算 X 坐标值)
  #21＝#1*SIN[#10]*SIN[#10]*SIN[#10]     (计算 Y 坐标值)
  G01 X#20 Y#21                         (直线插补逼近星形线)
  #10＝#10＋#2                           (θ 递增)
END1                                    (循环结束)
```

下面是考虑刀具半径补偿后编制的加工宏程序。

```
#1＝40                                   (定圆半径 a 赋值)
```

```
#2＝－5                                    (加工 z 坐标赋值)
#3＝0.5                                   (角度递变量赋值)
#10＝0                                    (旋转角度赋初值)
WHILE [#10LT360] DO1                      (旋转条件判断)
  G68 X0 Y0 R#10                          (坐标旋转设定)
  G00 G42 X50 Y0 D01                      (建立刀具半径补偿)
  Z#2                                     (刀具下降)
  G01 X40                                 (直线插补至曲线加工起点)
  #20＝0                                  (θ 赋初值)
  WHILE [#20LE90] DO2                     (加工条件判断)
    #30＝#1 * COS[#20] * COS[#20] * COS[#20]   (计算 X 坐标值)
    #31＝#1 * SIN[#20] * SIN[#20] * SIN[#20]   (计算 Y 坐标值)
    G01 X#30 Y#31                         (直线插补逼近星形线)
    #20＝#20＋#3                          (θ 递增)
  END2                                    (循环结束)
  G00 Z50                                 (抬刀)
  G40 X100 Y100                           (取消刀具半径补偿)
  G69                                     (取消坐标旋转)
  #10＝#10＋90                            (旋转角度递增)
END1                                      (循环结束)
```

◆【华中宏程序】******

```
#1＝40                                    (定圆半径 a 赋值)
#2＝－5                                    (加工 z 坐标赋值)
#3＝0.5                                   (角度递变量赋值)
#10＝0                                    (旋转角度赋初值)
WHILE #10LT360                            (旋转条件判断)
  G68 X0 Y0 P[#10]                        (坐标旋转设定)
  G00 G42 X50 Y0 D01                      (建立刀具半径补偿)
  Z[#2]                                   (刀具下降)
  G01 X40                                 (直线插补至曲线加工起点)
  #20＝0                                  (θ 赋初值)
  WHILE #20LE90                           (加工条件判断)
    #30＝#1 * COS[#20 * PI/180] * COS[#20 * PI/180] * COS[#20 * PI/180]
                                          (计算 X 坐标值)
    #31＝#1 * SIN[#20 * PI/180] * SIN[#20 * PI/180] * SIN[#20 * PI/180]
                                          (计算 Y 坐标值)
    G01 X[#30] Y[#31]                     (直线插补逼近星形线)
    #20＝#20＋#3                          (θ 递增)
  ENDW                                    (循环结束)
  G00 Z50                                 (抬刀)
  G40 X100 Y100                           (取消刀具半径补偿)
  G69                                     (取消坐标旋转)
  #10＝#10＋90                            (旋转角度递增)
```

```
ENDW                                    (循环结束)
```

◇【SIEMENS 参数程序】＊＊＊＊＊＊

```
R1＝40                                   (定圆半径 a 赋值)
R2＝－5                                  (加工 z 坐标赋值)
R3＝0.5                                  (角度递变量赋值)
R10＝0                                   (旋转角度赋初值)
AAA:                                    (程序跳转标记符)
  G68 X0 Y0 R＝R10                       (坐标旋转设定)
  G00 G42 X50 Y0 D01                    (建立刀具半径补偿)
  Z＝R2                                  (刀具下降)
  G01 X40                               (直线插补至曲线加工起点)
  R20＝0                                 (θ 赋初值)
  BBB:                                  (程序跳转标记符)
    R30＝R1＊COS(R20)＊COS(R20)＊COS(R20)   (计算 X 坐标值)
    R31＝R1＊SIN(R20)＊SIN(R20)＊SIN(R20)   (计算 Y 坐标值)
    G01 X＝R30 Y＝R31                     (直线插补逼近星形线)
    R20＝R20＋R3                          (θ 递增)
  IF R20<＝90 GOTOB BBB                  (加工条件判断)
  G00 Z50                               (抬刀)
  G40 X100 Y100                         (取消刀具半径补偿)
  G69                                   (取消坐标旋转)
  R10＝R10＋90                           (旋转角度递增)
IF R10< 360 GOTOB AAA                   (循环条件判断)
```

(2) 渐开线

数控铣削加工如图 24-2 所示由上下对称的两段渐开线组成的零件，试编制其加工宏程序（不考虑刀具半径）。

图 24-2　渐开线曲线零件

如图 24-3 所示，当直线 AB 沿半径为 r 的圆作纯滚动，直线上任一点 P 的轨迹 DPE 称为该圆的渐开线，这个圆称为渐开线的基圆，直线 AB 称为发生线。渐开线方程为：

$$\begin{cases} x = r(\cos\theta + \theta\sin\theta) \\ y = r(\sin\theta - \theta\cos\theta) \end{cases}$$

式中，x、y 为渐开线上任一点 P 的 X、Y 坐标值；r 为渐开线基圆半径；θ 为 OC 与 X 轴的夹角，实际计算时将 θ 转换为弧度制，则方程变换为：

$$\begin{cases} x = r\left(\cos\theta + \dfrac{\theta\pi}{180}\sin\theta\right) \\ y = r\left(\sin\theta - \dfrac{\theta\pi}{180}\cos\theta\right) \end{cases}$$

由图可得，上半段渐开线的起始角度为 0°，终止角度为 257.436°（360°-102.564°），渐开线基圆半径为 20mm，设工件坐标原点在渐开线基圆中心，编制加工宏程序如下。

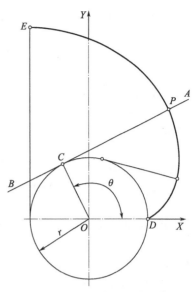

图 24-3　渐开线的形成示意

`#1＝20`	（渐开线基圆半径 r 赋值）
`#2＝0`	（上半段渐开线起始角度赋值）
`#3＝257.436`	（上半段渐开线终止角度赋值）
`#4＝1`	（角度递变量赋值）
`#10＝#2`	（将角度初始值赋给#10）
`G01 X#1 Y0`	（直线插补到切削起点）
`WHILE [#10LE#3] DO1`	（上半段曲线加工条件判断）
`  #11＝#1*[COS[#10]+[#10*PI/180]*SIN[#10]]`	（计算 x 坐标值）
`  #12＝#1*[SIN[#10]-[#10*PI/180]*COS[#10]]`	（计算 y 坐标值）
`  G01 X#11 Y#12`	（直线插补逼近曲线）
`  #10＝#10+#4`	（角度 θ 递增）
`END1`	（循环结束）
`#10＝#3`	（将角度初始值赋给#10）
`WHILE [#10GE#2] DO2`	（下半段曲线加工条件判断）
`  #11＝#1*[COS[#10]+[#10*PI/180]*SIN[#10]]`	（计算 x 坐标值）
`  #12＝#1*[SIN[#10]-[#10*PI/180]*COS[#10]]`	（计算 y 坐标值）
`  G01 X#11 Y-#12`	（直线插补逼近曲线）
`  #10＝#10-#4`	（角度 θ 递减）
`END2`	（循环结束）

◆【华中宏程序】******

`#1＝20`	（渐开线基圆半径 r 赋值）
`#2＝0`	（上半段渐开线起始角度赋值）
`#3＝257.436`	（上半段渐开线终止角度赋值）
`#4＝1`	（角度递变量赋值）
`#10＝#2`	（将角度初始值赋给#10）
`G01 X[#1]`	（直线插补到切削起点）
`WHILE #10LE#3`	（上半段曲线加工条件判断）

```
#11=#1*[COS[#10*PI/180]+[#10*PI/180]*SIN[#10*PI/180]]
                                            (计算 x 坐标值)
#12=#1*[SIN[#10*PI/180]−[#10*PI/180]*COS[#10*PI/180]]
                                            (计算 y 坐标值)
G01 X[#11] Y[#12]                           (直线插补逼近曲线)
#10=#10+#4                                  (角度 θ 递增)
ENDW                                        (循环结束)
#10=#3                                      (将角度初始值赋给#10)
WHILE #10GE#2                               (下半段曲线加工条件判断)
#11=#1*[COS[#10*PI/180]+[#10*PI/180]*SIN[#10*PI/180]]
                                            (计算 x 坐标值)
#12=#1*[SIN[#10*PI/180]−[#10*PI/180]*COS[#10*PI/180]]
                                            (计算 y 坐标值)
G01 X[#11] Y[−#12]                          (直线插补逼近曲线)
#10=#10−#4                                  (角度 θ 递减)
ENDW                                        (循环结束)
```

◇【SIEMENS 参数程序】＊＊＊＊＊

```
R1=20                                       (渐开线基圆半径 r 赋值)
R2=0                                        (上半段渐开线起始角度赋值)
R3=257.436                                  (上半段渐开线终止角度赋值)
R4=1                                        (角度递变量赋值)
R10=R2                                      (将角度初始值赋给 R10mm)
G01 X=R1 Y0                                 (直线插补到切削起点)
AAA:                                        (程序跳转标记符)
R11=R1*(COS(R10)+(R10*PI/180)*SIN(R10))     (计算 x 坐标值)
R12=R1*(SIN(R10)−(R10*PI/180)*COS(R10))     (计算 y 坐标值)
G01 X=R11 Y=R12                             (直线插补逼近曲线)
R10=R10+R4                                  (角度 θ 递增)
IF R10<=R3 GOTOB AAA                        (上半段曲线加工条件判断)
R10=R3                                      (将角度初始值赋给 R10mm)
BBB:                                        (程序跳转标记符)
R11=R1*(COS(R10)+(R10*PI/180)*SIN(R10))     (计算 x 坐标值)
R12=R1*(SIN(R10)−(R10*PI/180)*COS(R10))     (计算 y 坐标值)
G01 X=R11 Y=−R12                            (直线插补逼近曲线)
R10=R10−R4                                  (角度 θ 递减)
IF R10>=R2 GOTOB BBB                        (下半段曲线加工条件判断)
```

（3）心形线

心形线是一个圆上的固定一点在它绕着与其相切且半径相同的另外一个圆周滚动时所形成的轨迹，因其形状像心形而得名。如图 24-4(a) 所示心形线，其参数方程为

$$\rho=a(1+\cos\theta)$$

其中，ρ 为曲线上任一点 A 的极半径；θ 为极半径；a 为基圆直径。

```
#1=20                                       (基圆直径 a 赋值)
```

```
＃2＝1                                        （角度增量赋值）
＃10＝0                                       （加工点极角赋初值）
WHILE [＃10LE360] DO1                         （加工条件判断）
  ＃11＝＃1＊[1＋COS[＃10]]                      （计算 A 点的极半径 ρ）
  ＃12＝＃11＊COS[＃10]                          （计算 A 点的 X 坐标值）
  ＃13＝＃11＊SIN[＃10]                          （计算 A 点的 Y 坐标值）
  G01 X＃12 Y＃13 F150                         （直线插补拟合曲线）
  ＃10＝＃10＋＃2                               （极角递增）
END1                                         （循环结束）
```

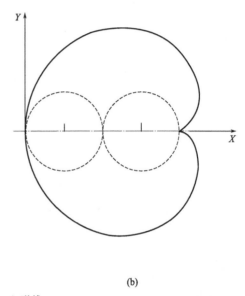

(a)   (b)

图 24-4　心形线

◆【华中宏程序】＊＊＊＊＊＊

```
＃1＝20                                       （基圆直径 a 赋值）
＃2＝1                                        （角度增量赋值）
＃10＝0                                       （加工点极角赋初值）
WHILE＃10LE360                                （加工条件判断）
  ＃11＝＃1＊[1＋COS[＃10＊PI/180]]              （计算 A 点的极半径 ρ）
  ＃12＝＃11＊COS[＃10＊PI/180]                  （计算 A 点的 X 坐标值）
  ＃13＝＃11＊SIN[＃10＊PI/180]                  （计算 A 点的 Y 坐标值）
  G01 X[＃12] Y[＃13] F150                     （直线插补拟合曲线）
  ＃10＝＃10＋＃2                               （极角递增）
ENDW                                         （循环结束）
```

◇【SIEMENS 参数程序】＊＊＊＊＊＊

```
R1＝20                                        （基圆直径 a 赋值）
R2＝1                                         （角度增量赋值）
R10＝0                                        （加工点极角赋初值）
AAA:                                         （程序跳转标记）
```

```
      R11＝R1＊(1＋COS(R10))                    (计算 A 点的极半径 ρ)
      R12＝R11＊COS(R10)                        (计算 A 点的 X 坐标值)
      R13＝R11＊SIN(R10)                        (计算 A 点的 Y 坐标值)
      G01 X＝R12 Y＝R13 F150                    (直线插补拟合曲线)
      R10＝R10＋R2                              (极角递增)
   IF R10<＝360 GOTOB AAA                       (加工条件判断)
```

图 24-4(b) 所示心形线，参数方程为

$$\rho = a(1-\cos\theta)$$

你能尝试编程加工该曲线吗？

第

25

章

孔系铣削

25.1　直线分布孔系

数控铣削加工如图 25-1 所示直线点阵孔系，该孔系共 8 个，孔间距为 11mm，孔系中心线与 X 轴正半轴夹角为 30°，试编制其加工宏程序。

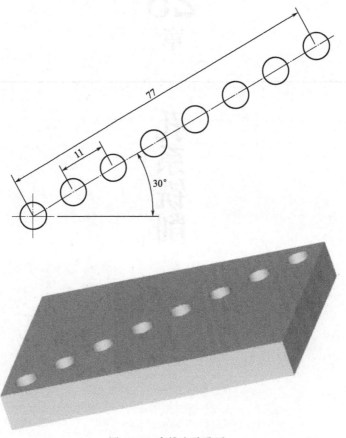

图 25-1　直线点阵孔系

直线分布孔系几何参数模型图如图 25-2 所示。设工件坐标原点在左下角第一孔圆心，编制加工程序如下。

```
#1＝8                        (孔个数 N 赋值)
#2＝11                       (孔间距 Q 赋值)
#3＝30                       (孔系中心线与 X 轴的夹角 A 赋值)
#4＝0                        (左下角第一孔圆心在工件坐标系中的 X 坐标值)
#5＝0                        (左下角第一孔圆心在工件坐标系中的 Y 坐标值)
#10＝1                       (孔数计数器赋初值)
WHILE [#10LE#1] DO1         (加工条件判断)
   #11＝[#10－1]＊#2＊COS[#3]＋#4    (计算 X 坐标值)
   #12＝[#10－1]＊#2＊SIN[#3]＋#5    (计算 Y 坐标值)
   G99 G81 X#11 Y#12 Z－5 R2        (孔加工)
   #10＝#10＋1               (孔数计数器递增)
```

END1   (循环结束)

Ⓝ	Ⓠ	Ⓐ	Ⓧ	Ⓨ
孔个数	孔间距	孔系中心线与X轴的夹角	左下角第一孔圆心的X坐标值	左下角第一孔圆心的Y坐标值

图 25-2　直线分布孔系几何参数模型

◆【华中宏程序】******

```
#1＝8                                  (孔个数 N 赋值)
#2＝11                                 (孔间距 Q 赋值)
#3＝30                                 (孔系中心线与 X 轴的夹角 A 赋值)
#4＝0                                  (左下角第一孔圆心在工件坐标系中的 X 坐
                                        标值)
#5＝0                                  (左下角第一孔圆心在工件坐标系中的 Y 坐
                                        标值)
#10＝1                                 (孔数计数器赋初值)
WHILE #10LE#1                          (加工条件判断)
  #11＝[#10-1]*#2*COS[#3*PI/180]＋#4    (计算 X 坐标值)
  #12＝[#10-1]*#2*SIN[#3*PI/180]＋#5    (计算 Y 坐标值)
  G99 G81 X[#11] Y[#12] Z-5 R2         (孔加工)
  #10＝#10+1                           (孔数计数器递增)
ENDW                                   (循环结束)
```

◇【SIEMENS 参数程序】******

```
R1＝8                                  (孔个数 N 赋值)
R2＝11                                 (孔间距 Q 赋值)
R3＝30                                 (孔系中心线与 X 轴的夹角 A 赋值)
```

R4＝0	（左下角第一孔圆心在工件坐标系中的 X 坐标值）
R5＝0	（左下角第一孔圆心在工件坐标系中的 Y 坐标值）
R10＝1	（孔数计数器赋初值）
AAA:	（程序跳转标记符）
R11＝(R10－1)＊R2＊COS(R3)＋R4	（计算 X 坐标值）
R12＝(R10－1)＊R2＊SIN(R3)＋R5	（计算 Y 坐标值）
G00 X＝R11 Y＝R12	（刀具移动到加工孔上方定位）
CYCLE81(10,0,3,－5,)	（钻孔加工）
R10＝R10＋1	（孔数计数器递增）
IF R10<＝R1 GOTOB AAA	（加工条件判断）

25.2 矩形分布孔系

如图 25-3 所示，矩形网式点阵孔系共 4 行 6 列，行间距为 10mm，列间距为 12mm，其中左下角孔孔位 O（孔的圆心位置）在工件坐标系中的坐标值为（20,10），试编制其加工宏程序。

图 25-3　矩形网式点阵孔系

矩形分布孔系几何参数模型如图 25-4 所示，设行数为 M，列数为 N，行间距为 B，列间距为 L，左下角孔圆心坐标值为（X,Y），则第 M 行 N 列的孔的坐标值方程为：

$$\begin{cases} X'=L(N-1)+X \\ Y'=B(M-1)+Y \end{cases}$$

(M)	(N)	(B)	(L)	(X)	(Y)
孔系行数	孔系列数	孔系行间距	孔系列间距	左下角第一孔圆心在工件坐标系中的X坐标值	左下角第一孔圆心在工件坐标系中的Y坐标值

图 25-4 矩形分布孔系几何参数模型

程序	注释
♯1＝4	(孔系行数 M 赋值)
♯2＝6	(孔系列数 N 赋值)
♯3＝10	(孔系行间距 B 赋值)
♯4＝12	(孔系列间距 L 赋值)
♯5＝20	(左下角第一孔的圆心在工件坐标系下的 X 坐标赋值)
♯6＝10	(左下角第一孔的圆心在工件坐标系下的 Y 坐标赋值)
♯10＝1	(行计数器赋初值)
WHILE [♯10LE♯1] DO1	(行加工条件判断)
♯20＝1	(列计数器赋初值)
WHILE [♯20LE♯2] DO2	(列加工条件判断)
♯21＝♯4＊[♯20－1]＋♯5	(计算加工孔的 X 坐标值)
♯22＝♯3＊[♯10－1]＋♯6	(计算加工孔的 Y 坐标值)
G99 G81 X♯21 Y♯22 Z－5 R2	(孔加工)
♯20＝♯20＋1	(列计数器累加)
END2	(循环结束)
♯10＝♯10＋1	(行计数器累加)
END1	(循环结束)

◆【华中宏程序】＊＊＊＊＊＊

| ♯1＝4 | (孔系行数 M 赋值) |

```
#2=6                           (孔系列数 N 赋值)
#3=10                          (孔系行间距 B 赋值)
#4=12                          (孔系列间距 L 赋值)
#5=20                          (左下角第一孔的圆心在工件坐标系下的 X 坐标赋值)
#6=10                          (左下角第一孔的圆心在工件坐标系下的 Y 坐标赋值)
#10=1                          (行计数器赋初值)
WHILE #10LE#1                  (行加工条件判断)
  #20=1                        (列计数器赋初值)
  WHILE #20LE#2                (列加工条件判断)
  #21=#4*[#20-1]+#5            (计算加工孔的 X 坐标值)
  #22=#3*[#10-1]+#6            (计算加工孔的 Y 坐标值)
  G99 G81 X[#21] Y[#22] Z-5 R2 (孔加工)
  #20=#20+1                    (列计数器累加)
  ENDW                         (循环结束)
#10=#10+1                      (行计数器累加)
ENDW                           (循环结束)
```

◇【SIEMENS 参数程序】******

```
R1=4                           (孔系行数 M 赋值)
R2=6                           (孔系列数 N 赋值)
R3=10                          (孔系行间距 B 赋值)
R4=12                          (孔系列间距 L 赋值)
R5=20                          (左下角第一孔的圆心在工件坐标系下的 X 坐标赋值)
R6=10                          (左下角第一孔的圆心在工件坐标系下的 Y 坐标赋值)
R10=1                          (行计数器赋初值)
AAA:                           (程序跳转标记符)
  R20=1                        (列计数器赋初值)
  BBB:                         (程序跳转标记符)
  R21=R4*(R20-1)+R5            (计算加工孔的 X 坐标值)
  R22=R3*(R10-1)+R6            (计算加工孔的 Y 坐标值)
  G00 X=R21 Y=R22              (刀具定位)
  CYCLE81(10,0,2,-5,)          (孔加工)
  R20=R20+1                    (列计数器累加)
  IF R20<=R2 GOTOB BBB         (列加工条件判断)
R10=R10+1                      (行计数器累加)
IF R10<=R1 GOTOB AAA           (行加工条件判断)
```

如图 25-5 所示矩形框式点阵孔系，矩形长 50mm，宽 30mm，孔间距 10mm，矩形框与 X 正半轴的夹角为 15°，试编制其加工宏程序。

设工件坐标原点在左下角第一孔的圆心，编制加工宏程序如下。

```
#1=4                           (孔系行数赋值)
#2=6                           (孔系列数赋值)
#3=10                          (孔系行间距赋值)
#4=10                          (孔系列间距赋值)
```

```
#5＝15                              (矩形框与 X 正半轴的夹角赋值)
#6＝0                               (左下角第一孔的圆心在工件坐标系下的 X 坐
                                    标赋值)
#7＝0                               (左下角第一孔的圆心在工件坐标系下的 Y 坐
                                    标赋值)
#10＝1                              (行计数器赋初值)
WHILE [#10LE#1] DO1                 (行加工条件判断)
  #20＝1                            (列计数器赋初值)
  #21＝#2－1                        (孔数加工增量赋值)
  WHILE [#20LE#2] DO2               (列加工条件判断)
    #22＝#4*[#20－1]                (计算加工孔未旋转前的 X 坐标值)
    #23＝#3*[#10－1]                (计算加工孔未旋转前的 Y 坐标值)
    #24＝#22*COS[#5]－#23*SIN[#5]＋#6  (计算加工孔的 X 坐标值)
    #25＝#22*SIN[#5]＋#23*COS[#5]＋#7  (计算加工孔的 Y 坐标值)
    G99 G81 X#24 Y#25 Z－5 R2       (钻孔加工)
    IF [#10EQ1] THEN #21＝1         (第一行加工时孔数加工增量为 1)
    IF [#10EQ#1] THEN #21＝1        (最后一行加工时孔数加工增量为 1)
    #20＝#20＋#21                   (列计数器累加)
  END2                             (循环结束)
  #10＝#10＋1                       (行计数器累加)
END1                               (循环结束)
```

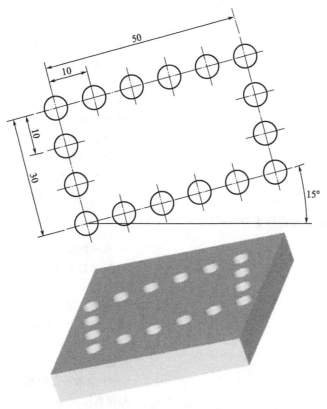

图 25-5　矩形框式点阵孔系

◆ 【华中宏程序】 ******

#1＝4	(孔系行数赋值)
#2＝6	(孔系列数赋值)
#3＝10	(孔系行间距赋值)
#4＝10	(孔系列间距赋值)
#5＝15	(矩形框与 X 正半轴的夹角赋值)
#6＝0	(左下角第一孔的圆心在工件坐标系下的 X 坐标赋值)
#7＝0	(左下角第一孔的圆心在工件坐标系下的 Y 坐标赋值)
#10＝1	(行计数器赋初值)
WHILE #10LE#1	(行加工条件判断)
#20＝1	(列计数器赋初值)
#21＝#2－1	(孔数加工增量赋值)
WHILE #20LE#2	(列加工条件判断)
#22＝#4*[#20－1]	(计算加工孔未旋转前的 X 坐标值)
#23＝#3*[#10－1]	(计算加工孔未旋转前的 Y 坐标值)
#24＝#22*COS[#5*PI/180]－#23*SIN[#5*PI/180]＋#6	(计算加工孔的 X 坐标值)
#25＝#22*SIN[#5*PI/180]＋#23*COS[#5*PI/180]＋#7	(计算加工孔的 Y 坐标值)
G99 G81 X[#24] Y[#25] Z－5 R2	(钻孔加工)
IF #10EQ1	(行数判断)
#21＝1	(第一行加工时孔数加工增量为 1)
ENDIF	(条件结束)
IF #10EQ#1	(行数判断)
#21＝1	(最后一行加工时孔数加工增量为 1)
ENDIF	(条件结束)
#20＝#20＋#21	(列计数器累加)
ENDW	(循环结束)
#10＝#10＋1	(行计数器累加)
ENDW	(循环结束)

◇ 【SIEMENS 参数程序】 ******

R1＝4	(孔系行数赋值)
R2＝6	(孔系列数赋值)
R3＝10	(孔系行间距赋值)
R4＝10	(孔系列间距赋值)
R5＝15	(矩形框与 X 正半轴的夹角赋值)
R6＝0	(左下角第一孔的圆心在工件坐标系下的 X 坐标赋值)
R7＝0	(左下角第一孔的圆心在工件坐标系下的 Y 坐标赋值)
R10＝1	(行计数器赋初值)

```
AAA:                                      (程序跳转标记符)
  R20＝1                                   (列计数器赋初值)
  R21＝R2－1                                (孔数加工增量赋值)
  BBB:                                     (程序跳转标记符)
    R22＝R4＊(R20－1)                        (计算加工孔未旋转前的 X 坐标值)
    R23＝R3＊(R10－1)                        (计算加工孔未旋转前的 Y 坐标值)
    R24＝R22＊COS(R5)－R23＊SIN(R5)＋R6       (计算加工孔的 X 坐标值)
    R25＝R22＊SIN(R5)＋R23＊COS(R5)＋R7       (计算加工孔的 Y 坐标值)
    G00 X＝R24 Y＝R25                        (刀具定位)
    CYCLE81(10,0,2,－5,)                    (孔加工)
    IF R10＝＝1 GOTOF CCC                    (行数为 1 程序跳转)
    IF R10＝＝R1 GOTOF CCC                   (行数为 R1 程序跳转)
    GOTOF DDD                              (无条件跳转)
    CCC:                                   (程序跳转标记符)
    R21＝1                                  (孔数加工增量为 1)
    DDD:                                   (程序跳转标记符)
    R20＝R20＋R21                            (列计数器累加)
  IF R20<＝R2 GOTOB BBB                     (列加工条件判断)
  R10＝R10＋1                               (行计数器累加)
IF R10<＝R1 GOTOB AAA                       (行加工条件判断)
```

25.3　圆周均布孔系

在毛坯尺寸为 $\phi80\text{mm}\times12\text{mm}$ 的铝板上加工如图 25-6 所示 6 个圆周均布通孔，试编制其加工宏程序。

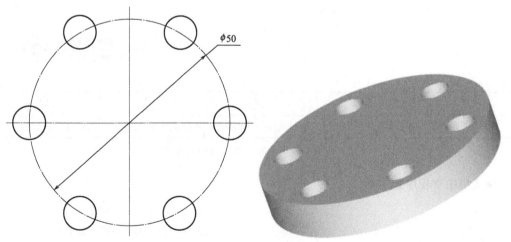

图 25-6　圆周均布孔系的加工

圆周均布孔系几何参数模型如图 25-7 所示，编制加工宏程序如下。

```
＃1＝6                                      (圆周均布孔个数 N 赋值)
＃2＝50                                     (孔系所在节圆的直径 D 赋值)
```

#3＝0 （第一孔与 X 正半轴的夹角 A 赋值）

#4＝0 （孔系所在节圆的圆心在工件坐标系中的 X
坐标赋值）

#5＝0 （孔系所在节圆的圆心在工件坐标系中的 Y
坐标赋值）

#6＝360/#1 （计算相邻两孔间夹角）

#10＝1 （加工孔计数器赋值）

WHILE [#10LE#1] DO1 （加工条件判断）

  #11＝#2＊0.5＊COS[[#10－1]＊#6＋#3]＋#4 （计算加工孔的 X 坐标值）

  #12＝#2＊0.5＊SIN[[#10－1]＊#6＋#3]＋#5 （计算加工孔的 Y 坐标值）

  G99 G81 X#11 Y#12 Z－15 R2 （钻孔）

  #10＝#10＋1 （加工孔计数器累加）

END1 （循环结束）

Ⓝ	Ⓓ	Ⓐ	Ⓧ	Ⓨ
圆周均布孔个数	孔系所在节圆的直径	第一孔与X正半轴的夹角	孔系所在节圆心的X坐标值	孔系所在节圆心的Y坐标值

图 25-7　圆周均布孔系几何参数模型

◆【华中宏程序】＊＊＊＊＊＊

#1＝6 （圆周均布孔个数 N 赋值）

#2＝50 （孔系所在节圆的直径 D 赋值）

#3＝0 （第一孔与 X 正半轴的夹角 A 赋值）

#4＝0 （孔系所在节圆的圆心在工件坐标系中的 X
坐标赋值）

#5＝0 （孔系所在节圆的圆心在工件坐标系中的 Y
坐标赋值）

```
＃6＝360/＃1                                    (计算相邻两孔间夹角)
＃10＝1                                         (加工孔计数器赋值)
WHILE ＃10LE＃1                                 (加工条件判断)
  ＃11＝＃2*0.5*COS[[[＃10－1]*＃6＋＃3]*PI/180]＋＃4
                                              (计算加工孔的X坐标值)
  ＃12＝＃2*0.5*SIN[[[＃10－1]*＃6＋＃3]*PI/180]＋＃5
                                              (计算加工孔的Y坐标值)
  G99 G81 X[＃11] Y[＃12] Z－15 R2                (钻孔)
  ＃10＝＃10＋1                                    (加工孔计数器累加)
ENDW                                          (循环结束)
```

◇【SIEMENS 参数程序】＊＊＊＊＊＊

```
R1＝6                                          (圆周均布孔个数N赋值)
R2＝50                                         (孔系所在节圆的直径D赋值)
R3＝0                                          (第一孔与X正半轴的夹角A赋值)
R4＝0                                          (孔系所在节圆的圆心在工件坐标系中的X
                                               坐标赋值)
R5＝0                                          (孔系所在节圆的圆心在工件坐标系中的Y
                                               坐标赋值)
R6＝360/R1                                     (计算相邻两孔间夹角)
R10＝1                                         (加工孔计数器赋值)
AAA:                                          (程序跳转标记符)
  R11＝R2*0.5*COS((R10－1)*R6＋R3)＋R4           (计算加工孔的X坐标值)
  R12＝R2*0.5*SIN((R10－1)*R6＋R3)＋R5           (计算加工孔的Y坐标值)
  G00 X＝R11 Y＝R12                             (加工孔定位)
  CYCLE81(10,0,2,－15,)                        (孔加工)
  R10＝R10＋1                                    (加工孔计数器累加)
IF R10<=R1 GOTOB AAA                          (加工条件判断)
```

25.4　圆弧分布孔系

　　如图 25-8 所示，在半径为 $R40mm$ 的圆弧上均匀分布有 5 个孔，相邻孔间夹角为 25°，第一个孔（图中"2 点半钟"位置孔）与 X 正半轴的夹角为 15°，孔系所在圆弧的圆心在工

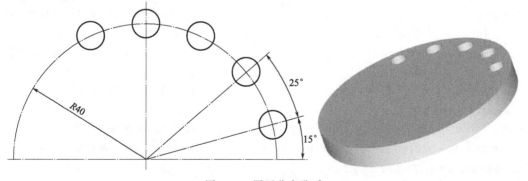

图 25-8　圆弧分布孔系

件坐标系中的坐标值为（20,10），试编制其加工宏程序。

圆弧分布孔系几何参数模型如图 25-9 所示。圆弧分布孔系铣削加工宏程序编程的关键是计算每个孔的圆心坐标值，而计算各孔圆心的坐标值主要有坐标方程、坐标旋转和极坐标三种方法。

N	R	A	B	X	Y
孔系中孔的个数	孔系分布圆弧半径	第一孔与X正半轴的夹角	相邻两孔间的夹角	孔系分布圆弧圆心在工件坐标系中的X坐标值	孔系分布圆弧圆心在工件坐标系中的Y坐标值

图 25-9　圆弧分布孔系几何参数模型

① 坐标方程　由圆弧分布孔系几何参数模型图可得，第 n 个孔的圆心坐标方程为：

$$\begin{cases} X' = R\cos[(n-1)B+A]+X \\ Y' = R\sin[(n-1)B+A]+Y \end{cases}$$

```
#1=5                                    （孔系中孔的个数 N 赋值）
#2=40                                   （孔系分布圆弧半径 R 赋值）
#3=15                                   （第一孔与 X 正半轴的夹角 A 赋值）
#4=25                                   （相邻两孔间的夹角 B 赋值）
#5=20                                   （孔系分布圆弧圆心在工件坐标系下的 X
                                          坐标赋值）
#6=10                                   （孔系分布圆弧圆心在工件坐标系下的 Y
                                          坐标赋值）
#10=1                                   （加工孔的计数器赋值）
WHILE [#10LE#1] DO1                      （加工条件判断）
  #11=#2*COS[[#10−1]*#4+#3]+#5           （计算加工孔的 X 坐标值）
  #12=#2*SIN[[#10−1]*#4+#3]+#6           （计算加工孔的 Y 坐标值）
  G99 G81 X#11 Y#12 Z−5 R2               （钻孔）
  #10=#10+1                              （加工孔计数器累加）
```

| END1 | (循环结束) |

② 坐标旋转

♯1＝5	(孔系中孔的个数 N 赋值)
♯2＝40	(孔系分布圆弧半径 R 赋值)
♯3＝15	(第一孔与 X 正半轴的夹角 A 赋值)
♯4＝25	(相邻两孔间的夹角 B 赋值)
♯5＝20	(孔系分布圆弧圆心在工件坐标系下的 X 坐标赋值)
♯6＝10	(孔系分布圆弧圆心在工件坐标系下的 Y 坐标赋值)
♯10＝1	(加工孔的计数器赋值)
WHILE [♯10LE♯1] DO1	(加工条件判断)
G68 X♯5 Y♯6 R[[♯10－1]＊♯4＋♯3]	(坐标旋转设定)
G99 G81 X[♯2＋♯5] Y♯6 Z－5 R2	(钻孔)
G69	(取消坐标旋转)
♯10＝♯10＋1	(加工孔计数器累加)
END1	(循环结束)

③ 极坐标

♯1＝5	(孔系中孔的个数 N 赋值)
♯2＝40	(孔系分布圆弧半径 R 赋值)
♯3＝15	(第一孔与 X 正半轴的夹角 A 赋值)
♯4＝25	(相邻两孔间的夹角 B 赋值)
♯5＝20	(孔系分布圆弧圆心在工件坐标系下的 X 坐标赋值)
♯6＝10	(孔系分布圆弧圆心在工件坐标系下的 Y 坐标赋值)
♯10＝1	(加工孔的计数器赋值)
WHILE [♯10LE♯1] DO1	(加工条件判断)
G00 X♯5 Y♯6	(刀具快进至孔系分布圆弧圆心)
G17 G91 G16	(极坐标模式设定)
G00 X♯2 Y[[♯10－1]＊♯4＋♯3]	(刀具定位到加工孔上方)
G15	(取消极坐标模式)
G90 G81 Z－5 R2	(钻孔)
♯10＝♯10＋1	(加工孔计数器累加)
END1	(循环结束)

◆【华中宏程序】＊＊＊＊＊＊

♯1＝5	(孔系中孔的个数 N 赋值)
♯2＝40	(孔系分布圆弧半径 R 赋值)
♯3＝15	(第一孔与 X 正半轴的夹角 A 赋值)
♯4＝25	(相邻两孔间的夹角 B 赋值)
♯5＝20	(孔系分布圆弧圆心在工件坐标系下的 X

	坐标赋值)
♯6＝10	(孔系分布圆弧圆心在工件坐标系下的 Y
	坐标赋值)
♯10＝1	(加工孔的计数器赋值)
WHILE ♯10LE♯1	(加工条件判断)
♯11＝♯2 * COS[[[♯10-1] * ♯4＋♯3] * PI/180]＋♯5	(计算加工孔的 X 坐标值)
♯12＝♯2 * SIN[[[♯10-1] * ♯4＋♯3] * PI/180]＋♯6	(计算加工孔的 Y 坐标值)
G99 G81 X[♯11] Y[♯12] Z－5 R2	(钻孔)
♯10＝♯10＋1	(加工孔计数器累加)
ENDW	(循环结束)

◇【SIEMENS 参数程序】******

R1＝5	(孔系中孔的个数 N 赋值)
R2＝40	(孔系分布圆弧半径 R 赋值)
R3＝15	(第一孔与 X 正半轴的夹角 A 赋值)
R4＝25	(相邻两孔间的夹角 B 赋值)
R5＝20	(孔系分布圆弧圆心在工件坐标系下的 X
	坐标赋值)
R6＝10	(孔系分布圆弧圆心在工件坐标系下的 Y
	坐标赋值)
R10＝1	(加工孔的计数器赋值)
AAA:	(程序跳转标记符)
R11＝R2 * COS((R10-1) * R4＋R3)＋R5	(计算加工孔的 X 坐标值)
R12＝R2 * SIN((R10-1) * R4＋R3)＋R6	(计算加工孔的 Y 坐标值)
G00 X＝R11 Y＝R12	(加工孔定位)
CYCLE81(10,0,2,－5,)	(钻孔)
R10＝R10＋1	(加工孔计数器累加)
IF R10<＝R1 GOTOB AAA	(加工条件判断)

第

26

章

型腔铣削

26.1 圆形型腔

利用立铣刀采用螺旋插补方式铣削加工圆形型腔，在一定程度上可以实现以铣代钻、以铣代铰、以铣代镗，一刀多用，一把铣刀就够了，不必频繁地换刀，因此与传统的"钻→铰"或"钻→扩→镗"等孔加工方法相比提高了整体加工效率，并且可大大地减少使用的刀具；另外由于铣刀侧刃的背吃刀量总是从零开始均匀增大至设定值，可有效减少刀具让刀现象，保证型腔的形状精度。

铣削加工如图 26-1 所示圆形型腔，圆孔直径 $\phi40\text{mm}$，孔深 10mm，试采用螺旋插补指令编制其数控铣削加工宏程序。

图 26-1　圆形型腔铣削加工

圆形型腔几何参数模型如图 26-2 所示。采用螺旋插补指令编制圆形型腔的精加工宏程序如下。

♯1＝40	(圆孔直径 D 赋值)
♯2＝10	(型腔深度 H 赋值)
♯3＝12	(铣刀直径赋值)
♯4＝0	(圆心在工件坐标系下的 X 坐标赋值)
♯5＝0	(圆心在工件坐标系下的 Y 坐标赋值)
♯6＝0	(工件上表面在工件坐标系下的 Z 坐标赋值)
♯7＝3	(加工深度递变量赋值)
♯10＝0	(加工深度赋初值)

```
G00 X[#1/2－#3/2＋#4] Y#5          (刀具定位)
Z[#6＋2]                           (刀具下降)
WHILE [#10LT#2] DO1               (加工条件判断)
  G03 I[#3/2－#1/2] Z[－#10＋#6]   (螺旋插补)
  #10＝#10＋#7                      (加工深度递增)
END1                              (循环结束)
G03 I[#3/2－#1/2] Z[－#2＋#6]      (螺旋插补到型腔底部)
I[#3/2－#1/2]                      (型腔底部铣削加工)
G00 Z[#6＋50]                      (抬刀)
```

D	H	X	Y	Z
圆孔直径	型腔深度	圆心在工件坐标系中X坐标值	圆心在工件坐标系中Y坐标值	工件上表面的Z坐标值

图 26-2　圆形型腔几何参数模型

采用螺旋插补指令编制圆形型腔的粗、精加工宏程序如下。

```
#1＝40                (圆孔直径 D 赋值)
#2＝10                (型腔深度 H 赋值)
#3＝12                (铣刀直径赋值)
#4＝0                 (圆心在工件坐标系下的 X 坐标赋值)
#5＝0                 (圆心在工件坐标系下的 Y 坐标赋值)
#6＝0                 (工件上表面在工件坐标系下的 Z 坐标赋值)
#7＝3                 (加工深度递变量赋值)
#8＝0.6*#3            (加工步距赋值)
#9＝[#1－#3]*0.5       (加工半径值计算)
#20＝－#8*0.5          (加工半径赋初值)
```

```
WHILE [#20LT#9] DO1              (加工半径条件判断)
  #20=#20+#8                     (加工半径值递增)
  IF [#20GE#9] THEN #20=#9       (精加工条件判断)
  G00 X[#20+#4] Y#5              (刀具定位)
  Z[#6+2]                        (刀具下降)
  #30=0                          (加工深度赋初值)
  WHILE [#30LT#2] DO2            (加工深度条件判断)
    G03 I-#20 Z[-#30+#6]         (螺旋插补)
    #30=#30+#7                   (加工深度递增)
  END2                           (循环结束)
  G03 I-#20 Z[-#2+#6]            (螺旋插补)
  I-#20                          (圆弧插补)
  G00 Z[#6+10]                   (抬刀)
END1                             (循环结束)
```

◆【华中宏程序】＊＊＊＊＊＊

```
#1=40          (圆孔直径 D 赋值)
#2=10          (型腔深度 H 赋值)
#3=12          (铣刀直径赋值)
#4=0           (圆心在工件坐标系下的 X 坐标赋值)
#5=0           (圆心在工件坐标系下的 Y 坐标赋值)
#6=0           (工件上表面在工件坐标系下的 Z 坐标赋值)
#7=3           (加工深度递变量赋值)
#8=0.6*#3      (加工步距赋值)
#9=[#1-#3]*0.5 (加工半径值计算)
#20=-#8*0.5    (加工半径赋初值)
WHILE #20LT#9                    (加工半径条件判断)
  #20=#20+#8                     (加工半径值递增)
  IF #20GE#9                     (精加工条件判断)
  #20=#9                         (精加工赋值)
  ENDIF                          (条件结束)
  G00 X[#20+#4] Y[#5]            (刀具定位)
  Z[#6+2]                        (刀具下降)
  #30=0                          (加工深度赋初值)
  WHILE #30LT#2                  (加工深度条件判断)
    G03 I[-#20] Z[-#30+#6]       (螺旋插补)
    #30=#30+#7                   (加工深度递增)
  ENDW                           (循环结束)
  G03 I[-#20] Z[-#2+#6]          (螺旋插补)
  I[-#20]                        (圆弧插补)
  G00 Z[#6+10]                   (抬刀)
ENDW                             (循环结束)
```

```
R1＝40                              (圆孔直径 D 赋值)
R2＝10                              (型腔深度 H 赋值)
R3＝12                              (铣刀直径赋值)
R4＝0                               (圆心在工件坐标系下的 X 坐标赋值)
R5＝0                               (圆心在工件坐标系下的 Y 坐标赋值)
R6＝0                               (工件上表面在工件坐标系下的 Z 坐标赋值)
R7＝0.6＊R3                         (加工步距赋值)
R8＝(R1－R3)＊0.5                   (加工半径值计算)
R20＝－R7＊0.5                      (加工半径赋初值)
AAA：                              (程序跳转标记符)
  R20＝R20＋R7                      (加工半径值递增)
  IF R20<R8 GOTOF BBB              (精加工条件判断)
  R20＝R8                          (精加工赋值)
  BBB：                            (程序跳转标记符)
  G00 X＝R20＋R4 Y＝R5              (刀具定位)
  Z＝R6＋2                         (刀具下降)
  G03 Z＝－R2＋R6 I＝－R20 TURN＝R2  (螺旋插补)
  I＝－R20                         (圆弧插补)
  G00 Z＝R6＋10                    (抬刀)
IF R20<R8 GOTOB AAA                (加工半径条件判断)
```

26.2 矩形型腔

矩形型腔通常采用等高层铣的方法铣削加工，此外还可以采用插铣法铣削加工。

插铣法又称为 Z 轴铣削法，是实现高切除率金属切削最有效的加工方法之一。插铣法最大的特点是非常适合粗加工和半精加工，特别适用于具有复杂几何形状零件的粗加工（尤其是深窄槽），可从顶部一直铣削到根部，插铣深度可达 250mm 而不会发生振颤或扭曲变形，加工效率高。

此外，插铣加工还具有以下优点：侧向力小，减小了零件变形；加工中作用于铣床的径向切削力较小，使主轴刚度不高的机床仍可使用而不影响工件的加工质量；刀具悬伸长度较大，适合对工件深槽的表面进行铣削加工，而且也适用于对高温合金等难切削材料进行切槽加工。

铣削加工如图 26-3 所示矩形型腔，型腔长 40mm，宽 25mm，深 30mm，转角半径 R5mm，试编制采用插铣法粗加工该型腔的宏程序。

图 26-4 为矩形型腔几何参数模型。设工件上表面的对称中心为工件原点，编制加工程序如下。

```
♯1＝40                              (型腔长 L 赋值)
♯2＝25                              (型腔宽 B 赋值)
♯3＝30                              (型腔深 H 赋值)
♯4＝5                               (转角半径 R 赋值)
```

```
#5＝10                                                    (刀具直径 D 赋值)
#6＝0                                                     (矩形对称中心在工件坐标系中的 X
                                                          坐标赋值)
#7＝0                                                     (矩形对称中心在工件坐标系中的 Y 坐
                                                          标赋值)
#8＝0                                                     (型腔上表面在工件坐标系中的 Z 坐
                                                          标赋值)
#9＝0.6*#5                                                (加工步距赋值,步距值取 0.6 倍刀具
                                                          直径)
#10＝[#2－#5]/2                                           (计算加工半宽值)
#11＝[#1－#5]/2                                           (计算加工半长值)
IF [[#5*0.5]GT#4] THEN M30                                (刀具直径判断)
#20＝－#10－#9                                            (加工 Y 坐标赋初值)
WHILE [#20LT#10] DO1                                      (加工条件判断)
  #20＝#20＋#9                                            (Y 向坐标增加一个步距)
  IF [#20GE#10] THEN #20＝#10                             (加工 Y 坐标值判断)
  #30＝－#11－#9                                          (加工 X 坐标赋初值)
  WHILE [#30LT#11] DO2                                    (加工条件判断)
    #30＝#30＋#9                                          (X 坐标增加一个步距)
    IF [#30GE#11] THEN #30＝#11                           (加工 X 坐标值判断)
    G99 G81 X[#30＋#6] Y[#20＋#7] Z[－#3＋#8] R2            (插铣加工)
  END2                                                    (循环结束)
END1                                                      (循环结束)
```

图 26-3   矩形型腔铣削加工

图 26-4　矩形型腔几何参数模型

(L)	(B)	(H)	(R)	(X)	(Y)	(Z)
矩形长度	矩形宽度	型腔深度	转角半径	矩形对称中心的X坐标	矩形对称中心的Y坐标	型腔上表面Z坐标

◆【华中宏程序】＊＊＊＊＊＊

＃1＝40	(型腔长 L 赋值)
＃2＝25	(型腔宽 B 赋值)
＃3＝30	(型腔深 H 赋值)
＃4＝5	(转角半径 R 赋值)
＃5＝10	(刀具直径 D 赋值)
＃6＝0	(矩形对称中心在工件坐标系中的 X 坐标赋值)
＃7＝0	(矩形对称中心在工件坐标系中的 Y 坐标赋值)
＃8＝0	(型腔上表面在工件坐标系中的 Z 坐标赋值)
＃9＝0.6＊＃5	(加工步距赋值,步距值取 0.6 倍刀具直径)
＃10＝[＃2－＃5]/2	(计算加工半宽值)
＃11＝[＃1－＃5]/2	(计算加工半长值)
IF [＃5＊0.5]GT＃4	(刀具直径判断)
M30	(程序结束)
ENDIF	(条件结束)
＃20＝－＃10－＃9	(加工 Y 坐标赋初值)
WHILE ＃20LT＃10	(加工条件判断)
＃20＝＃20＋＃9	(Y 向坐标增加一个步距)
IF ＃20GE＃10	(加工 Y 坐标值判断)
＃20＝＃10	(将最终 Y 坐标值赋给＃20)

```
    ENDIF                                            (条件结束)
    #30＝－#11－#9                                  (加工 X 坐标赋初值)
    WHILE #30LT#11                                  (加工条件判断)
      #30＝#30＋#9                                  (X 坐标增加一个步距)
      IF #30GE#11                                   (加工 X 坐标值判断)
      #30＝#11                                      (将最终 X 坐标值赋给#30)
      ENDIF                                          (条件结束)
      G99 G81 X[#30＋#6] Y[#20＋#7] Z[－#3＋#8] R2  (插铣加工)
    ENDW                                             (循环结束)
  ENDW                                               (循环结束)
```

◇【SIEMENS 参数程序】＊＊＊＊＊＊

```
R1＝40                                 (型腔长 L 赋值)
R2＝25                                 (型腔宽 B 赋值)
R3＝30                                 (型腔深 H 赋值)
R4＝5                                  (转角半径 R 赋值)
R5＝10                                 (刀具直径 D 赋值)
R6＝0                                  (矩形对称中心在工件坐标系中的 X 坐
                                       标赋值)
R7＝0                                  (矩形对称中心在工件坐标系中的 Y 坐
                                       标赋值)
R8＝0                                  (型腔上表面在工件坐标系中的 Z 坐
                                       标赋值)
R9＝0.6＊R5                            (加工步距赋值,步距值取 0.6 倍刀具
                                       直径)
R10＝(R2－R5)/2                        (计算加工半宽值)
R11＝(R1－R5)/2                        (计算加工半长值)
IF (R5＊0.5)<＝R4 GOTOF AAA            (刀具直径判断)
M30                                   (程序结束)
AAA:                                  (程序跳转标记符)
R20＝－R10－R9                         (加工 Y 坐标赋初值)
BBB:                                  (程序跳转标记符)
  R20＝R20＋R9                         (Y 向坐标增加一个步距)
  IF R20<R10 GOTOF CCC                (加工 Y 坐标值判断)
  R20＝R10                            (将最终 Y 坐标值赋给 R20)
  CCC:                                (程序跳转标记符)
  R30＝－R11－R9                       (加工 X 坐标赋初值)
  DDD:                                (程序跳转标记符)
    R30＝R30＋R9                       (X 坐标增加一个步距)
    IF R30<R11 GOTOF EEE              (加工 X 坐标值判断)
    R30＝R11                          (将最终 X 坐标值赋给 R30)
    EEE:                              (程序跳转标记符)
    G00 X＝R30＋R6 Y＝R20＋R7          (刀具定位)
    G01 Z＝－R3＋R8                    (插铣加工)
```

```
    G00 Z=R8+2                                    (抬刀)
     IF R30<R11 GOTOB DDD                         (加工条件判断)
     IF R20<R10 GOTOB BBB                         (加工条件判断)
```

26.3 腰形型腔

　　腰形型腔是机械加工领域常见的一种结构，特别是在齿轮和齿轮座类零件上。虽然腰形型腔的加工并不是一个难题，但是在利用程序来提高生产效率方面它具有一定代表性。由于腰形型腔的多样性，在数控加工中频繁地编制类似的程序将消耗大量准备时间，而编制一个通用的腰形型腔加工程序，每次使用时只要修改其中几个参数就可以大大提高效率和可靠性。

　　内腔轮廓铣削加工时，需要刀具垂直于材料表面进刀。按照进刀的要求，最直接的方法是选择键槽刀，因为键槽刀的端刃从侧刃贯穿至刀具中心，这样可以使用键槽刀直接向材料内部进刀。而立铣刀的端刃为副切削刃，端刃主要在刀具的边缘部分，中心处没有切削刃，所以不能用立铣刀直接向材料内部垂直进刀。但是有时考虑到同样直径的立铣刀的刀体直径大于键槽刀的刀体直径，因此同样直径的立铣刀刚性要强于键槽刀，且立铣刀的侧刃一般有三齿或四齿，而键槽刀只有两齿，相同主轴转速下，齿数越多，每齿切削厚度越小，加工平顺性越好，所以在加工中要尽可能地使用立铣刀。那如何使用立铣刀在加工内腔轮廓时，向材料内部进刀，又不损坏刀具呢？数控铣加工中常采用的解决方法有螺旋下刀和斜线下刀。

　　数控铣削加工如图 26-5 所示连线为直线的腰形型腔，型腔长 20mm，宽 10mm，深10mm，旋转角度 30°，试编制其加工程序。

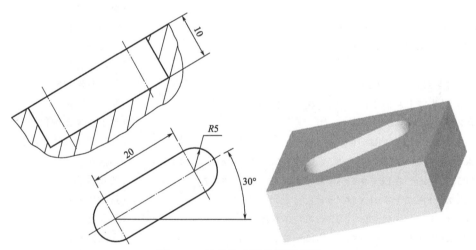

图 26-5　连线为直线的腰形型腔

　　连线为直线的腰形型腔几何参数模型如图 26-6 所示。分析型腔加工发现，若选用刀具的直径值大于型腔宽度则无法加工，等于型腔宽度则只需沿着直线连线加工即可，若小于型腔宽度则应沿着型腔轮廓加工。编制加工宏程序如下。

```
 #1=20                                          (型腔长度 L 赋值)
 #2=5                                           (拐角半径 R 赋值)
 #3=10                                          (型腔深度 H 赋值)
```

```
#4＝30                                          (旋转角度 A 赋值)
#5＝10                                          (加工刀具直径赋值)
#6＝0                                           (型腔端点在工件坐标系中的 X
                                               坐标值)
#7＝0                                           (型腔端点在工件坐标系中的 Y
                                               坐标值)
#8＝0                                           (型腔端点在工件坐标系中的 Z
                                               坐标值)
#9＝3                                           (深度进给量赋值)
#10＝#1＊COS[#4]                                (节点坐标值计算)
#11＝#1＊SIN[#4]                                (节点坐标值计算)
#12＝#2＊SIN[#4]                                (节点坐标值计算)
#13＝#2＊COS[#4]                                (节点坐标值计算)
IF [#5GT#2＊2] THEN M30                         (若刀具直径值大于型腔宽度程
                                               序结束)
#20＝0                                          (加工深度赋初值)
IF [#5LT#2＊2] GOTO10                           (若刀具直径值小于型腔宽度程
                                               序跳转)

WHILE [#20LT#3] DO1                             (加工条件判断)
  G01 X#6 Y#7 Z[－#20＋#8]                      (斜插加工)
  X[#10＋#6] Y[#11＋#7]                         (直线插补)
  #20＝#20＋#9                                  (加工深度递增)
END1                                           (循环结束)
G01 X#6 Y#7 Z[－#3＋#8]                         (斜插加工)
X[#10＋#6] Y[#11＋#7]                           (直线插补)
N10                                            (程序跳转标记符)
WHILE [#20LT#3] DO2                            (加工条件判断)
  G00 X[#12＋#6] Y[－#13＋#7] Z[－#20＋#8]       (快速点定位)
  #20＝#20＋#9                                  (加工深度递增)
  IF [#20GE#3] THEN #20＝#3                     (加工深度条件判断)
  G01 X[#10＋#12＋#6] Y[#11－#13＋#7] Z[－#20＋#8] (斜插加工)
  G03 X[#10－#12＋#6] Y[#11＋#13＋#7] R#2        (圆弧插补)
  G01 X[－#12＋#6] Y[#13＋#7]                    (直线插补)
  G03 X[#12＋#6] Y[－#13＋#7] R#2                (圆弧插补)
  G01 X[#10＋#12＋#6] Y[#11－#13＋#7]            (直线插补)
END2                                           (循环结束)
G00 Z[#8＋50]                                   (抬刀)
```

◆ 【华中宏程序】 ＊＊＊＊＊＊

```
#1＝20                                          (型腔长度 L 赋值)
#2＝5                                           (拐角半径 R 赋值)
#3＝10                                          (型腔深度 H 赋值)
#4＝30                                          (旋转角度 A 赋值)
#5＝10                                          (加工刀具直径赋值)
```

Ⓛ	Ⓡ	Ⓗ	Ⓐ	Ⓧ	Ⓨ	Ⓩ
腰形型腔长度	拐角半径	型腔深度	型腔旋转角度	型腔端点的X坐标值	型腔端点的Y坐标值	型腔上表面的Z坐标值

图 26-6 连线为直线的腰形型腔几何参数模型

♯6＝0	(型腔端点在工件坐标系中的 X 坐标值)
♯7＝0	(型腔端点在工件坐标系中的 Y 坐标值)
♯8＝0	(型腔端点在工件坐标系中的 Z 坐标值)
♯9＝3	(深度进给量赋值)
♯10＝♯1＊COS[♯4＊PI/180]	(节点坐标值计算)
♯11＝♯1＊SIN[♯4＊PI/180]	(节点坐标值计算)
♯12＝♯2＊SIN[♯4＊PI/180]	(节点坐标值计算)
♯13＝♯2＊COS[♯4＊PI/180]	(节点坐标值计算)
IF ♯5GT♯2＊2	(若刀具直径值大于型腔宽度)
M30	(程序结束)
ENDIF	(条件结束)
♯20＝0	(加工深度赋初值)
IF ♯5EQ♯2＊2	(若刀具直径值等于型腔宽度)
WHILE ♯20LT♯3	(加工条件判断)
G01 X[♯6] Y[♯7] Z[－♯20＋♯8]	(斜插加工)
X[♯10＋♯6] Y[♯11＋♯7]	(直线插补)
♯20＝♯20＋♯9	(加工深度递增)
ENDW	(循环结束)
G01 X[♯6] Y[♯7] Z[－♯3＋♯8]	(斜插加工)

```
X[♯10+♯6] Y[♯11+♯7]                                    (直线插补)
ENDIF                                                   (条件结束)
WHILE ♯20LT♯3                                           (加工条件判断)
  G00 X[♯12+♯6] Y[-♯13+♯7] Z[-♯20+♯8]                   (快速点定位)
  ♯20=♯20+♯9                                            (加工深度递增)
  IF ♯20GE♯3                                            (加工深度条件判断)
  ♯20=♯3                                                (加工深度赋值)
  ENDIF                                                 (条件结束)
  G01 X[♯10+♯12+♯6] Y[♯11-♯13+♯7] Z[-♯20+♯8]            (斜插加工)
  G03 X[♯10-♯12+♯6] Y[♯11+♯13+♯7] R[♯2]                 (圆弧插补)
  G01 X[-♯12+♯6] Y[♯13+♯7]                              (直线插补)
  G03 X[♯12+♯6] Y[-♯13+♯7] R[♯2]                        (圆弧插补)
  G01 X[♯10+♯12+♯6] Y[♯11-♯13+♯7]                       (直线插补)
ENDW                                                    (循环结束)
G00 Z[♯8+50]                                            (抬刀)
```

◇ 【SIEMENS 参数程序】******

```
R1=20                                                   (型腔长度 L 赋值)
R2=5                                                    (拐角半径 R 赋值)
R3=10                                                   (型腔深度 H 赋值)
R4=30                                                   (旋转角度 A 赋值)
R5=10                                                   (加工刀具直径赋值)
R6=0                                                    (型腔端点在工件坐标系中的 X
                                                        坐标值)
R7=0                                                    (型腔端点在工件坐标系中的 Y
                                                        坐标值)
R8=0                                                    (型腔端点在工件坐标系中的 Z
                                                        坐标值)
R9=3                                                    (深度进给量赋值)
R10=R1*COS(R4)                                          (节点坐标值计算)
R11=R1*SIN(R4)                                          (节点坐标值计算)
R12=R2*SIN(R4)                                          (节点坐标值计算)
R13=R2*COS(R4)                                          (节点坐标值计算)
IF R5<=R2*2 GOTOF AAA                                   (若刀具直径值小于等于型腔
                                                        宽度)
M30                                                     (程序结束)
AAA:                                                    (程序跳转标记符)
R20=0                                                   (加工深度赋初值)
IF R5<R2*2 GOTOF CCC                                    (若刀具直径值小于型腔宽度)
BBB:                                                    (程序跳转标记符)
  G01 X=R6 Y=R7 Z=-R20+R8                               (斜插加工)
  X=R10+R6 Y=R11+R7                                     (直线插补)
  R20=R20+R9                                            (加工深度递增)
IF R20<R3 GOTOB BBB                                     (加工条件判断)
```

```
G01 X＝R6 Y＝R7 Z＝－R3＋R8                          (斜插加工)
X＝R10＋R6 Y＝R11＋R7                               (直线插补)
CCC:                                              (程序跳转标记符)
DDD:                                              (程序跳转标记符)
  G00 X＝R12＋R6 Y＝－R13＋R7 Z＝－R20＋R8           (快速点定位)
  R20＝R20＋R9                                     (加工深度递增)
  IF R20<R3 GOTOF EEE                             (加工深度条件判断)
  R20＝R3                                          (加工深度赋值)
  EEE:                                            (程序跳转标记符)
  G01 X＝R10＋R12＋R6 Y＝R11－R13＋R7 Z＝－R20＋R8   (斜插加工)
  G03 X＝R10－R12＋R6 Y＝R11＋R13＋R7 CR＝R2        (圆弧插补)
  G01 X＝－R12＋R6 Y＝R13＋R7                       (直线插补)
  G03 X＝R12＋R6 Y＝－R13＋R7 CR＝R2               (圆弧插补)
  G01 X＝R10＋R12＋R6 Y＝R11－R13＋R7              (直线插补)
IF R20<R3 GOTOB DDD                               (加工条件判断)
G00 Z＝R8＋50                                      (抬刀)
```

数控铣削加工如图 26-7 所示连线为圆弧的腰形型腔，腰形型腔所在圆的半径为 35mm，腰形型腔宽 10mm，起始角度 15°，圆心角 45°，深 8mm，试编制其加工宏程序。

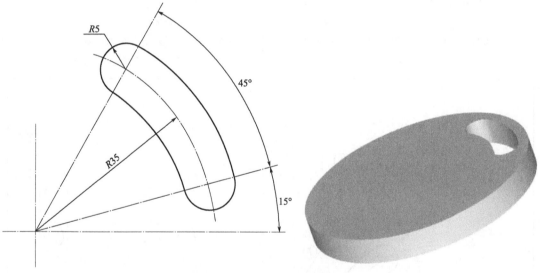

图 26-7　连线为圆弧的腰形型腔

图 26-8 为连线为圆弧的腰形型腔几何参数模型。选用等于型腔宽度的铣刀加工并编制加工宏程序如下。

```
#1＝35                                             (圆弧连线半径 R 赋值)
#2＝5                                              (拐角半径 r 赋值)
#3＝8                                              (型腔深度 H 赋值)
#4＝15                                             (起始角度 A 赋值)
#5＝45                                             (圆弧连线的圆心角 B 赋值)
#6＝10                                             (铣刀直径赋值)
```

#7＝0	(圆弧圆心在工件坐标系中的 X 坐标值)
#8＝0	(圆弧圆心在工件坐标系中的 Y 坐标值)
#9＝0	(圆弧圆心在工件坐标系中的 Z 坐标值)
#10＝3	(深度递增量赋值)
#11＝#1＊COS[#4]	(计算起始点的 X 值)
#12＝#1＊SIN[#4]	(计算起始点的 Y 值)
#13＝#1＊COS[#4＋#5]	(计算终止点的 X 值)
#14＝#1＊SIN[#4＋#5]	(计算终止点的 Y 值)
IF [#6NE#2＊2] THEN M30	(若刀具直径选择错误程序结束)
#20＝#10	(加工深度赋初值)
G00 X[#11＋#7] Y[#12＋#8]	(刀具定位)
Z#9	(刀具下降)
WHILE [#20LT#3] DO1	(加工条件判断)
G17 G03 X[#13＋#7] Y[#14＋#8] R#1 Z[－#20＋#9]	(螺旋插补)
G02 X[#11＋#7] Y[#12＋#8] R#1	(圆弧插补修正)
#20＝#20＋#10	(加工深度递增)
END1	(循环结束)
G17 G03 X[#13＋#7] Y[#14＋#8] R#1 Z[－#3＋#9]	(螺旋插补至型腔底部)
G02 X[#11＋#7] Y[#12＋#8] R#1	(圆弧插补修正型腔底部)

(R)	(r)	(H)	(A)	(B)	(X)	(Y)	(Z)
圆弧连线的半径	拐角半径	型腔深度	起始角度	圆弧连线段的圆心角	圆弧圆心在工件坐标系中的X坐标值	圆弧圆心在工件坐标系中的Y坐标值	型腔上表面在坐标系中的Z坐标值

图 26-8　连线为圆弧的腰形型腔几何参数模型

◆【华中宏程序】******

＃1＝35	（圆弧连线半径 R 赋值）
＃2＝5	（拐角半径 r 赋值）
＃3＝8	（型腔深度 H 赋值）
＃4＝15	（起始角度 A 赋值）
＃5＝45	（圆弧连线的圆心角 B 赋值）
＃6＝10	（铣刀直径赋值）
＃7＝0	（圆弧圆心在工件坐标系中的 X 坐标值）
＃8＝0	（圆弧圆心在工件坐标系中的 Y 坐标值）
＃9＝0	（圆弧圆心在工件坐标系中的 Z 坐标值）
＃10＝3	（深度递增量赋值）
＃11＝＃1*COS[＃4*PI/180]	（计算起始点的 X 值）
＃12＝＃1*SIN[＃4*PI/180]	（计算起始点的 Y 值）
＃13＝＃1*COS[＃4＋＃5*PI/180]	（计算终止点的 X 值）
＃14＝＃1*SIN[＃4＋＃5*PI/180]	（计算终止点的 Y 值）
IF ＃6NE＃2*2	（若刀具直径选择错误）
M30	（程序结束）
ENDIF	（条件结束）
＃20＝＃10	（加工深度赋初值）
G00 X[＃11＋＃7] Y[＃12＋＃8]	（刀具定位）
Z[＃9]	（刀具下降）
WHILE ＃20LT＃3	（加工条件判断）
G17 G03 X[＃13＋＃7] Y[＃14＋＃8] R[＃1] Z[－＃20＋＃9]	（螺旋插补）
G02 X[＃11＋＃7] Y[＃12＋＃8] R[＃1]	（圆弧插补修正）
＃20＝＃20＋＃10	（加工深度递增）
ENDW	（循环结束）
G17 G03 X[＃13＋＃7] Y[＃14＋＃8] R[＃1] Z[－＃3＋＃9]	（螺旋插补至型腔底部）
G02 X[＃11＋＃7] Y[＃12＋＃8] R[＃1]	（圆弧插补修正型腔底部）

◇【SIEMENS 参数程序】******

R1＝35	（圆弧连线半径 R 赋值）
R2＝5	（拐角半径 r 赋值）
R3＝8	（型腔深度 H 赋值）
R4＝15	（起始角度 A 赋值）
R5＝45	（圆弧连线的圆心角 B 赋值）
R6＝10	（铣刀直径赋值）
R7＝0	（圆弧圆心在工件坐标系中的 X 坐标值）
R8＝0	（圆弧圆心在工件坐标系中的 Y 坐标值）
R9＝0	（圆弧圆心在工件坐标系中的 Z

	（坐标值）
R10＝3	（深度递增量赋值）
R11＝R1＊COS(R4)	（计算起始点的 x 值）
R12＝R1＊SIN(R4)	（计算起始点的 y 值）
R13＝R1＊COS(R4＋R5)	（计算终止点的 x 值）
R14＝R1＊SIN(R4＋R5)	（计算终止点的 y 值）
IF R6＝＝R2＊2 GOTOF AAA	（若刀具直径等于型腔宽度跳转）
M30	（程序结束）
AAA:	（程序跳转标记符）
R20＝R10	（加工深度赋初值）
G00 X＝R11＋R7 Y＝R12＋R8	（刀具定位）
Z＝R9	（刀具下降）
BBB:	（程序跳转标记符）
G03 X＝R13＋R7 Y＝R14＋R8 CR＝R1 Z＝－R20＋R9	（螺旋插补）
G02 X＝R11＋R7 Y＝R12＋R8 CR＝R1	（圆弧插补修正）
R20＝R20＋R10	（加工深度递增）
IF R20<R3 GOTOB BBB	（加工条件判断）
G03 X＝R13＋R7 Y＝R14＋R8 CR＝R1 Z＝－R3＋R9	（螺旋插补至型腔底部）
G02 X＝R11＋R7 Y＝R12＋R8 CR＝R1	（圆弧插补修正型腔底部）

    如图 26-9 所示圆环型腔可看作连线为整圆的腰形型腔，请问能否直接修改上面宏程序中的起始角度 A 和圆弧连线段的圆心角 B 赋值实现该型腔的铣削加工？

图 26-9　圆环型腔

第

27

章

螺纹铣削

小直径的内螺纹一般采用丝锥攻螺纹完成，大直径内螺纹在数控机床上可通过螺纹铣刀采用螺旋插补指令铣削加工完成。螺纹铣刀的寿命是丝锥的十多倍，不仅寿命长，而且对螺纹直径尺寸的控制十分方便，螺纹铣削加工已逐渐成为螺纹加工的主流方式。

大直径的内螺纹铣刀一般为机夹式，以单刃结构居多，与车床上使用的内螺纹车刀相似。内螺纹铣刀在加工内螺纹时，编程一般不采用半径补偿指令，而是直接对螺纹铣刀刀心进行编程，如果没有特殊需求，应尽量采用顺铣方式。

内螺纹铣刀铣削内螺纹的工艺分析如表 27-1 所示。需要注意的是，单向切削螺纹铣刀只允许单方向切削（主轴 M03），另外机夹式螺纹铣刀适用于较大直径（$D>25mm$）的螺纹加工。

表 27-1　内螺纹铣刀铣削内螺纹的工艺分析表

主轴转向	Z 轴移动方向	螺纹种类			
		右旋螺纹		左旋螺纹	
		插补指令	铣削方式	插补指令	铣削方式
主轴正转（M03）	自上而下	G02	逆铣	G03	顺铣
	自下而上	G03	顺铣	G02	逆铣

铣削加工如图 27-1 所示内螺纹，螺纹尺寸为 M40×2.5，螺纹长度 36mm，试编制其铣削加工宏程序。

图 27-1　大直径内螺纹铣削加工

设工件坐标原点在工件上表面的对称中心，螺纹大径 D，螺距 P，螺纹长度 L，选用螺纹铣刀回转半径为 12mm 的单刃螺纹铣刀铣削加工该内螺纹，编制加工宏程序如下。

♯1＝40	（螺纹大径 D 赋值）
♯2＝2.5	（螺距 P 赋值）
♯3＝36	（螺纹长度 L 赋值）
♯4＝12	（螺纹铣刀回转半径赋值）
♯5＝♯1－2＊0.65＊♯2	（计算螺纹小径 d 的值）
♯6＝1.5＊♯2	（导入长度，取 1.5 倍螺距）
♯7＝0.5＊♯2	（导出长度，取 0.5 倍螺距）
♯10＝♯5	（加工 X 坐标值赋初值）
♯11＝1	（加工层数赋初值）
WHILE [♯10LT♯1] DO1	（X 向分层加工条件判断）

```
#10=#5+SQRT[#11]                                (加工 X 坐标值赋值)
#11=#11+1                                        (加工层数递增)
IF [#10GT#1] THEN #10=#1                         (精铣内螺纹大径条件判断)
G00 Z#6                                          (刀具 Z 轴定位)
X[#10/2-#4] Y0                                   (刀具在 XY 平面内定位)
#20=0                                            (加工深度赋初值)
WHILE [#20LE[#3+#7]] DO2                         (加工深度条件判断)
  G17 G02 I[#4-#10/2] Z-#20 F100                 (螺旋插补铣削加工螺纹)
  #20=#20+#2                                     (加工深度递增)
END2                                             (循环结束)
G00 X0 Y0                                        (退刀)
END1                                             (循环结束)
G00 Z50                                          (抬刀)
```

◆【华中宏程序】******

```
#1=40                                           (螺纹大径 D 赋值)
#2=2.5                                           (螺距 P 赋值)
#3=36                                           (螺纹长度 L 赋值)
#4=12                                           (螺纹铣刀回转半径赋值)
#5=#1-2*0.65*#2                                 (计算螺纹小径 d 的值)
#6=1.5*#2                                       (导入长度,取 1.5 倍螺距)
#7=0.5*#2                                       (导出长度,取 0.5 倍螺距)
#10=#5                                          (加工 X 坐标值赋初值)
#11=1                                           (加工层数赋初值)
WHILE #10LT#1                                   (X 向分层加工条件判断)
  #10=#5+SQRT[#11]                              (加工 X 坐标值赋值)
  #11=#11+1                                     (加工层数递增)
  IF#10GT#1                                     (精铣内螺纹大径条件判断)
  #10=#1                                        (将大径赋值给加工 X 坐标)
  ENDIF                                         (条件结束)
  G00 Z[#6]                                     (刀具 Z 轴定位)
  X[#10/2-#4] Y0                                (刀具在 XY 平面内定位)
  #20=0                                         (加工深度赋初值)
  WHILE#20LE[#3+#7]                             (加工深度条件判断)
    G17 G02 I[#4-#10/2] Z[-#20] F100            (螺旋插补铣削加工螺纹)
    #20=#20+#2                                  (加工深度递增)
  ENDW                                          (循环结束)
  G00 X0 Y0                                     (退刀)
ENDW                                            (循环结束)
G00 Z50                                         (抬刀)
```

◇【SIEMENS 参数程序】******

```
R1=40                                           (螺纹大径 D 赋值)
R2=2.5                                          (螺距 P 赋值)
R3=36                                          (螺纹长度 L 赋值)
```

```
R4＝12                                    (螺纹铣刀回转半径赋值)
R5＝R1－2 * 0.65 * R2                      (计算螺纹小径 d 的值)
R6＝1.5 * R2                               (导入长度,取 1.5 倍螺距)
R7＝0.5 * R2                               (导出长度,取 0.5 倍螺距)
R10＝R5                                    (加工 x 坐标值赋初值)
R11＝1                                     (加工层数赋初值)
AAA:                                       (程序跳转标记)
  R10＝R5＋SQRT(R11)                       (加工 x 坐标值赋值)
  R11＝R11＋1                              (加工层数递增)
  IF R10<=R1 GOTOF BBB                     (精铣内螺纹大径条件判断)
  R10＝R1                                  (将大径赋值给加工 x 坐标)
  BBB:                                     (程序跳转标记)
  G00 Z＝R6                                (刀具 z 轴定位)
  X＝R10/2－R4 Y0                          (刀具在 XY 平面内定位)
  R20＝0                                   (加工深度赋初值)
  CCC:                                     (程序跳转标记)
    G17 G02 I＝R4－R10/2 Z＝－R20 F100      (螺旋插补铣削加工螺纹)
    R20＝R20＋R2                           (加工深度递增)
  IF R20<=R3＋R7 GOTOB CCC                 (加工深度条件判断)
  G00 X0 Y0                                (退刀)
IF R10<R1 GOTOB AAA                        (X 向分层加工条件判断)
G00 Z50                                    (抬刀)
```

第

28

章

球面铣削

28.1 凸球面

(1) 凸球面加工刀具

如图 28-1 所示，凸球面加工使用的刀具可以选用立铣刀或球头铣刀。一般来说，凸球面粗加工使用立铣刀保证加工效率，精加工时使用球头铣刀以保证表面加工质量。

图 28-1 凸球面加工示意图

采用球头刀加工凸球曲面时如图 28-1(a) 所示，曲面加工是球刃完成的，其刀具中心轨迹是球面的同心球面，与球半径 R 相差一个球头刀刀具半径（$D/2$），即刀具中心轨迹半径为 $R+D/2$。

采用立铣刀加工凸球曲面时如图 28-1(b) 所示，曲面加工是刀尖完成的，当刀尖沿圆弧运动时，其刀具中心运动轨迹是与球半径 R 相等的圆弧，只是位置相差一个立铣刀刀具半径（$D/2$）。

(2) 凸球面加工走刀路线

凸球面加工走刀路线可以选用等高加工、行切加工和放射加工三种方式。

等高铣削加工凸球面如图 28-2(a) 所示，刀具沿用一系列水平截球面截得的截交线形成的一组不同高度和直径的同心圆运动来完成走刀。在进刀控制上有从上向下进刀和从下向上进刀两种，一般应使用从下向上进刀来完成加工，此时主要利用铣刀侧刃切削，表面质量较好，端刃磨损较小，同时切削力将刀具向欠切方向推，有利于控制加工尺寸。采用从下向上进刀来完成加工时，先在半球底部铣整圆，之后 Z 轴进行抬高并改变上升后整圆的半径。

行切法（切片法）加工如图 28-2(b) 所示，刀具沿用一系列垂直截球面截得的截交线形成的一组同心圆运动来完成走刀。

放射加工如图 28-2(c) 所示，刀具沿从球顶向球底面均匀放射的一组圆弧运动来完成走刀，加工路线形成一种特殊的"西瓜纹"。

(3) 等高铣削加工进刀控制算法

凸球面加工一般选用等高铣削加工，其进刀控制算法主要有两种。一种计算方法如图 28-3(a) 所示，先根据允许的加工误差和表面粗糙度，确定合理的 Z 向进刀量（Δh），再根据给定加工高度 h 计算出加工圆的半径 $r=\sqrt{R^2-h^2}$，这种算法走刀次数较多。另一种

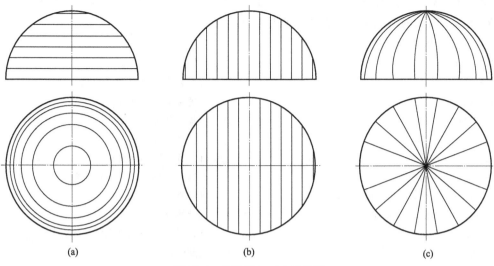

(a)   (b)   (c)

图 28-2　凸球面加工走刀路线

计算方法如图 28-3(b) 所示，是先根据允许的加工误差和表面粗糙度，确定两相邻进刀点相对球心的角度增量（$\Delta\theta$），再根据角度计算进刀点的加工圆半径 r 和加工高度 h 值，即 $h = R\sin\theta$，$r = R\cos\theta$。

(a)   (b)

图 28-3　等高铣削加工进刀控制算法示意图

数控铣削加工如图 28-4 所示凸半球面，球半径为 $SR30\text{mm}$，试编制其精加工程序。

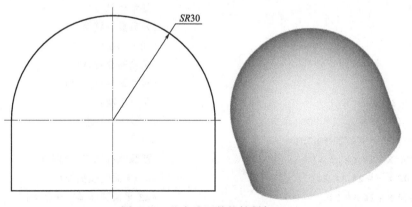

图 28-4　凸半球面数控铣削加工

设工件坐标系原点在球心，下面分别采用直径为 $\phi8mm$ 的立铣刀和球头刀采用不同方法实现该凸半球面的精加工，编制加工程序如下。

① 立铣刀从下至上等高铣削

```
#1=30                          (球半径 R 赋值)
#2=8                           (立铣刀刀具直径 D 赋值)
#3=0.5                         (角度递变量赋值)
#10=0                          (加工角度赋初值)
X[#1+#2] Y0                    (刀具定位)
Z0                             (刀具下降到球底面)
WHILE [#10LT90] DO1            (当角度小于 90°时执行循环)
  #20=#1*COS[#10]+#2/2         (计算 X 坐标值)
  #21=#1*SIN[#10]              (计算 Z 坐标值)
  G01 X#20 Z#21                (直线插补至切削圆的起始点)
  G02 I-#20                    (圆弧插补加工水平截交圆)
  #10=#10+#3                   (角度递增)
END1                           (循环结束)
```

② 球头刀从下至上等高铣削

```
#1=30                          (球半径 R 赋值)
#2=8                           (球头刀刀具直径 D 赋值)
#3=0.5                         (角度递变量赋值)
#10=0                          (加工角度赋初值)
X[#1+#2] Y0                    (刀具定位)
Z0                             (刀具下降到球底面)
WHILE [#10LT90] DO1            (当角度小于 90°时执行循环)
  #20=[#1+#2/2]*COS[#10]       (计算 X 坐标值)
  #21=[#1+#2/2]*SIN[#10]       (计算 Z 坐标值)
  G01 X#20 Z#21                (直线插补至切削圆的起始点)
  G02 I-#20                    (圆弧插补加工水平截交圆)
  #10=#10+#3                   (角度递增)
END1                           (循环结束)
```

③ 球头刀行切

```
#1=30                          (球半径赋值)
#2=8                           (刀具直径赋值)
#3=90                          (加工角度赋初值)
#4=1                           (角度递变量赋值)
N10                            (程序跳转标记符)
  #3=#3-#4                     (角度递减)
  #24=[#1+#2/2]*COS[#3]        (计算 X 坐标值)
  #25=[#1+#2/2]*SIN[#3]        (计算 Y 坐标值)
  G17 G02 X#24 Y#25 R[#1+#2/2] (圆弧插补到切削起点)
  G18 G02 X-#24 R#24           (XZ 平面圆弧插补)
  G18 G03 X#24 R#24            (XZ 平面圆弧插补原路返回)
  IF [#3GT-90] GOTO10          (条件判断)
```

④ 球头刀从下至上螺旋铣削

```
#1＝30                                    (球半径 R 赋值)
#2＝8                                     (球头刀刀具直径 D 赋值)
#3＝0.5                                   (角度递变量赋值)
#10＝0                                    (加工角度赋初值)
Z0                                       (刀具下降到球底面)
G01 X[#1＋#2/2] Y0                        (进刀到切削起点)
WHILE [#10LT90] DO1                       (当角度小于 90°时执行循环)
  #20＝[#1＋#2/2]＊COS[#10]               (计算 X 坐标值)
  #21＝[#1＋#2/2]＊SIN[#10]               (计算 Z 坐标值)
  G17 G02 X#20 I－#20 Z#21               (螺旋插补加工)
  #10＝#10＋#3                           (角度递增)
END1                                     (循环结束)
```

⑤ 球头刀放射加工

```
#1＝30                                    (球半径 R 赋值)
#2＝8                                     (球头刀刀具直径 D 赋值)
#3＝1                                     (角度递变量赋值)
#10＝0                                    (旋转角度赋初值)
#11＝#1＋#2/2                             (计算 R＋D/2)
WHILE [#10LT180] DO1                      (当角度小于 180°时执行循环)
  G17 G68 X0 Y0 R#10                      (坐标旋转设定)
  G00 X[#1＋#2] Y0                        (刀具定位)
  #20＝0                                  (角度赋初值)
  WHILE [#20LT180] DO2                    (圆弧加工条件判断)
    #30＝#11＊COS[#20]                    (计算圆弧加工的 X 坐标值)
    #31＝#11＊SIN[#20]                    (计算圆弧加工的 Y 坐标值)
    G01 X#30 Z#31                         (直线插补加工圆弧)
    #20＝#20＋#3                          (角度递增)
  END2                                   (循环结束)
  G00 Z[#1＋#2]                           (抬刀)
  G69                                     (取消坐标旋转)
  #10＝#10＋#3                           (角度递增)
END1                                     (循环结束)
```

◆【华中宏程序】＊＊＊＊＊＊

```
#1＝30                                    (球半径 R 赋值)
#2＝8                                     (球头刀刀具直径 D 赋值)
#3＝0.5                                   (角度递变量赋值)
#10＝0                                    (加工角度赋初值)
Z0                                       (刀具下降到球底面)
G01 X[#1＋#2/2] Y0                        (进刀到切削起点)
WHILE #10LT90                             (当角度小于 90°时执行循环)
  #20＝[#1＋#2/2]＊COS[#10＊PI/180]       (计算 X 坐标值)
  #21＝[#1＋#2/2]＊SIN[#10＊PI/180]       (计算 Z 坐标值)
```

```
    G17 G02 X[#20] I[—#20] Z[#21]          (螺旋插补加工)
    #10=#10+#3                             (角度递增)
  ENDW                                     (循环结束)
```

◇【SIEMENS 参数程序】******

```
R1=30                                    (球半径 R 赋值)
R2=8                                     (球头刀刀具直径 D 赋值)
R3=0.5                                   (角度递变量赋值)
R10=0                                    (加工角度赋初值)
Z0                                       (刀具下降到球底面)
G01 X=R1+R2/2 Y0                         (进刀到切削起点)
AAA:                                     (程序跳转标记符)
  R20=(R1+R2/2)*COS(R10)                 (计算 X 坐标值)
  R21=(R1+R2/2)*SIN(R10)                 (计算 Z 坐标值)
  G17 G02 X=R20 I=-R20 Z=R21             (螺旋插补加工)
  R10=R10+R3                             (角度递增)
IF R10<90 GOTOB AAA                      (当角度小于 90°时执行循环)
```

如图 28-5 所示，在 60mm×60mm 的方形坯料上加工出球半径为 SR25mm 的凸半球面，试编制其数控铣削粗加工宏程序。

图 28-5　凸半球面

设工件坐标系原点在上表面中心（即球顶点），编制加工程序如下。

① 立铣刀从上至下等高铣削

```
#1=25                                    (球半径 R 赋值)
```

```
＃2＝60                                          (方形毛坯边长赋值)
＃3＝12                                          (立铣刀刀具直径 D 赋值)
＃10＝0.7*＃3                                    (粗加工行距赋值,取 0.7 倍刀具直径)
＃11＝3                                          (每层加工深度赋值)
＃12＝＃11                                       (加工深度赋初值)
WHILE [＃12LT＃1] DO1                            (加工深度条件判断)
  IF [[＃12＋＃11]GE＃1] THEN ＃12＝＃1           (Z 轴方向最后一层加工条件判断)
  G00 X[SQRT[2]*[＃2/2]＋＃3/2] Y0               (刀具移动到工件之外)
  Z－＃12                                        (刀具下降到加工平面)
  ＃20＝SQRT[2]*[＃2/2]                          (计算方形毛坯外接圆半径)
  ＃21＝SQRT[＃1*＃1－[＃1－＃12]*[＃1－＃12]]    (计算加工层的截圆半径)
  WHILE [＃20GT＃21] DO2                         (每层加工循环条件判断)
    IF [[＃20－＃10]LE＃21] THEN ＃20＝＃21＋0.1  (XY 平面最后一圈加工条件判断,留
                                                  0.1mm 精加工余量)
    G01 X[＃20＋＃3/2] Y0                         (直线插补至切削起点)
    G02 I[－＃20－＃3/2]                          (粗加工圆弧插补)
    ＃20＝＃20－＃10                              (粗加工圆半径递减)
  END2                                           (每层加工循环结束)
  ＃12＝＃12＋＃11                                (加工深度递增)
END1                                             (深度加工循环结束)
G00 Z50                                          (抬刀)
```

② 球头刀插式铣削

```
＃1＝25                                          (球半径 R 赋值)
＃2＝60                                          (方形毛坯边长赋值)
＃3＝12                                          (球刀刀具直径 D 赋值)
＃4＝0.4*＃3                                     (粗加工行距赋值,取 0.4 倍刀具直径)
＃5＝＃1＋＃3*0.5                                (计算球半径加球头刀半径的值)
＃6＝＃2*0.5                                     (计算方形边长的一半的值)
＃10＝－＃6                                      (加工 Y 坐标赋初值)
WHILE [＃10LE＃6] DO1                            (加工条件判断)
  ＃20＝＃6                                      (加工 X 坐标赋初值)
  WHILE [＃20GE－＃6] DO2                        (加工条件判断)
    ＃30＝SQRT[＃5*＃5－＃10*＃10]                (计算加工圆半径)
    ＃40＝－＃1                                  (加工 Z 坐标赋值)
    IF [ABS[＃20]LT＃30] THEN ＃40＝SQRT[＃30*＃30－＃20*＃20]－＃1
                                                  (加工 Z 坐标判断)
    G99 G81 X＃20 Y＃10 Z＃40 R2                  (插铣)
    ＃20＝＃20－＃4                              (加工 X 坐标递减)
  END2                                           (循环结束)
  ＃10＝＃10＋＃4                                (加工 Y 坐标递增)
END1                                             (循环结束)
```

③ 立铣刀插式铣削

```
＃1＝25                                          (球半径 R 赋值)
```

```
#2=60                                         (方形毛坯边长赋值)
#3=12                                         (立铣刀刀具直径 D 赋值)
#4=3                                          (行距赋值)
#5=10                                         (角度递变量赋值)
#6=SQRT[2]*#2*0.5                             (计算最大加工半径)
#7=#3*0.5                                     (计算刀具半径值)
#10=#3                                        (加工半径赋初值)
WHILE [#10LE#6] DO1                           (加工条件判断)
  #20=0                                       (加工角度赋初值)
  WHILE [#20LT360] DO2                        (圆周加工条件判断)
    #30=#10*COS[#20]                          (计算 X 坐标值)
    #31=#10*SIN[#20]                          (计算 Y 坐标值)
    #32=-#1                                   (加工 Z 坐标值)
    IF [#10LT[#1+#7]] THEN #32=SQRT[#1*#1-[#10-#7]*[#10-#7]]-#1
                                              (加工 Z 坐标值计算)
    IF [ABS[#30]GT#2*0.5] GOTO1               (超出边界跳转)
    IF [ABS[#31]GT#2*0.5] GOTO1               (超出边界跳转)
    G99 G81 X#30 Y#31 Z#32 R2                 (插式铣削)
    N1                                        (程序跳转标记符)
    #20=#20+#5                                (加工角度递增)
  END2                                        (循环结束)
  #10=#10+#4                                  (加工半径递增)
END1                                          (循环结束)
```

◆ 【华中宏程序】 ＊＊＊＊＊＊

```
#1=25                                         (球半径 R 赋值)
#2=60                                         (方形毛坯边长赋值)
#3=12                                         (立铣刀刀具直径 D 赋值)
#10=0.7*#3                                    (粗加工行距赋值,取 0.7 倍刀具直径)
#11=3                                         (每层加工深度赋值)
#12=#11                                       (加工深度赋初值)
WHILE #12LT#1                                 (加工深度条件判断)
  IF [#12+#11]GE#1                            (Z 轴方向最后一层加工条件判断)
  #12=#1                                      (将球半径#1 赋给加工深度#12)
  ENDIF                                       (结束条件)
  G00 X[SQRT[2]*[#2/2]+#3/2] Y0               (刀具移动到工件之外)
  Z[-#12]                                     (刀具下降到加工平面)
  #20=SQRT[2]*[#2/2]                          (计算方形毛坯外接圆半径)
  #21=SQRT[#1*#1-[#1-#12]*[#1-#12]]           (计算加工层的截圆半径)
  WHILE #20GT#21                              (每层加工循环条件判断)
    IF [#20-#10]LE#21                         (XY 平面最后一圈加工条件判断)
    #20=#21+0.1                               (XY 平面最后一圈留 0.1mm 精加工余量)
    ENDIF                                     (结束条件)
    G01 X[#20+#3/2] Y0                        (直线插补至切削起点)
```

```
    G02 I[-#20-#3/2]                        (粗加工圆弧插补)
    #20=#20-#10                             (粗加工圆半径递减)
  ENDW                                       (每层加工循环结束)
  #12=#12+#11                               (加工深度递增)
ENDW                                         (深度加工循环结束)
G00 Z50                                      (抬刀)
```

◇ 【SIEMENS 参数程序】＊＊＊＊＊

```
R1=25                                        (球半径 R 赋值)
R2=60                                        (方形毛坯边长赋值)
R3=12                                        (立铣刀刀具直径 D 赋值)
R10=0.7*R3                                    (粗加工行距赋值,取 0.7 倍刀具直径)
R11=3                                        (每层加工深度赋值)
R12=R11                                       (加工深度赋初值)
AAA:                                         (加工深度条件判断)
  IF R12+R11<R1 GOTOF BBB                    (Z 轴方向最后一层加工条件判断)
  R12=R1                                     (将球半径 R1 赋给加工深度 R12)
  BBB:                                       (结束条件)
  G00 X=SQRT(2)*(R2/2)+R3/2 Y0               (刀具移动到工件之外)
  Z=-R12                                     (刀具下降到加工平面)
  R20=SQRT(2)*(R2/2)                         (计算方形毛坯外接圆半径)
  R21=SQRT(R1*R1-(R1-R12)*(R1-R12))          (计算加工层的截圆半径)
  CCC:                                       (每层加工循环条件判断)
    IF R20-R10> R21 GOTOF DDD                (XY 平面最后一圈加工条件判断)
    R20=R21+0.1                              (XY 平面最后一圈留 0.1mm 精加工余量)
    DDD:                                     (结束条件)
    G01 X=R20+R3/2 Y0                        (直线插补至切削起点)
    G02 I=-R20-R3/2                          (粗加工圆弧插补)
    R20=R20-R10                              (粗加工圆半径递减)
  IF R20>R21 GOTOB CCC                       (每层加工循环结束)
  R12=R12+R11                                (加工深度递增)
IF R12<R1 GOTOB AAA                          (深度加工循环结束)
G00 Z50                                      (抬刀)
```

28.2　凹球面

　　凹球面数控铣削加工可选用立铣刀或球头铣刀加工,设球面半径为 R,刀具直径为 D,采用立铣刀和球头铣刀加工的刀具轨迹及几何参数模型分别如图 28-6(a)、(b) 所示,立铣刀刀位点轨迹为偏移了一个刀具半径的与球半径 R 相同半径的圆弧,球头刀刀位点轨迹为一个半径为 R-$D/2$ 的与球同心的圆弧。

　　由于立铣刀加工内球面与球头刀加工凹球面相比,效率较高,质量较差,并且无法加工凹球面顶部。如图 28-7(a) 所示阴影部分为过切区域,为保证不过切,如图 28-7(b) 所示可加工至凹球面上的 A 点,所以可选择立铣刀粗加工凹球面,然后采用球头刀精加工。

图 28-6　凹球面加工示意图

(a)　　　　　　　　　　　　　(b)

(a)　　　　　　　　　　　　　(b)

图 28-7　立铣刀加工凹球面

数控铣削加工如图 28-8 所示球半径为 $SR25\text{mm}$ 的凹球面，试编制其球面加工宏程序。

图 28-8　数控铣削加工凹球面

设工件坐标原点在球心，选用直径为 $\phi 8mm$ 的球头刀螺旋铣削加工该凹球面，编制加工宏程序如下。

```
#1＝25                          (凹球半径 R 赋值)
#2＝8                           (球头刀直径 D 赋值)
#3＝#1－#2/2                     (计算 R－D/2)
#4＝0.5                         (角度递变量赋值)
#10＝0                          (加工角度赋初值)
G00 X0 Y0                       (刀具定位)
Z0                             (下刀)
G02 X#3 Y0 R[#3/2]             (圆弧切入)
WHILE [#10LT90] DO1            (加工循环条件判断)
  #20＝#3*COS[#10]             (计算 r 值,亦即 X 坐标值)
  #21＝#3*SIN[#10]             (计算加工深度 h 值)
  G17 G02 X#20 I－#20 Z－#21    (螺旋插补加工凹球面)
  #10＝#10＋#4                  (加工角度递增)
END1                           (循环结束)
```

◆【华中宏程序】＊＊＊＊＊＊

```
#1＝25                          (凹球半径 R 赋值)
#2＝8                           (球头刀直径 D 赋值)
#3＝#1－#2/2                     (计算 R－D/2)
#4＝0.5                         (角度递变量赋值)
#10＝0                          (加工角度赋初值)
G00 X0 Y0                       (刀具定位)
Z0                             (下刀)
G02 X[#3] Y0 R[#3/2]          (圆弧切入)
WHILE #10LT90                  (加工循环条件判断)
  #20＝#3*COS[#10*PI/180]      (计算 r 值,亦即 X 坐标值)
  #21＝#3*SIN[#10*PI/180]      (计算加工深度 h 值)
  G17 G02 X[#20] I[－#20] Z[－#21]   (螺旋插补加工凹球面)
  #10＝#10＋#4                  (加工角度递增)
ENDW                           (循环结束)
```

◇【SIEMENS 参数程序】＊＊＊＊＊＊

```
R1＝25                          (凹球半径 R 赋值)
R2＝8                           (球头刀直径 D 赋值)
R3＝R1－R2/2                     (计算 R－D/2)
R4＝0.5                         (角度递变量赋值)
R10＝0                          (加工角度赋初值)
G00 X0 Y0                       (刀具定位)
Z0                             (下刀)
G02 X＝R3 Y0 R＝R3/2           (圆弧切入)
AAA:                           (程序跳转标记符)
  R20＝R3*COS(R10)             (计算 r 值,亦即 X 坐标值)
  R21＝R3*SIN(R10)             (计算加工深度 h 值)
```

```
    G17 G02 X=R20 I=-R20 Z=-R21          (螺旋插补加工凹球面)
    R10=R10+R4                           (加工角度递增)
IF R10<90 GOTOB AAA                      (加工循环条件判断)
```

如图 28-9 所示凹球面，凹球面半径为 $SR25$mm，球底距离工件上表面 20mm，试编制其加工宏程序。

图 28-9　凹球面的加工

设工件坐标点在球心，选用直径为 $\phi8$mm 的立铣刀从上至下等高铣削加工该凹球面，编制加工宏程序如下。

```
#1=25                                   (凹球半径 R 赋值)
#2=20                                   (球底距工件上表面距离赋值)
#3=8                                    (立铣刀直径 D 赋值)
#4=0.2                                  (深度递变量赋值)
#10=#4                                  (加工深度赋初值)
G00 X[#1-#3*0.5] Y0                     (刀具定位)
Z0                                      (下刀)
WHILE [#10LE#2] DO1                     (加工循环条件判断)
   #20=SQRT[#1*#1-#10*#10]-#3/2         (计算截圆半径)
   G18 G03 X#20 Z-#10 R#1               (刀具定位)
   G17 G03 I-#20                        (圆弧插补加工凹球面)
   #10=#10+#4                           (加工深度递增)
END1                                    (循环结束)
G00 Z50                                 (抬刀)
```

下面是采用螺旋铣削加工凹球面编制的宏程序。

```
#1＝25                              (凹球半径 R 赋值)
#2＝20                              (球底距工件上表面距离赋值)
#3＝8                               (立铣刀直径 D 赋值)
#4＝0.2                             (深度递变量赋值)
#10＝0                             (加工深度赋初值)
G00 X[#1－#3/2] Y0                 (刀具定位)
Z2                                 (刀具下降到安全平面)
G01 Z0                             (下刀到加工平面)
WHILE [#10LT#2] DO1                (加工循环条件判断)
  #20＝SQRT[#1*#1－#10*#10]－#3/2   (计算截圆半径)
  G17 G03 X#20 I－#20 Z－#10        (螺旋插补加工凹球面)
  #10＝#10＋#4                     (加工深度递增)
END1                               (循环结束)
#21＝SQRT[#1*#1－#2*#2]－#3/2       (计算孔底截圆半径)
G03 X#21 I－#21 Z－#2              (螺旋插补加工至孔底)
I－#21                             (圆弧插补加工孔底)
G00 Z50                            (抬刀)
```

◆【华中宏程序】******

```
#1＝25                              (凹球半径 R 赋值)
#2＝20                              (球底距工件上表面距离赋值)
#3＝8                               (立铣刀直径 D 赋值)
#4＝0.2                             (深度递变量赋值)
#10＝0                             (加工深度赋初值)
G00 X[#1－#3/2] Y0                 (刀具定位)
Z2                                 (刀具下降到安全平面)
G01 Z0                             (下刀到加工平面)
WHILE #10LT#2                      (加工循环条件判断)
  #20＝SQRT[#1*#1－#10*#10]－#3/2   (计算截圆半径)
  G17 G03 X[#20] I[－#20] Z[－#10]  (螺旋插补加工凹球面)
  #10＝#10＋#4                     (加工深度递增)
ENDW                               (循环结束)
#21＝SQRT[#1*#1－#2*#2]－#3/2       (计算孔底截圆半径)
G03 X[#21] I[－#21] Z[－#2]        (螺旋插补加工至孔底)
I[－#21]                           (圆弧插补加工孔底)
G00 Z50                            (抬刀)
```

◇【SIEMENS 参数程序】******

```
R1＝25                              (凹球半径 R 赋值)
R2＝20                              (球底距工件上表面距离赋值)
R3＝8                               (立铣刀直径 D 赋值)
R4＝0.2                             (深度递变量赋值)
R10＝0                             (加工深度赋初值)
G00 X＝R1－R3/2 Y0                 (刀具定位)
Z2                                 (刀具下降到安全平面)
```

```
   G01 Z0                                 (下刀到加工平面)
 AAA:                                      (程序跳转标记符)
   R20＝SQRT(R1＊R1－R10＊R10)－R3/2         (计算截圆半径)
   G17 G03 X＝R20 I＝－R20 Z＝－R10           (螺旋插补加工凹球面)
   R10＝R10＋R4                             (加工深度递增)
 IF R10<R2 GOTOB AAA                       (加工循环条件判断)
 R21＝SQRT(R1＊R1－R2＊R2)－R3/2             (计算孔底截圆半径)
 G03 X＝R21 I＝－R21 Z＝－R2                  (螺旋插补加工至孔底)
 I＝－R21                                   (圆弧插补加工孔底)
 G00 Z50                                   (抬刀)
```

28.3　椭球面

如图 28-10 所示半椭球，椭球半轴长分别为 a、b、c，其标准方程为

$$\frac{x^2}{a^2}+\frac{y^2}{b^2}+\frac{z^2}{c^2}=1$$

a	b	c	X	Y	Z
椭球长半轴长度	椭球中半轴长度	椭球短半轴长度	椭球中心的X坐标值	椭球中心的Y坐标值	椭球中心的Z坐标值

图 28-10　椭球几何参数模型

椭球的特征之一是用一组水平截平面去截切椭球，则任一截平面与椭球面的截交线均为椭圆（特殊情况下为圆，如图 28-11 所示）。

如图 28-11 所示为在某一 Z 轴高度上用 XOY 平面截椭球截得的椭圆（图中细实线，所在高度用 z 表示，椭圆半轴分别用 a'、b' 表示），由图可得 a'、b' 和 z 的计算式为：

$$\begin{cases} a'=a\cos t \\ b'=b\cos t \\ z=c\sin t \end{cases}$$

式中，a、b、c分别为椭球的长半轴、中半轴、短半轴；t为离心角。宏程序中可以t值的递增来改变截面Z轴高度。

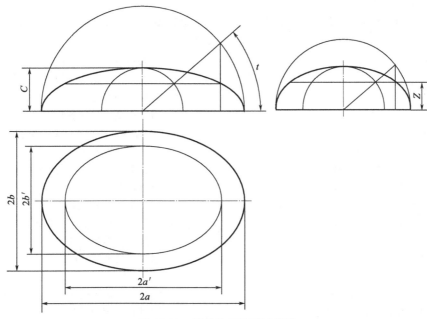

图 28-11　椭球几何关系示意图

数控铣削加工椭球面时，可选择球头刀或立铣刀采用从下往上或从上往下在Z轴上分层等高环绕铣削完成椭球面的加工，即刀具先定位到某一Z值高度的XOY平面，在XOY平面内走一个椭圆，该椭圆为用XOY平面截椭球得到的截面形状，然后将刀具在Z轴方向提升（降低）一个高度，刀具在这个Z轴高度上再加工一个用XOY平面截椭球得到的新椭圆截面，如此不断重复，直到加工完整个椭球。

数控铣削加工如图 28-12 所示椭半球面，椭圆长轴72mm，中轴44mm，短半轴20mm，试编制其椭球面加工宏程序。

图 28-12　椭半球面铣削加工

① 立铣刀铣削加工椭球面　立铣刀加工凸椭球面可采用等高层内加刀具半径补偿方式，用矢量运算的方法生成理想的刀具中心运动轨迹。采用立铣刀加工椭球面，编程相对容易，但精度及表面粗糙度较差。

设工件坐标系原点在椭球中心，若选用直径为 $\phi12mm$ 立铣刀铣削加工，编制加工程序如下。

```
#1=36                            (椭球长半轴 a 赋值)
#2=22                            (椭球中半轴 b 赋值)
#3=20                            (椭球短半轴 c 赋值)
#4=2                             (离心角 t 递变量)
#10=0                            (XZ 平面椭圆离心角 t 赋初值)
WHILE [#10LT90] DO1              (加工条件判断)
  #11=#1*COS[#10]                (计算 a'值)
  #12=#2*COS[#10]                (计算 b'值)
  #13=#3*SIN[#10]                (计算 z 坐标值)
  G00 Z#13                       (刀具下降到加工截平面)
  G42 X#11 Y-10 D01              (建立刀具半径补偿)
  G01 Y0                         (直线插补至切削起点)
  #20=0                          (XY 截平面椭圆离心角 t 赋初值)
  WHILE [#20LE360] DO2           (截平面椭圆截交线加工条件判断)
    #21=#11*COS[#20]             (计算 x 坐标值)
    #22=#12*SIN[#20]             (计算 y 坐标值)
    G01 X#21 Y#22                (直线插补逼近椭圆截交线)
    #20=#20+#4                   (XY 截平面椭圆离心角 t 递增)
  END2                           (循环结束)
  #10=#10+#4                     (XZ 平面椭圆离心角 t 递增)
  G00 G40 X#1 Y-50               (取消刀具半径补偿)
END1                             (循环结束)
```

② 球头刀铣削加工椭球面　考虑要获得较高的加工精度，宜采用球头刀以由下至上的等高环绕切削法加工椭球面。对于球头刀加工凸椭球面可采用球刀刀具中心走将椭球长、中、短半轴均增大一个刀具半径值所形成的椭球面包络线来实现，即如 XY 平面参数方程为

$$\begin{cases}(a+r)\cos t\\(b+r)\sin t\end{cases}$$

的椭圆，但该方程与原椭圆的轴长、刀具半径、离心角均有关，所以这种近似代替可能在一定条件下会带来较大的形状误差。为避免这种情况，下面采用另外一种处理方法。

通过分析可得，球头刀在椭球面上加工切触点位置与椭球面相切，则球刀中心轨迹为向外偏置球刀半径后的等距线，在 XOZ 平面内的椭圆等距线的参数方程为（推导过程略）：

$$\begin{cases}x=a\cos t+m\\z=c\sin t+n\end{cases}$$

$XO'Y$ 水平截平面内的椭圆等距线参数方程为：

$$\begin{cases}x=a'\cos t'+\dfrac{b'm\cos t'}{\sqrt{(a'\sin t')^2+(b'\cos t')^2}}\\[4mm]y=b'\sin t'+\dfrac{a'm\sin t'}{\sqrt{(a'\sin t')^2+(b'\cos t')^2}}\end{cases}$$

其中，$a'=a\cos t$，$b'=b\cos t$，$m=\dfrac{cr\cos t}{\sqrt{(a\sin t)^2+(c\cos t)^2}}$，$n=\dfrac{ar\sin t}{\sqrt{(a\sin t)^2+(c\cos t)^2}}$，$t$ 为

XZ 平面内椭圆离心角，t' 为 XY 平面内椭圆离心角。

设工件坐标原点在椭球中心，选用直径为 $\phi 8\text{mm}$ 的球头刀铣削加工椭球面，编制加工程序如下。

```
#1=36                                    (椭球长半轴a赋值)
#2=22                                    (椭球中半轴b赋值)
#3=20                                    (椭球短半轴c赋值)
#4=4                                     (球头刀刀具半径r赋值)
#5=2                                     (离心角t递变量)
G00 X100 Y100 Z50                        (快进至起刀点)
X[#1+#4+10] Y0                           (刀具定位)
Z0                                       (下刀到加工平面)
G01 X[#1+#4]                             (直线插补到切削起点)
#10=0                                    (XZ平面内椭圆离心角t赋初值)
WHILE [#10LT90] DO1                      (XZ平面椭圆曲线加工判断)
   #11=#3*#4*COS[#10]/SQRT[#1*#1*SIN[#10]*SIN[#10]+#3*#3*COS[#10]*
   COS[#10]]                             (计算m值)
   #12=#1*#4*SIN[#10]/SQRT[#1*#1*SIN[#10]*SIN[#10]+#3*#3*COS[#10]*
   COS[#10]]                             (计算n值)
   #13=#1*COS[#10]                       (计算a'值)
   #14=#2*COS[#10]                       (计算b'值)
   #15=#3*SIN[#10]+#12                   (计算加工平面z坐标值)
   G01 X[#13+#11] Z#15 Y0                (XZ平面直线插补逼近椭圆曲线)
   #20=360                               (XY平面内椭圆离心角t'赋初值)
   WHILE [#20GE0] DO2                    (XY平面截平面椭圆曲线加工判断)
#21=#13*COS[#20]+#14*#11*COS[#20]/SQRT[#13*#13*SIN[#20]*SIN[#20]+
#14*#14*COS[#20]*COS[#20]]               (计算x坐标值)
#22=#14*SIN[#20]+#13*#11*SIN[#20]/SQRT[#13*#13*SIN[#20]*SIN[#20]+
#14*#14*COS[#20]*COS[#20]]               (计算y坐标值)
      G01 X#21 Y#22                      (直线插补逼近XY平面截椭圆曲线)
      #20=#20-#5                         (离心角t'递减)
   END2                                  (循环结束)
   #10=#10+#5                            (离心角t递增)
END1                                     (循环结束)
```

③ 立铣刀放射"西瓜纹"加工椭球　如图 28-13 所示，若采用一系列绕椭球顶点旋转的铅垂面去截切椭球，其截交线为椭圆（证明过程略），则该椭圆长半轴为 a'（a' 的值随着 $A—A$ 铅垂面的旋转角度 θ 变化而变化），短半轴仍为椭球的短半轴 c，该截交线可作为铣削加工椭球面的加工路径（刀具切触线），沿这一系列椭圆截交线加工即可实现椭球面的交叉放射加工。则相关计算式如下：

$$a'=\sqrt{x^2+y^2}$$
$$x'=a'\cos t'$$

$$z = c \sin t'$$

其中，x、y 为 P 点的坐标值，其值分别为 $x = a \cos t$、$y = b \sin t$，t 为 XY 平面椭圆 P 点的离心角，θ 为 XY 平面椭圆 P 点的圆心角（如图所示亦即 A—A 铅垂面的旋转角度 θ），离心角 t 和圆心角 θ 的关系为 $\tan t = \dfrac{a}{b} \tan \theta$。$x'$、$z$ 分别为椭圆截交线上 M 点在未旋转 θ 度时的 x、z 坐标值，t' 为 XZ 平面椭圆 M 点未旋转前的离心角。

图 28-13　铅垂面截切椭球

　　下面采用从椭球顶点交叉放射加工的方式加工椭球面（加工刀路呈"西瓜纹"），编制加工程序如下。

```
#1=36                              (椭球长半轴 a 赋值)
#2=22                              (椭球中半轴 b 赋值)
#3=20                              (椭球短半轴 c 赋值)
#4=10                              (立铣刀直径赋值)
#5=2                               (角度递变量)
G00 X100 Y100 Z50                  (快进至起刀点)
X[#1+#4*0.5+10] Y0                 (刀具定位)
Z0                                 (下刀到加工平面)
G01 X[#1+#4*0.5]                   (进刀到切削起点)
#10=0                              (XY 平面椭圆圆心角 θ 赋初值)
WHILE [#10LT360] DO1               (加工条件判断)
  #11=ATAN[TAN[#10]*#1/#2]         (计算 XY 平面椭圆离心角 t)
  #12=#1*COS[#11]                  (计算 XY 平面 P 点的 x 坐标值)
  #13=#2*SIN[#11]                  (计算 XY 平面 P 点的 y 坐标值)
  #14=SQRT[#12*#12+#13*#13]        (计算椭圆长半轴 a′)
  G68 X0 Y0 R#10                   (坐标旋转设定)
  G01 X[#14+#4*0.5] Y0             (直线插补到 P 点)
  #20=0                            (XZ 平面椭圆离心角 t 赋初值)
  WHILE [#20LE90] DO2              (加工条件判断)
    #21=#14*COS[#20]               (计算 XZ 平面 M 点的 x 坐标值)
```

```
#22=#3*SIN[#20]          (计算 XZ 平面 M 点的 z 坐标值)
G01 X[#21+#4*0.5] Z#22   (直线插补椭圆曲线,注意考虑了刀具半径补偿值)
#20=#20+#5               (XZ 平面椭圆离心角 t 递增)
END2                     (循环结束)
G00 X[#14+#4*0.5] Y0     (返回)
Z0                       (下刀)
G69                      (取消坐标旋转)
#10=#10+#5               (XY 平面椭圆圆心角 θ 递增)
END1                     (循环结束)
G00 Z50                  (抬刀)
```

◆【华中宏程序】******

```
#1=36                    (椭球长半轴 a 赋值)
#2=22                    (椭球中半轴 b 赋值)
#3=20                    (椭球短半轴 c 赋值)
#4=2                     (离心角 t 递变量)
#10=0                    (XZ 平面椭圆离心角 t 赋初值)
WHILE #10LT90            (加工条件判断)
  #11=#1*COS[#10*PI/180] (计算 a′值)
  #12=#2*COS[#10*PI/180] (计算 b′值)
  #13=#3*SIN[#10*PI/180] (计算 z 坐标值)
  G00 Z[#13]             (刀具下降到加工截平面)
  G42 X[#11] Y-10 D01    (建立刀具半径补偿)
  G01 Y0                 (直线插补至切削起点)
  #20=0                  (XY 截平面椭圆离心角 t 赋初值)
  WHILE #20LE360         (截平面椭圆截交线加工条件判断)
    #21=#11*COS[#20*PI/180]  (计算 x 坐标值)
    #22=#12*SIN[#20*PI/180]  (计算 y 坐标值)
    G01 X[#21] Y[#22]    (直线插补逼近椭圆截交线)
    #20=#20+#4           (XY 截平面椭圆离心角 t 递增)
  ENDW                   (循环结束)
  #10=#10+#4             (XZ 平面椭圆离心角 t 递增)
  G00 G40 X[#1] Y-50     (取消刀具半径补偿)
ENDW                     (循环结束)
```

◇【SIEMENS 参数程序】******

```
R1=36                    (椭球长半轴 a 赋值)
R2=22                    (椭球中半轴 b 赋值)
R3=20                    (椭球短半轴 c 赋值)
R4=2                     (离心角 t 递变量)
R10=0                    (XZ 平面椭圆离心角 t 赋初值)
AAA:                     (程序跳转标记符)
  R11=R1*COS(R10)        (计算 a′值)
  R12=R2*COS(R10)        (计算 b′值)
  R13=R3*SIN(R10)        (计算 z 坐标值)
```

```
    G00 Z=R13                           (刀具下降到加工截平面)
    G42 X=R11 Y-10 D01                  (建立刀具半径补偿)
    G01 Y0                              (直线插补至切削起点)
    R20=0                               (XY 截平面椭圆离心角 t 赋初值)
    BBB:                                (程序跳转标记符)
      R21=R11*COS(R20)                  (计算 x 坐标值)
      R22=R12*SIN(R20)                  (计算 y 坐标值)
      G01 X=R21 Y=R22                   (直线插补逼近椭圆截交线)
      R20=R20+R4                        (XY 截平面椭圆离心角 t 递增)
    IF R20<=360 GOTOB BBB               (截平面椭圆截交线加工条件判断)
    R10=R10+R4                          (XZ 平面椭圆离心角 t 递增)
    G00 G40 X=R1 Y-50                   (取消刀具半径补偿)
IF R10<90 GOTOB AAA                     (加工条件判断)
```

第
29
章

凸台面铣削

29.1　圆锥台

如图 29-1 所示，设圆锥台零件底圆直径为 A，顶圆直径为 B，圆台高度为 H，则圆锥台的锥度

$$c = \frac{A-B}{H}$$

任一高度 h 上的圆锥台截圆半径为

$$R = \frac{B+hc}{2}$$

选择直径为 D 的立铣刀加工任一高度 h 的圆锥台截圆时，刀位点与圆锥台轴线的距离为

$$L = R + D/2$$

而选择直径为 D 的球头刀加工任一高度 h 的圆锥台截圆时，球头刀刀位点与圆锥台轴线的距离为

$$L = \frac{B+hc}{2} + \frac{D}{2}\cos\left(a\tan\frac{A-B}{2H}\right)$$

球头刀刀位点与圆锥台上表面的距离为

$$h_1 = h - \frac{D}{2}\sin\left(a\tan\frac{A-B}{2H}\right)$$

图 29-1　圆锥台几何关系示意图

数控铣削加工如图 29-2 所示外圆锥台面，大径 $\phi30\text{mm}$，小径 $\phi20\text{mm}$，高度 25mm，试编制其加工宏程序。

圆锥台几何参数模型如图 29-3 所示，设圆锥台底圆直径（大径）为 D，顶圆直径（小径）为 d，圆锥台高度为 H，设工件坐标系原点在圆锥台上表面中心。

① 等高铣削加工　用一组水平的截面去截圆锥台，得到的截交线为一系列大小不同的整圆。铣圆锥台面一般采用等高加工，即沿着这些整圆截交线加工，具体加工方法是：先水平加工一整圆后，然后垂直向上抬一个层距，接着水平向圆心方向插补一小段后再加工新的一整圆，这样不断循环，直到铣到锥顶为止。

图 29-2　圆锥台零件铣削加工

⒟	⒟	Ⓗ	Ⓧ	Ⓨ	Ⓩ
底圆直径	顶圆直径	锥台高度	锥台圆心的X坐标值	锥台圆心的Y坐标值	锥台上表面的Z坐标值

图 29-3　圆锥台几何参数模型

若选择直径 φ8mm 的立铣刀从下往上逐层上升的方法等高铣削加工圆锥台面，编制加工宏程序如下。

```
#1＝30                          (圆锥台底圆直径 D 赋值)
#2＝20                          (圆锥台顶圆直径 d 赋值)
#3＝25                          (圆锥台高度 H 赋值)
#4＝8                           (立铣刀刀具直径赋值)
#5＝0                           (锥台圆心在工件坐标系下的 X 坐标赋值)
#6＝0                           (锥台圆心在工件坐标系下的 Y 坐标赋值)
#7＝0                           (锥台上表面在工件坐标系下的 Z 坐标赋值)
#8＝0.2                         (加工深度递变量赋值)
#10＝#3                         (加工深度 h 赋初值)
WHILE [#10GE0] DO1              (循环条件判断)
  #20＝[#2＋#10*[#1－#2]/#3]*0.5＋#4*0.5 (计算立铣刀刀位点与圆锥台轴线的距离)
  G00 Z[－#10＋#7]              (刀具定位到加工平面)
  G01 X[#20＋#5] Y#6            (刀具直线插补到截圆切削起点位置)
  G02 I－#20                    (圆弧插补加工截圆)
  #10＝#10－#8                  (加工深度递减)
END1                            (循环结束)
```

② 螺旋铣削加工　等高铣削加工的缺点是加工出的圆锥台面有一条直线印痕，出现印痕的原因是走刀在两邻层之间有间断，若采用螺旋铣削加工的方法加工时走刀连续顺畅，切出的圆锥台面上就不会有印痕。

若选择直径 φ8mm 的立铣刀从下往上螺旋上升的方法铣削加工圆锥台面，编制加工宏程序如下。

```
#1＝30                          (圆锥台底圆直径 D 赋值)
#2＝20                          (圆锥台顶圆直径 d 赋值)
#3＝25                          (圆锥台高度 H 赋值)
#4＝8                           (立铣刀刀具直径赋值)
#5＝0                           (锥台圆心在工件坐标系下的 X 坐标赋值)
#6＝0                           (锥台圆心在工件坐标系下的 Y 坐标赋值)
#7＝0                           (锥台上表面在工件坐标系下的 Z 坐标赋值)
#8＝0.2                         (加工深度递变量赋值)
#10＝#3                         (加工深度 h 赋初值)
G00 Z[－#3＋#7]                 (刀具定位到底平面)
G01 X[#1*0.5＋#4*0.5＋#5] Y#6   (刀具直线插补底平面切削起点位置)
WHILE [#10GE0] DO1              (循环条件判断)
  #20＝[#2＋#10*[#1－#2]/#3]*0.5＋#4*0.5 (计算立铣刀刀位点与圆锥台轴线的距离)
  G17 G02 X[#20＋#5] I－#20 Z[－#10＋#7] (螺旋插补加工圆锥台面)
  #10＝#10－#8                  (加工深度递减)
END1                            (循环结束)
```

③ 直线斜插加工　圆锥台面可看作由一条直母线绕圆锥台轴线旋转 360°而成，因此可采用沿着该直母线斜插加工结合旋转指令编制圆锥台面加工宏程序。

若选择直径 φ8mm 的立铣刀从上往下斜插加工的方法铣削加工圆锥台宏

程序如下。

```
#1＝30                              (圆锥台底圆直径 D 赋值)
#2＝20                              (圆锥台顶圆直径 d 赋值)
#3＝25                              (圆锥台高度 H 赋值)
#4＝8                               (立铣刀刀具直径赋值)
#5＝0                               (锥台圆心在工件坐标系下的 X 坐标赋值)
#6＝0                               (锥台圆心在工件坐标系下的 Y 坐标赋值)
#7＝0                               (锥台上表面在工件坐标系下的 Z 坐标赋值)
#8＝0.2                             (角度递变量赋值)
#10＝0                              (旋转角度 θ 赋初值)
WHILE [#10LE360] DO1                (循环条件判断)
  G17 G68 X#5 Y#6 R#10             (坐标旋转设定)
  G00 Z#7                          (刀具定位到圆锥台顶平面)
  G01 X[#2*0.5＋#4*0.5＋#5] Y#6    (刀具进给到切削起点)
  X[#1*0.5＋#4*0.5＋#5] Z[－#3＋#7] (直线斜插加工到圆锥台底平面)
  G69                             (取消坐标旋转)
  #10＝#10＋#8                      (旋转角度递增)
END1                               (循环结束)
```

◆ 【华中宏程序】 ＊＊＊＊＊＊

```
#1＝30                              (圆锥台底圆直径 D 赋值)
#2＝20                              (圆锥台顶圆直径 d 赋值)
#3＝25                              (圆锥台高度 H 赋值)
#4＝8                               (立铣刀刀具直径赋值)
#5＝0                               (锥台圆心在工件坐标系下的 X 坐标赋值)
#6＝0                               (锥台圆心在工件坐标系下的 Y 坐标赋值)
#7＝0                               (锥台上表面在工件坐标系下的 Z 坐标赋值)
#8＝0.2                             (加工深度递变量赋值)
#10＝#3                             (加工深度 h 赋初值)
WHILE #10GE0                        (循环条件判断)
  #20＝[#2＋#10*[#1－#2]/#3]*0.5＋#4*0.5  (计算立铣刀刀位点与圆锥台轴线的距离)
  G00 Z[－#10＋#7]                  (刀具定位到加工平面)
  G01 X[#20＋#5] Y[#6]             (刀具直线插补到截圆切削起点位置)
  G02 I[－#20]                     (圆弧插补加工截圆)
  #10＝#10－#8                      (加工深度递减)
ENDW                               (循环结束)
```

◇ 【SIEMENS 参数程序】 ＊＊＊＊＊＊

```
R1＝30                              (圆锥台底圆直径 D 赋值)
R2＝20                              (圆锥台顶圆直径 d 赋值)
R3＝25                              (圆锥台高度 H 赋值)
R4＝8                               (立铣刀刀具直径赋值)
R5＝0                               (锥台圆心在工件坐标系下的 X 坐标赋值)
R6＝0                               (锥台圆心在工件坐标系下的 Y 坐标赋值)
R7＝0                               (锥台上表面在工件坐标系下的 Z 坐标赋值)
```

```
R8＝0.2                                  (加工深度递变量赋值)
R10＝R3                                  (加工深度 h 赋初值)
AAA:                                     (程序跳转标记符)
  R20＝(R2＋R10 * (R1－R2) /R3) * 0.5＋R4 * 0.5   (计算立铣刀刀位点与圆锥台轴线的距离)
  G00 Z＝－R10＋R7                       (刀具定位到加工平面)
  G01 X＝R20＋R5 Y＝R6                   (刀具直线插补到截圆切削起点位置)
  G02 I＝－R20                          (圆弧插补加工截圆)
  R10＝R10－R8                          (加工深度递减)
IF R10>＝0 GOTOB AAA                     (加工条件判断)
```

29.2 椭圆锥台

如图 29-4 所示，椭圆锥台上顶面椭圆长轴长 28mm，短轴长 16mm，下底面椭圆长轴长 40mm，短轴长 28mm，锥台高度 20mm，试编制其锥面加工宏程序。

图 29-4　椭圆锥台零件

椭圆锥台几何参数模型如图 29-5 所示。由图可得长轴对应锥面的斜率

$$k_1＝\frac{A－a}{H}$$

短轴对应锥面的斜率

$$k_2＝\frac{B－b}{H}$$

用一组平行于 XY 平面的截平面去截椭圆锥台，截得的截交线为一系列的椭圆，设在任一高度 h 上截得的截椭圆长半轴为 a' 短半轴为 b'，则可得：

$$\begin{cases} a'＝a＋hk_1 \\ b'＝b＋hk_2 \end{cases}$$

Ⓐ	Ⓑ	ⓐ	ⓑ	Ⓗ	Ⓧ	Ⓨ	Ⓩ
下底面椭圆长半轴	下底面椭圆短半轴	上顶面椭圆长半轴	上顶面椭圆短半轴	椭圆锥台高度	椭圆中心在工件坐标系中的X坐标值	椭圆中心在工件坐标系中的Y坐标值	椭圆锥台上顶面的Z坐标值

图 29-5　椭圆锥台几何参数模型

设工件坐标系原点在工件上表面的椭圆中心，选择直径为 $\phi 12mm$ 的立铣刀从下往上逐层上升铣削加工该锥面，编制加工程序如下。

```
＃1＝20                              （下底面椭圆长半轴 A 赋值）
＃2＝14                              （下底面椭圆短半轴 B 赋值）
＃3＝14                              （上顶面椭圆长半轴 a 赋值）
＃4＝8                               （上顶面椭圆短半轴 b 赋值）
＃5＝20                              （椭圆锥台高度 H 赋值）
＃6＝0                               （椭圆中心在工件坐标系下的 X 坐标值）
＃7＝0                               （椭圆中心在工件坐标系下的 Y 坐标值）
＃8＝0                               （椭圆锥台上顶面在工件坐标系下的 Z 坐标值）
＃9＝0.5                             （加工深度递变量赋值）
＃10＝2                              （离心角递变量赋值）
＃20＝＃5                            （加工深度 h 赋初值）
WHILE［＃20GE0］DO1                  （加工深度循环条件判断）
  ＃30＝＃3＋＃20＊［＃1－＃3］/＃5    （计算截椭圆长半轴 a'）
  ＃31＝＃4＋＃20＊［＃2－＃4］/＃5    （计算截椭圆短半轴 b'）
  G00 Z［－＃20＋＃8］               （刀具定位到加工平面）
  G00 G42 X［＃30＋＃6］Y［－10＋＃7］D01  （建立刀具半径补偿）
  G01 Y＃7                          （直线插补到切削起点）
  ＃32＝0                           （离心角 t 赋初值）
  WHILE［＃32LE360］DO2             （椭圆加工循环条件判断）
    ＃40＝＃30＊COS［＃32］          （计算 X 坐标值）
```

```
      #41=#31*SIN[#32]                        (计算 Y 坐标值)
      G01 X[#40+#6] Y[#41+#7]                 (直线插补逼近椭圆)
      #32=#32+#10                             (离心角 t 递增)
   END2                                       (循环结束)
   #20=#20-#9                                 (加工深度 h 递减)
   G00 G40 X[#1+#6] Y[-30+#7]                 (取消刀具半径补偿)
END1                                          (循环结束)
```

◆【华中宏程序】 ******

```
#1=20                                         (下底面椭圆长半轴 A 赋值)
#2=14                                         (下底面椭圆短半轴 B 赋值)
#3=14                                         (上顶面椭圆长半轴 a 赋值)
#4=8                                          (上顶面椭圆短半轴 b 赋值)
#5=20                                         (椭圆锥台高度 H 赋值)
#6=0                                          (椭圆中心在工件坐标系下的 X 坐标值)
#7=0                                          (椭圆中心在工件坐标系下的 Y 坐标值)
#8=0                                          (椭圆锥台上顶面在工件坐标系下的 Z 坐标值)
#9=0.5                                        (加工深度递变量赋值)
#10=2                                         (离心角递变量赋值)
#20=#5                                        (加工深度 h 赋初值)
WHILE #20GE0                                  (加工深度循环条件判断)
   #30=#3+#20*[#1-#3]/#5                      (计算截椭圆长半轴 a')
   #31=#4+#20*[#2-#4]/#5                      (计算截椭圆短半轴 b')
   G00 Z[-#20+#8]                            (刀具定位到加工平面)
   G00 G42 X[#30+#6] Y[-10+#7] D01            (建立刀具半径补偿)
   G01 Y[#7]                                  (直线插补到切削起点)
   #32=0                                      (离心角 t 赋初值)
   WHILE #32LE360                             (椭圆加工循环条件判断)
      #40=#30*COS[#32*PI/180]                 (计算 X 坐标值)
      #41=#31*SIN[#32*PI/180]                 (计算 Y 坐标值)
      G01 X[#40+#6] Y[#41+#7]                 (直线插补逼近椭圆)
      #32=#32+#10                             (离心角 t 递增)
   ENDW                                       (循环结束)
   #20=#20-#9                                 (加工深度 h 递减)
   G00 G40 X[#1+#6] Y[-30+#7]                 (取消刀具半径补偿)
ENDW                                          (循环结束)
```

◇【SIEMENS 参数程序】 ******

```
R1=20                                         (下底面椭圆长半轴 A 赋值)
R2=14                                         (下底面椭圆短半轴 B 赋值)
R3=14                                         (上顶面椭圆长半轴 a 赋值)
R4=8                                          (上顶面椭圆短半轴 b 赋值)
R5=20                                         (椭圆锥台高度 H 赋值)
R6=0                                          (椭圆中心在工件坐标系下的 X 坐标值)
R7=0                                          (椭圆中心在工件坐标系下的 Y 坐标值)
```

```
R8＝0                                  (椭圆锥台上顶面在工件坐标系下的 z 坐标值)
R9＝0.5                                (加工深度递变量赋值)
R10＝2                                 (离心角递变量赋值)
R20＝R5                                (加工深度 h 赋初值)
AAA:                                   (程序跳转标记符)
  R30＝R3＋R20 * (R1－R3)/R5           (计算截椭圆长半轴 a′)
  R31＝R4＋R20 * (R2－R4)/R5           (计算截椭圆短半轴 b′)
  G00 Z＝－R20＋R8                     (刀具定位到加工平面)
  G00 G42 X＝R30＋R6 Y＝－10＋R7 D01    (建立刀具半径补偿)
  G01 Y＝R7                           (直线插补到切削起点)
  R32＝0                              (离心角 t 赋初值)
  BBB:                               (程序跳转标记符)
    R40＝R30 * COS(R32)              (计算 X 坐标值)
    R41＝R31 * SIN(R32)              (计算 Y 坐标值)
    G01 X＝R40＋R6 Y＝R41＋R7         (直线插补逼近椭圆)
    R32＝R32＋R10                     (离心角 t 递增)
  IF R32<＝360 GOTOB BBB             (椭圆加工循环条件判断)
  R20＝R20－R9                        (加工深度 h 递减)
  G00 G40 X＝R1＋R6 Y＝－30＋R7        (取消刀具半径补偿)
IF R20>＝0 GOTOB AAA                  (加工深度循环条件判断)
```

29.3　天圆地方

天圆地方凸台是一种上圆下方的渐变体，下面提供两种数控铣削加工天圆地方渐变体表面的思路。

（1）等高加工截交线法

用一组平行于 XY 平面的截平面去截天圆地方，其截交线由 4 段直线和 4 段圆弧组成，也可看作是一个四角均倒了圆角的正方形，该截交线就是刀具等高加工天圆地方渐变体的切触点。具体加工时刀具先定位到某一 Z 值高度的 XY 平面，在 XY 平面内加工一圈截交线，然后将刀具在 Z 轴方向下降（提升）一个高度，刀具在这个 Z 轴高度上再加工一个用 XY 平面截渐变体得到的新截面，如此不断重复，直到加工完整个天圆地方渐变体。

采用等高加工截交线法加工天圆地方的几何关系如图 29-6 所示，设上圆半径为 R，下方半边长为 L，高度为 H，在距离上表面 h（加工深度）的位置用一个截平面 P 将天圆地方渐变体截去上半部分后，其截交线（即在该平面内外表面加工的加工路线）由 4 段长为 $2b$ 的直线和 4 段半径为 r 的圆弧组成（亦可看作边长为 $2l$ 的正方形四个角均倒了圆角，圆角半径为 r），图中 $P_1 \sim P_8$ 分别为各直线与圆弧的交点，各参数数值计算式如下：

$$l = \frac{(L-R)h}{H} + R \qquad (由斜度 k_1 = \frac{L-R}{H} = \frac{l-R}{h} 得)$$

$$b = \frac{Lh}{H} \qquad (由斜度 k_2 = \frac{L}{H} = \frac{b}{h} 得)$$

$$r = l - b$$

图 29-6　等高加工截交线法加工天圆地方的几何关系示意图

（2）放射加工母线法

天圆地方侧面可看作由四个等腰三角形平面和四个四分之一斜圆锥曲面组成，因此可以采用沿母线放射加工的方法完成加工。如图 29-7 所示，将"地方"的一边（等腰三角形底边）等分成若干份，从等分点直线插补至等腰三角形顶点，同样的方法将"天圆"四分之一段圆弧等分成若干份，并从"地方"角点直线插补至圆弧等分点，采用上述方法依次完成其余三个等腰三角形和三个四分之一圆锥面加工即可。

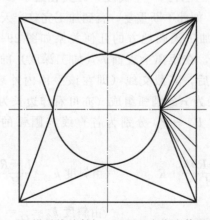

图 29-7　沿母线放射加工天圆地方渐变体示意图

如图 29-8 所示天圆地方渐变体，上圆直径 ϕ30mm，下方边长 50mm，高度 30mm，试编制其外表面精加工宏程序。

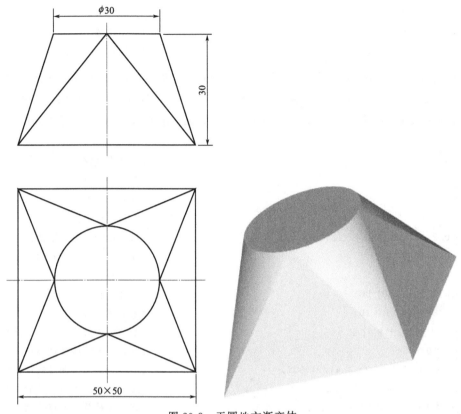

图 29-8　天圆地方渐变体

① 等高铣削截交线法　设工件坐标系原点在工件上表面中心，采用 ϕ6mm 的立铣刀从下往上等高逐层加工，每层沿顺时针方向加工，编制加工程序如下。

#1＝30	（上圆直径赋值）
#2＝50	（下方边长赋值）
#3＝30	（渐变体高度赋值）
#4＝6	（立铣刀刀具直径赋值）
#5＝0.1	（加工深度递变量）
#6＝#3	（加工深度赋初值）
WHILE [#6GE0] DO1	（循环条件判断）
#10＝[[#2*0.5－#1*0.5]*#6]/#3＋#1*0.5	（计算 l 值）
#11＝[#2*0.5*#6]/#3	（计算 b 值）
#12＝#10－#11	（计算 r 值）
G00 Z－#6	（抬刀至加工平面）
G01 X[#10＋#4*0.5] Y－#11	（直线插补到 P_1 点）
G02 X#11 Y[－[#10＋#4*0.5]] R[#12＋#4*0.5]	（圆弧插补到 P_2 点）
G01 X－#11	（直线插补到 P_3 点）
G02 X[－[#10＋#4*0.5]] Y－#11 R[#12＋#4*0.5]	（圆弧插补到 P_4 点）
G01 Y#11	（直线插补到 P_5 点）

```
G02 X－#11 Y[#10＋#4*0.5] R[#12＋#4*0.5]          (圆弧插补到 P₆ 点)
G01 X#11                                          (直线插补到 P₇ 点)
G02 X[#10＋#4*0.5] Y#11 R[#12＋#4*0.5]            (圆弧插补到 P₈ 点)
G01 X[#10＋#4*0.5] Y－#11                         (直线插补到 P₁ 点)
#6＝#6－#5                                        (深度递减)
END1                                             (循环结束)
```

② 放射加工母线法　设工件坐标系原点在工件上表面中心,采用 ϕ6mm 的立铣刀放射加工母线法加工天圆地方渐变体,编制加工程序如下。为保证加工尺寸合格,考虑刀具直径后,编程时可按上圆直径 ϕ36mm (30＋6)、下方边长 56mm (50＋6)、高 30mm 的天圆地方考虑。

```
#1＝30                                           (上圆直径赋值)
#2＝50                                           (下方边长赋值)
#3＝30                                           (渐变体高度赋值)
#4＝6                                            (刀具直径赋值)
#5＝0.2                                          (加工边长递变量赋值)
#6＝0.2                                          (加工角度递变量赋值)
#10＝0                                           (坐标旋转角度赋初值)
WHILE [#10LT360] DO1                             (坐标旋转条件判断)
  G17 G68 X0 Y0 R#10                             (坐标旋转设定)
  #20＝－[#2＋#4]/2                               (下方边长加工 Y 坐标值赋初值)
  #21＝0                                         (圆弧加工角度赋初值)
  WHILE [#20LT[#2＋#4]/2] DO2                     (下方边长加工循环条件判断)
    G01 X[#1*0.5＋#4*0.5] Y0                      (直线插补至等腰三角形顶点)
    X[#2*0.5＋#4*0.5] Y#20 Z－#3                   (直线插补至下方等分点)
    G00 Z0                                       (抬刀到上平面)
    #20＝#20＋#5                                  (下方边长加工 Y 坐标值递增)
  END2                                           (下方边长加工循环结束)
  WHILE [#21LT90] DO3                            (圆弧加工角度循环条件判断)
    #30＝[#1*0.5＋#4*0.5]*COS[#21]               (计算圆弧加工等分点的 X 坐标值)
    #31＝[#1*0.5＋#4*0.5]*SIN[#21]               (计算圆弧加工等分点的 Y 坐标值)
    G01 X#30 Y#31                               (直线插补至圆弧等分点)
    X[#2*0.5＋#4*0.5] Y[#2*0.5＋#4*0.5] Z－#3      (直线插补至斜圆锥锥顶)
    G00 Z0                                       (抬刀到上平面)
    #21＝#21＋#6                                  (圆弧加工角度递增)
  END3                                           (圆弧加工循环结束)
  #10＝#10＋90                                    (坐标旋转角度递增)
  G69                                           (取消坐标旋转)
END1                                             (坐标旋转循环结束)
```

◆【华中宏程序】＊＊＊＊＊＊

```
#1＝30                                           (上圆直径赋值)
#2＝50                                           (下方边长赋值)
#3＝30                                           (渐变体高度赋值)
#4＝6                                            (立铣刀刀具直径赋值)
```

```
#5＝0.1                                           (加工深度递变量)
#6＝#3                                            (加工深度赋初值)
WHILE #6GE0                                       (循环条件判断)
  #10＝[[#2*0.5－#1*0.5]*#6]/#3＋#1*0.5            (计算 l 值)
  #11＝[#2*0.5*#6]/#3                             (计算 b 值)
  #12＝#10－#11                                    (计算 r 值)
  G00 Z[－#6]                                      (抬刀至加工平面)
  G01 X[#10＋#4*0.5] Y[－#11]                      (直线插补到 P₁ 点)
  G02 X[#11] Y[－[#10＋#4*0.5]] R[#12＋#4*0.5]      (圆弧插补到 P₂ 点)
  G01 X[－#11]                                     (直线插补到 P₃ 点)
  G02 X[－[#10＋#4*0.5]] Y[－#11] R[#12＋#4*0.5]     (圆弧插补到 P₄ 点)
  G01 Y[#11]                                       (直线插补到 P₅ 点)
  G02 X[－#11] Y[#10＋#4*0.5] R[#12＋#4*0.5]        (圆弧插补到 P₆ 点)
  G01 X[#11]                                       (直线插补到 P₇ 点)
  G02 X[#10＋#4*0.5] Y[#11] R[#12＋#4*0.5]          (圆弧插补到 P₈ 点)
  G01 X[#10＋#4*0.5] Y[－#11]                       (直线插补到 P₁ 点)
  #6＝#6－#5                                        (深度递减)
ENDW                                              (循环结束)
```

◇【SIEMENS 参数程序】******

```
R1＝30                                            (上圆直径赋值)
R2＝50                                            (下方边长赋值)
R3＝30                                            (渐变体高度赋值)
R4＝6                                             (立铣刀刀具直径赋值)
R5＝0.1                                           (加工深度递变量)
R6＝R3                                            (加工深度赋初值)
AAA:                                              (程序跳转标记符)
  R10＝((R2*0.5－R1*0.5)*R6)/R3＋R1*0.5             (计算 l 值)
  R11＝(R2*0.5*R6)/R3                             (计算 b 值)
  R12＝R10－R11                                    (计算 r 值)
  G00 Z＝－#6                                      (抬刀至加工平面)
  G01 X＝#10＋#4*0.5 Y＝－#11                       (直线插补到 P₁ 点)
  G02 X＝R11 Y＝－(R10＋R4*0.5) CR＝R12＋R4*0.5       (圆弧插补到 P₂ 点)
  G01 X＝－R11                                     (直线插补到 P₃ 点)
  G02 X＝－(R10＋R4*0.5) Y＝－R11 CR＝R12＋R4*0.5      (圆弧插补到 P₄ 点)
  G01 Y＝R11                                       (直线插补到 P₅ 点)
  G02 X＝－R11 Y＝R10＋R4*0.5 CR＝R12＋R4*0.5         (圆弧插补到 P₆ 点)
  G01 X＝R11                                       (直线插补到 P₇ 点)
  G02 X＝R10＋R4*0.5 Y＝R11 CR＝R12＋R4*0.5           (圆弧插补到 P₈ 点)
  G01 X＝R10＋R4*0.5 Y＝－R11                        (直线插补到 P₁ 点)
  R6＝R6－R5                                        (深度递减)
IF R6>＝0 GOTOB AAA                                (循环条件判断)
```

如图 29-9 所示天方地圆渐变体，上方边长 20mm，下圆直径 φ50mm，高度 30mm，试编制其外表面精加工宏程序。

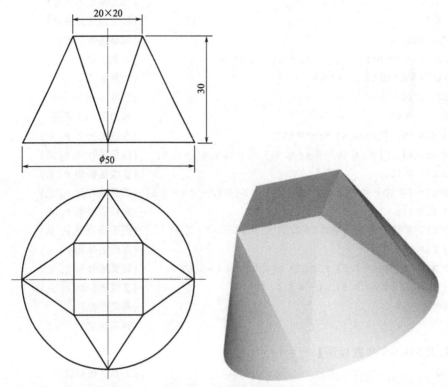

图 29-9 天方地圆渐变体

如图 29-10 所示为截平面将天方地圆渐变体截去上半部分后的截交线及相关参数示意图，各参数数值计算式如下：

$$l = \frac{(R-L)h}{H} + L \qquad （由斜度 k_1 = \frac{R-L}{H} = \frac{l-L}{h} 得）$$

$$b = \frac{L(H-h)}{H} \qquad （由斜度 k_2 = \frac{L}{H} = \frac{b}{H-h} 得）$$

$$r = l - b$$

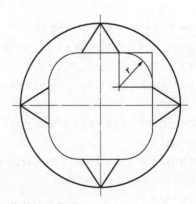

图 29-10 天方地圆渐变体截切示意图

$\sharp 1 = 20$ （上方边长赋值）

$\sharp 2 = 50$ （下圆直径赋值）

#3＝30 （渐变体高度赋值）

#4＝6 （立铣刀刀具直径赋值）

#5＝0.1 （加工深度递变量）

#6＝#3 （加工深度赋初值）

WHILE [#6GE0] DO1 （循环条件判断）

　#10＝[[#2*0.5－#1*0.5]*#6]/#3＋#1*0.5 （计算 l 值）

　#11＝[#1*0.5*[#3－#6]]/#3 （计算 b 值）

　#12＝#10－#11 （计算 r 值）

　G00 Z－#6 （抬刀至加工平面）

　G01 X[#10＋#4*0.5]Y－#11 （直线插补到 P₁ 点）

　G02 X#11 Y[－[#10＋#4*0.5]]R[#12＋#4*0.5] （圆弧插补到 P₂ 点）

　G01 X－#11 （直线插补到 P₃ 点）

　G02 X[－[#10＋#4*0.5]]Y－#11 R[#12＋#4*0.5] （圆弧插补到 P₄ 点）

　G01 Y#11 （直线插补到 P₅ 点）

　G02 X－#11 Y[#10＋#4*0.5]R[#12＋#4*0.5] （圆弧插补到 P₆ 点）

　G01 X#11 （直线插补到 P₇ 点）

　G02 X[#10＋#4*0.5]Y#11 R[#12＋#4*0.5] （圆弧插补到 P₈ 点）

　G01 X[#10＋#4*0.5]Y－#11 （直线插补到 P₁ 点）

　#6＝#6－#5 （深度递减）

END1 （循环结束）

◆【华中宏程序】******

#1＝20 （上方边长赋值）

#2＝50 （下圆直径赋值）

#3＝30 （渐变体高度赋值）

#4＝6 （立铣刀刀具直径赋值）

#5＝0.1 （加工深度递变量）

#6＝#3 （加工深度赋初值）

WHILE #6GE0 （循环条件判断）

　#10＝[[#2*0.5－#1*0.5]*#6]/#3＋#1*0.5 （计算 l 值）

　#11＝[#1*0.5*[#3－#6]]/#3 （计算 b 值）

　#12＝#10－#11 （计算 r 值）

　G00 Z[－#6] （抬刀至加工平面）

　G01 X[#10＋#4*0.5]Y[－#11] （直线插补到 P₁ 点）

　G02 X[#11]Y[－[#10＋#4*0.5]]R[#12＋#4*0.5] （圆弧插补到 P₂ 点）

　G01 X[－#11] （直线插补到 P₃ 点）

　G02 X[－[#10＋#4*0.5]]Y[－#11]R[#12＋#4*0.5] （圆弧插补到 P₄ 点）

　G01 Y[#11] （直线插补到 P₅ 点）

　G02 X[－#11]Y[#10＋#4*0.5]R[#12＋#4*0.5] （圆弧插补到 P₆ 点）

　G01 X[#11] （直线插补到 P₇ 点）

　G02 X[#10＋#4*0.5]Y[#11]R[#12＋#4*0.5] （圆弧插补到 P₈ 点）

　G01 X[#10＋#4*0.5]Y[－#11] （直线插补到 P₁ 点）

　#6＝#6－#5 （深度递减）

ENDW （循环结束）

◇【SIEMENS 参数程序】＊＊＊＊＊＊

R1＝20   （上方边长赋值）

R2＝50   （下圆直径赋值）

R3＝30   （渐变体高度赋值）

R4＝6   （立铣刀刀具直径赋值）

R5＝0.1   （加工深度递变量）

R6＝R3   （加工深度赋初值）

AAA: （程序跳转标记符）

 R10＝((R2＊0.5－R1＊0.5)＊R6)/R3＋R1＊0.5   （计算 l 值）

 R11＝(R1＊0.5＊(R3－R6))/R3   （计算 b 值）

 R12＝R10－R11   （计算 r 值）

 G00 Z＝－R6   （抬刀至加工平面）

 G01 X＝R10＋R4＊0.5 Y＝－R11   （直线插补到 P_1 点）

 G02 X＝R11 Y＝－(R10＋R4＊0.5) CR＝R12＋R4＊0.5 （圆弧插补到 P_2 点）

 G01 X＝－R11   （直线插补到 P_3 点）

 G02 X＝－(R10＋R4＊0.5) Y＝－R11 CR＝R12＋R4＊0.5 （圆弧插补到 P_4 点）

 G01 Y＝R11   （直线插补到 P_5 点）

 G02 X＝－R11 Y＝R10＋R4＊0.5 CR＝R12＋R4＊0.5 （圆弧插补到 P_6 点）

 G01 X＝R11   （直线插补到 P_7 点）

 G02 X＝R10＋R4＊0.5 Y＝R11 CR＝R12＋R4＊0.5 （圆弧插补到 P_8 点）

 G01 X＝R10＋R4＊0.5 Y＝－R11   （直线插补到 P_1 点）

 R6＝R6－R5   （深度递减）

IF R6>＝0 GOTOB AAA   （循环条件判断）

第30章

水平布置形状类零件铣削

30.1 水平半圆柱面

如图 30-1 所示，水平圆柱面加工走刀路线有沿圆柱面轴向走刀［沿圆周方向往返进刀，如图 30-1(a) 所示］和沿圆柱面圆周方向走刀［沿轴向往返进刀，如图 30-1(b) 所示］两种。沿圆柱面轴向走刀方式的走刀路线短，加工效率高，加工后圆柱面直线度高；沿圆柱面圆周方向走刀的走刀路线较长，加工效率较低，加工后圆柱面轮廓度较好，用于加工大直径短圆柱较好。

图 30-1　水平圆柱面加工走刀路线

水平圆柱面加工可采用立铣刀或球头刀加工，图 30-2(a)、(b) 分别为立铣刀和球头刀刀位点轨迹与水平圆柱面的关系示意图。

图 30-2　刀位点轨迹与水平圆柱面的关系示意图

如图 30-2(a) 所示，在采用立铣刀圆周方向走刀铣削加工水平圆柱面的走刀路线为 $A \to B \to C \to D$，其中 AB 段和 CD 段为与圆柱面圆心相应平移一个刀具半径值 $D/2$、半径同为 R 的圆弧段，BC 段为一直线。沿该走刀路线加工完一层圆柱面后轴向移动一个步距，再调向加工下一层直至加工完毕。

轴向走刀铣削加工水平圆柱面时，为了方便编程将轴向走刀路线稍作处理，即按图 30-3 所示矩形箭头路线逐层走刀，在一次矩形循环过程中分别铣削加工了圆柱面左右两侧，每加工完一层后立铣刀沿圆柱面上升或下降一个步距，再按矩形箭头路线走刀。

图 30-3 轴向走刀铣削加工水平圆柱面走刀路线示意图

数控铣削加工如图 30-4 所示水平圆柱面，毛坯尺寸为 50mm×20 mm×30mm 的长方体，试编制采用立铣刀铣削加工该水平圆柱面的宏程序。

图 30-4 水平圆柱面零件

设工件坐标系原点在工件上表面与前端面交线的对称中心点上（图中 A 点位置），采用 φ8mm 的立铣刀从上往下沿圆柱面轴向走刀加工，编制精加工程序如下。

```
#1=20                          （圆柱半径 R 赋值）
#2=20                          （圆柱面宽度 B 赋值）
#3=8                           （立铣刀直径 D 赋值）
#4=0.5                         （角度递变量）
#10=0                          （角度变量赋初值）
WHILE [#10LE90] DO1            （加工条件判断）
  #11=#1*SIN[#10]              （计算 X 坐标值）
```

```
#12=#1*COS[#10]                                        (计算加工高度值)
G00 X[#11+#3/2] Y[#2+#3] Z[#12-#1]                     (刀具定位到工件右后点)
G01 Y-#3                                               (直线插补到工件右前点)
G00 X[-#11-#3/2]                                       (刀具定位到工件左前点)
G01 Y[#2+#3]                                           (直线插补到工件左后点)
#10=#10+#4                                             (角度变量递增)
END1                                                   (循环结束)
```

编制粗精加工该水平圆柱面的宏程序如下。

```
#1=20                                                  (圆柱半径 R 赋值)
#2=20                                                  (圆柱面宽度 B 赋值)
#3=8                                                   (立铣刀直径 D 赋值)
#4=50                                                  (毛坯长度 L 赋值)
#5=0.6*#3                                              (X 递变量取行距 0.6 倍刀具直径)
#6=0.5                                                 (角度递变量赋值)
#10=0                                                  (角度变量赋初值)
WHILE [#10LE90] DO1                                    (加工条件判断)
  #11=#1*SIN[#10]                                      (计算 X 坐标值)
  #12=#1*COS[#10]                                      (计算加工高度值)
  #20=#4/2                                             (粗加工 X 坐标值赋初值)
  WHILE [#20GT#11+#3/2] DO2                            (粗加工条件判断)
    G00 X#20 Y[#2+#3] Z[#12-#1]                        (刀具粗加工定位到工件右后点)
    G01 Y-#3                                           (直线插补到工件右前点)
    G00 X-#20                                          (刀具定位到工件左前点)
    G01 Y[#2+#3]                                       (直线插补到工件左后点)
    #20=#20-#5                                         (X 坐标值递减)
  END2                                                 (粗加工循环结束)
  G00 X[#11+#3/2] Y[#2+#3] Z[#12-#1]                   (刀具精加工定位到工件右后点)
  G01 Y-#3                                             (直线插补到工件右前点)
  G00 X[-#11-#3/2]                                     (刀具定位到工件左前点)
  G01 Y[#2+#3]                                         (直线插补到工件左后点)
  #10=#10+#6                                           (角度变量递增)
END1                                                   (循环结束)
```

◆【华中宏程序】******

```
#1=20                                                  (圆柱半径 R 赋值)
#2=20                                                  (圆柱面宽度 B 赋值)
#3=8                                                   (立铣刀直径 D 赋值)
#4=50                                                  (毛坯长度 L 赋值)
#5=0.6*#3                                              (X 递变量取行距 0.6 倍刀具直径)
#6=0.5                                                 (角度递变量赋值)
#10=0                                                  (角度变量赋初值)
WHILE #10LE90                                          (加工条件判断)
  #11=#1*SIN[#10*PI/180]                               (计算 X 坐标值)
  #12=#1*COS[#10*PI/180]                               (计算加工高度值)
```

```
#20=#4/2                                          (粗加工 X 坐标值赋初值)
WHILE #20GT[#11+#3/2]                             (粗加工条件判断)
  G00 X[#20] Y[#2+#3] Z[#12-#1]                   (刀具粗加工定位到工件右后点)
  G01 Y[-#3]                                      (直线插补到工件右前点)
  G00 X[-#20]                                     (刀具定位到工件左前点)
  G01 Y[#2+#3]                                    (直线插补到工件左后点)
  #20=#20-#5                                      (X 坐标值递减)
ENDW                                              (粗加工循环结束)
G00 X[#11+#3/2] Y[#2+#3] Z[#12-#1]                (刀具精加工定位到工件右后点)
G01 Y[-#3]                                        (直线插补到工件右前点)
G00 X[-#11-#3/2]                                  (刀具定位到工件左前点)
G01 Y[#2+#3]                                      (直线插补到工件左后点)
#10=#10+#6                                        (角度变量递增)
ENDW                                              (循环结束)
```

◇【SIEMENS 参数程序】 ******

```
R1=20                                             (圆柱半径 R 赋值)
R2=20                                             (圆柱面宽度 B 赋值)
R3=8                                              (立铣刀直径 D 赋值)
R4=50                                             (毛坯长度 L 赋值)
R5=0.6*R3                                         (X 递变量取行距 0.6 倍刀具直径)
R6=0.5                                            (角度递变量赋值)
R10=0                                             (角度变量赋初值)
AAA:                                              (程序跳转标记符)
  R11=R1*SIN(R10)                                 (计算 X 坐标值)
  R12=R1*COS(R10)                                 (计算加工高度值)
  R20=R4/2                                        (粗加工 X 坐标值赋初值)
  BBB:                                            (程序跳转标记符)
    G00 X=R20 Y=R2+R3 Z=R12-R1                    (刀具粗加工定位到工件右后点)
    G01 Y=-R3                                     (直线插补到工件右前点)
    G00 X=-R20                                    (刀具定位到工件左前点)
    G01 Y=R2+R3                                   (直线插补到工件左后点)
    R20=R20-R5                                    (X 坐标值递减)
  IF R20>R11+R3/2 GOTOB BBB                       (粗加工跳转条件判断)
  G00 X=R11+R3/2 Y=R2+R3 Z=R12-R1                 (刀具精加工定位到工件右后点)
  G01 Y=-R3                                       (直线插补到工件右前点)
  G00 X=-R11-R3/2                                 (刀具定位到工件左前点)
  G01 Y=R2+R3                                     (直线插补到工件左后点)
  R10=R10+R6                                      (角度变量递增)
IF R10<=90 GOTOB AAA                              (加工条件判断)
```

数控铣削加工如图 30-5 所示半月牙形轮廓, 试编制其加工宏程序。

设工件原点在工件上表面的前端面 $R15mm$ 圆弧中心, 选用刀具直径为 $\phi6mm$ 的球头刀铣削加工, 编制加工宏程序如下。

图 30-5　半月牙形轮廓的数控铣削加工

```
＃1＝15                                  （圆弧半径 R 赋值）
＃2＝12                                  （工件宽度 B 赋值）
＃3＝6                                   （球头刀具直径 D 赋值）
＃4＝0.5                                 （角度递变量赋值）
＃10＝0                                  （角度赋初值）
WHILE [＃10LE90] DO1                     （加工条件判断）
    ＃11＝[＃1－＃3/2]＊COS[＃10]          （计算 X 坐标值）
    ＃12＝[＃1－＃3/2]＊SIN[＃10]          （计算加工深度值）
    G00 X＃11 Y[＃2＋＃3] Z－＃12          （刀具定位到右后角）
    G01 Y－＃3                           （直线插补到右前角）
    G00 X－＃11                          （刀具定位到左前角）
    G01 Y[＃2＋＃3]                       （直线插补到左后角）
    ＃10＝＃10＋＃4                        （角度递增）
END1                                    （循环结束）
```

◆【华中宏程序】＊＊＊＊＊＊

```
＃1＝15                                  （圆弧半径 R 赋值）
＃2＝12                                  （工件宽度 B 赋值）
＃3＝6                                   （球头刀具直径 D 赋值）
＃4＝0.5                                 （角度递变量赋值）
＃10＝0                                  （角度赋初值）
WHILE ＃10LE90                           （加工条件判断）
    ＃11＝[＃1－＃3/2]＊COS[＃10＊PI/180]   （计算 X 坐标值）
    ＃12＝[＃1－＃3/2]＊SIN[＃10＊PI/180]   （计算加工深度值）
    G00 X[＃11] Y[＃2＋＃3] Z[－＃12]       （刀具定位到右后角）
    G01 Y[－＃3]                          （直线插补到右前角）
    G00 X[－＃11]                         （刀具定位到左前角）
    G01 Y[＃2＋＃3]                       （直线插补到左后角）
    ＃10＝＃10＋＃4                        （角度递增）
ENDW                                    （循环结束）
```

◇【SIEMENS 参数程序】＊＊＊＊＊＊

R1＝15	（圆弧半径 R 赋值）
R2＝12	（工件宽度 B 赋值）
R3＝6	（球头刀具直径 D 赋值）
R4＝0.5	（角度递变量赋值）
R10＝0	（角度赋初值）
AAA:	（程序跳转标记符）
R11＝(R1－R3/2) * COS(R10)	（计算 X 坐标值）
R12＝(R1－R3/2) * SIN(R10)	（计算加工深度值）
G00 X＝R11 Y＝R2＋R3 Z＝－R12	（刀具定位到右后角）
G01 Y＝－R3	（直线插补到右前角）
G00 X＝－R11	（刀具定位到左前角）
G01 Y＝R2＋R3	（直线插补到左后角）
R10＝R10＋R4	（角度递增）
IF R10<=90 GOTOB AAA	（加工条件判断）

30.2　水平半圆锥面

如图 30-6 所示水平放置的半圆锥台零件，圆锥大径 $\phi60$mm，小径 $\phi40$mm，长度 40mm，试编制数控铣削精加工该圆锥台面的宏程序。

图 30-6　水平半圆锥台零件

如图 30-7 所示，设圆锥大径为 D，小径为 d，圆锥长度为 L，则圆锥锥度 $C = \dfrac{D-d}{L}$。

采用沿圆锥母线（素线）加工的方式，即按 $P_1 \rightarrow P_2 \rightarrow P_3 \rightarrow P_4 \rightarrow P_1$ 路线加工，P 点的坐标值随角度 θ 变化而变化，考虑刀具半径 R 补偿后的水平半圆锥台尺寸如图 30-8 所示：

$$D_1 = D + RC = D + R\,\frac{D-d}{L}$$

$$d_1 = d - RC = d - R\,\frac{D-d}{L}$$

图 30-7　水平半圆锥台面加工示意图

图 30-8　考虑刀具半径补偿后水平半圆锥台尺寸示意图

设工件坐标系原点在直径为 d 圆弧的圆心，选用 $\phi 8mm$ 的立铣刀，编制加工程序如下。

```
#1＝60                                              (圆锥大径赋值)
#2＝40                                              (圆锥小径赋值)
#3＝40                                              (圆锥长度赋值)
#4＝8                                               (刀具直径赋值)
#5＝0.2                                             (角度递变量赋值)
#10＝0                                              (角度赋初值)
WHILE [#10LE90] DO1                                 (循环条件判断)
  #20＝[#1＋#4*0.5*[#1－#2]/#3]*0.5*COS[#10]         (计算圆锥大端圆弧上点的 X 坐标值)
  #21＝[#1＋#4*0.5*[#1－#2]/#3]*0.5*SIN[#10]         (计算圆锥大端圆弧上点的 Z 坐标值)
  #30＝[#2－#4*0.5*[#1－#2]/#3]*0.5*COS[#10]         (计算圆锥小端圆弧上点的 X 坐标值)
  #31＝[#2－#4*0.5*[#1－#2]/#3]*0.5*SIN[#10]         (计算圆锥小端圆弧上点的 Z 坐标值)
  G01 X[#20＋#4*0.5] Y[#3＋#4*0.5] Z#21             (插补到 P₁ 点,考虑刀具半径补偿值)
  X[－#20－#4*0.5]                                  (插补到 P₂ 点)
  X[－#30－#4*0.5] Y[－#4*0.5] Z#31                 (插补到 P₃ 点)
  X[#30＋#4*0.5]                                    (插补到 P₄ 点)
  X[#20＋#4*0.5] Y[#3＋#4*0.5] Z#21                 (插补回 P₁ 点)
  #10＝#10＋#5                                      (角度递增)
END1                                               (循环结束)
```

◆【华中宏程序】******

```
#1＝60                                              (圆锥大径赋值)
#2＝40                                              (圆锥小径赋值)
#3＝40                                              (圆锥长度赋值)
#4＝8                                               (刀具直径赋值)
#5＝0.2                                             (角度递变量赋值)
#10＝0                                              (角度赋初值)
WHILE #10LE90                                       (循环条件判断)
  #20＝[#1＋#4*0.5*[#1－#2]/#3]*0.5*COS[#10*PI/180]
                                                    (计算圆锥大端圆弧上点的 X 坐标值)
  #21＝[#1＋#4*0.5*[#1－#2]/#3]*0.5*SIN[#10*PI/180]
                                                    (计算圆锥大端圆弧上点的 Z 坐标值)
  #30＝[#2－#4*0.5*[#1－#2]/#3]*0.5*COS[#10*PI/180]
                                                    (计算圆锥小端圆弧上点的 X 坐标值)
  #31＝[#2－#4*0.5*[#1－#2]/#3]*0.5*SIN[#10*PI/180]
                                                    (计算圆锥小端圆弧上点的 Z 坐标值)
  G01 X[#20＋#4*0.5] Y[#3＋#4*0.5] Z[#21]           (插补到 P₁ 点,考虑刀具半径补偿值)
  X[－#20－#4*0.5]                                  (插补到 P₂ 点)
  X[－#30－#4*0.5] Y[－#4*0.5] Z[#31]               (插补到 P₃ 点)
  X[#30＋#4*0.5]                                    (插补到 P₄ 点)
  X[#20＋#4*0.5] Y[#3＋#4*0.5] Z[#21]               (插补回 P₁ 点)
  #10＝#10＋#5                                      (角度递增)
ENDW                                               (循环结束)
```

◇【SIEMENS 参数程序】＊＊＊＊＊＊

```
R1＝60                                              (圆锥大径赋值)
R2＝40                                              (圆锥小径赋值)
R3＝40                                              (圆锥长度赋值)
R4＝8                                               (刀具直径赋值)
R5＝0.2                                             (角度递变量赋值)
R10＝0                                              (角度赋初值)
AAA:                                               (跳转标记符)
   R20＝(R1＋R4 * 0.5 * (R1－R2) /R3) * 0.5 * COS(R10)    (计算圆锥大端圆弧上点的 X 坐标值)
   R21＝(R1＋R4 * 0.5 * (R1－R2) /R3) * 0.5 * SIN(R10)    (计算圆锥大端圆弧上点的 Z 坐标值)
   R30＝(R2－R4 * 0.5 * (R1－R2) /R3) * 0.5 * COS(R10)    (计算圆锥小端圆弧上点的 X 坐标值)
   R31＝(R2－R4 * 0.5 * (R1－R2) /R3) * 0.5 * SIN(R10)    (计算圆锥小端圆弧上点的 Z 坐标值)
   G01 X＝R20＋R4 * 0.5 Y＝R3＋R4 * 0.5 Z＝R21          (插补到 P₁ 点,考虑刀具半径补偿值)
   X＝－R20－R4 * 0.5                                  (插补到 P₂ 点)
   X＝－R30-R4 * 0.5 Y＝－R4 * 0.5 Z＝R31               (插补到 P₃ 点)
   X＝R30＋R4 * 0.5                                    (插补到 P₄ 点)
   X＝R20＋R4 * 0.5 Y＝R3＋R4 * 0.5 Z＝R21             (插补回 P₁ 点)
   R10＝R10＋R5                                        (角度递增)
IF R10<＝90 GOTOB AAA                                  (循环条件判断)
```

30.3 牟合方盖

如图 30-9 所示牟合方盖来源于我国古代数学家刘徽首先发现并采用的一种用于计算球体体积的方法,可看作是两个相同直径的圆柱体垂直相贯得到的相贯体(相交的公共部分,如图 30-10 所示),看上去像个野营用的帐篷。选用 φ12mm 立铣刀加工,采用等高铣削,每一层加工都是由若干正方形组成的回形刀路,编程如下。图 30-11 为仿真加工结果。

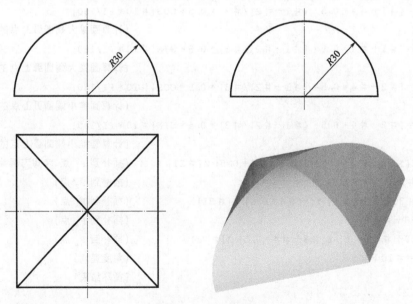

图 30-9 牟合方盖

```
#1=30              (圆柱半径赋值)
#2=70              (正方形毛坯边长赋值)
#3=12              (立铣刀直径赋值)
#4=0.6*#3          (行距取 0.6 倍刀具直径值)
#5=0.5             (角度递变量赋值)
#10=0              (角度变量赋初值)
WHILE [#10LT90] DO1  (加工条件判断)
  #10=#10+#5       (角度递增)
  IF [#10GT90] THEN #10=90
                   (最后一层角度判断)
  #11=#1*SIN[#10]  (计算当前层精加工 X 坐标值)
  #12=#1*COS[#10]
  #20=#2/2
  G00 X[#20+#3] Y#20
  Z#12
  WHILE [#20GT#11] DO2
    #20=#20-#4
    IF [#20LT#11] THEN #20=#11
    G01 X[#20+#3*0.5] Y[#20+#3*0.5]
    Y[-#20-#3*0.5]
    X[-#20-#3*0.5]
    Y[#20+#3*0.5]
    X[#20+#3*0.5]
  END2
END1
Z50
```

图 30-10　牟合方盖形成示意图

(计算当前层加工高度值)
(当前层正方形加工刀路边长赋初值)
(快速移动)
(下刀)
(当前层加工条件判断)
(正方形边长递减)
(当前层最后一刀判断)
(直线插补到正方形刀路右后点)
(到正方形刀路右前点)
(到正方形刀路左前点)
(到正方形刀路左后点)
(返回正方形刀路右后点)
(循环体 2 结束)
(循环体 1 结束)
(抬刀)

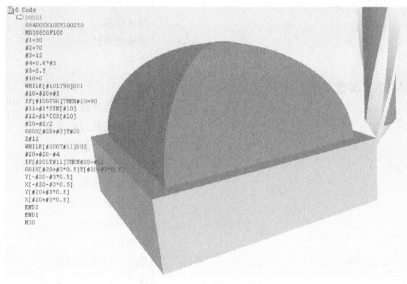

图 30-11　仿真加工结果

◆【华中宏程序】＊＊＊＊＊＊

```
#1＝30                                      (圆柱半径赋值)
#2＝70                                      (正方形毛坯边长赋值)
#3＝12                                      (立铣刀直径赋值)
#4＝0.6＊#3                                 (行距取 0.6 倍刀具直径值)
#5＝0.5                                     (角度递变量赋值)
#10＝0                                      (角度变量赋初值)
WHILE#10LT90                                (加工条件判断)
  #10＝#10＋#5                              (角度递增)
  IF #10GT90                                (最后一层角度判断)
  #10＝90                                   (最后一层角度赋值 90°)
  ENDIF                                     (条件结束)
  #11＝#1＊SIN[#10＊PI/180]                  (计算当前层精加工 X 坐标值)
  #12＝#1＊COS[#10＊PI/180]                  (计算当前层加工高度值)
  #20＝#2/2                                 (当前层正方形加工刀路边长赋初值)
  G00 X[#20＋#3] Y[#20]                     (快速移动)
  Z[#12]                                    (下刀)
  WHILE #20GT#11                            (当前层加工条件判断)
    #20＝#20－#4                            (正方形边长递减)
    IF #20LT#11                             (当前层最后一刀判断)
    #20＝#11                                (最后一刀正方形刀路边长赋值)
    ENDIF                                   (条件结束)
    G01 X[#20＋#3＊0.5] Y[#20＋#3＊0.5]      (直线插补到正方形刀路右后点)
    Y[－#20－#3＊0.5]                        (到正方形刀路右前点)
    X[－#20－#3＊0.5]                        (到正方形刀路左前点)
    Y[#20＋#3＊0.5]                          (到正方形刀路左后点)
    X[#20＋#3＊0.5]                          (返回正方形刀路右后点)
  ENDW                                      (循环结束)
ENDW                                        (循环结束)
Z50                                         (抬刀)
```

◇【SIEMENS 参数程序】＊＊＊＊＊＊

```
R1＝30                                      (圆柱半径赋值)
R2＝70                                      (正方形毛坯边长赋值)
R3＝12                                      (立铣刀直径赋值)
R4＝0.6＊R3                                 (行距取 0.6 倍刀具直径值)
R5＝0.5                                     (角度递变量赋值)
R10＝0                                      (角度变量赋初值)
AAA:                                        (程序跳转标记)
R10＝R10＋R5                                (角度递增)
  IFR10<＝90 GOTOF BBB                      (最后一层角度判断)
  R10＝90                                   (最后一层角度赋值 90°)
  BBB:                                      (程序跳转标记)
  R11＝R1＊SIN(R10)                          (计算当前层精加工 X 坐标值)
```

```
    R12＝R1 * COS(R10)                        （计算当前层加工高度值）
    R20＝R2/2                                 （当前层正方形加工刀路边长赋初值）
    G00 X＝R20＋R3 Y＝R20                       （快速移动）
    ZR12                                      （下刀）
CCC:                                          （程序跳转标记）
    R20＝R20－R4                               （正方形边长递减）
    IFR20>＝R11 GOTOF DDD                      （当前层最后一刀判断）
    R20＝R11                                   （最后一刀正方形刀路边长赋值）
    DDD:                                      （程序跳转标记）
    G01 X＝R20＋R3 * 0.5 Y＝R20＋R3 * 0.5        （直线插补到正方形刀路右后点）
    Y＝－R20－R3 * 0.5                          （到正方形刀路右前点）
    X＝－R20－R3 * 0.5                          （到正方形刀路左前点）
    Y＝R20＋R3 * 0.5                            （到正方形刀路左后点）
    X＝R20＋R3 * 0.5                            （返回正方形刀路右后点）
   IF R20>R11 GOTOB CCC                        （当前层加工条件判断）
IF R10<90 GOTOB AAA                            （加工条件判断）
Z50                                           （抬刀）
```

　　数控铣削加工如图 30-12 所示两直径为 $\phi30$mm 的正交圆柱与一直径为 $\phi50$mm 的球相贯体（十字球铰）表面，试编制其加工宏程序。

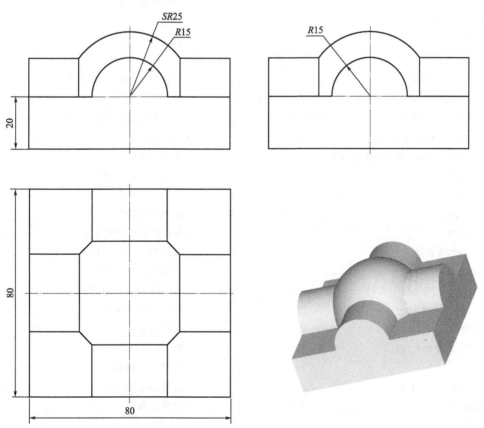

图 30-12　十字球铰数控铣削加工

如图所示圆柱体和球的相贯线为一半圆。设工件原点在球心，选择 ϕ6mm 立铣刀加工该十字球铰表面，编制加工宏程序如下（转角部分按 R3mm 的圆角过渡处理）。

```
#1=15                              (圆柱半径赋值)
#2=25                              (球半径赋值)
#3=80                              (圆柱体长度赋值)
#4=6                               (立铣刀刀具直径赋值)
#5=0.2                             (加工高度递变量赋值)
G00 X0 Y0 Z50                      (刀具定位)
G01 Z#2                            (刀具定位到球顶点)
#10=#2                             (加工高度赋初值)
WHILE [#10GE#1] DO1                (球头上部加工条件判断)
  #11=SQRT[#2*#2-#10*#10]          (计算加工球的截圆半径值)
  G18 G03 X[#11+#4/2] Z#10 R#2     (圆弧插补到切削起点)
  G17 G02 I[-#11-#4/2]             (圆弧插补加工球头上部)
  #10=#10-#5                       (加工高度递减)
END1                               (球头上部加工循环结束)
G00 Z[#2+10]                       (抬刀)
#20=0                              (坐标旋转角度赋初值)
WHILE [#20LT360] DO2               (加工条件判断)
  G17 G68 X0 Y0 R#20               (坐标旋转设定)
  G00 X0 Y[#3/2+#4]                (刀具定位)
  #10=#1                           (加工高度赋初值)
  WHILE [#10GE0] DO3               (加工条件判断)
    #21=SQRT[#2*#2-#10*#10]+#4/2   (计算加工球的截圆半径值加刀具半径值)
    #22=SQRT[#1*#1-#10*#10]+#4/2   (计算加工圆柱截平面矩形半宽加刀具半径值)
    #23=SQRT[#21*#21-#22*#22]      (计算加工交点至圆心的距离)
    G00 X#22 Y[#3/2+#4] Z#10       (刀具定位)
    IF [#22GT#21*SIN[45]] GOTO10   (条件判断)
    G01 Y#23                       (直线插补加工圆柱面)
    G17 G02 X#23 Y#22 R#21         (圆弧插补加工球面)
    GOTO20                         (无条件跳转)
    N10                            (程序跳转标记符)
    G01 Y#22                       (直线插补加工圆柱面)
    N20                            (程序跳转标记符)
    G01 X[#3/2+#4]                 (直线插补加工圆柱面)
    #10=#10-#5                     (加工高度递减)
  END3                             (循环结束)
  G00 Z[#2+10]                     (抬刀)
  G69                              (取消坐标旋转)
  #20=#20+90                       (旋转角度递增)
END2                               (循环结束)
```

◆【华中宏程序】＊＊＊＊＊＊

```
#1=15                              (圆柱半径赋值)
```

#2＝25	（球半径赋值）
#3＝80	（圆柱体长度赋值）
#4＝6	（立铣刀刀具直径赋值）
#5＝0.2	（加工高度递变量赋值）
G00 X0 Y0 Z50	（刀具定位）
G01 Z[#2]	（刀具定位到球顶点）
#10＝#2	（加工高度赋初值）
WHILE #10GE#1	（球头上部加工条件判断）
#11＝SQRT[#2*#2－#10*#10]	（计算加工球的截圆半径值）
G18 G03 X[#11＋#4/2] Z[#10] R[#2]	（圆弧插补到切削起点）
G17 G02 I[－#11－#4/2]	（圆弧插补加工球头上部）
#10＝#10－#5	（加工高度递减）
ENDW	（球头上部加工循环结束）
G00 Z[#2＋10]	（抬刀）
#20＝0	（坐标旋转角度赋初值）
WHILE #20LT360	（加工条件判断）
G17 G68 X0 Y0 P[#20]	（坐标旋转设定）
G00 X0 Y[#3/2＋#4]	（刀具定位）
#10＝#1	（加工高度赋初值）
WHILE #10GE0	（加工条件判断）
#21＝SQRT[#2*#2－#10*#10]＋#4/2	（计算加工球的截圆半径值加刀具半径值）
#22＝SQRT[#1*#1－#10*#10]＋#4/2	（计算加工圆柱截平面矩形半宽加刀具半径值）
#23＝SQRT[#21*#21－#22*#22]	（计算加工交点至圆心的距离）
G00 X[#22] Y[#3/2＋#4] Z[#10]	（刀具定位）
IF #22LE[#21*SIN[45*PI/180]]	（条件判断）
G01 Y[#23]	（直线插补加工圆柱面）
G17 G02 X[#23] Y[#22] R[#21]	（圆弧插补加工球面）
ELSE	（否则）
G01 Y[#22]	（直线插补加工圆柱面）
ENDIF	（条件结束）
G01 X[#3/2＋#4]	（直线插补加工圆柱面）
#10＝#10－#5	（加工高度递减）
ENDW	（循环结束）
G00 Z[#2＋10]	（抬刀）
G69	（取消坐标旋转）
#20＝#20＋90	（旋转角度递增）
ENDW	（循环结束）

◇【SIEMENS 参数程序】＊＊＊＊＊＊

R1＝15	（圆柱半径赋值）
R2＝25	（球半径赋值）
R3＝80	（圆柱体长度赋值）
R4＝6	（立铣刀刀具直径赋值）
R5＝0.2	（加工高度递变量赋值）

```
G00 X0 Y0 Z50                              (刀具定位)
G01 Z＝R2                                   (刀具定位到球顶点)
R10＝R2                                     (加工高度赋初值)
AAA:                                       (跳转标记符)
  R11＝SQRT(R2＊R2－R10＊R10)                 (计算加工球的截圆半径值)
  G18 G03 X＝R11＋R4/2 Z＝R10 CR＝R2          (圆弧插补到切削起点)
  G17 G02 I＝－R11－R4/2                     (圆弧插补加工球头上部)
  R10＝R10－R5                              (加工高度递减)
IF R10>＝R1 GOTOB AAA                       (球头上部加工条件判断)
G00 Z＝R2＋10                               (抬刀)
R20＝0                                     (坐标旋转角度赋初值)
BBB:                                       (跳转标记符)
  G17 ROT RPL＝R20                         (坐标旋转设定)
  G00 X0 Y＝R3/2＋R4                        (刀具定位)
  R10＝R1                                  (加工高度赋初值)
  CCC:                                     (跳转标记符)
    R21＝SQRT(R2＊R2－R10＊R10)＋R4/2          (计算加工球的截圆半径值加刀具半径值)
    R22＝SQRT(R1＊R1－R10＊R10)＋R4/2          (计算加工圆柱截平面矩形半宽加刀具半径值)
    R23＝SQRT(R21＊R21－R22＊R22)             (计算加工交点至圆心的距离)
    G00 X＝R22 Y＝R3/2＋R4 Z＝R10             (刀具定位)
    IF R22>R21＊SIN(45) GOTOF MAR01         (条件判断)
    G01 X＝R22 Y＝R23                        (直线插补加工圆柱面)
    G17 G02 X＝R23 Y＝R22 CR＝R21             (圆弧插补加工球面)
    GOTOF MAR02                            (无条件跳转)
    MAR01:                                 (跳转标记符)
    G01 X＝R22 Y＝R22                        (直线插补加工圆柱面)
    MAR02:                                 (跳转标记符)
    G01 X＝R3/2＋R4 Y＝R22                    (直线插补加工圆柱面)
    R10＝R10－R5                            (加工高度递减)
  IF R10>＝0 GOTOB CCC                      (加工条件判断)
  G00 Z＝R2＋10                             (抬刀)
  ROT                                     (取消坐标旋转)
  R20＝R20＋90                             (旋转角度递增)
IF R20<360 GOTOB BBB                       (加工条件判断)
```

第31章

立体五角星铣削

如图 31-1 所示立体正五角星零件，外角点所在圆直径为 $\phi60$mm，五角星高度为 10mm，试编制其外表面铣削加工宏程序。

图 31-1　立体正五角星零件

立体五角星几何参数模型如图 31-2 所示，设五角星高度为 H，外角点所在圆直径为 D，为增加程序的通用性将内角点所在圆直径设为 d。

D	d	H	X	Y	Z
五角星外角点节圆直径	五角星内角点节圆直径	立体五角星高度	五角星顶点的X坐标值	五角星顶点的Y坐标值	五角星顶点的Z坐标值

图 31-2　立体五角星几何参数模型

① 等高环绕铣削加工　采用一系列水平的截平面去截五角星，截得的截交线为平面五角星，因此可采用等高环绕铣削加工逐层铣削平面五角星即可完成加工。

设工件坐标原点在五角星顶点，选用直径为 $\phi3\text{mm}$ 的立铣刀由下至上等高环绕铣削加工该五角星外表面，编制加工宏程序如下。

```
#1＝60                              (外角点所在圆直径 D 赋值)
#2＝#1*SIN[18]/SIN[126]            (利用正弦定理计算内角点所在圆直径 d)
                                   (非正五角星可直接对#2赋值)
#3＝10                              (五角星高度 H 赋值)
#4＝0                               (五角星顶点在工件坐标系中的 X 坐标值)
#5＝0                               (五角星顶点在工件坐标系中的 Y 坐标值)
#6＝0                               (五角星顶点在工件坐标系中的 Z 坐标值)
#7＝3                               (立铣刀直径赋值)
#8＝0.2                             (加工深度递变量赋值)
#10＝#3                             (加工深度赋初值)
WHILE [#10GT0] DO1                 (加工条件判断)
  #11＝#1*0.5*#10/#3＋#7*0.5        (计算截平面中五角星截交线外角点所在
                                     圆半径)
  #12＝#2*0.5*#10/#3＋#7*0.5        (计算截平面中五角星截交线内角点所在
                                     圆半径)
  G00 Z[－#10＋#6]                  (抬刀到加工平面)
  G01 X[#11＋#4] Y#5               (直线插补到切削起点)
  X[#12*COS[36]＋#4] Y[－#12*SIN[36]＋#5]    (直线插补加工平面五角星)
  X[#11*COS[72]＋#4] Y[－#11*SIN[72]＋#5]    (直线插补加工平面五角星)
  X[#12*COS[108]＋#4] Y[－#12*SIN[108]＋#5]  (直线插补加工平面五角星)
  X[#11*COS[144]＋#4] Y[－#11*SIN[144]＋#5]  (直线插补加工平面五角星)
  X[－#12＋#4] Y#5                 (直线插补加工平面五角星)
  X[#11*COS[144]＋#4] Y[#11*SIN[144]＋#5]    (直线插补加工平面五角星)
  X[#12*COS[108]＋#4] Y[#12*SIN[108]＋#5]    (直线插补加工平面五角星)
  X[#11*COS[72]＋#4] Y[#11*SIN[72]＋#5]      (直线插补加工平面五角星)
  X[#12*COS[36]＋#4] Y[#12*SIN[36]＋#5]      (直线插补加工平面五角星)
  X[#11＋#4] Y#5                   (直线插补加工平面五角星)
  #10＝#10－#8                      (加工深度递减)
END1                               (循环结束)
```

② 斜插铣削加工　设工件坐标原点在五角星顶点，选用直径为 $\phi3\text{mm}$ 的立铣刀采用从顶点斜插到底边的方式逐一铣削加工五角星各斜面，编制加工宏程序如下。

```
#1＝60                              (外角点所在圆直径 D 赋值)
#2＝#1*SIN[18]/SIN[126]            (利用正弦定理计算内角点所在圆直径 d)
                                   (非正五角星可直接对#2赋值)
#3＝10                              (五角星高度 H 赋值)
#4＝0                               (五角星顶点在工件坐标系中的 X 坐标值)
#5＝0                               (五角星顶点在工件坐标系中的 Y 坐标值)
#6＝0                               (五角星顶点在工件坐标系中的 Z 坐标值)
#7＝3                               (立铣刀直径赋值)
```

```
#8=200                                           (等分份数赋值)
#10=#1*0.5+#7*0.5                                 (计算外角点圆半径加上铣刀半径)
#11=#2*0.5+#7*0.5                                 (计算内角点圆半径加上铣刀半径)
#12=#11*COS[36]                                   (计算内角点的 X 坐标值)
#13=#11*SIN[36]                                   (计算内角点的 Y 坐标值)
#14=#7*0.5*COS[36]                                (计算顶点上起刀点的 X 坐标值)
#15=#7*0.5*SIN[36]                                (计算顶点上起刀点的 Y 坐标值)
#20=0                                             (坐标旋转角度赋初值)
WHILE [#20LT360] DO1                              (坐标旋转条件判断)
  G68 X#4 Y#5 R#20                                (坐标旋转设定)
  #30=0                                           (加工份数赋初值)
  WHILE [#30LE#8] DO2                             (加工条件判断)
    G00 X[#14+#4] Y[-#15+#5] Z#6                  (五角星顶点定位)
    G01 X[#12+[#10-#12]*#30/#8+#4] Y[-#13+#13*#30/#8+#5] Z[-#3+#6]
                                                  (直线插补到底边)
    G00 Z#6                                       (抬刀)
    #30=#30+1                                     (加工份数递增)
  END2
  #30=0                                           (加工份数赋初值)
  WHILE [#30LE#8] DO3                             (加工条件判断)
    G00 X[#14+#4] Y[#15+#5] Z#6                   (五角星顶点定位)
    G01 X[#12+[#10-#12]*#30/#8+#4] Y[#13-#13*#30/#8+#5] Z[-#3+#6]
                                                  (直线插补到底边)
    G00 Z#6                                       (抬刀)
    #30=#30+1                                     (加工份数递增)
  END3
  G69                                             (取消坐标旋转)
  #20=#20+72                                       (旋转角度递增 72°)
END1                                              (循环结束)
```

◆ 【华中宏程序】 ******

```
#1=60                                             (外角点所在圆直径 D 赋值)
#2=#1*SIN[18*PI/180]/SIN[126*PI/180]              (利用正弦定理计算内角点所在圆直径 d)
                                                  (非正五角星可直接对#2赋值)
#3=10                                             (五角星高度 H 赋值)
#4=0                                              (五角星顶点在工件坐标系中的 X 坐标值)
#5=0                                              (五角星顶点在工件坐标系中的 Y 坐标值)
#6=0                                              (五角星顶点在工件坐标系中的 Z 坐标值)
#7=3                                              (立铣刀直径赋值)
#8=0.2                                            (加工深度递变量赋值)
#10=#3                                            (加工深度赋初值)
WHILE #10GT0                                      (加工条件判断)
  #11=#1*0.5*#10/#3+#7*0.5                        (计算截平面中五角星截交线外角点所在圆
                                                  半径)
```

#12＝#2 * 0.5 * #10/#3＋#7 * 0.5　　　　　　(计算截平面中五角星截交线内角点所在圆
　　　　　　　　　　　　　　　　　　　　　　　　　　半径)

G00 Z[－#10＋#6]　　　　　　　　　　　　　　(抬刀到加工平面)
G01 X[#11＋#4] Y[#5]　　　　　　　　　　　　(直线插补到切削起点)
X[#12 * COS[36 * PI/180]＋#4] Y[－#12 * SIN[36 * PI/180]＋#5]
　　　　　　　　　　　　　　　　　　　　　　　　　　(直线插补加工平面五角星)
X[#11 * COS[72 * PI/180]＋#4] Y[－#11 * SIN[72 * PI/180]＋#5]
　　　　　　　　　　　　　　　　　　　　　　　　　　(直线插补加工平面五角星)
X[#12 * COS[108 * PI/180]＋#4] Y[－#12 * SIN[108 * PI/180]＋#5]
　　　　　　　　　　　　　　　　　　　　　　　　　　(直线插补加工平面五角星)
X[#11 * COS[144 * PI/180]＋#4] Y[－#11 * SIN[144 * PI/180]＋#5]
　　　　　　　　　　　　　　　　　　　　　　　　　　(直线插补加工平面五角星)
X[－#12＋#4] Y[#5]　　　　　　　　　　　　　(直线插补加工平面五角星)
X[#11 * COS[144 * PI/180]＋#4] Y[#11 * SIN[144 * PI/180]＋#5]
　　　　　　　　　　　　　　　　　　　　　　　　　　(直线插补加工平面五角星)
X[#12 * COS[108 * PI/180]＋#4] Y[#12 * SIN[108 * PI/180]＋#5]
　　　　　　　　　　　　　　　　　　　　　　　　　　(直线插补加工平面五角星)
X[#11 * COS[72 * PI/180]＋#4] Y[#11 * SIN[72 * PI/180]＋#5]
　　　　　　　　　　　　　　　　　　　　　　　　　　(直线插补加工平面五角星)
X[#12 * COS[36 * PI/180]＋#4] Y[#12 * SIN[36 * PI/180]＋#5]
　　　　　　　　　　　　　　　　　　　　　　　　　　(直线插补加工平面五角星)
X[#11＋#4] Y[#5]　　　　　　　　　　　　　　(直线插补加工平面五角星)
#10＝#10－#8　　　　　　　　　　　　　　　　(加工深度递减)
ENDW　　　　　　　　　　　　　　　　　　　　(循环结束)

◇【SIEMENS 参数程序】* * * * * *

R1＝60　　　　　　　　　　　　　　　　　　　(外角点所在圆直径 D 赋值)
R2＝R1 * SIN(18)/SIN(126)　　　　　　　　　　(利用正弦定理计算内角点所在圆直径 d)
　　　　　　　　　　　　　　　　　　　　　　　(非正五角星可直接对 R2 赋值)

R3＝10　　　　　　　　　　　　　　　　　　　(五角星高度 H 赋值)
R4＝0　　　　　　　　　　　　　　　　　　　　(五角星顶点在工件坐标系中的 X 坐标值)
R5＝0　　　　　　　　　　　　　　　　　　　　(五角星顶点在工件坐标系中的 Y 坐标值)
R6＝0　　　　　　　　　　　　　　　　　　　　(五角星顶点在工件坐标系中的 Z 坐标值)
R7＝3　　　　　　　　　　　　　　　　　　　　(立铣刀直径赋值)
R8＝0.2　　　　　　　　　　　　　　　　　　　(加工深度递变量赋值)
R10＝R3　　　　　　　　　　　　　　　　　　　(加工深度赋初值)
AAA:　　　　　　　　　　　　　　　　　　　　(程序跳转标记符)
　R11＝R1 * 0.5 * R10/R3＋R7 * 0.5　　　　　　(计算截平面中五角星截交线外角点所在圆
　　　　　　　　　　　　　　　　　　　　　　　　　　半径)

　R12＝R2 * 0.5 * R10/R3＋R7 * 0.5　　　　　　(计算截平面中五角星截交线内角点所在圆
　　　　　　　　　　　　　　　　　　　　　　　　　　半径)

　G00 Z＝－R10＋R6　　　　　　　　　　　　　(抬刀到加工平面)
　G01 X＝R11＋R4 Y＝R5　　　　　　　　　　　(直线插补到切削起点)
　X＝R12 * COS(36)＋R4 Y＝－R12 * SIN(36)＋R5　(直线插补加工平面五角星)

```
        X＝R11＊COS(72)＋R4 Y＝－R11＊SIN(72)＋R5              (直线插补加工平面五角星)
        X＝R12＊COS(108)＋R4 Y＝－R12＊SIN(108)＋R5            (直线插补加工平面五角星)
        X＝R11＊COS(144)＋R4 Y＝－R11＊SIN(144)＋R5            (直线插补加工平面五角星)
        X＝－R12＋R4 Y＝R5                                     (直线插补加工平面五角星)
        X＝R11＊COS(144)＋R4 Y＝R11＊SIN(144)＋R5             (直线插补加工平面五角星)
        X＝R12＊COS(108)＋R4 Y＝R12＊SIN(108)＋R5             (直线插补加工平面五角星)
        X＝R11＊COS(72)＋R4 Y＝R11＊SIN(72)＋R5               (直线插补加工平面五角星)
        X＝R12＊COS(36)＋R4 Y＝R12＊SIN(36)＋R5               (直线插补加工平面五角星)
        X＝R11＋R4 Y＝R5                                      (直线插补加工平面五角星)
        R10＝R10－R8                                          (加工深度递减)
    IF R10>0 GOTOB AAA                                        (加工条件判断)
```

第
32
章

零件轮廓铣削

32.1 零件轮廓粗精加工

在零件轮廓铣削加工时，由于刀具半径尺寸影响，刀具的中心轨迹与零件轮廓往往不一致。为了避免计算刀具中心轨迹，数控系统提供了刀具半径补偿功能。采用刀具半径补偿指令后，编程时只需按零件轮廓编制，数控系统能自动计算刀具中心轨迹，并使刀具按此轨迹运动，使编程简化。

（1）刀具半径补偿的应用

刀具半径补偿功能是数控铣削中很重要的功能，它可以减少数控编程中的烦琐计算，简化编程。刀具半径补偿可应用在如下三方面：

① 采用刀具半径补偿功能后，可以直接按零件的轮廓编程，简化了编程工作。这是刀补的一般应用。

② 应用刀具半径补偿功能，通过修改刀具中半径补偿参数就可利用同一个加工程序对零件轮廓进行粗、精加工。当按零件轮廓编程以后，在对零件进行粗加工时，可以把偏置量设为 $R+\Delta$（R 为铣刀半径，Δ 为精加工余量），加工完后，将得到比零件轮廓大一个 Δ 的工件。在精加工零件时，把偏置量设为 R，这样零件加工完后，将得到零件的实际轮廓。刀具磨损后或采用直径不同的刀具对同一轮廓进行加工也可用此方法处理。

③ 使用刀具半径补偿功能，可利用同一个程序加工公称尺寸相同的内外两个轮廓面。例如顺时针加工某整圆轮廓线，采用左刀补 G41 指令编程，设刀具补偿值为 $+R$ 时，刀具中心沿轨迹在整圆轮廓外侧切削，当刀具补偿值为 $-R$ 时，刀具中心沿轨迹在轮廓内侧切削（即加工与之相配零件的内孔表面）。

在宏程序编程加工中刀具半径补偿功能作用更明显，这是因为半径补偿参数可以内部传递，并且参数可以根据需要大小变化，利用这点不但可以实现以上三方面的应用，甚至可以实现任一轮廓倒斜角和倒圆角等特殊情况的加工。

（2）刀具半径补偿（G41/G42/G40）指令格式

指令格式如下：

$$\begin{Bmatrix} G17 \\ G18 \\ G19 \end{Bmatrix} \begin{Bmatrix} G40 \\ G41 \\ G42 \end{Bmatrix} \begin{Bmatrix} G00 \\ G01 \end{Bmatrix} \begin{Bmatrix} X\_\_ Y\_\_ \\ X\_\_ Z\_\_ \\ Y\_\_ Z\_\_ \end{Bmatrix} D\_\_$$

各地址含义：

G17/G18/G19 为平面选择指令。当选择某一平面进行刀具半径补偿时，将仅影响该坐标平面的坐标轴的移动，而对另一坐标轴没有作用。

G41/G42/G40 为刀具半径补偿形式。G41 表示刀具半径左补偿（简称左刀补），指沿刀具前进方向看去（进给方向），刀具中心轨迹偏在被加工面的左边。G42 表示刀具半径右补偿（简称右刀补），指沿刀具前进方向看去（进给方向），刀具中心轨迹偏在被加工面的右边。G40 表示取消刀具半径补偿。G40、G41、G42 都是模态代码，可相互注销。

G00/G01 为刀具移动指令，无论是建立还是取消刀具半径补偿，必须有补偿平面坐标轴的移动。

X、Y、Z 为刀具插补终点坐标值，平面选择指令选定平面坐标轴外的另一坐标轴可不写（无效）。

D 为刀具半径补偿功能字，其后数字为补偿编号，该补偿编号对应的存储值为刀具半径补偿值，补偿值为刀具中心偏离编程零件轮廓的距离。

（3）刀具半径补偿值的设定

① FANUC 系统　利用 G10 指令可对刀具补偿存储器中的数据进行设定，表 32-1 为刀具补偿存储器和刀具补偿值的设置格式。

表 32-1　刀具补偿存储器和刀具补偿值的设置格式

刀具补偿存储器的种类	格式
H 代码的几何补偿值	G10　L10　P　R　;
D 代码的几何补偿值	G10　L12　P　R　;
H 代码的磨损补偿值	G10　L11　P　R　;
D 代码的磨损补偿值	G10　L13　P　R　;

其中，P 为刀具补偿号。R 为刀具补偿值，在绝对值指令（G90）方式下该值即为实际的刀具补偿值，但在增量值指令（G91）方式下该值需与指定的刀具补偿号的刀补值相加之和才为实际的刀具补偿值。

② 华中系统　在华中数控系统中刀具半径补偿功能字 D 的使用方式有两种：一种是刀补表中对应的刀补号码（D00～D99），它代表了刀补表中对应的半径补偿值。另一种方式是由变量♯100～♯199 里存放的数据可以作为刀具半径补偿值来使用，如：

♯100＝8　　　　　　　　　　　　　　（将数值 8 赋给♯100）

G41 D100　　　　　　　　　　　　　（D100 就是指加载♯100 的值 8 作为刀补半径，注意本程序段中如果把 D100 写成了 D［♯100］，则相当于 D8，即调用 8 号刀补，而不是补偿量为 8）

③ SIEMENS 系统　通常，操作者所使用的刀具半径补偿值等参数是操作者事先写入刀具参数表中，输入方式为由操作者手工输入；修改刀具半径补偿值时也需要在程序复位状态下进行，并且当程序重新启动后新的刀具半径补偿才能生效。除此之外，刀具参数还可以在程序中设定，称之为刀具数据参数化设定。

刀具数据参数化设定是在加工程序调用半径补偿功能中，通过在程序段中使用系统变量"$TC_DP6"对刀具半径值参数进行设定来实现的。

刀具半径参数设定指令格式为：

$TC_DP6[…,…]＝…

在括号内的第一位数据是要设定的刀具号，第二位数据是指定刀具偏置号，中间以符号","分开。等号右侧为所指定刀具的半径值，可以是具体数据，也可以是参数变量 R。例如：

$TC_DP6[1,1]＝10　　　　　　（将 1 号刀具的第 1 号刀具半径补偿值设定为 10mm）

R2＝10.2　　　　　　　　　　（将 10.2 赋值给 R2）

$TC_DP6[2,2]＝R2　　　　　　（将 2 号刀具的第 2 号刀具半径补偿值设定为 10.2mm）

但是，仅仅更改了刀具半径补偿值还不行，还不能使其生效。要使其生效，必须再一次用 G41 或 G42 指令重新激活已经更改了的刀具参数。需要注意，刀具补偿不能连续激活，两次激活不同的刀具半径补偿值之间必须有一段带刀具半径补偿值的运动指令过渡。

如图 32-1 所示，要求从直径 ϕ80mm 的圆柱形毛坯上数控铣削加工出 ϕ30mm×5mm 的圆柱形凸台，试编制其加工宏程序。

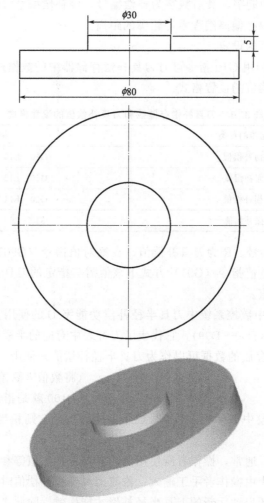

图 32-1　圆柱形凸台零件

零件轮廓加工一般分为粗加工和精加工等多个工序。确定粗精加工刀具轨迹可通过刀具半径补偿值实现，即在采用同一刀具的情况下，先制定精加工刀具轨迹，再通过宏程序的系统变量功能改变刀具半径补偿值的方式进行粗加工刀具轨迹设定。另外，也可以通过设置粗精加工次数及余量来设定粗精加工刀具轨迹。

设工件坐标系原点在工件上表面中心，采用直径为 $\phi12mm$ 的立铣刀粗精加工该台阶形零件，编制加工程序如下：

```
#1＝80                          (毛坯直径赋值)
#2＝30                          (凸台直径赋值)
#3＝5                           (凸台高度赋值)
#4＝12                          (立铣刀直径赋值)
#5＝0.7*#4                      (行距赋值,取 0.7 倍刀具直径值)
#10＝[#1－#2]*0.5＋#5           (刀具半径补偿值赋初值)
G00 X#1 Y0                      (刀具快进)
Z－#3                           (下刀到加工平面)
WHILE [#10GT#4*0.5] DO1         (加工条件判断)
```

```
#10=#10-#5                                    (刀具半径补偿值递减)
IF [#10LE#4*0.5] THEN #10=#4*0.5              (精加工条件判断)
G10 L12 P01 R#10                              (刀具半径补偿值设定)
G00 G41 X[#2*0.5] Y[#1*0.5] D01               (建立刀具半径补偿)
G01 Y0                                        (切线切入)
G02 I[-#2*0.5]                                (圆弧插补)
G00 Y[-#1*0.5]                                (切线切出)
G00 G40 X#1 Y0                                (取消刀具半径补偿)
END1                                          (循环结束)
```

◆ 【华中宏程序】 ＊＊＊＊＊＊

```
#1=80                                         (毛坯直径赋值)
#2=30                                         (凸台直径赋值)
#3=5                                          (凸台高度赋值)
#4=12                                         (立铣刀直径赋值)
#5=0.7*#4                                     (行距赋值,取0.7倍刀具直径值)
#101=[#1-#2]*0.5+#5                           (刀具半径补偿值赋初值)
G00 X[#1] Y0                                  (刀具快进)
Z[-#3]                                        (下刀到加工平面)
WHILE #101GT#4*0.5                            (加工条件判断)
  #101=#101-#5                                (刀具半径补偿值递减)
  IF #101LE#4*0.5                             (精加工条件判断)
  #101=#4*0.5                                 (精加工刀具半径补偿值赋值)
  ENDIF                                       (条件结束)
  G00 G41 X[#2*0.5] Y[#1*0.5] D101            (建立刀具半径补偿)
  G01 Y0                                      (切线切入)
  G02 I[-#2*0.5]                              (圆弧插补)
  G00 Y[-#1*0.5]                              (切线切出)
  G00 G40 X[#1] Y0                            (取消刀具半径补偿)
ENDW                                          (循环结束)
```

◇ 【SIEMENS参数程序】 ＊＊＊＊＊＊

```
R1=80                                         (毛坯直径赋值)
R2=30                                         (凸台直径赋值)
R3=5                                          (凸台高度赋值)
R4=12                                         (立铣刀直径赋值)
R5=0.7*R4                                     (行距赋值,取0.7倍刀具直径值)
R10=(R1-R2)*0.5+R5                            (刀具半径补偿值赋初值)
G00 X=R1 Y0                                   (刀具快进)
Z=-R3                                         (下刀到加工平面)
AAA:                                          (程序跳转标记符)
  R10=R10-R5                                  (刀具半径补偿值递减)
  IF R10>R4*0.5 GOTOF MAR01                   (精加工条件判断)
  R10=R4*0.5                                  (精加工刀具半径补偿值赋值)
  MAR01:                                      (程序跳转标记符)
```

```
$TC_DP6[1,1]＝R10                        (刀具半径补偿值赋值)
G00 G41 X＝R2＊0.5 Y＝R1＊0.5 D01          (建立刀具半径补偿)
G01 Y0                                   (切线切入)
G02 I＝－R2＊0.5                          (圆弧插补)
G00 Y＝－R1＊0.5                          (切线切出)
G00 G40 X＝R1 Y0                         (取消刀具半径补偿)
IF R10＞R4＊0.5 GOTOB AAA                (加工条件判断)
```

32.2　零件轮廓倒角

　　如图 32-2 所示，零件轮廓倒角有凸圆角、凹圆角和斜角三种。零件轮廓倒角的宏程序编程有刀具刀位点轨迹编程和刀具半径补偿编程两种方法，通过分别研究两种方法的关键编程技术进行比较发现：以刀具刀位点轨迹编制宏程序时，由于刀位点轨迹较复杂，编程和理解困难，并且容易出错，仅适用于几何形状比较简单工件的编程；以刀具半径补偿功能编制宏程序时仅根据工件轮廓编程，无需考虑刀具中心位置，由数控系统根据动态变化的刀具半径补偿值自动计算刀具中心坐标，编程比较简便，效率高，且不易出错。本节采用刀具半径补偿法编程，刀具刀位点轨迹法编程在此不作赘述。

(a)

(b)

(c)

图 32-2　零件轮廓倒角种类

（1）零件轮廓倒角铣削加工几何参数模型

　　零件轮廓倒角可采用球头刀或立铣刀铣削加工，如表 32-2 所示为利用球头刀倒工件轮廓凹圆角和斜角及用立铣刀倒工件轮廓凸圆角、凹圆角和斜角的几何参数模型图。

表 32-2　倒角几何参数模型

刀具及加工类型	几何参数模型图	计算公式
球头刀倒凸圆角		$Z=\left(R+\dfrac{D}{2}\right)\sin\theta-R$ $r=\left(R+\dfrac{D}{2}\right)\cos\theta-R$ 其中： Z—动态变化的 Z 坐标值 r—动态变化的刀半补值 θ—圆角圆弧的圆心角 D—球刀直径 R—圆角半径

刀具及加工类型	几何参数模型图	计算公式
球头刀倒凹圆角		$Z=-(R-\dfrac{D}{2})\sin\theta$ $r=-(R-\dfrac{D}{2})\cos\theta$ 其中： Z—动态变化的 Z 坐标值 r—动态变化的刀半补值 θ—圆角圆弧的圆心角 D—球刀直径 R—圆角半径
球头刀倒斜角		$Z=\dfrac{B\dfrac{D}{2}}{\sqrt{B^2+H^2}}-h$ $r=\dfrac{H\dfrac{D}{2}}{\sqrt{B^2+H^2}}-\dfrac{B(H-h)}{H}$ 其中： Z—动态变化的 Z 坐标值 r—动态变化的刀半补值 B—斜倒角宽度 H—斜倒角高度 D—球刀直径 h—加工深度
立铣刀倒凸圆角		$Z=R\sin\theta-R$ $r=\dfrac{D}{2}-(R-R\cos\theta)$ 其中： Z—动态变化的 Z 坐标值 r—动态变化的刀半补值 θ—圆角圆弧的圆心角 D—立铣刀直径 R—圆角半径

刀具及加工类型	几何参数模型图	计算公式
立铣刀倒凹圆角		$Z = -R\sin\theta$ $r = \dfrac{D}{2} - R\cos\theta$ 其中： Z—动态变化的 Z 坐标值 r—动态变化的刀半补值 θ—圆角圆弧的圆心角 D—立铣刀直径 R—圆角半径
立铣刀倒斜角		$Z = -h$ $r = \dfrac{D}{2} - \dfrac{B(H-h)}{H}$ 其中： Z—动态变化的 Z 坐标值 r—动态变化的刀半补值 B—斜倒角宽度 H—斜倒角高度 D—球刀直径 h—加工深度

（2）球头刀刀具半径补偿法铣削加工零件轮廓凸圆角宏程序

倒凸圆角加工属于曲面的加工，曲面加工可在三坐标轴、四坐标轴或五坐标轴等数控机床上完成，其中三坐标轴曲面加工应用最为普遍。曲面加工的走刀路线由参数法、截面法、放射型法、环型等多种走刀路线方式。下面介绍用截面法加工圆角曲面的原理。

截平面法是指采用一组截平面去截取加工表面，截出一系列交线，刀具与加工表面的切触点就沿着这些交线运动，完成曲面的加工。

根据截面法的基本思想加工如图 32-3 中的圆角曲面时，可用一组水平面作为截平面，截出的一系列截交线（俯视图中细实线），然后刀具与加工表面的切触点就沿这些截交线运动，即可加工出圆角曲面，只要控制相邻截面与截面间的距离足够小，即每次的下刀深度足够小，就可以加工出满足加工质量要求的圆角曲面。由图 32-3 可见这一系列的截交线都是圆角所在外轮廓的等距线，所以为简化编程可采用半径补偿功能进行编制。

为保证加工质量，在加工倒圆角时通过调整角度增量并由下至上加工的方法来实现。采用球头刀铣削加工零件轮廓凸圆角的变量模型如表 32-2 所示，刀具的"半径"和 Z 轴坐标值是动态变化的。HNC-21M 系统中，可编程的动态变化的刀具"半径"用变量 ♯100～♯199 表示，刀具半径补偿号必须与"半径"变量中的序号相同，例如刀具"半径"用变量 ♯101 时，刀具半径补偿号必须用 D101。设工件轮廓凸圆角半径 R，球头刀刀具直径为 D，

图 32-3　加工圆角曲面的刀具轨迹

以圆角圆弧的圆心角 θ 为自变量，在当前角度 θ 时球头刀的刀位点（球心）距离上表面 Z，距离加工工件轮廓 r，利用工件轮廓补偿刀具半径补偿值 r 编程沿工件轮廓加工，然后角度 θ 递变，再利用变化后的 Z 值和工件轮廓补偿以变化后的刀具半径补偿值 "r" 编程沿工件轮廓加工，直到加工完整个圆角。

　　球头刀刀具半径补偿法铣削加工零件轮廓凸圆角宏程序编程模板分别如表 32-3～表 32-5 所示。

表 32-3　球头刀刀具半径补偿法铣削加工零件轮廓凸圆角宏程序编程模板（FANUC 系统）

程序内容	注释
……	程序开头部分（要求工件坐标系 Z 轴原点设在加工圆角的工件轮廓上表面）
#10＝ #11＝ #12＝0.5 #20＝0 #21＝#10/2＋#11 WHILE［#20LE90］DO1 #22＝#21＊SIN［#20］－#11 #23＝#21＊COS［#20］－#11 G10 L12 P ＿R#23 G00 Z#22 G41/G42 X＿ Y＿ D＿	球头刀直径赋值 凸圆角半径赋值 角度递变量赋值 角度计数器置零 计算球刀中心与倒圆中心连线距离 条件判断，当 #20 小于等于 90°时执行循环 计算球头刀的 Z 轴动态值 计算动态变化的刀具半径补偿值 刀具补偿值的设定 刀具下降至初始加工平面 建立刀具半径补偿（注意左右刀补的选择和刀补号应与前面一致）
……	*XY* 平面类的工件轮廓加工程序（从轮廓外安全位置切入切削起点，然后沿工件轮廓加工至切削终点）

程序内容	注释
G40 G00 X __ Y __ ＃20＝＃20＋＃12 END1	取消刀具半径补偿 角度计数器加增量 循环结束
……	程序结束部分

表 32-4　球头刀刀具半径补偿法铣削加工零件轮廓凸圆角宏程序编程模板（华中系统）

程序内容	注释
……	程序开头部分（要求工件坐标系 Z 轴原点设在加工圆角的工件轮廓上表面）
＃10＝ ＃11＝ ＃12＝0.5 ＃20＝0 ＃21＝＃10/2＋＃11 WHILE ＃20LE90 ＃22＝＃21＊SIN[＃20＊PI/180]－＃11 ＃100＝＃21＊COS[＃20＊PI/180]－＃11 G00 Z[＃22] G41/G42 X __ Y __ D100	球头刀直径 D 赋值 凸圆角半径 R 赋值 角度递变量赋值 角度 θ 计数器置零 计算球刀中心与倒圆中心连线距离 循环条件判断 计算球头刀的 Z 轴动态值 计算动态变化的刀具半径 r 补偿值 刀具下降至初始加工平面 建立刀具半径补偿（注意左右刀补的选择）
……	XY 平面类的工件轮廓加工程序（从轮廓外安全位置切入切削起点，然后沿工件轮廓加工至切削终点）
G40 G00 X __ Y __ ＃20＝＃20＋＃12 ENDW	取消刀具半径补偿 角度 θ 计数器递增 循环结束
……	程序结束部分

表 32-5　球头刀刀具半径补偿法铣削加工零件轮廓凸圆角参数编程模板（SIEMENS 系统）

程序内容	注释
……	程序开头部分（要求工件坐标系 Z 轴原点设在加工圆角的工件轮廓上表面）
R10＝ R11＝ R12＝0.5 R20＝0 R21＝R10/2＋R11 AAA： R22＝R21＊SIN(R20)－R11 R23＝R21＊COS(R20)－R11 $ TC_DP6[1,1]＝R23 G00 Z＝R22 G41/G42 X __ Y __ D01	球头刀直径 D 赋值 凸圆角半径 R 赋值 角度递变量赋值 角度 θ 计数器置零 计算球刀中心与倒圆中心连线距离 程序跳转标记符 计算球头刀的 Z 轴动态值 计算动态变化的刀具半径补偿值 刀具半径补偿值设定 刀具下降至初始加工平面 建立刀具半径补偿（注意左右刀补的选择）
……	XY 平面类的工件轮廓加工程序（从轮廓外安全位置切入切削起点，然后沿工件轮廓加工至切削终点）

程序内容	注释
G40 G00 X＿ Y＿ R20＝R20＋R12 IF R20≤90 GOTOB AAA	取消刀具半径补偿 角度 θ 计数器递增 循环条件判断
……	程序结束部分

如图 32-4 所示零件轮廓已经加工完毕，试编制其倒 $R4$mm 圆角的铣削加工宏程序。

图 32-4　工件轮廓倒凸圆角

设工件坐标系原点在工件上表面右侧对称中心，编制倒圆角宏程序如下。

♯10＝8	（球头刀直径 D 赋值）
♯11＝4	（凸圆角半径 R 赋值）
♯12＝0.5	（角度递变量赋值）
♯20＝0	（角度 θ 计数器置零）
♯21＝♯10/2＋♯11	（计算球刀中心与倒圆中心连线距离）
WHILE［♯20LE90］DO1	（加工条件判断）
♯22＝♯21＊SIN［♯20］－♯11	（计算球头刀的 z 轴动态值）
♯23＝♯21＊COS［♯20］－♯11	（计算动态变化的刀具半径补偿值）
G10 L12 P01 R♯23	（刀具半径补偿值设定）
G00 Z♯22	（刀具下降至初始加工平面）
G41 X10 Y－22.5 D01	（建立刀具半径补偿）
G01 X－18	（工件轮廓加工程序）
G02 X－30 Y－10.5 R12	（工件轮廓加工程序）
G01 Y10.5	（工件轮廓加工程序）
G02 X－18 Y22.5 R12	（工件轮廓加工程序）
G01 X0	（工件轮廓加工程序）

```
        G40 G00 X50                              (取消刀具半径补偿)
          #20=#20+#12                            (角度计数器加增量)
        END1                                     (循环结束)
```

◆【华中宏程序】 ＊＊＊＊＊＊

```
#10=8                                     (球头刀直径 D 赋值)
#11=4                                     (凸圆角半径 R 赋值)
#12=0.5                                   (角度递变量赋值)
#20=0                                     (角度 θ 计数器置零)
#21=#10/2+#11                             (计算球刀中心与倒圆中心连线距离)
WHILE #20LE90                             (循环条件判断)
  #22=#21*SIN[#20*PI/180]-#11             (计算球头刀的 Z 轴动态值)
  #100=#21*COS[#20*PI/180]-#11            (计算动态变化的刀具半径补偿值)
  G00 Z[#22]                              (刀具下降至初始加工平面)
  G41 X10 Y-22.5 D100                     (建立刀具半径补偿)
  G01 X-18                                (工件轮廓加工程序)
  G02 X-30 Y-10.5 R12                     (工件轮廓加工程序)
  G01 Y10.5                               (工件轮廓加工程序)
  G02 X-18 Y22.5 R12                      (工件轮廓加工程序)
  G01 X0                                  (工件轮廓加工程序)
  G40 G00 X50                             (取消刀具半径补偿)
    #20=#20+#12                           (角度计数器加增量)
ENDW                                      (循环结束)
```

◇【SIEMENS 参数程序】 ＊＊＊＊＊＊

```
R10=8                                     (球头刀直径 D 赋值)
R11=4                                     (凸圆角半径 R 赋值)
R12=0.5                                   (角度递变量赋值)
R20=0                                     (角度 θ 计数器置零)
R21=R10/2+R11                             (计算球刀中心与倒圆中心连线距离)
AAA:                                      (程序跳转标记符)
  R22=R21*SIN(R20)-R11                    (计算球头刀的 Z 轴动态值)
  R23=R21*COS(R20)-R11                    (计算动态变化的刀具半径补偿值)
  $TC_DP6[1,1]=R23                        (刀具半径补偿值设定)
  G00 Z=R22                               (刀具下降至初始加工平面)
  G41 X10 Y-22.5 D01                      (建立刀具半径补偿)
  G01 X-18                                (工件轮廓加工程序)
  G02 X-30 Y-10.5 CR=12                   (工件轮廓加工程序)
  G01 Y10.5                               (工件轮廓加工程序)
  G02 X-18 Y22.5 CR=12                    (工件轮廓加工程序)
  G01 X0                                  (工件轮廓加工程序)
  G40 G00 X50                             (取消刀具半径补偿)
    R20=R20+R12                           (角度计数器加增量)
IF R20<=90 GOTOB AAA                      (加工条件判断)
```

第

33

章

特征元

（1）特征元

构成复杂零件的基本组成单元称为特征元，是一系列可供宏程序编程实现数控加工的典型和基础的零件几何特征，常见复杂件可看作由若干特征元组合变换而成。特征元在数控宏程序编程与加工中的作用和地位类似于机械产品中的标准件和通用件。通过积累和整理可形成一个特征元库。例如图33-1所示为数控铣削加工常见的圆形、矩形、腰形、椭圆形四种型腔特征元。

(a)   (b)   (c)   (d)

图 33-1　常见型腔特征元

（2）特征元的组合与变换

数控加工宏程序编程的任务可看作一系列特征元的组合或特征变换的编程实现，例如图 33-2(a) 为腰形型腔特征元，图 33-2(b) 为腰形型腔特征元的旋转变换，图 33-2(c) 为该特征元的沿直线分布。

(a)   (b)   (c)

图 33-2　腰形型腔特征元的变换示例

在特征元库的基础上，建立特征元的变换模型，编写为特征变换宏程序，以方便实际编程加工时的调用。常见的特征变换方式有整体或局部、放大或缩小、平行移动、绕点旋转、矩形阵列和圆周阵列等，图 33-3 为常见特征变换方式示意图。

图 33-3 常见特征变换方式示意图

第34章

程序如何实现『智能』

任何一个宏程序编写人员都不可避免地要和算法打交道，那么算法是什么？所谓算法就是定义良好的计算过程，它取一个或一组值作为输入，并产生一个或一组值作为输出。其实我们可以理解为算法就是用来解决特定的一个或一类问题的方法，当然这里所谓的问题必须是一个关于计算的问题或者最起码要能抽象成一个关于计算的问题。数控机床说穿了就是计算机，而计算机最初的也是最核心的功能就是用来计算，而我们编写的程序，就是用一种计算机可以明白的语言告诉计算机，你要如何计算，然后告诉我们计算结果，并能具备一定的"智能"，能够像人一样自主判断，选择执行。如何实现这一过程程序内容就是上面所说的算法，这个其实才是宏程序最核心的问题。

　　当然，在编程的过程中，很多时候并不需要完全由我们自己来设计算法，很多程序员也没有能力去设计优秀的算法。我们更多时候所做的是把一些优秀的算法使用到我们的程序中去，让我们的程序正确、高效与简洁，编写出这样的程序是我们的追求。

　　（1）累加

　　求 1～10 各整数之和。

```
#1=0                              (存储和的变量赋初值 0)
#2=1                              (计数器赋初值 1,从 1 开始)
N1                                (程序段号,跳转标记符)
  #1=#1+#2                        (求和)
  #2=#2+1                         (计数器加 1,即求下一个被加的数)
IF[#2LE10] GOTO1                  (如果计数器值小于等于 10,转移到 N1 程序段)
```

　　上面程序采用 IF 语句实现累加，并把累加结果存储到变量 #1 中，下面采用 WHILE 语句来编程实现：

```
#1=0                              (存储和的变量赋初值 0)
#2=1                              (计数器赋初值 1,从 1 开始)
WHILE [#2LE10] DO1                (条件判断)
  #1=#1+#2                        (求和)
  #2=#2+1                         (计数器加 1,即求下一个被加的数)
END1                              (循环结束)
```

　　（2）交换两变量的值

　　设变量 1 的值为"20"，变量 2 的值为"15"，将两变量的值进行互换。

　　方法一：

```
#1=20                            (#1 赋值)
#2=15                            (#2 赋值)
#3=#1                            (将 #1 的值赋给 #3)
#1=#2                            (将 #2 的值赋给 #1)
#2=#3                            (将 #3 的值赋给 #2,其值为原来 #1 的值)
```

　　本方法中借用了一个临时变量 #3，这是一个很容易理解的标准算法。

　　方法二：

```
#1=20                            (#1 赋值)
#2=15                            (#2 赋值)
#1=#2-#1                         (减运算)
#2=#2-#1                         (减运算)
```

♯1＝♯2＋♯1	（加运算）

该方法可称为算术算法，就是通过普通的加和减运算来实现的。该方法的原理是：把♯1和♯2看做数轴上的点，围绕两点间的距离来进行计算。

方法三：

♯1＝20	（♯1赋值）
♯2＝15	（♯2赋值）
♯1＝♯1 XOR ♯2	（异或运算）
♯2＝♯1 XOR ♯2	（异或运算）
♯1＝♯1 XOR ♯2	（异或运算）

通过异或运算能够使数据中的某些位翻转，其他位不变。这就意味着任意一个给定的值连续异或两次，其值不变。

（3）冒泡排序

冒泡排序是一种较简单的排序算法，它重复地走访过要排序的数列，一次比较两个元素，如果它们的顺序错误就把它们交换过来。走访数列的工作是重复地进行直到再没有需要交换，也就是说该数列已经排序完成。这个算法的名字由来是越小的元素会经由交换慢慢"浮"到数列的顶端。

设一数组｛49，15，52，34，98｝，要求将其按从小到大重新排序。

编制程序如下，通过排序后的变量♯1最小，♯2稍大，♯5最大。

♯1＝49	（赋值）
♯2＝15	（赋值）
♯3＝52	（赋值）
♯4＝34	（赋值）
♯5＝98	（赋值）
♯10＝5	（数组中数值个数赋值给排序轮数计数器♯10）
N1	（程序跳转标记符）
♯20＝1	（变量号计数器置1）
N2	（程序跳转标记符）
IF [♯[♯20]LT♯[♯20＋1]] GOTO3	（相邻两数值大小判断）
♯30＝♯[♯20]	（将当前变量的值赋值给中间变量♯30）
♯[♯20]＝♯[♯20＋1]	（将下一变量的值赋值给当前变量）
♯[♯20＋1]＝♯30	（将中间变量♯30的值赋值给下一变量,完成变量值的交换）
N3	（程序跳转标记符）
♯20＝♯20＋1	（变量号计数器递增）
IF [♯20LT♯10] GOTO2	（每轮排序条件判断）
♯10＝♯10－1	（排序轮数递减）
IF [♯10GT1] GOTO1	（排序轮次条件判断）

（4）多选一

当♯1＝0时，♯2＝50；而当♯1≠0时，♯2＝100，试编程实现。

♯2＝50	（♯2赋初值）
IF [♯1EQ0] GOTO1	（若♯1等于0跳转到N1程序段）
♯2＝100	（若♯1不等于0则♯2的值为100）

```
N1                                          (程序跳转标记)
```

当#1=0 时，#2=50；而当#1=1 时，#2=100，编程实现（同为二选一，但请注意与上题的区别）：

```
IF [#1EQ0] THEN #2=50                       (当#1=0 时,#2=50)
IF [#1EQ1] THEN #2=100                      (当#1=1 时,#2=100)
```

某分段函数，当 X 小于 -15 时 Y 的值为 24.5；当 X 大于等于 -15 且小于 20 时 Y 的值为 34.5；当 X 大于等于 20 时 Y 的值为 44.5，要求根据 X 的取值求得 Y 的值。

```
#24=                                        (X 赋值)
#25=34.5                                     (X 大于等于-15 且小于 20 时 Y 的值赋值给#25)
IF [#24LT-15] GOTO1                          (条件判断)
IF [#24GE20] GOTO2                           (条件判断)
GOTO3                                        (无条件跳转)
N1 #25=24.5                                  (赋值给#25)
GOTO3                                        (无条件跳转)
N2 #25=44.5                                  (赋值给#25)
N3                                           (跳转标记符)
```

或者编程如下。

```
#24=                                        (X 赋值)
#25=34.5                                     (X 大于等于-15 且小于 20 时将 Y 的值"34.5"赋值给#25)
IF [#24LT-15] THEN #25=24.5                  (X 小于-15 时将 Y 的值"24.5"赋值给#25)
IF [#24GE20] THEN #25=44.5                   (X 大于等于 20 时将 Y 的值"44.5"赋值给#25)
```

（5）奇偶数判断

任意给定一数值，判断其是奇数或偶数。

编程如下，若#10 返回值为 1 时为奇数，返回值为 2 则为偶数，返回值为 0 表示赋值错误。

```
#1=                                         (将需要判断的数值赋值给#1)
#2=#1/2-FIX[#1/2]                            (求#1 除 2 后的余数)
#10=0                                        (若赋值错误,#1 的值为小数时令#10=0)
IF [#2EQ0.5] THEN #10=1                      (当余数等于 0.5 时#1 为奇数,令#10=1)
IF [#2EQ0] THEN #10=2                        (当余数等于 0 时#1 为偶数,令#20=2)
IF [#1LE0] THEN #10=0                        (若赋值错误,#1 的值为负数时令#10=0)
```

奇偶数判断可看作是需要判定的数值能否被"2"整除，所以简单修改本程序可以实现判断是否能被某数整除或者求余数的需求。

（6）正负值

令 A(50,40)、B(60,-20)，试编程实现从 A 到 B 往返 5 次（"A→B→A"为往返 1 次）。

B 点相对于 A 点的相对值为（10,-60），A 点相对于 B 点的相对值为（-10,60），它们的相对值仅仅是正负符号不同而已，编制程序如下。

```
#1=1                                        (正负变换变量赋初值 1)
#2=5                                         (往返次数赋值)
#10=1                                        (往返计数器赋初值)
G90 G00 X50 Y40                              (定位到 A 点)
```

```
N1                                          (程序跳转标记符)
  G91 G01 X[10＊#1] Y[－60＊#1]               (相对坐标值进给)
  #1＝－1＊#1                                 (正负变换)
  #10＝#10＋1                                 (往返计数器递增)
  IF [#10LE2＊#2] GOTO1                      (往返条件判断)
G90                                         (绝对坐标值)
```

某变量的值以"50、0、－50、0、50"周期性变化,试编程实现。

如图 34-1 所示,本题可用 SIN 或 COS 函数值"＋1、0、－1"的周期性变化特性来实现。

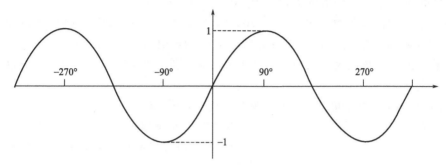

图 34-1　正弦曲线

```
#1＝50                                       (正负变化幅值赋值)
#2＝90                                       (起始角度赋值,控制一个周期内的开始值)
                                            (开始值可为正、负或零,分别对应赋值为 90、－90、0)
#3＝5                                        (数值个数赋值)
                                            (一个完整周期含 5 个数值赋值为 5,若仅需要 3 个数则
                                             赋值为 3)
#4＝4                                        (周期变化次数赋值)
#10＝1                                       (周期计数器赋初值)
#11＝[#3－1]＊90＋#2                          (终止角度计算,控制一个周期内的终止值)
WHILE [#10LE#4] DO1                         (周期判断)
  #20＝#2                                    (起始角度赋初值)
  WHILE [#20LE#11] DO2                      (循环条件判断)
  #30＝#1＊SIN[#20]                          (计算当前值,#30 的值呈周期性变化)
  #20＝#20＋90                               (角度递增)
  END2                                      (循环结束)
  #10＝#10＋1                                (周期计数器递增)
END1                                        (循环结束)
```

本程序中将"50、0、－50、0、50"5 个数运行了 4 次,所以#3＝5、#4＝4,因为开始值"50"为正,所以#2＝90;若要求将"－50、0、50"3 个数运行 10 次,则#3＝3、#4＝10,开始值"－50",所以#2＝－90。

```
#1＝50                                       (变化幅值赋值)
#2＝50                                       (起始数赋值,可根据需要赋值 50、0 或者－50)
#3＝5                                        (输出数值个数)
```

```
IF [#2/#1EQ1] THEN #10=90          (令角度#10值为90,因为sin90°=1)
IF [#2/#1EQ0] THEN #10=0           (令角度#10值为0,因为sin0°=0)
IF [#2/#1EQ-1] THEN #10=-90        (令角度#10值为-90,因为sin-90°=-1)
#11=1                              (计数器赋初值)
WHILE [#11LE#3] DO1                (数值个数判断)
  #20=#1*SIN[#10]                  (输出数值#20计算)
  #10=#10+90                       (角度递增90°)
  #11=#11+1                        (计数器累加1)
END1                               (循环结束)
```

修改后的程序中#20的值依次为：50、0、-50、0、50；

若要求#20的值依次为：50、0、-50、0、50、0、-50，则分别赋值#1=50（幅值仍为50），#2=50（首位数值50），#3=7（#20输出数值为7个）；

若要求#20的值依次为：0、-50、0、50，则分别赋值#1=50，#2=0，#3=4。

（7）数值分离

若#100=3040，怎样将"3040"分解为#101=30、#102=40?

```
#100=3040                          (赋值给#100,可以任意赋给一个整数值)
#1=#100/100                        (除以100,原数值实现了在小数点左右的分离)
#2=0                               (计数器置0)
N1                                 (跳转标记符)
IF [#1LT1] GOTO2                   (条件判断)
#1=#1-1                            (#1递减)
#2=#2+1                            (计数器递增)
GOTO1                              (无条件跳转)
N2                                 (跳转标记符)
#101=#2                            (将结果赋值给#101)
#102=#1*100                        (将结果赋值给#102)
```

将一个任意4位整数赋给#100，怎样确定其个、十、百、千位上的数值分别是多少？思路同上例，编程如下。

```
#100=3156                          (将一任意4位整数赋值给#100)
#10=#100/1000                      (除以1000)
#1=0                               (千位计数器置0)
N1                                 (跳转标记符)
IF [#10LT1] GOTO2                  (条件判断)
#10=#10-1                          (#10递减)
#1=#1+1                            (千位计数器递增)
GOTO1                              (无条件跳转)
 N2                                (跳转标记符)
 #10=#10*10                        (计算千位以下的数值)
 #2=0                              (百位计数器置0)
 N3                                (跳转标记符)
 IF [#10LT1] GOTO4                 (条件判断)
 #10=#10-1                         (#10递减)
```

♯2＝♯2＋1	（百位计数器递增）
GOTO3	（无条件跳转）
N4	（跳转标记符）
♯10＝♯10＊10	（计算百位以下的数值）
♯3＝0	（十位计数器置0）
N5	（跳转标记符）
IF [♯10LT1] GOTO6	（条件判断）
♯10＝♯10－1	（♯10递减）
♯3＝♯3＋1	（十位计数器递增）
GOTO5	（无条件跳转）
N6	（跳转标记符）
♯101＝♯1	（将千位数赋值给♯101）
♯102＝♯2	（将百位数赋值给♯102）
♯103＝♯3	（将十位数赋值给♯103）
♯104＝♯10＊10	（将个位数赋值给♯104）

（8）二进制按位进行逻辑运算

使用二进制按位进行逻辑运算时，系统会把十进制转化成二进制。二进制按位进行逻辑运算符有 AND、OR 和 XOR 三个。AND 是按位与运算符，如果相应的位都是1，结果位就是1，否则就是0。OR 是按位或运算符，如果两个相应的位中有一个是1，结果位就是1，两个位都为0，结果就是0。XOR 是按位异或运算符，两个相应的位不相同，结果位就是1，两个位相同，结果位就是0。

假设 $a＝57$，$b＝149$，$c＝a$ AND b，$d＝a$ OR b，$e＝a$ XOR b，那么 a、b、c、d、e 各字母的值分别是（其中括号内的值为相应数的二进制值）：

$a＝$ 57 （0011   1001）

$b＝$149 （1001   0101）

$c＝$ 17 （0001   0001）

$d＝$189 （1011   1101）

$e＝$172 （1010   1100）

设 $A(10,10)$、$B(-10,10)$、$C(-10,-10)$、$D(10,-10)$，要求用变量 ♯111 来选择定位到各点，若 ♯111＝0 需分别定位 A、B、C、D 四点；若 ♯111＝1 需定位到 A 点；若 ♯111＝12 需分别定位 A、B 点；若 ♯111＝234 需分别定位 B、C、D 点；依此类推。

编制程序如下，程序中采用的二进制按位进行逻辑运算分析如表34-1所示。

♯111＝	（定位点要求变量♯111赋值）
IF [♯111EQ0] THEN ♯100＝0	（♯111＝0时将0赋值给♯100）
IF [♯111EQ1] THEN ♯100＝14	（♯111＝1时将14赋值给♯100）
IF [♯111EQ2] THEN ♯100＝13	（♯111＝2时将13赋值给♯100）
IF [♯111EQ3] THEN ♯100＝11	（♯111＝3时将11赋值给♯100）
IF [♯111EQ4] THEN ♯100＝7	（♯111＝4时将7赋值给♯100）
IF [♯111EQ12] THEN ♯100＝12	（♯111＝12时将12赋值给♯100）
IF [♯111EQ13] THEN ♯100＝10	（♯111＝13时将10赋值给♯100）
IF [♯111EQ14] THEN ♯100＝6	（♯111＝14时将6赋值给♯100）
IF [♯111EQ23] THEN ♯100＝9	（♯111＝23时将9赋值给♯100）

```
IF [#111EQ24] THEN #100＝5          (#111＝24 时将 5 赋值给#100)
IF [#111EQ34] THEN #100＝3          (#111＝34 时将 3 赋值给#100)
IF [#111EQ123] THEN #100＝8         (#111＝123 时将 8 赋值给#100)
IF [#111EQ124] THEN #100＝4         (#111＝124 时将 4 赋值给#100)
IF [#111EQ134] THEN #100＝2         (#111＝134 时将 2 赋值给#100)
IF [#111EQ234] THEN #100＝1         (#111＝234 时将 1 赋值给#100)
IF [[#100AND1]NE0] GOTO1            (条件判断)
G00 X10 Y10                         (刀具定位)
N1                                  (跳转标记符)
IF [[#100AND2]NE0] GOTO2            (条件判断)
G00 X－10 Y10                       (刀具定位)
N2                                  (跳转标记符)
IF [[#100AND4]NE0] GOTO3            (条件判断)
G00 X－10 Y－10                     (刀具定位)
N3                                  (跳转标记符)
IF [[#100AND8]NE0] GOTO4            (条件判断)
G00 X10 Y－10                       (刀具定位)
N4                                  (跳转标记符)
```

表 34-1　二进制按位进行逻辑运算分析

十进制	二进制	（第1位）#100AND1	（第2位）#100AND2	（第3位）#100AND4	（第4位）#100AND8	运算结果为0的位数	运算结果不为0的位数
0	0	0	0	0	0	1234	0(无)
1	1		0	0	0	234	1
2	10	0		0	0	134	2
3	11	1	2	0	0	34	12
4	100	0	0		0	124	3
5	101	1	0	4	0	24	13
6	110	0			0	14	23
7	111	1	2	4	0	4	123
8	1000	0	0	0		123	4
9	1001		0	0		23	14
10	1010	0	2	0	8	13	24
11	1011	1	2	0	8	3	124
12	1100	0	0	4	8	12	34
13	1101	1	0	4	8	2	134
14	1110	0	2	4	8	1	234
15	1111	1	2	4	8	0(无)	1234
16	10000	0	0	0	0	1234	0(无)

第

35

章

数控应用数学

35.1 三角函数

（1）角度制与弧度制

在平面几何中，角可以看作是一条射线绕着它的端点在平面内旋转形成的。如图 35-1 所示，角 α 就是由一条射线从开始位置 OA 绕着它的端点 O 按逆时针方向旋转到 OB 的位置而形成的。旋转开始时的射线 OA 叫做角 α 的始边，旋转终止时的射线 OB 叫做角 α 的终边，射线的端点 O 叫做角 α 的顶点。

图 35-1　角

一条射线绕着它的端点旋转时有两个相反的方向。习惯上，按逆时针方向旋转形成的角称为正角，按顺时针方向旋转形成的角称为负角。特别的，如果射线没有做任何旋转，我们也认为形成了一个角，把它称为零角。任意大小的正角、负角和零角，统称为任意角。

角的度量有两种不同的制度，一种是以度、分、秒为单位的角度制，另一种是以 rad 为单位的弧度制。把圆周 360 等分，其中一份所对应的圆心角称为 1 度的角，记作 1°；把 1°的角 60 等分，其中一份所对的圆心角称为 1 分的角，记作 1′；同样把 1′的角 60 等分，其中一份所对的圆心角称为 1 秒的角，记作 1″。这种用度、分、秒作单位度量角的制度称为角度制。等于半径长的圆弧所对的圆心角叫做 1 弧度的角，用符号 rad 表示，读作弧度。用弧度作单位来度量角的制度叫做弧度制。

一个周角，用角度制来度量是 360°，用弧度制来度量是 $\frac{2\pi r}{r} = 2\pi\text{rad}$。所以，$360° = 2\pi\text{rad}$，即 $180° = \pi\text{rad}$。由此可得：

$$1° = \frac{\pi}{180}\text{rad} \approx 0.01745\text{rad}$$

$$1\text{rad} = \left(\frac{180}{\pi}\right)° \approx 57°17'45''$$

一些常用的特殊角的度与弧度的对应关系见表 35-1。

表 35-1　常用特殊角的度与弧度的对应关系表

度	0°	30°	45°	60°	90°	180°	270°	360°
rad	0	$\frac{\pi}{6}$	$\frac{\pi}{4}$	$\frac{\pi}{3}$	$\frac{\pi}{2}$	π	$\frac{3\pi}{2}$	2π

（2）任意角的三角函数

如图 35-2 所示，设 α 是直角坐标系中的一个任意角，在角 α 的终边上任取不与原点重合的一点 P，它的坐标为 (x, y)，点 P 与原点的距离 $r = \sqrt{x^2 + y^2} > 0$，则：

① 比值 $\frac{y}{r}$ 称为 α 的正弦，记作 $\sin\alpha$，即 $\sin\alpha = \frac{y}{r}$。

② 比值 $\frac{x}{r}$ 称为 α 的余弦，记作 $\cos\alpha$，即 $\cos\alpha = \frac{x}{r}$。

③ 比值 $\dfrac{y}{x}$ 称为 α 的正切，记作 $\tan\alpha$，即 $\tan\alpha=\dfrac{y}{x}$。

④ 比值 $\dfrac{x}{y}$ 称为 α 的余切，记作 $\cot\alpha$，即 $\cot\alpha=\dfrac{x}{y}$。

除无意义的情况外，对于确定的角 α，上面的四个比值都不会随点 P 在角 α 终边上的位置变化而改变，这几个比值都是唯一确定的。这就是说，正弦、余弦、正切和余切都是以角为自变量，以比值为函数值的函数，它们统称为三角函数。

求任意角的三角函数值的问题可通过使用三角函数的诱导公式转化为求锐角的三角函数值的问题。下面是部分三角函数的诱导公式。

图 35-2　三角函数

$$\sin(-\alpha)=-\sin\alpha$$
$$\cos(-\alpha)=\cos\alpha$$
$$\sin(2k\pi+\alpha)=\sin\alpha \quad (k\in z)$$
$$\cos(2k\pi+\alpha)=\cos\alpha \quad (k\in z)$$
$$\sin(\pi+\alpha)=-\sin\alpha$$
$$\cos(\pi+\alpha)=-\cos\alpha$$
$$\sin(\pi-\alpha)=\sin\alpha$$
$$\cos(\pi-\alpha)=-\cos\alpha$$
$$\sin(2\pi-\alpha)=-\sin\alpha$$
$$\cos(2\pi-\alpha)=\cos\alpha$$

35.2　平面几何

（1）三角形

由不在同一条直线上的三条线段首尾顺次相接所组成的图形叫做三角形。组成三角形的线段叫做三角形的边，相邻两边的公共端点叫做三角形的顶点，相邻两边所组成的角叫做三角形的内角，简称三角形的角。三角形的一边与另一边的延长线组成的角叫做三角形的外角。

三角形的种类很多，按边分可分为等腰三角形、等边三角形和不等边三角形等，按角可分为直角三角形和斜三角形。

① 直角三角形　在数控编程中，需要求解的三角形中，99％以上都是直角三角形。如图 35-3 所示，有一个角是直角（90°）的三角形叫做直角三角形，直角 C 所对的边为斜边 c，锐角 A、B 分别所对的边为直边 a、b。

在直角三角形中三个角的关系和边与角的关系式为
$$A+B=C=90°$$
$$\frac{a}{c}=\sin A=\cos B$$
$$\frac{b}{c}=\cos A=\sin B$$

$$\frac{a}{b} = \tan A = \cot B$$

在直角三角形中，两条直角边 a、b 的平方和等于斜边 c 的平方，即

$$a^2 + b^2 = c^2$$

这称为毕达哥拉斯定理（勾股定理），如图 35-4 所示。

图 35-3　直角三角形　　　　　　　图 35-4　毕达哥拉斯定理

② 相似三角形　对应角相等，对应边的比值相等（或对应边成比例）的两个三角形叫做相似三角形。

相似三角形的基本判定定理：

a. 平行于三角形一边的直线和其他两边相交，所构成的三角形与原三角形相似。

b. 如果一个三角形的两条边和另一个三角形的两条边对应成比例，并且夹角相等，那么这两个三角形相似。（简述为：两边对应成比例且夹角相等，两个三角形相似。）

c. 如果一个三角形的三条边与另一个三角形的三条边对应成比例，那么这两个三角形相似。（简述为：三边对应成比例，两个三角形相似。）

d. 如果两个三角形的两个角分别对应相等（或三个角分别对应相等），那么这两个三角形相似。

直角三角形相似判定定理：

a. 直角三角形被斜边上的高分成两个直角三角形和原三角形相似。

b. 如果一个直角三角形的斜边和一条直角边与另一个直角三角形的斜边和一条直角边对应成比例，那么这两个直角三角形相似。

相似三角形的性质定理：

a. 相似三角形的对应角相等。

b. 相似三角形的对应边成比例。

c. 相似三角形的对应高线的比、对应中线的比和对应角平分线的比都等于相似比。

d. 相似三角形的周长比等于相似比。

e. 相似三角形的面积比等于相似比的平方。

相似三角形判断定理推论：

推论一：顶角或底角相等的两个等腰三角形相似。

推论二：腰和底对应成比例的两个等腰三角形相似。

推论三：有一个锐角相等的两个直角三角形相似。

推论四：直角三角形被斜边上的高分成的两个直角三角形和原三角形都相似。

推论五：如果一个三角形的两边和其中一边上的中线与另一个三角形的对应部分成比例，那么这两个三角形相似。

推论六：如果一个三角形的两边和第三边上的中线与另一个三角形的对应部分成比例，那么这两个三角形相似。

③ 斜三角形（一般三角形）　　正弦定理是三角学中的一个定理，它指出了三角形三边、三个内角以及外接圆半径之间的关系。在任意三角形中，各边与它所对角的正弦之比相等，并且都等于三角形外接圆的直径，这就是正弦定理。如图 35-5 所示，在△ABC 中，角 A、B、C 所对的边长分别为 a、b、c，三角形外接圆的半径为 R，则有

$$\frac{a}{\sin A}=\frac{b}{\sin B}=\frac{c}{\sin C}=2R$$

即在一个三角形中，各边和它所对角的正弦之比相等，该比值等于该三角形外接圆的直径长度。

余弦定理是描述三角形中三边长度与一个角的余弦值关系的数学定理，是勾股定理在一般三角形情形下的推广。余弦定理是指在任意三角形中，任何一边的平方等于其他两边的平方和再减去这两边与它们夹角的余弦乘积的 2 倍，即：

$$c^{2}=a^{2}+b^{2}-2ab\cos C$$
$$b^{2}=a^{2}+c^{2}-2ac\cos B$$
$$a^{2}=b^{2}+c^{2}-2bc\cos A$$

当 C 为 90°时，$\cos C=0$，余弦定理可简化为 $c^{2}=a^{2}+b^{2}$，即勾股定理。

（2）圆

如图 35-6 所示为一圆心 O 点坐标值 (a,b)、半径 R 的圆。

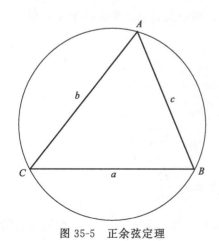

图 35-5　正余弦定理　　　　　　　　图 35-6　圆

① 圆的标准方程

$$(x-a)^{2}+(y-b)^{2}=R^{2}$$

② 圆的参数方程　顶点在圆心的角叫做圆心角，用 θ 表示。圆的参数方程为

$$\begin{cases} x = a + R\cos\theta \\ y = b + R\sin\theta \end{cases}$$

③ 正多边形和圆　正多边形和圆有非常密切的关系。正多边形的外接圆（或内切圆）的圆心叫做正多边形的中心，外接圆的半径叫做正多边形的半径，内切圆的半径叫做正多边形的边心距。正多边形各边所对的外接圆的圆心角都相等。正多边形每一边所对的外接圆的圆心角叫做正多边形的中心角。正 n 边形的每个中心角都等于 $\dfrac{360°}{n}$。

表 35-2 为常用正多边形中对顶角之间的距离 C（外接圆直径）、水平距离 F 和边长 S 的计算公式。

表 35-2　常用正多边形

正方形	正六边形	正八边形
$C = F \times \sqrt{2}$ $F = C\sin45°$	$C = \dfrac{F}{\cos30°} = 2S$ $F = C\cos30° = \dfrac{S}{\tan30°}$ $S = F\tan30° = \dfrac{C}{2}$	$C = \dfrac{F}{\cos22.5°} = \dfrac{S}{\sin22.5°}$ $F = C\cos22.5° = \dfrac{S}{\tan22.5°}$ $S = F\tan22.5° = C\sin22.5°$

④ 圆弦与圆切线　如图 35-7 所示，圆半径 R，圆心角 A（α 为圆心半角，即 $\alpha = \dfrac{A}{2}$），弓形高 d，圆弦长 C，相应计算公式为：

$$R = \frac{C^2}{8d} + \frac{d}{2} = \frac{C}{\sin\alpha \times 2}$$

$$C = \sin\alpha \times 2R = 2 \times \sqrt{2Rd^2 - d}$$

$$d = (1 - \cos\alpha)R = R - \sqrt{R^2 - \frac{C^2}{4}}$$

$$A = 2\arccos\frac{R - d}{R} = 2\arcsin\frac{C}{2R}$$

如图 35-8 所示，圆半径 R，圆心角 A（α 为圆心半角，即 $\alpha = \dfrac{A}{2}$），弓形高 d，圆切线长 T，相应计算公式为：

$$R = \frac{T}{2\tan\alpha}$$

$$T = 2R\tan\alpha = 2 \times \sqrt{2Rd^2 + d}$$

$$d = \left(\frac{1}{\cos\alpha} - 1\right)R = \sqrt{R^2 + \frac{T^2}{2}} - R$$

$$A = 2\arctan\frac{T}{2R} = 2\arccos\frac{R}{R+d}$$

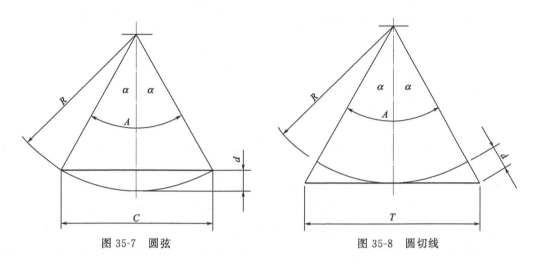

图 35-7　圆弦　　　　　　　　　　　图 35-8　圆切线

35.3　平面解析几何

（1）直角坐标与极坐标

① 直角坐标系　笛卡儿坐标系也称直角坐标系，是由平面"二维"内两条互相垂直，并且有公共原点的数轴形成的坐标系。平面直角坐标系有两个坐标轴，其中横轴为 X 轴，取向右方向为正方向；纵轴为 Y 轴，取向上为正方向。坐标系所在平面叫做坐标平面，两坐标轴的公共原点叫做平面直角坐标系的原点。X 轴和 Y 轴把坐标平面分成四个象限，右上面的叫做第一象限，其他三个部分按逆时针方向依次叫做第二象限、第三象限和第四象限。象限以数轴为界，横轴、纵轴上的点及原点不属于任何象限。一般情况下，X 轴和 Y 轴取相同的单位长度，但在特殊的情况下，也可以取不同的单位长。

建立了平面直角坐标系后，对于坐标系平面内的任何一点，我们可以确定它的坐标值。反过来，对于任何一个坐标，我们可以在坐标平面内确定它所表示的一个点。

如图 35-9 所示为直角坐标系的四个象限，按照逆时针方向，从象限Ⅰ到象限Ⅳ。坐标轴的头部象征着往所指的方向无限地延伸。

在原本的二维直角坐标系，再添加一个垂直于 X 轴和 Y 轴的坐标轴，称为 Z 轴。假设这三个坐标轴满足右手定则，则可得到三维的直角坐标系（图 35-10）。

② 极坐标系　在平面内取一个定点 O，叫极点，引一条射线 Ox，叫做极轴，再选定一个长度单位和角度的正方向（通常取逆时针方向）。对于平面内任何一点 M，用 ρ 表示线段 OM 的长度，θ 表示从 Ox 到 OM 的角度，ρ 叫做点 M 的极径，θ 叫做点 M 的极角，有序数对 (ρ, θ) 就叫点 M 的极坐标，这样建立的坐标系叫做极坐标系（图 35-11）。

图 35-9　直角坐标系的四个象限　　　图5-10　三维直角坐标系（Y 轴箭头方向是远离读者）

极坐标系是一个二维坐标系统。该坐标系统中的点由一个夹角和一段相对中心点——极点（相当于我们较为熟知的直角坐标系中的原点）的距离来表示。极坐标系的应用领域十分广泛，包括数学、物理、工程、航海以及机器人领域。在两点间的关系用夹角和距离很容易表示时，极坐标系便显得尤为有用；而在平面直角坐标系中，这样的关系就只能使用三角函数来表示。对于很多类型的曲线，极坐标方程是最简单的表达形式，甚至对于某些曲线来说，只有极坐标方程能够表示。

③ 极坐标与直角坐标的互化　极坐标系和直角坐标系是两种不同的坐标系，同一个点可以用极坐标表示，也可以用直角坐标表示。如图 35-12 所示，平面上任意一点 P 的极坐标（ρ,θ）和直角坐标（x,y）之间，具有下列关系：

$$\begin{cases} x = \rho\cos\theta \\ y = \rho\sin\theta \end{cases}$$

根据上式，又可推导出下列关系式：

$$\begin{cases} \rho = \sqrt{x^2 + y^2} \\ \tan\theta = \dfrac{y}{x} \quad (x \neq 0) \end{cases}$$

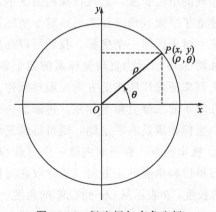

图 35-11　每隔 30°标记一次角度的极坐标网格　　　图 35-12　极坐标与直角坐标

（2）曲线方程

圆、椭圆、双曲线和抛物线，它们的方程都是关于 x、y 的二次方程，所以统称为二次曲线，也统称为圆锥曲线，这是因为这些曲线可以看成一个圆锥面被一个不经过圆锥顶点的不同方向的平面所截得，如图 35-13 所示，用垂直于锥轴的平面去截圆锥，得到的是圆；把平面渐渐倾斜，得到椭圆；当平面倾斜到"和且仅和"圆锥的一条母线平行时，得到抛物线；用平行于圆锥轴的平面截取，可得到双曲线的一支（把圆锥面换成相应的二次锥面时，则可得到双曲线）。表 35-3 列出了椭圆、双曲线、抛物线的方程与几何性质。

图 35-13　圆锥曲线

表 35-3　椭圆、双曲线、抛物线的方程与几何性质

项目		椭圆	双曲线	抛物线
定义		到两定点 F_1、F_2 的距离之和为定值 $2a(2a>|F_1F_2|)$ 的点的轨迹	到两定点 F_1、F_2 的距离之差的绝对值为定值 $2a$（$0<2a<|F_1F_2|$）的点的轨迹	
		与定点和直线的距离之比为定值 e 的点的轨迹（$0<e<1$）	与定点和直线的距离之比为定值 e 的点的轨迹（$e>1$）	与定点和直线的距离相等的点的轨迹
方程	标准方程	$\dfrac{x^2}{a^2}+\dfrac{y^2}{b^2}=1$ （$a>b>0$）	$\dfrac{x^2}{a^2}-\dfrac{y^2}{b^2}=1$ （$a>0,b>0$）	$y^2=2px$
	参数方程	$\begin{cases}x=a\cos\theta\\y=b\sin\theta\end{cases}$ （参数 θ 为离心角）	$\begin{cases}x=a\sec\theta\\y=b\tan\theta\end{cases}$ （参数 θ 为离心角）	$\begin{cases}x=2pt^2\\y=2pt\end{cases}$ （t 为参数）
中心		原点 $O(0,0)$	原点 $O(0,0)$	
顶点		$(\pm a,0)$、$(\pm b,0)$	$(\pm a,0)$	$(0,0)$
对称轴		x 轴，长轴长 $2a$ y 轴，短轴长 $2b$	x 轴，实轴长 $2a$ y 轴，虚轴长 $2b$	x 轴
焦点坐标		$(\pm c,0)$ $c=\sqrt{a^2-b^2}$	$(\pm c,0)$ $c=\sqrt{a^2+b^2}$	$\left(\dfrac{p}{2},0\right)$
离心率 $e=\dfrac{c}{a}$		$0<e<1$	$e>1$	
准线				$x=-\dfrac{p}{2}$
渐进线			$y=\pm\dfrac{b}{a}x$	

（3）坐标的变换

坐标的变换有两种方式，一种是坐标平移，另一种是坐标旋转。

所谓坐标的平移，就是坐标轴的方向和长度单位都不改变，只改变坐标的原点。设某点在旧坐标系下的坐标值为 (x', y')，在新坐标系下的坐标值为 (x, y)，新坐标系原点在旧坐标系下的坐标值为 (a, b)，则坐标变换前后，新坐标系与旧坐标系中点的坐标关系为：

$$\begin{cases} x = x' + a \\ y = y' + b \end{cases}$$

这个关系式叫做坐标平移公式。

所谓坐标旋转就是坐标系的原点和单位长度都不改变，只是两坐标轴按同一方向绕原点旋转同一个角度 θ。坐标旋转前后，新坐标系与旧坐标系中点的坐标关系为：

$$\begin{cases} x = x'\cos\theta - y'\sin\theta \\ y = x'\sin\theta + y'\cos\theta \end{cases}$$

35.4 数学的程序化处理

(1) 三角函数

三角函数 SIN、ASIN、COS、ACOS、TAN、ATAN 中所用角度单位是度，用十进制表示，如 90°30′ 表示成 90.5°，30°18′ 表示成 30.3°。在三角函数运算中常数可以代替变量♯j。

在反正切函数后指定两条边的长度，并用斜线（/）隔开，其运算结果范围为 0°～360°。例如指定 ♯1＝ATAN［1］/［−1］时，♯1 的值为 135.0°。

(2) ROUND（圆整，四舍五入）函数

① 当 ROUND 函数包含在算术或逻辑操作、IF 语句、WHILE 语句中时，在小数点后第 1 个小数位进行四舍五入。例如，♯1＝ROUND［♯2］，若其中♯2＝1.2345，则♯1＝1.0。

② 当 ROUND 函数出现在 NC 语句地址中时，根据地址的最小输入增量四舍五入指定的值。

例如，编一个钻削加工程序，按变量♯1、♯2 的值进行切削，然后返回到初始点。假定最小设定单位是 1/1000mm，♯1＝1.2345，♯2＝2.3456，则：

```
N20 G00 G91 X−♯1                          (移动 1.235mm)
N30 G01 X−♯2 F300                         (移动 2.346mm)
N40 G00 X[♯1+♯2]                          (移动 3.580mm)
```

由于 1.2345 + 2.3456 = 3.5801，则 N40 程序段实际移动距离为四舍五入后的 3.580mm，而 N20 和 N30 两程序段移动距离之和为 1.235＋2.346＝3.581（mm），因此刀具未返回原位。刀具位移误差来源于运算时先相加后四舍五入，若先四舍五入后相加，即换成 G00 X［ROUND［♯1］＋ROUND［♯2］］就能返回到初始点。（注：G90 编程时，上述问题不一定存在。）

(3) 小数点后舍去和小数点后进位

小数点后舍去和小数点后进位是指绝对值，而与正负符号无关。

例如，假设♯1＝1.2，♯2＝−1.2。

当执行♯3＝FUP［♯1］时，运算结果为♯3＝2.0。

当执行♯3＝FIX［♯1］时，运算结果为♯3＝1.0。

当执行♯3＝FUP［♯2］时，运算结果为♯3＝−2.0。

当执行♯3＝FIX［♯2］时，运算结果为♯3＝−1.0。

（4）运算的优先顺序

运算的先后次序为：

① 方括号"［］"。方括号的嵌套深度为五层（含函数自己的方括号），由内到外一对算一层，当方括号超过五层时，则出现报警。

② 函数。

③ 乘、除、逻辑和。

④ 加、减、逻辑或、逻辑异或。

其他运算遵循相关数学运算法则。

例如，♯1＝♯2＋♯3＊SIN［♯4－1］

$$
\begin{array}{c}
\underline{\hspace{3em}} \\
1 \\
\underline{\hspace{5em}} \\
2 \\
\underline{\hspace{8em}} \\
3 \\
4
\end{array}
$$

例如，♯1＝SIN［［［♯2＋♯3］＊♯4＋♯5］＊♯6］

$$
\begin{array}{c}
\underline{\hspace{3em}} \\
1 \\
\underline{\hspace{5em}} \\
2 \\
\underline{\hspace{8em}} \\
3 \\
4
\end{array}
$$

例中 1、2、3 和 4 表示运算次序。

（5）除数

在除法运算中除数为 0 或在求角度为 90°的正切值时（即 TAN［90］，函数 TAN 按 SIN/COS 执行）时，产生报警。

（6）运算误差

① 运算时可能产生误差，见表 35-4。

表 35-4　运算中的误差

运算	平均误差	最大误差	误差类型
$a＝b＊c$	$1.55×10^{-10}$	$4.66×10^{-10}$	相对误差[①] $\left\|\dfrac{\varepsilon}{a}\right\|$
$a＝b/c$	$4.66×10^{-10}$	$1.88×10^{-9}$	
$a＝\sqrt{b}$	$1.24×10^{-9}$	$3.73×10^{-9}$	
$a＝b＋c$ $a＝b－c$	$2.33×10^{-10}$	$5.32×10^{-10}$	取小值 $\left\|\dfrac{\varepsilon}{b}\right\|,\left\|\dfrac{\varepsilon}{c}\right\|$ [②]
$a＝SIN[b]$ $a＝COS[b]$	$5.0×10^{-9}$	$1.0×10^{-8}$	绝对误差[③] $\|\varepsilon\|$
$a＝ATAN[b]/[c]$[④]	$1.8×10^{-6}$	$3.6×10^{-6}$	

① 相对误差大小与运算结果有关。

② 取两误差中较小的一个。

③ 绝对误差大小为常值，与运算结果无关。

④ 正切函数 TAN 用 SIN/COS 完成。

② 由于变量值的精度为 8 位小数（在 NC 程序中变量用科学计数法表示），当在加减运算中处理很大的数时，会出现意想不到的结果。

例如，当试图把下面的值赋给变量♯1 和♯2 时，

♯1＝9876543210123.456

♯2＝9876543277777.777

变量的实际值为：

♯1＝9876543200000.000

♯2＝9876543300000.000

此时如果计算♯3＝♯2－♯1，则结果为♯3＝100000.000。

运算结果的误差由变量是用二进制数运算引起。（在 nc 中用于存储变量的二进制位数是有限的，为表示尽可能大的数，将数转换成科学计数法表示，变量的二进制位中的后几位表示指数，其余的位存储小数部分，当数的有效位多于变量的最大有效位时，多余的部分进行四舍五入，从而引起误差。此误差相对数本身来说，误差极小，但对结果的影响就可能很大。编程时，应尽可能避免本例的情况。）

③ 因数据精度的原因，在条件表达式中用 EQ、NE、GE、GT、LE 和 LT 时，也可能出现误差。

例如，IF［♯1EQ♯2］的运算会受♯1 和♯2 误差的影响，当♯1 和♯2 的值近似时，就可能造成错误的判断。若将上式改写成 IF［ABS［♯1－♯2］LT0.001］后就可以在一定程度上避免两个变量的误差，但如果两变量的差值小于所需精度（此处为 0.001）时，则认为两个变量的值是相等的。

④ 在使用小数点后舍去指令应小心。

例如，当计算♯2＝♯1 * 1000，式中♯1＝0.002 时，变量♯2 的结果值不是准确的 2.0，而可能是 1.99999997。因此执行♯3＝FIX［♯2］时，变量♯3＝1.0 而不是 2.0。此时，可先纠正误差，再执行小数点后舍去，或是用如下的四舍五入操作，即可得到正确结果。

♯3＝FIX［♯2＋0.001］

或♯3＝ROUND［♯2］

（7）数学表达式的程序化处理

下面用几个案例来介绍数学表达式的程序化处理。

例 1：令♯1＝a，♯24＝x，用变量表示 $\dfrac{a^2}{x^2}$，如下表示错误的是（　）。

A.♯1 * ♯1／♯24 * ♯24　　　　　　B.♯1 * ♯1／♯24／♯24

C.♯1 * ♯1／［♯24 * ♯24］　　　　D.［♯1 * ♯1］／［♯24 * ♯24］

分析四个选项，错误的是 A。

例 2：构造一个适用于 FANUC 系统的计算器用于计算 SIN30.0°数值的宏程序。

♯101＝♯5221　　　　　　　　（把♯5221 变量中的数值寄存在♯101 变量中）

♯5221＝SIN[30]　　　　　　（计算 SIN[30]的数值并保存在♯5221 中，以方便读取）

M00　　　　　　　　　　　　（程序暂停以便读取记录计算结果）

♯5221＝♯101　　　　　　　　（程序再启动，♯5221 变量恢复原来的数值）

宏程序中变量运算的结果保存在局部变量或者公用变量中，这些变量中的数值不能直接显示在屏幕上，读取很不方便，为此我们借用一个变量 G54 坐标中 X 的数值，这是一个系统变量，变量名为♯5221，把计算结果保存在系统变量 G54 坐标系 X 中，可以从 OFFSET/SETTING 屏幕画面上直接读取计算结果，十分方便。编程中，预先把♯5221变量值（G54 坐标系中的 X 的数值）寄存在变量♯101 中，只是借用♯5221 变量显示计算结果，计算完毕会自动恢复♯5221 变量中的数值。编程中可以编入"M03 S500"指令，目的只是提醒操作者，主轴启动，计算开始，主轴停止，程序运算完毕。它只是一个信号，并无实际切削运动产生，熟练者也可以不用。

计算器的使用：根据数学公式编制相应的宏程序后，把工作方式选为自动加工方式，页面调整为 OFFSET/SETTING 中的 G54 坐标系画面，启动程序，在 G54 坐标系 X 坐标处即显示计算结果，程序暂停，再次启动程序，计算结果消失，G54 坐标系 X 坐标恢复原值，计算完毕，程序结束。

编制宏程序计算器的过程中，只要具备相应的基础数学知识，程序编制相对很简单，复杂运算公式的编程一般不会超过十行，并且对于复杂公式的计算要比人工用电子计算器快。计算的结果保存在局部变量和公用变量中，编程时可以直接调用变量，例如上面的例子中，把程序中的系统变量♯5221 换为♯××，编程中可以直接编入 G00 X♯××，直接调用存储运算结果的♯××，精度高且不用担心重新输入数值编程可能引起的错误。

例 3：试编制一个计算一元二次方程 $4X^2+5X+2=0$ 的两个根 X_1 和 X_2 值的计算器宏程序。

一元二次方程 $aX^2+bX+c=0$ 的两个根 X_1 和 X_2 的值为 $X=\dfrac{-b\pm\sqrt{b^2-4ac}}{2a}$，编程如下：

♯101＝♯5221	（把♯5221 变量中的数值寄存在♯101 变量中）
♯1＝SQRT[5＊5－4＊4＊2]	（计算公式中的 $\sqrt{b^2-4ac}$ ）
♯5221＝[－5＋♯1]/[2＊4]	（计算根 X_1）
M00	（程序暂停以便记录根 X_1 的结果）
♯5221＝[－5－♯1]/[2＊4]	（计算根 X_2）
M00	（程序暂停以便记录根 X_2 的结果）
♯5221＝♯101	（程序再启动，♯5221 变量恢复原来的数值）

从程序中可以看出，宏程序计算复杂公式要方便得多，可以计算多个结果，并逐个显示。如果有个别计算结果记不清楚，还可以重新运算一遍并显示结果。

例 4：编制一个用于运算指数函数 $f(x)=2.2^{3.3}$ 的计算器宏程序。FANUC 用户宏程序中并没有指数函数运算功能，但是可以利用用户宏程序中自然对数函数 ln[]，把 $f(x)=x^y$ 指数函数运算功能转化为可以运算的自然对数函数计算：设 $f(x)=x^y$，那么：

$$\ln[f(x)]=\ln[x^y]=y\ln[x]$$

$y\ln[x]$ 可以很方便地计算出来，又

$$e^{\ln[f(x)]}=f(x)=e^{y\ln[x]}$$

即求出 $f(x)=x^y$。其中 x 的数值要求大于 0，可以是任意小数或分数，y 的数值可以是任意值（正值、负值、零），当 $y=2$ 时，为求平方值 x^2，当 $y=3$ 时，为求立方值 x^3，当 $y=N$ 时，为求 N 次方值 x^N，当 $y=1/2$ 时，为求平方根值 $\sqrt{x}$，当 $y=1/3$ 时，为求立方

根值$\sqrt[3]{x}$，当 $y=1/N$ 时，为求 N 次方根值$\sqrt[N]{x}$。编制宏程序如下。

♯101＝♯5221	(把♯5221变量中的数值寄存在♯101变量中)
♯1＝2.2	(x 的数值)
♯2＝3.3	(y 的数值)
♯5221＝EXP[♯2＊LN[♯1]]	(计算 x^y 数值)
M00	(程序暂停,记录 $2.2^{3.3}$ 的计算结果)
♯5221＝♯101	(程序再启动,♯5221变量恢复原来的数值)

例 5：编制一个用于运算对数函数 $f(x)=\log_2^3$ 的计算器宏程序。数学运算中常用的对数运算$\log_a^b$，宏程序中也没有类似的函数运算功能，但可以转化为自然对数 ln [] 运算：

$$f(x)=\log_a^b=\frac{\ln[b]}{\ln[a]}$$

♯101＝♯5221	(把♯5221变量中的数值寄存在♯101变量中)
♯1＝2.0	(a 的数值)
♯2＝3.0	(b 的数值)
♯5221＝LN[♯2]/LN[♯1]	(计算 $\log_2^3$ 的数值)
M00	(程序暂停,记录计算结果)
♯5221＝♯101	(程序再启动,♯5221变量恢复原来的数值)

第36章

他山之石

俗话说"他山之石，可以攻玉"，阅读他人的程序代码是非常好的学习方法，我们要多向优秀程序代码学习，特别是数控系统固定循环的源代码学习。学习过程中，我们可以借鉴鲁迅先生的"拿来主义"，有选择地拿，为我所用地拿，拿来的目的是学习，为了更好地借助自己的聪明才智以形成自己独特的编程风格。要"拿来主义"，更要"超越创新"，"拿来主义"不是单纯的"模仿""抄袭"，必须从本质上理解知识的真正内涵，并把它转化为自己的思想，在模仿的基础上加以学习借鉴、不断创新、另辟蹊径，转换成真正属于自己的知识。

36.1 HNC-21T22T 固定循环宏程序源代码

```
%0000
;固定循环宏程序定义 G73,G74,G76,G80,G81,G82;
;_____
%0080
;内(外)径切削循环 G80 宏程序实现源代码
;调用本程序之前必须调用 M03 或 M04 指令使主轴转动
#40=#1152
IF[AR[#25]EQ0]OR[AR[#23]EQ0]                    ;如果没有定义 Z 和 X 值
M99                                             ;则返回
ENDIF
N10  G90                                        ;用绝对方式编写宏程序
IF AR[#23]EQ91                                  ;如果 X 值是增量方式 G91
#23=#23+#30                                     ;则将 X 值转换为绝对方式
                                                ;#30 为调用本程序时 X 的绝对坐标

ENDIF
IF AR[#25]EQ91                                  ;如果 Z 值是增量方式 G91
#25=#25+#32                                     ;则将 Z 值转换为绝对方式
                                                ;#32 为调用本程序时 Z 的绝对坐标

ENDIF
IF AR[#8]EQ0                                     ;如果 I 值没有定义
#8=0                                            ;I=0
ENDIF
IF #1009EQ0
#41=2                                           ;半径编程
ELSE
#41=1                                           ;直径编程
ENDIF
G01 X[#30*2/#41] Z[#32]
#42=[#23+#8]*2/[#41]
N20  G00 X[#42] Z[#32]                           ;移动到加工点
#42=[#23]*2/[#41]
N30  G01 Z[#25] X[#42]
#42=[#30]*2/[#41]
```

```
N40    G01 X[#42]                              ;加工
N50    G00 Z[#32]                              ;返回初始点
G[#40]
M99

;_____

%0081
;端面切削循环 G81 宏程序实现源代码
;调用本程序之前必须调用 M03 或 M04 指令使主轴转动
#40=#1152
IF [AR[#25]EQ0]OR[AR[#23]EQ0]                  ;如果没有定义 X 和 Z 值
M99                                            ;则返回
ENDIF
N10    G90                                      ;用绝对方式编写宏程序
IF AR[#23]EQ91                                 ;如果 X 值是增量方式 G91
#23=#23+#30                                     ;则将 X 值转换为绝对方式
                                               ;#30 为调用本程序时 X 的绝对坐标

ENDIF
IF AR[#25]EQ91                                 ;如果 Z 值是增量方式 G91
#25=#25+#32                                     ;则将 Z 值转换为绝对方式
                                               ;#32 为调用本程序时 Z 的绝对坐标

ENDIF
IF AR[#10]EQ0                                   ;如果 K 值没有定义
#10=0                                           ;K=0
ENDIF
IF #1009EQ0
#41=2                                           ;半径编程
ELSE
#41=1                                           ;直径编程
ENDIF
G90 G01 X[#30*2/#41] Z[#32]
N20    G00 X[#30*2/#41] Z[#25+#10]              ;移到加工点
#42=[#23]*2/[#41]
N30    G01 X[#42] Z[#25]
N40    G01 Z[#32]
#42=[#30]*2/[#41]
N50    G00 X[#42]                               ;返回初始点
G[#40]
M99

;_____

%0082
;螺纹切削循环 G82 宏程序实现源代码
;调用本程序之前必须调用 M03 或 M04 指令使主轴转动
#40=#1152
IF [AR[#25]EQ0]OR[AR[#23]EQ0]                  ;如果没有定义 X 和 Z 值
```

```
M99                                    ;则返回
ENDIF
IF AR[#5]EQ0                           ;如果螺距 F 值没有定义
M99                                    ;返回
ENDIF
N10 G90                                ;用绝对方式编写宏程序
IF AR[#23]EQ91                         ;如果 X 值是增量方式 G91
#23=#23+#30                            ;则将 X 转换为绝对方式
                                       ;#30 为 X 的绝对坐标

ENDIF
IF AR[#25]EQ91                         ;如果 Z 值是增量方式 G91
#25=#25+#32                            ;则将 Z 转换为绝对方式
                                       ;#32 为 Z 的绝对坐标

ENDIF
IF AR[#8]EQ0                           ;如果 I 值没有定义
#8=0
ENDIF
IF AR[#4]EQ0                           ;如果 X 向退尾量 E 值没有定义
#4=0
ENDIF
IF AR[#17]EQ0                          ;如果 Z 向退尾量 R 值没有定义
#17=0
ENDIF
IF AR[#2]EQ0                           ;如果螺纹头数没有定义
#2=1                                   ;则为单头螺纹
ENDIF
IF [[#2LT2]OR[#2GT99]]
#2=1
ENDIF
IF AR[#15]EQ0                          ;如果多头螺纹间距角没有定义
#15=0                                  ;则为 0
ENDIF
#28=0
IF [#2EQ1]
#28=#15                                ;起始角度
#15=0
ENDIF
IF #1009EQ0
#41=2                                  ;半径编程
ELSE
#41=1                                  ;直径编程
ENDIF
G90 G01 X[#30*2/#41] Z[#32]
WHILE [#2GE1]
```

```
#42=[#23+#28]*2/[#41]
N20   G00 X[#42] Z[#32]                    ;刀具移动到加工点
#42=[#23]*2/[#41]
N30   G32 X[#42] Z[#25] E[#4] R[#17] P[#28] F[#5]
#42=[#30]*2/[#41]
N40   G01 X[#42] Z[#25+#17]                ;加工
N50   G00 Z[#32]                           ;返回初始点
#2=#2-1
#28=#28+#15
ENDW
G[#40]
M99
;_____
%0071
;内(外)径粗车削复合循环 G71 宏程序实现源代码
;调用本程序之前必须调用 M03 或 M04 指令使主轴转动
IF [AR[#20]EQ0]OR[AR[#17]EQ0]              ;若没有定义切削深度 U 和退刀量 R
M99                                        ;则返回
ENDIF
IF [AR[#23]EQ0]OR[AR[#25]EQ0]             ;如果没有定义 X 和 Z 值
M99                                        ;则返回
ENDIF
IF [#20LE0]OR[#17LE0]                      ;如果 U、R 小于 0
M99                                        ;则返回
ENDIF
#49=#1152                                  ;保存 G 值
IF #1009EQ0
#41=2                                      ;半径编程
ELSE
#41=1                                      ;直径编程
ENDIF
G90 G01 X[#30*2/#41] Z[#32]
#0=0
#1=#2000                                   ;点数
IF #1LE1                                   ;点数小于等于1,直接返回
M99
ENDIF
#2=[#20+#17]*2/[#41]                        ;每次的进刀量 U+R
IF [#30*2/#41]GT#2101                       ;进刀方向判断:X>0 时
#2=-#2
ENDIF
#3=[#17]*2/[#41]                            ;X 方向每次的退刀量 R
IF[#23LT0]                                  ;退刀方向判断:X<0 时
#3=-#17                                     ;退刀方向为负
```

```
        ENDIF
        #4=#17                                      ;Z 方向每次的退刀量
        IF #25LT0                                   ;退刀方向判断:Z<0 时
        #4=-#17                                     ;退刀方向为负
        ENDIF
        #5=[#30+#23]*2/[#41]                        ;当前 X 的绝对坐标
        #12=#32+#25                                 ;当前 Z 的绝对坐标
        N20  G00 G90 X[#5] Z[#12]                   ;移动到 C 点
        #5=#5+#2                                     ;下一步要移动到的 X 位置
        #40=1
        IF [#[2100+#1]GE#[2101]]
        #40=-1                                      ;X 递减
        ELSE
        #40=1                                       ;X 递增
        ENDIF
        IF [#5GT[#[2100+#1]+[#23]*2/#41]]AND[#40EQ[-1]]
                                                    ;第一点的 X 值和当前的 X 值相差较远
        #5=#[2100+#1]+[#23]*2/#41
        ELSE
        IF [#5LT[#[2100+#1]+[#23]*2/#41]]AND[#40EQ1]
        #5=#[2100+#1]+[#23]*2/#41
        ENDIF
        ENDIF
        WHILE [#1]GT1
        #6=#[2100+#1]+[#23]*2/#41                   ;前一点 X 的绝对坐标
        #7=#[2200+#1]+#25                           ;前一点 Z 的绝对坐标
        #8=#[2100+#1-1]+[#23]*2/#41                 ;下一点 X 的绝对坐标
        #9=#[2200+#1-1]+#25                         ;下一点 Z 的绝对坐标
        WHILE[[[#5GE#8]AND[#5LE#6]]OR[[#5LE#8]AND[#5GE#6]]]
                                                    ;X 在两点之间,有交点
        #10=#[2000+#1]
        IF #10LT2                                   ;直线
        IF#6EQ#8
        #11=#7
        ELSE
        #11=#7+[#9-#7]*[#5-#6]/[#8-#6]              ;交点 Z
        ENDIF
        ELSE                                        ;圆弧
        #43=#8*#41/2+#[2400+#1]
        #44=#9+#[2500+#1]
        #45=#[2300+#1]                              ;R 值
        #47=[#5*#41/2]-#43
        #46=[#45*#45]-[#47*#47]
        IF [#46LT0]
```

```
#46=0
ENDIF                                     ;x0=x2+i
                                          ;z0=z2+k
                                          ;*result=z0-sqrt(r*r-(y-x0)*(y-x0))

IF #10EQ2                                 ;顺时针
#11=#44+[#40*SQRT[#46]]                   ;交点 Z
ELSE
                                          ;*result=z0+sqrt(r*r-(y-x0)*(y-x0))

#11=#44-[#40*SQRT[#46]]
ENDIF
ENDIF
G00 X[#5]                                 ;移到加工点
G01 Z[#11]                                ;加工到交点
#5=#5+#3                                   ;下一步要移动到的 X 位置
#11=#11+#4                                 ;下一步要移动到的 Z 位置
G00 X[#5] Z[#11]                           ;退刀
G00 Z[#12]                                 ;返回
#5=#5+#2                                    ;下移 X 值
ENDW
#1=#1-1
ENDW
                                          ;采用绝对方式沿轨迹(留有精加工余量)加工最后一次

#0=1
WHILE#0LE#2000
#10=#[2000+#0]
#11=#[2100+#0]+[#23]*2/[#41]              ;加 X 方向的精加工余量必须考虑直径编程问题
#12=#[2200+#0]+#25                         ;加 Z 方向的精加工余量
#13=#[2300+#0]
IF #10LT2                                  ;直线
G[#10] X[#11] Z[#12]
ELSE                                      ;圆弧
G[#10] X[#11] Z[#12] R[#13]
ENDIF
#0=#0+1
ENDW
#5=[#30]*2/[#41]                           ;初始点 X 值必须考虑直径编程问题
G00 X[#5] Z[#32]                           ;回到初始点
G[#49]                                     ;G90G91 模态恢复
M99
;_____

%0072
;端面粗车复合循环 G72 宏程序实现源代码
;调用本程序之前必须调用 M03 或 M04 指令使主轴转动
IF [AR[#22]EQ0]OR[AR[#17]EQ0]             ;若没有定义切削深度和退刀量
```

```
M99                                                  ;则返回
ENDIF
IF [AR[#23]EQ0]OR[AR[#25]EQ0]                        ;如果没有定义 X 和 Z 值
M99                                                  ;则返回
ENDIF
IF [#22LE0]OR[#17LE0]                                ;如果 W、R 小于 0
M99                                                  ;则返回
ENDIF
#49=#1152                                            ;保存 G 值
IF #1009EQ0
#41=2                                                ;半径编程
ELSE
#41=1                                                ;直径编程
ENDIF
G90 G01 X[#30*2/#41] Z[#32]
#0=0
#1=#2000                                             ;点数
IF #1LE1                                             ;点数小于等于 1,直接返回
M99
ENDIF
#2=#22+#17                                           ;每次的进刀量 W+R
IF #32GT#2201                                        ;进刀方向判断:Z>0 时
#2=-#2
ENDIF
#3=[#17]*2/[#41]                                     ;X 方向每次的退刀量 R
IF[#23LT0]                                           ;退刀方向判断:X<0 时
#3=-#17                                              ;退刀方向为负
ENDIF
#4=#17                                               ;Z 方向每次的退刀量
IF #25LT0                                            ;退刀方向判断:Z<0 时
#4=-#17                                              ;退刀方向为负
ENDIF
#5=[#30+#23]*2/[#41]                                 ;当前 X 的绝对坐标
#12=#32+#25                                          ;当前 Z 的绝对坐标
N20  G00 G90 X[#5] Z[#12]                            ;移动到 C 点
#12=#12+#2                                           ;下一步要移动到的 Z 位置
#40=1
IF [#[2200+#1]GE#[2201]]
#40=-1                                               ;Z 递减
ELSE
#40=1                                                ;Z 递增
ENDIF
IF [#12GT[#[2200+#1]+[#25]]]AND[#40EQ[-1]]           ;第一点的 Z 值和当前的 Z 值相差较远
#12=#[2200+#1]+[#25]
```

```
ELSE
IF [#12LT[#[2200+#1]+[#25]]]AND[#40EQ1]
#12=#[2200+#1]+[#25]
ENDIF
ENDIF
WHILE [#1]GT1
#6=#[2100+#1]+[#23]*2/#41                    ;前一点 X 的绝对坐标
#7=#[2200+#1]+#25                            ;前一点 Z 的绝对坐标
#8=#[2100+#1-1]+[#23]*2/#41                  ;下一点 X 的绝对坐标
#9=#[2200+#1-1]+#25                          ;下一点 Z 的绝对坐标
WHILE[[[#12GE#9]AND[#12LE#7]]OR[[#12LE#9]AND[#12GE#7]]]
                                             ;Z 在两点之间,有交点
#10=#[2000+#1]
IF #10LT2                                    ;直线
IF#7EQ#9
#11=#6
ELSE
                                             ;*result=x1+(x2-x1)*(y-z1)/(z2-z1)
#11=#6+[#8-#6]*[#12-#7]/[#9-#7]
ENDIF                                        ;交点 X
ELSE                                         ;圆弧
#43=#8+[#[2400+#1]*2/#41]
#44=#9+#[2500+#1]
#45=#[2300+#1]                               ;R 值
#46=[#45*#45]-[[#12-#44]*[#12-#44]]
IF [#46LT0]
#46=0
ENDIF
                                             ;x0=x2+i
                                             ;z0=z2+k
                                             ;*result=x0+sqrt(r*r-(y-z0)*(y-z0))
IF #10EQ2                                    ;顺时针,交点 X
#11=#43-[#40*SQRT[#46]*2/#41]
ELSE
                                             ;*result=x0-sqrt(r*r-(y-z0)*(y-z0))
#11=#43+[#40*SQRT[#46]*2/#41]
ENDIF
ENDIF
G00 Z[#12]                                   ;移动到加工点
G01 X[#11]                                   ;加工到交点
#12=#12+#4                                    ;下一步要移动到的 Z 位置
#11=#11+#3                                    ;下一步要移动到的 X 位置
G00 X[#11] Z[#12]                            ;退刀
G00 Z[#5]                                     ;返回
```

```
#12=#12+#2                                   ;下移 X 值
ENDW
#1=#1-1
ENDW
                                             ;采用绝对方式沿轨迹加工最后一次

#0=1
WHILE #0LE#2000
#10=#[2000+#0]
#11=#[2100+#0]+[#23]*2/[#41]
#12=#[2200+#0]+#25
#13=#[2300+#0]
IF #10LT2                                    ;直线
G[#10] X[#11] Z[#12]
ELSE                                         ;圆弧
G[#10] X[#11] Z[#12] R[#13]
ENDIF
#0=#0+1
ENDW
#5=[#30]*2/[#41]                             ;初始点 X 值必须考虑直径编程问题
G00 X[#5] Z[#32]                             ;回到初始点
G[#49]                                       ;G90G91 模态恢复
M99
;_____
%0073
;封闭轮廓循环 G73 宏程序实现源代码
;调用本程序之前必须调用 M03 或 M04 指令使主轴转动
IF [AR[#22]EQ0]OR[AR[#17]EQ0]OR[AR[#20]EQ0]  ;如果没有定义切削深度 U、W 和循环次数 R
M99                                          ;则返回
ENDIF
IF [AR[#23]EQ0]OR[AR[#25]EQ0]                ;如果没有定义 X 和 Z 值
M99                                          ;则返回
ENDIF
IF #17LE0                                    ;如果 R 小于等于 0
M99                                          ;则返回
ENDIF
#49=#1152
IF #1009EQ0
#41=2                                        ;半径编程
ELSE
#41=1                                        ;直径编程
ENDIF
G90 G01 X[#30*2/#41] Z[#32]
#0=#17
#1=1
```

```
#2=[#30+#23+#20]*2/#41                          ;当前 X 坐标,即 A₁ 点 X 值
#3=#32+#25+#22                                   ;当前 Z 坐标,即 A₁ 点 Z 值
G90
G00 X[#2] Z[#3]                                  ;移动到 A₁ 点
WHILE #0GT0
WHILE #1LE#2000
#4=[[#20*2/#41]/#17]                             ;X 方向的进给量
#5=[#22/#17]                                     ;Z 方向的进给量
#6=#[2100+#1]+[#23]*2/[#41]+[#4*#0]              ;下一点 X 的坐标
#7=#[2200+#1]+#25+[#5*#0]                        ;下一点 Z 的坐标
#8=#[2000+#1]                                     ;G 值
#9=#[2300+#1]                                     ;R 值
IF #8LT2                                          ;直线
G[#8] X[#6] Z[#7]
ELSE
G[#8] X[#6] Z[#7] R[#9]
ENDIF
#1=#1+1
ENDW
#2=#2-[[#20*2/#41]/#17]
#3=#3-[#22/#17]
G00 X[#2] Z[#3]                                  ;移动到下一个起始点
#1=1
#0=#0-1
ENDW
#0=1
WHILE #0LE#2000                                  ;最后一次
#9=#[2000+#0]
#10=#[2300+#0]
#6=#[2100+#0]+[#23]*2/[#41]                       ;有精加工余量的下一点 X
#7=#[2200+#0]+[#25]                               ;有精加工余量的下一点 Z
IF #9LT2                                          ;直线
G[#9] X[#6] Z[#7]
ELSE
G[#9] X[#6] Z[#7] R[#10]
ENDIF
#0=#0+1
ENDW
#5=[#30]*2/[#41]                                  ;初始点 X 值必须考虑直径编程
G00 X[#5] Z[#32]                                  ;回到初始点
G[#49]
M99
;_____

%0076
```

```
;螺纹切削复合循环 G76 宏程序实现源代码
;调用本程序之前必须调用 M03 或 M04 指令使主轴转动
IF AR[♯0]EQ0                                    ;如果没有定义刀尖角度 A 值
M99                                             ;则返回
ENDIF
IF [AR[♯23]EQ0]OR[AR[♯25]EQ0]                   ;如果没有定义 X 和 Z 值
M99                                             ;则返回
ENDIF
IF [AR[♯10]EQ0]                                 ;如果没有定义 K 值
M99                                             ;则返回
ENDIF
IF [AR[♯20]EQ0]OR[AR[♯21]EQ0]OR[AR[♯16]EQ0]
                                                ;如果没有定义 U、V 和 Q 值
M99                                             ;则返回
ENDIF
IF [AR[♯5]EQ0]                                  ;如果没有定义 F 值
M99                                             ;则返回
ENDIF
IF [AR[♯17]EQ0]                                 ;如果没有定义退尾长度 R 值
♯17=0                                           ;退尾长度为 0
ENDIF
IF [♯17GT99]OR[♯17LT0]                          ;如果退尾长度大于 99 或小于 0
M99                                             ;则返回
ENDIF
IF [AR[♯2]EQ0]                                  ;如果没有定义精整次数 C 值
♯2=1                                            ;精整次数为 0
ENDIF
IF [♯2GT99]OR[♯2LE0]                            ;若精整次数 R 大于 99 或小于 0
M99                                             ;则返回
ENDIF
IF [AR[♯8]EQ0]                                  ;如果没有定义螺纹锥度 I 值
♯8=0                                            ;则 I=0
ENDIF
IF [♯0LT10]OR[♯0GT80]                           ;若刀尖角度 A 小于 10 或大于 80
M99                                             ;则返回
ENDIF
IF AR[♯4]EQ0                                    ;如果 X 向退尾量 E 值没有定义
♯4=♯10
ENDIF
IF AR[♯15]EQ0                                   ;如果多头螺纹间距角没有定义
♯15=0                                           ;则为 0
ENDIF
IF [♯1009EQ0]
♯39=2                                           ;半径编程
```

```
ELSE
#39＝1                                          ;直径编程
ENDIF
G90 G01 X[#30*2/#39] Z[#32]
N10 G90                                          ;用绝对方式编写宏程序
IF AR[#23]EQ91                                   ;如果 X 值是增量方式 G91
#23＝#23＋#30                                     ;则将 X 值转换为绝对方式
                                                 ;#30 为调用本程序时 X 的绝对坐标

ENDIF
IF AR[#25]EQ91                                   ;如果 Z 值是增量方式 G91
#25＝#25＋#32                                     ;则将 Z 值转换为绝对方式
                                                 ;#32 为调用本程序时 Z 的绝对坐标

ENDIF
IF #30GT#23                                       ;进给方向确定
#27＝－1
ELSE
#27＝1
ENDIF
IF #32GT#25
#28＝－1
ELSE
#28＝1
ENDIF
#47＝INT[[#10/#16]*[#10/16]]                      ;算出 N 值
#48＝1
#49＝#47
#1＝#0/2*PI/180                                   ;K<Q * sqrt(n)
WHILE #49GT1
#40＝#16*[SQRT[#48]]                              ;X 方向切削深度
#40＝#16*[SQRT[#48－1]]
IF [#40－#41]LT#21                                ;如果一次切削深度小于 V 值
#40＝#41＋#21                                     ;则设定为 V 值
#47＝0
#42＝#40*[TAN[#1]]                                ;Z 方向切削深度
WHILE #40LT#10
#38＝[#30＋[#27]*[#40]]*2/#39
G90 G00 X[#38] Z[#32＋[#28]*#42]                  ;沿牙坡移动
#38＝[#23＋#8＋#10＋#20＋[#27]*[#40]]*2/#39
G00 X[#38]                                       ;移到螺纹起点
#38＝[#23＋#10＋#20＋[#27]*[#40]]*2/#39
G32 X[#38] Z[#25＋[#28]*#42] E[#4] P[#15] R[#17] F[#5]
                                                 ;加工螺纹
G00 X[[#30]*2/#39] Z[#32]                         ;回到 A 点
#40＝#40＋#21
```

```
#42=#40*[TAN[#1]]                                  ;Z方向切削深度
ENDW
#40=#10
#47=0
#42=#40*[TAN[#1]]                                  ;Z方向切削深度
WHILE #47LT#2                                       ;精加工
#38=[#30+[#27]*[#40]]*2/#39
G90 G00 X[#38] Z[#32+[#28]*#42]                    ;沿牙坡移动
#38=[#23+#8+#10+#20+[#27]*[#40]]*2/#39
G00 X[#38]                                          ;移到螺纹起点
#38=[#23+#10+#20+[#27]*[#40]]*2/#39
G32 X[#38] Z[#25+[#28]*#42] E[#4] P[#15] R[#17] F[#5]
                                                    ;加工螺纹
G00 X[[#30]*2/#39] Z[#32]                           ;回到A点
#47=#47+1
ENDW
M99
ENDIF
#42=#40*[TAN[#1]]                                  ;Z方向切削深度
#38=[#30+[#27]*[#40]]*2/#39
G90 G00 X[#38] Z[#32+[#28]*#42]                    ;沿牙坡移动
#38=[#23+#8+#10+#20+[#27]*[#40]]*2/#39
G00 X[#38]                                          ;移动到螺纹起点
#38=[#23+#10+#20+[#27]*[#40]]*2/#39
G32 X[#38] Z[#25+[#28]*#42] E[#4] P[#15] R[#17] F[#5]
                                                    ;加工螺纹
G00 X[[#30]*2/#39] Z[#32]                           ;回到A点
#48=#48+1
#49=#49-1
ENDW
M99
```

36.2　HNC-21M22M 固定循环宏程序源代码

```
%0000
G73,G74,G76,G80,G81,G82 G83,G84,G85,G86,G87,G88,G89 宏程序定义
;_____
G73
%0073
;G73宏程序实现源代码调用本程序之前必须转动主轴M03或M04
IF [AR[#25] EQ 0] OR [AR[#16] EQ 0] OR [AR[#10] EQ 0]
M99                                                ;如果没有定义孔底Z值、每次进给深度
                                                   Q值或退刀量K则返回
ENDIF
```

```
N10 G91                                    ;用增量方式编写宏程序
IF AR[#23] EQ 90                           ;如果 X 值是绝对方式 G90
#23=#23-#30                                 ;将 X 转换为增量,#30 为调用本程序时 X 的绝对坐标
ENDIF
IF AR[#24] EQ 90                           ;如果 Y 值是绝对方式 G90
#24=#24-#31                                 ;将 Y 转换为增量,#31 为调用本程序时 Y 的绝对坐标
ENDIF
IF AR[#17] EQ 90                           ;如果参考点平面 R 值是绝对方式 G90
#17=#17-#32                                 ;将 R 转换为增量,#32 为调用本程序时 Z 的绝对坐标
ELSE
IF AR[#26] NE 0                            ;初始 Z 平面模态值存在
#17=#17+#26-#32                            ;则将 R 值转换为增量方式
ENDIF
ENDIF
IF AR[#25] EQ 90                           ;如果孔底 Z 值是绝对方式 G90
#25=#25-#32-#17                            ;将 Z 值转换为增量
ENDIF
IF [#25 GE 0] OR [#16 GE 0] OR [#10 LE 0] OR [#10 GE [-#16]]
                                           ;如果增量方式的 ZQ≥0 或退刀量 K≤0 或 K>Q 的绝
                                            对值
M99                                        ;则返回
ENDIF
N20 X[#23] Y[#24]                          ;移到 XY 孔加工位
N30 Z[#17]                                 ;移到参考点 R
#40=-#25                                   ;循环变量#40 初始值为参考点到孔底的位移量
#41=0                                      ;循环变量#41 为退刀量
WHILE #40 GT [-#16]                        ;如果还可以进刀一次
N50 G01 Z[#16-#41]                         ;进刀
N55 G04 P0.1                               ;暂停
N60 G00 Z[#10]                             ;退刀
N65 G04 P0.1                               ;暂停
#41=#10                                    ;退刀量
#40=#40+#16                                ;进刀量为负数#40 将减少
ENDW
N70 G01 Z[-#40-#41]                        ;最后一刀到孔底
N80 G04 P[#15]                             ;在孔底暂停
IF #1165 EQ 99                             ;如果第 15 组 G 代码模态值为 G99
N90 G00 Z[-#25]                            ;即返回参考点 R 平面
ELSE                                       ;否则
IF AR[#26] EQ 0
N90 G00 Z[-#25-#17]                        ;返回初始平面,注意#25 及#17 均为负数
ELSE
N90 G90 G00 Z[#26]                         ;否则返回初始平面
ENDIF
```

```
              ENDIF
              M99
;_____
              G74
              %0074
;反攻螺纹循环 G74 的宏程序实现源代码调用本程序后主轴反转
              IF AR[#25] EQ 0                          ;没有定义孔底 Z 坐标
              M99
              ENDIF
              N10 G91                                   ;用增量方式编写宏程序
              IF AR[#23] EQ 90                          ;如果 X 值是绝对方式 G90
              #23=#23-#30                               ;将 X 值转换为增量方式,#30 为 X 的绝对坐标
              ENDIF
              IF AR[#24] EQ 90                          ;如果 Y 值是绝对方式 G90
              #24=#24-#31                               ;将 Y 值转换为增量方式,#31 为 Y 的绝对坐标
              ENDIF
              IF AR[#17] EQ 90                          ;如果参考点 R 值是绝对方式 G90
              #17=#17-#32                               ;将 R 值转换为增量方式,#32 为 Z 的绝对坐标
              ELSE
              IF AR[#26] NE 0                           ;初始 Z 平面模态值存在
              #17=#17+#26-#32                           ;将 R 值转换为增量,#32 为 Z 的绝对坐标
              ENDIF
              ENDIF
              IF AR[#25] EQ 90                          ;如果孔底 Z 值是绝对方式 G90
              #25=#25-#32-#17                           ;将 Z 值转换为增量方式,#32 为 Z 的绝对坐标
              ENDIF
              IF #25 GE 0                               ;如果增量方式的 Z 大于等于 0
              M99                                       ;则返回
              ENDIF
              N20 X[#23] Y[#24] M04                     ;移到孔加工位 XY 并且主轴反转
              N30 Z[#17]                                ;移到参考点 R
              N50 G34 Z[#25]                            ;反攻螺纹到孔底攻螺纹时进给保持将不起作用
              N60 G04 P[#15]                            ;暂停
              N70 M03                                   ;主轴正转
              IF #1165 EQ 99                            ;如果为 G99 即返回参考点 R 平面
              N90 G34 Z[-#25]                           ;正向攻螺纹时进给保持将不起作用
              ELSE
              N90 G34 Z[-#25]                           ;正向攻螺纹时进给保持将不起作用
              IF AR[#26] EQ 0
              N95 G00 Z[-#17]                           ;返回初始平面,注意#25 及#17 均为负数
              ELSE
              N95 G90 G00 Z[#26]                        ;否则返回初始平面
              ENDIF
              ENDIF
              ENDIF
```

```
N100 M04                              ;主轴反转
M99
;_____
G76
%0076
;精镗循环 G76 宏程序源代码
;调用本程序前必须调用 M03 或 M04 指令让主轴转动
IF [AR[#25] EQ 0] OR [[AR[#8] OR AR[#9]] EQ 0]
                                      ;如果没有定义孔底 Z 值 I 或 J 退刀量
M99                                   ;则返回
ENDIF
N10 G91                               ;用增量方式编写宏程序
IF AR[#23] EQ 90                      ;如果 X 值是绝对方式 G90
#23=#23-#30                           ;将 X 值转换为增量方式,#30 为 X 的绝对坐标
ENDIF
IF AR[#24] EQ 90                      ;如果 Y 值是绝对方式 G90
#24=#24-#31                           ;将 X 值转换为增量方式,#31 为 Y 的绝对坐标
ENDIF
IF AR[#17] EQ 90                      ;如果参考点 R 值是绝对方式 G90
#17=#17-#32                           ;将 R 值转换为增量方式,#32 为 Z 的绝对坐标
ELSE
IF AR[#26] NE 0                       ;初始 Z 平面模态值存在
#17=#17+#26-#32                       ;将 R 值转换为增量,#32 为 Z 的绝对坐标
ENDIF
ENDIF
IF AR[#25] EQ 90                      ;如果孔底 Z 值是绝对方式 G90
#25=#25-#32-#17                       ;将 Z 值转换为增量方式,#32 为 Z 的绝对坐标
ENDIF
IF #25 GE 0                           ;如果增量方式的 Z 大于等于零
M99
ENDIF
N20 X[#23] Y[#24]                     ;移动到孔加工位 XY
N30 Z[#17]                            ;移动到参考点 R
N50 G01 Z[#25]                        ;镗孔在此之前必须让主轴转动
N55 M05                               ;主轴停
N60 M19                               ;主轴定向
N70 G04 P[#15]                        ;暂停
N80 G00 X[#8] Y[#9]                   ;让刀
IF #1165 EQ 99                        ;如果第 15 组 G 代码模态值为 G99
N90 G00 Z[-#25]                       ;即返回参考点 R 平面
ELSE
IF AR[#26] EQ 0
N90 G00 Z[-#25-#17]                   ;否则返回初始平面
ELSE
```

```
N90 G90 G00 Z[#26]                          ;否则返回初始平面
ENDIF
ENDIF
M99
;_____
G81
%0081
;钻孔循环(中心钻)G81宏程序实现源代码
;调用本程序之前必须让主轴转动起来
IF AR[#25] EQ 0                             ;如果没有指定Z值
M99                                         ;则返回
ENDIF
N10 G91                                     ;宏程序用增量编程G91
IF AR[#23] EQ 90                            ;如果X值是绝对编程G90
#23=#23-#30                                 ;则改为相对编程G91
ENDIF
IF AR[#24] EQ 90                            ;如果Y值是绝对编程G90
#24=#24-#31                                 ;则改为相对编程G91
ENDIF
IF AR[#17] EQ 90                            ;如果R值是绝对编程G90
#17=#17-#32                                 ;则改为相对编程G91
ELSE
IF AR[#26] NE 0                             ;初始Z平面模态值存在
#17=#17+#26-#32                             ;则将R值转换为增量方式
ENDIF
ENDIF
IF AR[#25] EQ 90                            ;如果Z值是绝对编程G90
#25=#25-#32-#17                             ;则改为相对编程G91
ENDIF
IF #25 GE 0                                 ;如果Z值相对当前点不下降
M99                                         ;则返回
ENDIF
N20 X[#23] Y[#24]                           ;移动到XY起始点
N30 Z[#17]                                  ;移动到参考点R
N50 G01 Z[#25]                             ;钻孔到孔底Z点
IF #1165 EQ 99                              ;如果第15组G代码模态值为G99
N90 G00 Z[-#25]                            ;则返回参考点R平面
ELSE
IF AR[#26] EQ 0
N90 G00 Z[-#25-#17]                        ;否则返回初始平面
ELSE
N90 G90 G00 Z[#26]                         ;否则返回初始平面
ENDIF
ENDIF
```

```
M99
;_____

G82

%0082

;带停顿的钻孔循环(中心钻)G82宏程序实现源代码

;调用本程序之前必须让主轴转动起来

IF AR[#25] EQ 0                          ;如果没有指定Z值
M99                                      ;则返回
ENDIF
N10 G91                                  ;宏程序用增量编程G91
IF AR[#23] EQ 90                         ;如果X值是绝对编程G90
#23=#23-#30                              ;则改为相对编程G91
ENDIF
IF AR[#24] EQ 90                         ;如果Y值是绝对编程G90
#24=#24-#31                              ;则改为相对编程G91
ENDIF
IF AR[#17] EQ 90                         ;如果R值是绝对编程G90
#17=#17-#32                              ;则改为相对编程G91
ELSE
IF AR[#26] NE 0                          ;初始Z平面模态值存在
#17=#17+#26-#32                         ;则将R值转换为增量方式
ENDIF
ENDIF
IF AR[#25] EQ 90                         ;如果Z值是绝对编程G90
#25=#25-#32-#17                         ;则改为相对编程G91
ENDIF
IF #25 GE 0                              ;如果Z值相对当前点不下降
M99                                      ;则返回
ENDIF
N20 X[#23] Y[#24]                        ;移到XY起始点
N30 Z[#17]                               ;移到参考点R
N50 G01 Z[#25]                           ;钻孔到孔底Z点
N60 G04 P[#15]                           ;在孔底暂停
IF #1165 EQ 99                           ;如果第15组G代码模态值为G99
N90 G00 Z[-#25]                          ;则返回参考点R平面
ELSE
IF AR[#26] EQ 0
N90 G00 Z[-#25-#17]                     ;否则返回初始平面
ELSE
N90 G90 G00 Z[#26]                       ;否则返回初始平面
ENDIF
ENDIF
M99
;_____
```

```
G83
%0083
;深孔加工循环 G83 宏程序实现源代码,调用本程序前必须让主轴转起来
IF [AR[#25] EQ 0] OR [AR[#16] EQ 0] OR [AR[#10] EQ 0]
                                ;如果没有定义孔底 Z 值、每次进给深度 Q 值或退刀量 K
M99                             ;则返回
ENDIF
N10 G91                         ;用增量方式编写宏程序
IF AR[#23] EQ 90                ;如果 X 值是绝对方式 G90
#23=#23-#30                     ;则将 X 值转换为增量方式
ENDIF
IF AR[#24] EQ 90                ;如果 Y 值是绝对方式 G90
#24=#24-#31                     ;则将 Y 值转换为增量方式
ENDIF
IF AR[#17] EQ 90                ;如果参考点平面 R 值是绝对方式 G90
#17=#17-#32                     ;则将 R 值转换为增量方式
ELSE
IF AR[#26] NE 0                 ;初始 Z 平面模态值存在
#17=#17+#26-#32                 ;则将 R 值转换为增量方式
ENDIF
ENDIF
IF AR[#25] EQ 90                ;如果孔底 Z 值是绝对方式 G90
#25=#25-#32-#17                 ;则将 Z 值转换为增量方式
ENDIF
IF [#25 GE 0] OR [#16 GE 0] OR [#10 LE 0] OR [#10 GE [-#16]]
                                ;如果增量方式的 ZQ≥0 或退刀量 K≤0 或 K>Q 的绝
                                ; 对值
M99                             ;则返回
ENDIF
N20 X[#23] Y[#24]               ;移动到 XY 起始点
N30 Z[#17]                      ;移动到参考点 R
#40=-#25
#41=0
#42=0
WHILE #40 GT [-#16]             ;如果还可以进刀一次
N40 G01 Z[#16-#42]              ;进刀
N50 G04 P0.1                    ;暂停
N55 G00 Z[-#16-#41]             ;退刀
N60 Z[#16+#41+#10]              ;快速回到已加工面
N65 G04 P0.1                    ;暂停
#42=#10
#41=#41+#16
#40=#40+#16
ENDW
```

```
N70 G01 Z[一#40一#42]                    ;最后一次进刀
N80 G04 P[#15]                          ;暂停
IF #1165 EQ 99                          ;如果第 15 组 G 代码模态值为 G99
N90 G00 Z[一#25]                         ;即返回参考点 R 平面
ELSE
IF AR[#26] EQ 0
N90 G00 Z[一#25一#17]                     ;否则返回初始平面
ELSE
N90 G90 G00 Z[#26]                      ;否则返回初始平面
ENDIF
ENDIF
M99
;_____
G84
%0084
;攻螺纹循环 G84 宏程序实现源代码调用本程序之后主轴将保持正转
IF AR[#25] EQ 0                         ;没有定义孔底 Z 平面
M99                                     ;则返回
ENDIF
N10 G91                                 ;用增量方式编写宏程序
IF AR[#23] EQ 90                        ;如果 X 值是绝对方式 G90
#23=#23一#30                            ;则将 X 值转换为增量方式
ENDIF
IF AR[#24] EQ 90                        ;如果 Y 值是绝对方式 G90
#24=#24一#31                            ;则将 Y 值转换为增量方式
ENDIF
IF AR[#17] EQ 90                        ;如果参考点平面 R 值是绝对方式 G90
#17=#17一#32                            ;则将 R 值转换为增量方式
ELSE
IF AR[#26] NE 0                         ;初始 Z 平面模态值存在
#17=#17十#26一#32                       ;则将 R 值转换为增量方式
ENDIF
ENDIF
IF AR[#25] EQ 90                        ;如果孔底 Z 值是绝对方式 G90
#25=#25一#32一#17                       ;则将 Z 值转换为增量方式
ENDIF
IF #25 GE 0                             ;如果 Z 值相对当前点不下降
M99                                     ;则返回
ENDIF
N20 X[#23] Y[#24] M03                   ;移到定位点 XY 且主轴正转
N30 Z[#17]                              ;移到参考点 R
N50 G34 Z[#25]                          ;正向攻螺纹进给保持和进给修调将不起作用
N60 G04 P[#15]                          ;在孔底暂停
N70 M04                                 ;主轴反转
```

```
      IF ＃1165 EQ 99                     ;如果为 G99 则返回参考点 R 平面
      N90 G34 Z[－＃25]                    ;反向攻螺纹回到 R 点
      ELSE
      N90 G34 Z[－＃25]                    ;先反向攻螺纹回到 R 点
      IF AR[＃26] EQ 0
      N95 G00 Z[－＃17]                    ;再返回初始平面
      ELSE
      N90 G90 G00 Z[＃26]                  ;返回初始平面
      ENDIF
      ENDIF
      N100 M03                            ;主轴正转
      M99
      ;＿＿＿＿＿＿＿＿＿＿＿＿＿＿＿＿＿＿＿＿＿＿＿＿＿＿＿＿＿＿＿＿＿＿＿＿＿＿＿＿＿
      G85
      ％0085
      ;镗孔循环 G85 宏程序实现源代码调用本程序前必须让主轴转动
      IF AR[＃25] EQ 0                     ;没有定义孔底 Z 平面
      M99                                 ;则返回
      ENDIF
      N10 G91                             ;用增量方式编写宏程序
      IF AR[＃23] EQ 90                    ;如果 X 值是绝对方式 G90
      ＃23＝＃23－＃30                        ;则将 X 值转换为增量方式
      ENDIF
      IF AR[＃24] EQ 90                    ;如果 Y 值是绝对方式 G90
      ＃24＝＃24－＃31                        ;则将 Y 值转换为增量方式
      ENDIF
      IF AR[＃17] EQ 90                    ;如果参考点平面 R 值是绝对方式 G90
      ＃17＝＃17－＃32                        ;则将 R 值转换为增量方式
      ELSE
      IF AR[＃26] NE 0                     ;初始 Z 平面模态值存在
      ＃17＝＃17＋＃26－＃32                    ;则将 R 值转换为增量方式
      ENDIF
      ENDIF
      IF AR[＃25] EQ 90                    ;如果孔底 Z 值是绝对方式 G90
      ＃25＝＃25－＃32－＃17                    ;则将 Z 值转换为增量方式
      ENDIF
      IF ＃25 GE 0                         ;如果 Z 值相对当前点不下降
      M99                                 ;则返回
      ENDIF
      N20 X[＃23] Y[＃24]                   ;移到定位点 XY
      N30 Z[＃17]                          ;移到参考点 R
      N50 G01 Z[＃25]                      ;孔加工
      N60 G04 P[＃15]                      ;在孔底暂停
      IF ＃1165 EQ 99                      ;如果第 15 组 G 代码模态值为 G99
```

```
N90 G01 Z[－#25]                          ;则返回参考点 R 平面
ELSE
N90 G01 Z[－#25]                          ;否则先回到初始点
IF AR[#26] EQ 0
N95 G00 z[－#17]                          ;再返回初始平面
ELSE
N90 G90 G00 Z[#26]                        ;返回初始平面
ENDIF
ENDIF
M99
;_____

G86
%0086
;镗孔循环 G86 宏程序实现源代码调用本程序之后主轴将保持正转
IF AR[#25] EQ 0                           ;没有定义孔底 Z 平面
M99                                       ;则返回
ENDIF
N10 G91                                   ;用增量方式编写宏程序
IF AR[#23] EQ 90                          ;如果 X 值是绝对方式 G90
#23＝#23－#30                             ;则将 X 值转换为增量方式
ENDIF
IF AR[#24] EQ 90                          ;如果 Y 值是绝对方式 G90
#24＝#24－#31                             ;则将 Y 值转换为增量方式
ENDIF
IF AR[#17] EQ 90                          ;如果参考点平面 R 值是绝对方式 G90
#17＝#17－#32                             ;则将 R 值转换为增量方式
ELSE
IF AR[#26] NE 0                           ;初始 Z 平面模态值存在
#17＝#17＋#26－#32                        ;则将 R 值转换为增量方式
ENDIF
ENDIF
IF AR[#25] EQ 90                          ;如果孔底 Z 值是绝对方式 G90
#25＝#25－#32－#17                        ;则将 Z 值转换为增量方式
ENDIF
IF #25 GE 0                               ;如果 Z 值相对当前点不下降
M99                                       ;则返回
ENDIF
N20 X[#23] Y[#24] M03                     ;移动到孔位 XY
N30 Z[#17]                                ;移动到参考点 R
N50 G01 Z[#25]                            ;孔加工
N60 M05                                   ;主轴停
IF #1165 EQ 99                            ;如果第 15 组 G 代码模态值为 G99
N90 G00 Z[－#25]                          ;则快速返回参考点 R 平面
ELSE
```

```
IF AR[#26] EQ 0
N90 G00 Z[-#25-#17]                       ;否则返回初始平面
ELSE
N90 G90 G00 Z[#26]                        ;否则返回初始平面
ENDIF
ENDIF
N95 M03                                   ;主轴正转
M99
;_____
G87
%0087
;反镗孔循环 G87 宏程序实现源代码
;调用本程序之后主轴将保持正转(G99)或停(G98)
IF [AR[#25] EQ 0] OR [[AR[#8] OR AR[#9]] EQ 0]
                                          ;如果没有定义孔底 Z 值、I 或 J 退刀量
M99                                       ;则返回
ENDIF
N10 G91                                   ;用增量方式编写宏程序
IF AR[#23] EQ 90                          ;如果 X 值是绝对方式 G90
#23=#23-#30                               ;则将 X 值转换为增量方式
ENDIF
IF AR[#24] EQ 90                          ;如果 Y 值是绝对方式 G90
#24=#24-#31                               ;则将 Y 值转换为增量方式
ENDIF
IF AR[#17] EQ 90                          ;如果参考点平面 R 值是绝对方式 G90
#17=#17-#32                               ;则将 R 值转换为增量方式
ELSE
IF AR[#26] NE 0                           ;初始 Z 平面模态值存在
#17=#17+#26-#32                           ;则将 R 值转换为增量方式
ENDIF
ENDIF
IF AR[#25] EQ 90                          ;如果孔底 Z 值是绝对方式 G90
#25=#25-#32-#17                           ;则将 Z 值转换为增量方式
ENDIF
IF #25 LE 0                               ;如果 Z 值相对当前点不上升
M99                                       ;返回
ENDIF
N20 X[#23] Y[#24]                         ;移动到孔位 XY
N22 M05                                   ;主轴停
N25 M19                                   ;主轴定向停止
N30 X[#8] Y[#9]                           ;朝刀尖反向移动
N40 Z[#17]                                ;定位到加工面
N45 G04 P[#15]                            ;暂停
N50 G01 X[-#8] Y[-#9] M03                 ;朝刀尖正向移动且主轴正转
```

```
N55 Z[#25]                          ;加工
N58 M05                             ;主轴停
N60 M19                             ;主轴定向停止
N80 X[#8] Y[#9]                     ;朝刀尖反向移动
IF #1165 EQ 98                      ;如果要求返回初始面 G98
IF AR[#26] EQ 0
N90 G00 Z[-#25-#17]                ;返回初始平面
ELSE
N90 G90 G00 Z[#26]                  ;返回初始平面
ENDIF
ELSE
N100 X[-#8] Y[-#9] M03              ;返回 R 点主轴正转
ENDIF
M99
;_____
G88
%0088
;镗孔循环 G88 宏程序实现源代码调用本程序之后主轴将保持正转
IF AR[#25] EQ 0                     ;没有定义孔底 Z 平面
M99                                 ;则返回
ENDIF
N10 G91                             ;用增量方式编写宏程序
IF AR[#23] EQ 90                    ;如果 X 值是绝对方式 G90
#23=#23-#30                         ;则将 X 值转换为增量方式
ENDIF
IF AR[#24] EQ 90                    ;如果 Y 值是绝对方式 G90
#24=#24-#31                         ;则将 Y 值转换为增量方式
ENDIF
IF AR[#17] EQ 90                    ;如果参考点平面 R 值是绝对方式 G90
#17=#17-#32                         ;则将 R 值转换为增量方式
ELSE
IF AR[#26] NE 0                     ;初始 Z 平面模态值存在
#17=#17+#26-#32                     ;则将 R 值转换为增量方式
ENDIF
ENDIF
IF AR[#25] EQ 90                    ;如果孔底 Z 值是绝对方式 G90
#25=#25-#32-#17                     ;则将 Z 值转换为增量方式
ENDIF
IF #25 GE 0                         ;如果 Z 值相对当前点不下降
M99                                 ;则返回
ENDIF
N20 X[#23] Y[#24] M03               ;移动到 XY 孔位且主轴正转
N30 Z[#17]                          ;移动到参考点平面 R
N50 G01 Z[#25]                      ;镗孔
```

```
N60 G04 P[＃15]                          ;在孔底暂停
N70 M05                                  ;主轴停
N80 M92                                  ;等待用户干预(等待循环启动)
IF ＃1165 EQ 99                          ;如果为 G99 即返回参考点 R 平面
＃40＝＃32＋＃17                          ;定义返回点为参考点平面 R
ELSE
IF AR[＃26] EQ 0
＃40＝＃32                               ;定义返回点为初始平面 Z
ELSE
＃40＝＃26                               ;定义返回点为初始平面 Z
ENDIF
ENDIF
WHILE ＃1022 LT ＃40                     ;如果程编工件位置 Z 小于返回点
M92                                      ;等待用户干预(等待循环启动)
ENDW
N90 M03                                  ;主轴正转
M99
;_____
G89
%0089
;镗孔循环 G89 宏程序实现源代码调用本程序之后主轴将保持正转
IF AR[＃25] EQ 0                         ;没有定义孔底 Z 平面
M99                                      ;则返回
ENDIF
N10 G91                                  ;用增量方式编写宏程序
IF AR[＃23] EQ 90                        ;如果 X 值是绝对方式 G90
＃23＝＃23－＃30                          ;则将 X 值转换为增量方式
ENDIF
IF AR[＃24] EQ 90                        ;如果 Y 值是绝对方式 G90
＃24＝＃24－＃31                          ;则将 Y 值转换为增量方式
ENDIF
IF AR[＃17] EQ 90                        ;如果参考点平面 R 值是绝对方式 G90
＃17＝＃17－＃32                          ;则将 R 值转换为增量方式
ELSE
IF AR[＃26] NE 0                         ;初始 Z 平面模态值存在
＃17＝＃17＋＃26－＃32                     ;则将 R 值转换为增量方式
ENDIF
ENDIF
IF AR[＃25] EQ 90                        ;如果孔底 Z 值是绝对方式 G90
＃25＝＃25－＃32－＃17                     ;则将 Z 值转换为增量方式
ENDIF
IF ＃25 GE 0                             ;如果 Z 值相对当前点不下降
M99                                      ;则返回
ENDIF
```

```
N20 X[#23] Y[#24] M03          ;移动到 XY 孔位且主轴正转
N30 Z[#17]                     ;移动到参考点平面 R
N50 G01 Z[#25]                 ;孔加工
N60 M05                        ;在孔底主轴停
N70 G04 P[#15]                 ;暂停
IF #1165 EQ 99                 ;如果第 15 组 G 代码模态值为 G99
N90 G00 Z[-#25]               ;则返回参考点 R 平面
ELSE
IF AR[#26] EQ 0
N90 G00 Z[-#25-#17]          ;否则返回初始平面
ELSE
N90 G90 G00 Z[#26]            ;否则返回初始平面
ENDIF
ENDIF
N95 M03                        ;主轴正转
M99
```

参 考 文 献

[1]　冯志刚.数控宏程序编程方法、技巧与实例.北京:机械工业出版社,2007.

[2]　张超英.数控编程技术——手工编程.北京:化学工业出版社,2008.

[3]　韩鸿鸾.数控编程.北京:中国劳动社会保障出版社,2004.

[4]　杨琳.数控车床加工工艺与编程.北京:中国劳动社会保障出版社,2005.

[5]　杜军.数控编程习题精讲与练.北京:清华大学出版社,2008.

[6]　杜军.数控编程培训教程.北京:清华大学出版社,2010.

[7]　杜军.轻松掌握 FANUC 宏程序——编程技巧与实例精解.北京:化学工业出版社,2011.

[8]　杜军,龚水平.轻松掌握华中宏程序——编程技巧与实例精解.北京:化学工业出版社,2012.

[9]　杜军.轻松掌握 SIEMENS 数控系统参数编程——编程技巧与实例精解.北京:化学工业出版社,2013.

[10]　杜军.数控宏程序编程手册.北京:化学工业出版社,2014.

[11]　杜军.FANUC 数控编程手册.北京:化学工业出版社,2017.